工程师经验手记

轻松玩转
ARM Cortex - M4 微控制器
——基于 Kinetis K60

王日明　廖锦松　申柏华　编著

北京航空航天大学出版社

内 容 简 介

本书以野火 K60 开发板 V2 为实验平台,以 K60 的各个外设为主线,深入浅出地介绍了微控制器开发的各个步骤,重点强化嵌入式 C 语言、时序分析能力、寄存器配置思路、软件编程思想,力求让读者达到学一款微控制器而通各种微控制器的目的。

本书配套的例程还包含一些拓展实例,书中虽然没涉及此部分内容,但拓展例程都具有实用的参考价值,尤其适合参加智能车比赛的同学使用。本书的例程都是基于寄存器开发的,对于有简单的 C 语言基础的读者即可轻松上手此书。如果对书中内容有任何疑问,可以到野火初学 123 论坛交流(http://www.chuxue123.com)。

图书在版编目(CIP)数据

轻松玩转 ARM Cortex - M4 微控制器：基于 Kinetis K60 系列 / 王日明等编著. -- 北京：北京航空航天大学出版社,2014.9
  ISBN 978 - 7 - 5124 - 1537 - 9

Ⅰ. ①轻… Ⅱ. ①王… Ⅲ. ①微控制器－系统设计 Ⅳ. ①TP332.3

中国版本图书馆 CIP 数据核字(2014)第 094309 号

版权所有,侵权必究。

轻松玩转 ARM Cortex - M4 微控制器——基于 Kinetis K60
王日明　廖锦松　申柏华　编著
责任编辑　董立娟　陈　旭　敖惠珍

*

北京航空航天大学出版社出版发行

北京市海淀区学院路 37 号(邮编 100191)　http://www.buaapress.com.cn
发行部电话:(010)82317024　传真:(010)82328026
读者信箱:emsbook@buaacm.com.cn　邮购电话:(010)82316936
河北涿州新华印刷有限公司印装　各地书店经销

*

开本:710×1 000　1/16　印张:29.75　字数:634 千字
2014 年 9 月第 1 版　2017 年 4 月第 2 次印刷　印数:3 001～5 000 册
ISBN 978 - 7 - 5124 - 1537 - 9　定价:59.80 元

若本书有倒页、脱页、缺页等装质量问题,请与本社发行部联系调换。联系电话:(010)82317024

前　言

目前微控制器的性能越来越好，集成的模块也越来越多，内部自带的寄存器越来越多，整体的架构也越来越复杂，因此库开发成为微控制器开发的主流。通过库开发，可以在不了解微控制器底层寄存器配置的情况下，快速地玩转单片机的各个模块资源。本书的目的就是带领读者深入了解开发 K60 库的过程，最终达到灵活快速上手其他人的库，甚至自行开发属于自己的库的目的。

笔者作为一名老师，每年都接触到各种各样零基础的学生。初学者学习微控制器，主要会遇到以下几种困难：

> 看不懂 Datasheet

目前市场上大部分的微控制器书籍虽然都讲解寄存器的配置，但寄存器的说明都不按普通 Datasheet 的格式去排版，也没有介绍如何看 Datasheet，导致学生看不懂 Datasheet。例如寄存器里灰色表示不可操作或者保留，w1c 表示写入 1 就会清 0 而写入 0 是无效等，如果这些内容不加以说明，很多初学者就不知道原来有这么一回事。

> 看不懂时序图

微控制器总是需要使用特定的时序来与各种外部模块进行通信，时序图最能描述时序的细节。很多书仅讲解寄存器的配置，直接忽略了时序图的讲解。如果初学者在开发中遇到通信失败的问题，那是硬件问题还是寄存器配置问题呢？唯一的解决方法就是测时序（示波器或逻辑分析仪），判断时序是否正确。但如果连时序图都看不懂，又怎么能看懂测出来的时序呢？

> 看不懂代码

目前的 C 语言书基本上都是针对计算机系统的，几乎没有专门针对嵌入式系统的。而微控制器嵌入式的书几乎都仅局限于寄存器配置，其他必须的编程语言知识、编程思想几乎不讲。初学者不会无师自通，因此自然看不懂代码。

考虑到大部分的读者都缺乏嵌入式 C 语言的知识，本书的第 1 章就先给读者补充相关的嵌入式 C 语言知识。这些内容都是根据学生的问题和野火初学 123 论坛的网友咨询整理来的，相信大部分的读者都是第一次接触这些内容。

> 不懂调试

程序跑飞了，如何解决？单步调试、看调用栈，这些都是基本的调试技巧。虽然一般的教程都会介绍编译器创建工程的方法、工程设置的方法,但几乎都省略了编译器的调试工具介绍,似乎调试工具可有可无。虽然各个编译器的调试工具都大同小异,但初学者如果没接触过,则更需要学习调试工具来锻炼调试代码的能力。

➢ 不懂模块化编程

随着 CPU 资源的丰富和需求的提升,嵌入式软件的复杂性越来越高,因此对开发人员的程序架构要求也越来越高。目前市场上几乎没有嵌入式的书籍会谈及模块化、软件分层这些内容,而这些却往往是项目开发的最基本要求。

模块化编程最常用的就是头文件,而头文件有什么用?别说是初学者,哪怕是工程师也难以准确地了解头文件的使用。一般也仅仅知道是用于函数声明、变量声明这类的,却不知道头文件是不参与编译的,对内容是没有要求的,仅仅在预处理阶段把内容插入到包含该头文件的相应文件里。

初学者是一张白纸,是不懂模块化编程的,而嵌入式这类书就应该在例程中讲解相应的知识。

➢ 不懂软件编程思想

目前的嵌入式开发招聘,哪怕是不涉及 Linux 系统的纯单片机开发,一般也会注明会 Linux 系统者优先。原因就在于学习过 Linux 系统的人都会接触 Linux 系统分层的架构,了解应用层是如何通过硬件抽象层的 API 接口来调用硬件,学习设备注册(回调函数)、消息机制(队列)、线程机制(时间片)等思想,而这些思想都可以用在普通的单片机开发中。本书在编写代码的过程中已经融入了很多编程思想,例如按键的消息机制、状态机的思想、软件分层的思想等,力求让读者能够掌握常用的编程思想。

➢ 缺乏真正的项目经验

既然是初学者,那么缺乏项目经验是必然的。作为教程的作者,如果没有把项目经验讲出来,那么会让初学者错失了一个学习开发技巧的机会。例如项目开发中最常用的是定时按键扫描,而不是查询按键扫描,但几乎全部的教程都仅讲解查询按键扫描,笔者也是直到参与真正的公司项目时才了解到原来还有这样一种按键扫描方式。

➢ 不懂微控制器的内存分布

开发微控制器程序,如果连程序的内存存储位置都不知道,那么出现各种 bug 的时候都难以找出问题,因此嵌入式招聘的笔试面试几乎必考微控制器的内存分布。另外,目前市场上很多产品都是通过 ISP 或者 IAP 下载更新固件,或者动态从 SD 卡、nand Flash 里加载代码映像到 RAM 里运行相应的程序,这些功能都需要开发者对微控制器的内存分布十分熟悉。即使是初学者,一时间难以消化这些知识,但在初学阶段也应该了解有这么一回事,在后续的开发中慢慢领悟。

初学者在学习微控制器开发的时候,之所以觉得微控制器很难学,实际上是因为大部分的微控制器教程往往忽略了讲解微控制器的基础知识,如同没学会走路就来学跑步那样。

本书采用 IAR 开发环境,全部例程都整合成代码库的形式,但目的不在于给读者简单地调用库,而是试图通过与读者一起编写代码库,介绍各种编程知识和思想,从而让读者在初学阶段就形成良好的编程习惯,具有良好的编程思想,进而让读者达到了解库的实现过程,快速地上手其他各种各样的代码库的目的。

本书以 Kinetis 系列 K60 微控制器外围模块为轴线,从简单的 GPIO 点亮 LED 来了解 K60 的编程步骤,到 GPIO 按键的定时扫描了解按键消息机制,再到 UART、I^2C、SPI 的时序分析学会看时序图,接着到系统时钟的设置和定时器的使用来熟悉微控制器的时钟模块,再学习模数转换模块、DMA 模块、Flash 模块、CAN 总线、外部总线 flexbus、SDHC 总线和 USB 总线等各种模块,从易到难逐步推进,中间补充各种相关的拓展知识,从而让读者熟悉库开发的各个细节。

配套资料

书配有全部案例的开发工具、完整源程序、数据手册、原理图,读者可到北京航空航天大学出版社网站(www.buaapress..com.cn)的"下载专区"免费下载。

致 谢

首先,感谢野火初学 123 论坛的网友,他们不断地反馈使得本书的内容更加充实,更能解答初学者的疑惑。其次要感谢陈杏飞等人提供的翻译、对书稿内容的校正和建议。

由于本书内容涉及的知识面广,时间又仓促,限于笔者的水平和经验,疏漏之处在所难免,欢迎各位工程师、老师和读者批评指正,可以发邮件到 minimcu@foxmail.com 与作者进行交流,或者登录野火初学 123 论坛 http://www.chuxue123.com 进行讨论。

王日明　廖锦松

2014 年 8 月

目 录

第 1 章　ARM 嵌入式系统之路 ·· 1
1.1　嵌入式开发经验谈 ·· 1
1.2　嵌入式开发进阶预备知识 ·· 3
1.2.1　嵌入式 C 语言 ·· 4
1.2.2　编程思想 ·· 28
1.3　走近 ARM Cortex – M4 ·· 31
1.3.1　M4 内核介绍 ·· 31
1.3.2　基于 Cortex – M 的 CMSIS 库 ·· 33
1.4　典型 Kinetis 系列微控制器简介 ·· 36
1.4.1　Kinetis 简介 ·· 36
1.4.2　K60P144 的引脚功能和硬件电路 ·· 39
1.4.3　Kinetis 系列微控制器的编程介绍 ·· 52

第 2 章　GPIO 小试牛刀 ·· 86
2.1　PORT 端口控制和中断 ·· 86
2.1.1　PORT 模块简介 ·· 86
2.1.2　PORT 模块寄存器 ·· 87
2.1.3　PORT 编程要点 ·· 93
2.1.4　PORT 应用实例 ·· 94
2.2　GPIO 通用 I/O 模块 ·· 100
2.2.1　GPIO 模块简介 ·· 100
2.2.2　GPIO 模块寄存器 ·· 102
2.2.3　GPIO 编程要点 ·· 105
2.2.4　GPIO 应用实例 ·· 105

第 3 章　串行通信的时序分析 ·· 125
3.1　UART 串口通信 ·· 126
3.1.1　UART 简介 ·· 126

3.1.2　串口时序分析 …………………………………………………………… 130
　　3.1.3　UART 模块寄存器 ……………………………………………………… 132
　　3.1.4　UART 应用实例 ………………………………………………………… 141
3.2　I²C 串行通信 …………………………………………………………………… 150
　　3.2.1　I²C 简介 …………………………………………………………………… 150
　　3.2.2　I²C 时序分析 ……………………………………………………………… 152
　　3.2.3　I²C 模块寄存器 …………………………………………………………… 159
　　3.2.4　I²C 应用实例 ……………………………………………………………… 166
3.3　SPI 串行通信 …………………………………………………………………… 176
　　3.3.1　SPI 简介 …………………………………………………………………… 176
　　3.3.2　SPI 时序分析 ……………………………………………………………… 178
　　3.3.3　SPI 模块寄存器 …………………………………………………………… 180
　　3.3.4　SPI 应用实例 ……………………………………………………………… 189

第 4 章　时钟模块 …………………………………………………………………… 213

4.1　MCG 系统时钟模块 …………………………………………………………… 213
　　4.1.1　MCG 系统时钟模块简介 ………………………………………………… 213
　　4.1.2　MCG 模块寄存器 ………………………………………………………… 220
　　4.1.3　MCG 编程要点 …………………………………………………………… 228
4.2　WDOG 看门狗定时器 ………………………………………………………… 233
　　4.2.1　看门狗定时器简介 ………………………………………………………… 233
　　4.2.2　WDOG 编程要点 ………………………………………………………… 234
　　4.2.3　看门狗 WDOG 应用实例 ………………………………………………… 236
4.3　Flex 定时器 FTM ……………………………………………………………… 238
　　4.3.1　FTM 简介 ………………………………………………………………… 238
　　4.3.2　FTM 模块寄存器 ………………………………………………………… 240
　　4.3.3　FTM 编程要点 …………………………………………………………… 254
　　4.3.4　FTM 应用实例 …………………………………………………………… 259
4.4　LPTMR 低功耗定时器 ………………………………………………………… 273
　　4.4.1　LPTMR 简介 ……………………………………………………………… 273
　　4.4.2　LPTMR 模块寄存器 ……………………………………………………… 273
　　4.4.3　LPTMR 应用实例 ………………………………………………………… 278
4.5　PIT 周期中断定时器 …………………………………………………………… 284
　　4.5.1　PIT 简介 …………………………………………………………………… 284
　　4.5.2　PIT 模块寄存器 …………………………………………………………… 285
　　4.5.3　PIT 应用实例 ……………………………………………………………… 288

4.6 RTC 实时时钟计数器 ……………………………………………… 292
  4.6.1 RTC 简介 …………………………………………………… 292
  4.6.2 RTC 编程要点 ……………………………………………… 294
  4.6.3 RTC 应用实例 ……………………………………………… 294

第 5 章 模数转换 ……………………………………………………… 299

5.1 ADC ……………………………………………………………… 299
  5.1.1 ADC 简介 …………………………………………………… 299
  5.1.2 ADC 模块寄存器 …………………………………………… 307
5.2 DAC ……………………………………………………………… 319
  5.2.1 DAC 简介 …………………………………………………… 319
  5.2.2 DAC 模块寄存器 …………………………………………… 321
  5.2.3 DAC 应用实例 ……………………………………………… 327

第 6 章 DMA 直接内存访问 ………………………………………… 330

6.1 DMA 简介 ……………………………………………………… 330
6.2 DMA 模块寄存器 ……………………………………………… 334
6.3 DMA 应用实例 ………………………………………………… 343

第 7 章 Flash ………………………………………………………… 350

7.1 Flash 简介 ……………………………………………………… 350
7.2 Flash 编程要点 ………………………………………………… 353
7.3 Flash 读写应用 ………………………………………………… 358

第 8 章 常用总线模块 ……………………………………………… 361

8.1 CAN 总线 ……………………………………………………… 361
  8.1.1 CAN 简介 …………………………………………………… 361
  8.1.2 CAN 编程要点 ……………………………………………… 371
  8.1.3 CAN 总线应用 ……………………………………………… 381
8.2 外部总线 Flex Bus …………………………………………… 384
  8.2.1 TFT-LCD 简介 …………………………………………… 384
  8.2.2 K60 FlexBus 驱动 LCD …………………………………… 388

第 9 章 SDHC ………………………………………………………… 401

9.1 SD 介绍 ………………………………………………………… 401
9.2 初识 SDHC 协议 ……………………………………………… 407

9.3 SDHC 关键代码分析 ················· 413

9.4 FatFS 库 ························ 422

9.5 SD 卡大容量读/写应用 ················ 428

第 10 章 USB 通信模块 ················ 431

10.1 初识 USB ························ 431

10.1.1 USB 简介 ···················· 431

10.1.2 USB 总线拓扑结构 ················ 432

10.1.3 USB 信号和电气特性 ················ 433

10.1.4 USB 通信模型 ···················· 435

10.1.5 USB 通信数据流 ·················· 436

10.1.6 USB 数据格式 ···················· 439

10.2 USB 通信应用实例 ················· 446

10.2.1 USB 描述符 ···················· 449

10.2.2 USB SETUP 包处理 ················ 456

10.2.3 USB 端点的发送和接收 ·············· 459

10.2.4 虚拟串口 API 接口 ················ 462

参考文献 ·························· 464

第 1 章

ARM 嵌入式系统之路

1.1 嵌入式开发经验谈

1. 嵌入式技术知识结构

嵌入式技术是专用计算机系统技术,以应用为核心,以计算机技术为基础,软硬件均可裁减,适用在对功能、稳定性、功耗有严格要求的系统之中。嵌入式技术的开发人员需要对整个计算机体系从底层硬件到软件操作系统都有了解,而在这个体系之中,每个部分都可以分出一些小领域,因而对技术要求很高,如图1-1所示。

图1-1只是粗略地概括了嵌入式技术的知识结构,但从中已经可以看出它涉及的知识面非常多,难怪学生甚至技术人员总是迷茫。不少电子专业出身的嵌入式技术人员主要从事硬件抽象层(中间层)的开发,这一层是沟通嵌入式系统的硬件层和软件操作系统的桥梁,因而主要的工作是开发驱动程序、板级应用支持、协调软硬件的开发,因而对软硬件都要有深入的了解。

2. 嵌入式成长之路——从学生成为工程师

若希望从事硬件抽象层的开发,应该如何学习才能从学生成长为工程师呢?图1-2可以参考。从图1-2可以看出,越往后,就越接近于纯软件开发,但这并不代表嵌入式技术人员就不需要了解硬件,相反,上层的知识都是以下层为基础的,很多人说的做嵌入式软件开发,至少要读懂原理图就是这个道理。

3. 职业规划

在嵌入式技术领域的公司,除了工程师还分很多职业岗位。一般公司的研发部门职位如图1-3所示。一般需要3~5年过渡到下一级的岗位,小公司里项目经理一般也兼任部门经理。部门经理不一定要懂技术,并不是非由项目经理升职而成。直接与技术相关的是开发工程师和系统架构师,开发工程师会针对嵌入式技术的不同领域有不同的区分,在小公司里,熟悉软硬件的跨领域工程师很受欢迎,而大公司则区分明确,喜欢在某领域研究得深入的开发工程师。系统架构师需要熟悉整个嵌入式领域,能够协同不同领域的开发工程师进行项目开发。

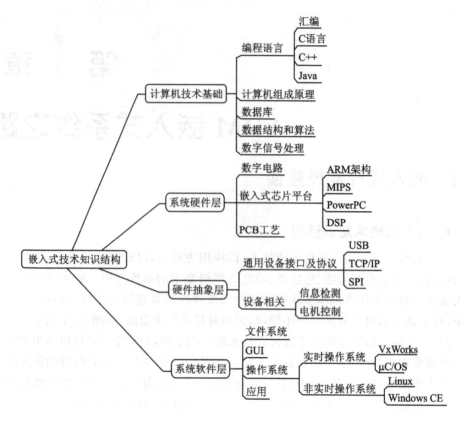

图 1-1 嵌入式技术知识结构

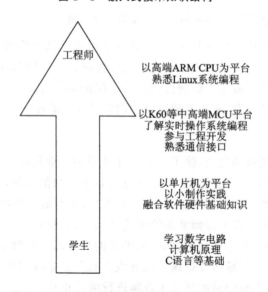

图 1-2 从事硬件抽象层开发的工程师成长之路

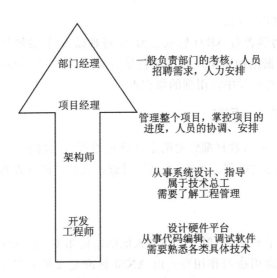

图1-3 嵌入式技术人员职业成长

1.2 嵌入式开发进阶预备知识

本书的目的是力求用通俗易懂的方法带领初学者进入微控制器领域,学习嵌入式技术,因此,本书的读者对象为微控制器初学者,甚至没有接触过51系列单片机就直接来学习ARM的读者。

对于很多学习过51系列单片机的初学者而言,学习51后再来学习ARM时,都会有或多或少的恐惧,更不要说是没接触过51单片机的读者了。相比于51,ARM的模块很多,寄存器很多,用的编程语法也越来越陌生。当他们面对ARM的工程代码的时候就会难以接受,但当他们入门之后回头看,就会觉得ARM的编程太高效了、太便于移植与维护了。

可以说,在51编程里,整个main函数都是寄存器操作,那是很正常的事儿,甚至还有不少人在学51的时候还以为学会了if-else就是学会了C语言。但在ARM编程里,几乎全部都是软件分层与模块化编程,很少有人在main函数里进行寄存器操作,而且指针、枚举、结构体、宏定义、typedef等语法用得非常多,在51编程里从来没见过的语法,在ARM编程里就是家常小菜。

另外,在ARM编程里,我们都会或多或少使用别人已经开发好的函数库来进行项目开发,而不再自己研究底层驱动、算法处理等,从而大大减少了开发时间,专注于自己的项目应用。例如ARM公司推出的CMSIS库、ST公司的STM32驱动库、嵌入式实时系统μC/OS、SD卡上运行的文件系统库FatFs,利用这些现有的函数库,我们可以从这些地方解放出来,专注于自己的项目开发。但这些函数库有个共同的特点是:库里的函数太多了,使学习难度大增。如果初学者不学好如何对待这些库,就会产生恐惧,最终难以入门。

事实上,很多初学者对 ARM 感觉害怕、觉得难以入门,关键是基础不扎实,尤其是 C 语言知识和数据结构知识。为了让初学者更好地入门 ARM,本书专门针对初学者来讲解各种工程开发中常用到的知识点。

1.2.1 嵌入式 C 语言

目前,很多的 C 语言教材都针对的是计算机编程,而且内容非常浅显,很多工程开发用到的知识点都没讲到。为此,本书针对嵌入式软件的开发特点,讲解各种项目开发常用的知识点。

1. 关键字

很多人都学习了 C 语言,但又有多少人能熟练使用 C 语言里的关键字呢?能够明白每一个关键词的用法与作用呢?由 ANSI 标准定义的 C 语言关键字共有以下 32 个:

auto	double	int	struct	break	else	long	switch
case	enum	register	typedef	char	extern	return	union
const	float	short	unsigned	continue	for	signed	void
default	goto	sizeof	volatile	do	if	while	static

这里简单讲解各个关键字的用法。

(1) register 与 auto

相信很多读者都知道 MCU 的寄存器读/写速度远远快于 RAM 内存,换句话来说,对于一个需要频繁读/写的变量,将其放在寄存器里比放在 RAM 内存里的效率更高。为了提高效率,在 C 语言里,可以通过 register 关键字来声明变量,编译器编译的时候会尽可能地(因为 MCU 的寄存器是有限的,不一定能完全满足全部的要求)把变量放在寄存器里,例如:

register int i;

而 auto 关键字是用来声明自动变量的,由编译器自动优化,编译器一般默认为 auto(一般情况下都省略 auto),例如:

auto int i;

等效于:

int i;

使用 register 须注意以下几点:

① register 变量必须是能被 CPU 寄存器接受的类型,这通常意味着 register 变量必须是一个单个的值,并且其长度应小于或等于整型的长度。但是,有些机器的寄存器也能存放浮点数。

② register 变量可能不存放在内存中,所以不能用取址符运算符" & "。
③ 只有局部变量和形参可以作为 register 变量,全局变量不行。
④ 静态变量不能定义为 register。

本来寄存器的数目就不少,如果全局变量和静态变量也可行,就意味着单片机运行全程中都少了一个可供使用的寄存器。

(2) continue、break 与 return

➤ continue:结束当前循环,开始下一轮循环。
➤ break:跳出当前循环。
➤ return:子程序返回语句,可返回值或者不返回值。

初学者容易犯的错误是分不清 continue 和 break 的区别,例如在 for、while 循环里,continue 是结束当前循环而已,并没有退出循环,而 break 则直接退出这个循环。

(3) extern 与 static

static 可用于修饰变量和函数,其中,修饰的变量可分为局部变量和全局变量,它们都存在内存的静态区。

① static 修饰变量

静态局部变量:出现在函数体内,生命周期是整个程序的执行过程,由于被 static 修饰的变量总是存在内存的静态区,即使该函数生命结束,其值也不会被销毁,同样要修改该变量,就要到函数内部完成,所以用起来比较安全,起到信息屏蔽的作用。

静态全局变量:出现在函数体外,作用域仅限于变量被定义的文件中,其他文件即使用 extern 声明也没法使用它。

② static 修饰函数

函数前加 static 修饰会使函数成为静态函数。此处 static 的含义不是指存储方式,而是指对函数的作用域仅局限于本文件(所以又称为内部函数)。使用内部函数的好处是:不同的人编写不同的函数时,不用担心自己定义的函数是否会与其他文件中的函数同名。

③ extern 声明外部定义

extern 的作用是声明函数和变量在外部定义,提示编译器遇到此函数或变量时在其他模块中寻找定义。注意,如果函数和变量定义时加了 static 修饰,那么即使 extern 声明了外部定义,也不能在其他模块中调用此函数和变量。

(4) volatile 与 const

volatile 是 C 语言里的类型修饰符,本意是易变的。因为寄存器的读/写速度远快于内存单位,编译器一般都会把数据存放在寄存器而减少内存单位的读/写,从而有可能读取到脏数据,即错误数据。volatile 的作用准确来说是防止编译器对代码进行优化而导致没有执行指令或执行有误。

例如,在模拟时序的时候通常需要对 I/O 引脚输出高、低电平。假设没有 volatile 声明,例如如下的伪代码:

```
/*volatile*/ int *pPTA0_OUT = 0x400FF000u;    //pPTA0_OUT 指向 PTA0 的输出寄存器,
                                              //注释了 volatile 的修饰
*pPTA0_OUT = 1;
*pPTA0_OUT = 0;
```

上面例程中最后两行的代码,不加 volatile 声明,编译器会认为两次对 0x400FF000u 地址进行写入操作,而且两次写入之间并没有读取该地址的数据,可认为第一次写入是无效的,则编译器就会忽略第一次写入的指令。因此,需要加入 volatile 来修饰,防止编译器对代码进行优化而忽略了这些指令。

一般说来,volatile 用在如下的几个地方:
① 在中断服务函数中需要访问的全局变量。
② 多任务环境中需要被多个任务共享的变量。
③ 硬件寄存器(例如:状态寄存器)。

const,只读变量(是变量,而不是常数)。编译时,如果直接尝试修改只读变量,则编译器会提示出错,就能防止误修改。对于非指针变量的修饰,const 的摆放位置可在数据类型的前或者后,两种摆放位置的意思都是一样的。如下面两条语句,两者的意思都是相同的。

```
const int a = 10;
int const a = 10;
```

对于指针变量的修饰,const 的摆放位置在数据类型的前和后的意思是不相同的,可参考下面的代码:

```
int me;
const int * p1 = &me;
        //p1 可变, *p1 不可变。const 修饰的是 *p1,即 *p1 不可变
int * const p2 = &me;
        //p2 不可变, *p2 可变。const 修饰的是 p2,即 p2 不可变
const int * const p3 = &me;
//p3 不可变, *p3 也不可变。前者 const 修饰的是 *p3,后者 const 修饰的是 p3,两者都不可变
```

前面说的直接修改 const 修饰的变量,编译器会报错。如果通过指针方式间接地修改,则编译器仅仅提示警告而不会报错。

```
int main()
{
    const int a = 10;
    int * b;
    b = &a; //此处编译器提示警告: C4090: '=' : different 'const' qualifiers
    *b = 11;
    printf("a = %d\n",a);
    return 0;
}
```

volatile 易变,const 只读,那么能不能两者都用来修饰同一个变量呢?答案是肯定的,例如 I/O 端口的输入寄存器是只读的,数据是易变的。

(5) sizeof

sizeof 是 C/C++中的一个操作符(operator),作用就是返回一个对象或类型所占的内存字节数。sizeof 有 3 种语法形式:

① 用于数据类型。

```
sizeof( type_name );      //sizeof( 类型 );
```

② 用于变量。

```
sizeof ( object );        //sizeof( 对象 );
sizeof object;            //sizeof 对象;
```

根据上述的语法形式,可以容易判断下面哪个语句是错误的:

```
int i;
sizeof( i );              //ok
sizeof i;                 //ok
sizeof( int );            //ok    //一般建议用 sizeof(xxx)来避免错误
sizeof int;               //error
```

注意:sizeof 操作符不能用于函数类型、不完全类型或位字段。不完全类型指有未知存储大小的数据类型,如未知存储大小的数组类型、未知内容的结构或联合类型、void 类型等。

sizeof 是一个关键字,而不是函数。初学者比较容易搞混 sizeof 和 strlen 的区别。strlen 是 C 库提供的函数,用于计算有效字符串的长度,不包含'\0'。sizeof 是 C 语言的关键字,是一个运算符,用于计算占用空间的大小。

(6) typedef

typedef 用来为复杂的声明定义简单的别名,与宏定义有些差异。typedef 为 C 语言的关键字,作用是为一种数据类型定义一个新的别名,目的是给数据类型一个易记且意义明确的新名字,或简化一些比较复杂的类型声明。例如把 unsigned long 类型重命名为 uint32,那么程序员就容易知道 uint32 类型是 32 位的无符号整型,更易记且意义明确。

```
unsigned   long a;
```

等效于

```
typedef unsigned   long uint32;
uint32 a;
```

typedef 声明的方法如下:

① 先按定义变量的方法写出定义语句(如 unsigned   long a;)。
② 将变量名换成新类型名(如将 a 换成 uint32)。
③ 在最前面加 typedef(如 typedef unsigned   long uint32;)。
④ 然后可以用新类型名去定义变量(uint32 a;)。

例如把一个含 10 个整型元素的数组类型重命名为 array10,目的是简化比较复杂的数据声明。具体步骤如下：
① 定义变量的方法是："int a[10];"。
② 把变量名改成新类型名："int array10 [10];"。
③ 在最前面加 typedef："typedef int array10 [10];"。
④ 现在就可以用新类型名去定义变量："array10 a;"(等效于 int a[10];)。

(7) struct,enum 与 union

struct 用于定义结构体类型,enum 用于定义枚举类型,union 用于定义联合体类型。

① struct

在实际问题中,一组数据往往具有不同的数据类型,C 语言允许我们把多种数据组合起来形成一个整体,构造新的数据类型：结构体。

定义一个结构体的一般形式为：

struct 结构体名
{
　　成员列表
}结构体变量;

上述的结构体变量不是必须的,可以先定义结构体名(新的数据类型),此后根据结构体名来定义结构体变量。

struct　结构体名　结构体变量;

如果想省略上述定义结构体变量的 struct 这个关键字,那么可通过 typedef 来重命名数据类型。

typedef struct 结构体名
{
　　成员列表
}结构体数据类型;

上述代码的结构体名是可省略的,此后就可以根据结构体数据类型来定义结构体变量。如果上述代码省略了结构体名,就称为匿名结构体,C 语言编译器会自动起一个保证不重复的名称来保证编译能够通过。

结构体数据类型　结构体变量;

例如对于 K60 的 GPIO 模块,由于寄存器是按厂家规定的格式去排列的,我们可以通过结构体来打包寄存器,定义一种新的结构体类型。

```
/* * GPIO-Peripheral register structure */
typedef struct GPIO_MemMap {
    uint32_t PDOR;     /* *<端口数据输出寄存器,偏移：0x0 */
    uint32_t PSOR;     /* *<端口输出置 1 寄存器,偏移：0x4 */
    uint32_t PCOR;     /* *<端口输出清 0 寄存器,偏移：0x8 */
    uint32_t PTOR;     /* *<端口输出反转寄存器,偏移：0xC */
    uint32_t PDIR;     /* *<端口数据输入寄存器,偏移：0x10 */
    uint32_t PDDR;     /* *<端口数据方向寄存器,偏移：0x14 */
} volatile * GPIO_MemMapPtr;
```

然后根据每个 GPIO 模块的起始地址和结构体类型来实现对 GPIO 模块的寄存器操作。

```
/* GPIO - Peripheral instance base addresses */
#define PTA_BASE_PTR        ((GPIO_MemMapPtr)0x400FF000u)
#define PTB_BASE_PTR        ((GPIO_MemMapPtr)0x400FF040u)
#define PTC_BASE_PTR        ((GPIO_MemMapPtr)0x400FF080u)
#define PTD_BASE_PTR        ((GPIO_MemMapPtr)0x400FF0C0u)
#define PTE_BASE_PTR        ((GPIO_MemMapPtr)0x400FF100u)
/* GPIO - Register accessors */       /*通过结构体指针来访问相应的元素*/
#define GPIO_PDOR_REG(base)           ((base)->PDOR)
#define GPIO_PSOR_REG(base)           ((base)->PSOR)
#define GPIO_PCOR_REG(base)           ((base)->PCOR)
#define GPIO_PTOR_REG(base)           ((base)->PTOR)
#define GPIO_PDIR_REG(base)           ((base)->PDIR)
#define GPIO_PDDR_REG(base)           ((base)->PDDR)
```

例如需要对 GPIOA 模块的 PDOR 寄存器写入 0x00,代码如下:

```
GPIO_PDOR_REG(PTA_BASE_PTR) = 0x00;
```

编译器会根据结构体的成员列表来排列每个成员的占用位置,为了提高 CPU 的存储速度,编译器会对一些变量的起始地址做"对齐"处理。一般默认的内存对齐方式为自然对界(natural alignment),是指按结构体的成员中 size 最大的成员对齐。偏移量是变量存放的起始地址相对于结构的起始地址的偏移值。

> char:偏移量必须为 sizeof(char),即 1 的倍数。
> int:偏移量必须为 sizeof(int),即 4 的倍数(跟编译器有关,有可能是 2)。
> float:偏移量必须为 sizeof(float),即 4 的倍数。
> double:偏移量必须为 sizeof(double),即 8 的倍数。
> short:偏移量必须为 sizeof(short),即 2 的倍数。

为了确保结构的大小为结构的字节边界数(即该结构中占用最大空间的类型所占用的字节数)的倍数,所以在为最后一个成员变量申请空间后,还会根据需要自动填充空缺的字节。为了加深了解,分析一下下面的两段代码:

```
struct    MyStruct
{
    double a;          //偏移量为 0,占用 8 字节
    char b;            //偏移量为 8,占用 1 字节
                       //后面的 int 型偏移量必为 4 的倍数,故编译器自动填充 3 个空缺的字节
    int c;             //偏移量为 12,占用 4 字节
};                     //sizeof(MyStruct) = 8 + 1 + 3 + 4 = 16
struct    MyStruct
{
    char a;            //偏移量为 0,占用 1 字节
                       //后面的 double 型偏移量必为 8 的倍数,故编译器自动填充 7 个空缺的字节
    double b;          //偏移量为 8,占用 8 字节
    int c;             //偏移量为 16,占用 4 字节
```

```
                    //结构的节边界数必须是 sizeof(double)的倍数,所以需要填充 4 字节
};                  //sizeof(MyStruct) = 1 + 7 + 8 + 4 + 4 = 24
```

通过上述两段代码可以发现:交换一下结构体的成员变量的位置,其占用空间大小可能是不一样的。编译器对结构的存储的特殊处理确实提高了 CPU 存储变量的速度,但是有时候也带来了一些麻烦,因此可以屏蔽掉变量默认的对齐方式,自己可以设定变量的对齐方式。VC 中提供了#pragma pack(n)来设定变量以 n 字节对齐的方式。

n 字节对齐就是说变量存放的起始地址的偏移量有两种情况:① 如果 n 大于等于该变量所占用的字节数,那么偏移量必须满足默认的对齐方式。② 如果 n 小于该变量的类型所占用的字节数,那么偏移量为 n 的倍数,不用满足默认的对齐方式。

```
#pragma   pack(push)          //保存对齐状态
#pragma   pack(4)             //设定为 4 字节对齐
struct   test
{
    char   a;                 //偏移量为 0,占用 1 字节
                              //sizeof(double)>4,偏移量必须满足为 n = 4 的倍数,填充 3 个字节
    double  b;                //偏移量为 4,占用 8 字节
    int   c;                  //偏移量为 12,占用 4 字节
};                            //sizeof(test) = 1 + 3 + 8 + 4 = 16
#pragma   pack(pop)           //恢复对齐状态
```

② union

union 的语法和 struct 一样,用法上 union 是联合体,成员列表里的成员共用相同的内存空间,而不像 struct 结构体那样按顺序排列占用不同的内存空间。举个例子,下面的例程定义了联合体类型 a,以 32 位无符号整型的方式写入 0x10000000,在小端模式下从内存中低地址到高地址的排列顺序是 0x00、0x00、0x00、0x10,即以 8 位数组的方式来读下标为 3 的数组的值为 0x10。

```
typedef union
{
    unsigned long   DW;
    unsigned short  W[2];
    unsigned char   B[4];
} Dtype;      //sizeof(Dtype) 为 4
int main()
{
    Dtype a;
    a.DW = 0x10000000;
    printf("a.B[3] = 0x%X\n",a.B[3]);
    return 0;
}
```

实验结果如图 1-4 所示,变量 DW、数组 W 和数组 B 都共用相同的内存地址,从而读取 a.B[3]的值即为 DW 的最高 8 位的值(小端模式下)。利用联合体的这个

特性可以容易判断平台的存储模式：大端模式和小端模式。
- 大端模式(Big_endian)：字数据的高字节存储在低地址中，而字数据的低字节则存放在高地址中。
- 小端模式(Little_endian)：字数据的高字节存储在高地址中，而字数据的低字节则存放在低地址中。

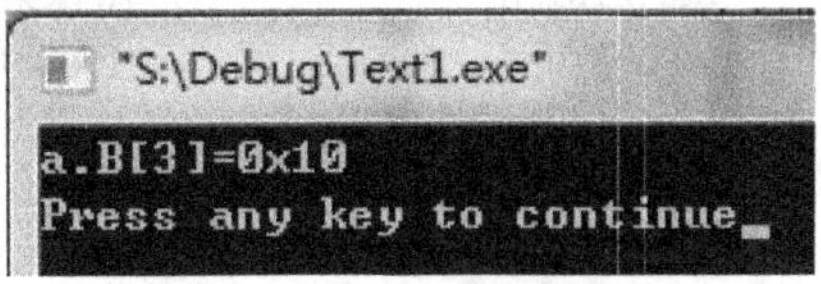

图 1-4 联合体测试结果

③ enum

一个星期有 7 天，分别为星期日、星期一，…，星期六。如果在程序里利用一个整型变量来表示这 7 天，那么有可能出现超过 7 天的事件发生。C 语言提供了一种数据类型来列举各种可能的事物，称为枚举。枚举的用法如下：

```
enum 枚举名
{
    枚举成员 0 = 常量值 0,      //赋值不是必须的
    枚举成员 1 = 常量值 1,
    枚举成员 2 = 常量值 2,      //后面的枚举成员可以直接赋值为前面的枚举成员值
    ……
    枚举成员 n = 常量值 n,      //最后一个成员结尾的','号可省略
}枚举变量;                     //枚举变量不是必须的
```

赋值给枚举成员的常量值不是必须的，如果不赋值，那么编译器会按照默认的规则自动编号：如果是首枚举成员，则赋值为 0；如果不是首枚举成员，则在前一个枚举成员值的基础上加 1。上述的枚举变量不是必须的，可以先定义枚举名（新的数据类型），此后根据枚举名来定义枚举变量。

```
enum    枚举名  枚举变量;
```

如果想省略上述定义枚举变量的 enum 这个关键字，可通过 typedef 来重命名数据类型。

```
typedef    enum 枚举名
{
    枚举成员 0 = 常量值 0,
    枚举成员 1 = 常量值 1,
    枚举成员 2 = 常量值 2,
    ……
    枚举成员 n = 常量值 n,
}枚举类型;
```

由于枚举具有自动编号的功能，而且枚举成员的值是常量，因此程序中经常用枚举来代替宏定义给常量一个有意义的名字。

```
//定义图像采集状态
typedef enum
{                          //采用枚举类型来枚举摄像头的采集状态，编译器自动
                           //编号给枚举成员，从而避免我们手动设置的麻烦
```

```
    IMG_NOTINIT = 0,            //图像还没开始采集
    IMG_FINISH,                 //图像采集完毕
    IMG_GATHER,                 //图像采集中
    IMG_START,                  //开始采集图像
}IMG_STATE;
```

图 1-5 用枚举进行宏条件编译

枚举成员的值是在编译阶段确定的,因此不能把在枚举中定义的成员用于宏条件编译。分析下面一段代码,运行结果如图 1-5 所示。由于代码在编译前会进行预编译,此时枚举成员还没有赋值,宏条件编译时认为 b 是 0,因此生成的代码会把 printf("b=0\n")编译进程序,而删掉了代码 printf("b=1\n"),因此第 2 次输出的是 b=0。

```
enum t
{
    a,
    b,                          //枚举编号里把 b 赋值为 1
};
void main(void)
{
    printf("b = %d\n",b);
#if (b == 0)
    printf("b = 0\n");          //b 不是宏定义,预处理认为是未知符号,会替换为 0
#elif (b == 1)
    printf("b = 1\n");
#endif
}
```

2. C 语言运算符优先级

如表 1-1 所列,C 语言运算符的优先级是需要程序员牢记的,如果搞不懂这些优先级,那么就会出现阅读代码障碍。为了提高代码的可阅读性,方便他人理解自己编写的代码,我们也应尽量使用括号来避免不必要的误解。

例如,求 a^b<<2 的计算结果

上述的式子考的就是运算符优先级的问题,是先计算 a^b 还是先计算 b<<2 呢?位左移"<<"的优先级高于按位异或 "^",所以 b 先左移两位,再与 a 异或。对于这些容易误导他人的运算符操作,建议读者多用括号来规避。

a^(b<<2)

3. 头文件的作用

头文件的拓展名为 *.h。#include 文件的目的就是把多个编译单元(也就是 c 或者 cpp 文件)公用的内容,单独放在一个文件里减少整体代码的尺寸或者提供跨工程公共代码。头文件对内容没有绝对的要求,其本身不参与编译,仅在源代码文件中

♯include 后把其内容插入到源代码文件中的相应位置。

表 1-1 C 语言运算符优先级

级别	类别	名称	运算符	结合性
1	强制转换、数组、结构、联合	强制类型转换	( )	自左向右
		下标	[ ]	
		存取结构或联合成员	->或.	
2	逻辑	逻辑非	!	自右向左
	字位	按位取反	~	
	增量	加一	++	
	减量	减一	--	
	指针	取地址	&	
		取内容	*	
	算术	单目减	-	
	长度计算	长度计算	sizeof	
3	算术	乘	*	自左向右
		除	/	
		取模	%	
4	算术和指针运算	加	+	
		减	-	
5	字位	左移	<<	
		右移	>>	
6	关系	大于等于	>=	自左向右
		大于	>	
		小于等于	<=	
		小于	<	
7		恒等于	==	
		不等于	!=	
8	字位	按位与	&	
9		按位异或	^	
10		按位或	|	
11	逻辑	逻辑与	&&	
12		逻辑或	||	
13	条件	条件运算	?:	自右向左
14	赋值	赋值	=	
		复合赋值	Op=	
15	逗号	逗号运算	,	自左向右

```
//在main.c中
int main()
{
    #include "1.h"
}
//在1.h中
printf("test\n");//头文件对内容没有绝对的要求。当然,为了规范编程风格,不推荐采用
                //这样的方式来编程
return 0;
```

以上是一个不常用的例子,在 main.c 中 #include 了 1.h,预处理的时候编译器把 1.h 的内容插入到相应的位置,等效于下面的代码:

```
int main()
{
    printf("test\n");
    return 0;
}
```

尽管头文件对其内容没有绝对的要求,但我们可以巧用头文件共享公共代码的特点来实现模块化编程,在头文件中 #include 其他头文件、声明函数和变量、宏定义和常量的定义、结构体定义、内联函数定义等。

为了防止头文件重复包含导致出错,因此需要在头文件的头部和尾部加入防止重复包含的宏条件编译。一般的头文件结构如下:

```
#ifndef XXX          //需要确保外部其他文件中没有 define XXX
#define XXX
包含其他头文件
宏定义和常量的定义
结构体定义
内联函数定义        //内联函数放在头文件里定义,除了用 inline 来声明内联函数外,
                    //还需要加上 static 来限定作用域,避免重名导致的编译错误问题
声明函数和变量
#endif               //XXX
```

4. 按位取反 ~ 与逻辑取反!

之所以在这里提出 ~ 和 ! 这两个符号的区别,原因是笔者在教学过程中发现初学者总是搞不清这两个符号的区别。先来运行下面的一段代码,读者能否知道这段代码的运行结果呢? 运行结果如图 1-6 所示。

```
int main()
{
    printf("~0   = 0x%X,\t! 0   = 0x%X\n",~0,! 0);
    printf("~1   = 0x%X,\t! 1   = 0x%X\n",~1,! 1);
    printf("~255 = 0x%X,\t! 255 = 0x%X\n",~255,! 255);
    return 0;
}
```

从图1-6中可以看到,"~"符号是按位取反,"!"符号是逻辑取反,两者的计算结果不相同。常量的按位取反在 VC 编译器中以 32 位整型来处理,而逻辑值取反则是用 8 位整型来处理。

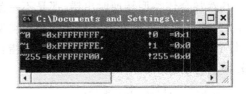

图1-6 按位取反与逻辑取反的区别

5. 常量与变量的存储

变量的 3 要素:变量名、变量值、变量类型。变量名表示变量在内存中的存储地址。变量类型用于确定变量的类型,在内存中的存储方式。变量值则是存储在内存地址上的值。相信不少读者都会认为这些仅仅是一些死记硬背的概念,在实际编程中没有实际用处。为了加深理解,我们来对比下面两段代码,思考一下两段代码编译是否有错。

(1) 常见的整型变量类型转换

```
int main()
{
    int a = 5;
    char b = (char)a;
    return b;        //避免编译警告没有使用变量 a,b
}
```

(2) 联合体变量类型转换

```
typedef union
{
    long int A;
    char    B[4];
}Dtype;

int main()
{
    long int a = 5;
    char b =   ((Dtype )a).B[1];
    return b;        //避免编译警告没有使用变量 a,b
}
```

编译上述两段代码,可以发现第一段代码能正常编译,而第二段代码编译错误(提示:error C2440:'type cast': cannot convert from 'long' to 'union Dtype')。为什么同样是强制类型转换,用法相同,结果却不一样呢?

变量的三要素之一就是变量类型,而联合体变量没有确定的变量类型,因而联合体进行强制类型转换时就会出错。编译器编译(Dtype)a 这个类型转换的时候,由于不知道 Dtype 的具体变量类型,因此就没法存储 a 的类型转换值,从而导致编译出错。

既然联合体类型转换时出错,那是不是就没法进行联合体类型转换呢?答案是否定的,联合体变量虽然没有确定的变量类型,但联合体指针变量是有明确变量类型(指针类型)的,因此我们先转换为联合体指针类型,再指定联合体成员,从而达到类型转换的目的。

char b = ((Dtype)a).B[1];

修改为:

char b = (*(Dtype *)&a).B[1];   //或者 char b = ((Dtype *)&a)->B[1];

把整型 a 的地址转换为联合体指针,由于联合体指针变量就是确定的指针类型,有确定的地址和变量值,因此(Dtype *)&a 强制类型转换是可行的。有了联合体指针变量,那么再对指针变量进行取内容,指定元素也就可行了。

6. 指针与数组

C++/C 程序中,指针和数组在不少语法上可以相互替换,让人产生一种错觉,以为两者是等价的。本节将介绍指针和数组的差异。

(1) 指　针

指针是特殊的变量,其变量本身存储的值是其他变量的地址,即指向其他变量。不管指针指向任何数据类型变量,其占用的空间都是相同的,一般为 4 字节(有的平台为 2 字节)。指针的定义如下:

指向的数据类型 * 指针变量 = 指向的变量地址;
　　　　　　　　　//例如:int * p = NULL;定义一个指向 int 型的指针 p

指针定义时如果没有赋初值,那么指针就是野指针。所谓的野指针不是 NULL 指针,而是指向被释放的或者访问受限内存的指针。定义指针变量时没有赋初值,指针指向的地址是随机值,就是一个野指针。一般程序员都不会错用 NULL 指针,因为容易通过 if 来判断是否为 NULL 指针,但野指针就没有判断了,很容易误以为指针指向的地址是可用的,导致出错。

为了避免野指针,因此定义指针变量时如果不需要赋初值则赋值为 NULL,指针被 free 或者 delete 时也赋值为 NULL。指针指向的变量的内容操作如下:

写操作:*指针变量 = 指针指向的变量的内容
读操作:*指针变量

上述的 *指针变量可以替换为指针变量[0],后者是用数组的形式来对指针进行操作。

写操作:指针变量[0] = 指针指向的变量的内容
读操作:指针变量[0]

尽管指针可以用数组的形式来访问指向的变量,但指针就是指针,不是数组,不会像数组那样开辟数组空间,需要自行 malloc 或 new 来申请内存空间,或者指向已有的内存空间。

指针的加减操作跟普通变量的加减操作的计算值不一样。分析下面一段代码,由于 sizeof(int) 的值为 4,因此 int 型的指针的偏移为 4,即指针加 1,指针值就会加 4,结果如图 1－7 所示。

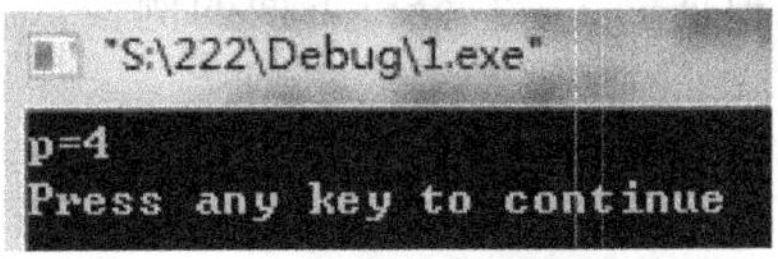

图 1－7 指针自加测试结果

```
int main()
{
    int * p = 0;          //sizeof(int) = 4
    p ++;
    printf("p = %d\n",p);
    return 0;
}
```

前面讲过指针变量可以以数组的形式进行读/写访问,指针加 n 后也可以用数组形式访问:

*(指针变量 + n)　　等效于　　指针变量[n]

(2) 数　组

数组在定义的时候已经创建了空间,要么在静态存储区被创建(如全局数组,static 修饰的局部数组),要么在栈上被创建。数组名对应着(不是指向)一块内存空间,其地址与容量在生命周期内保持不变,只有数组的内容才可以改变。

指针是可以随时指向任意类型的内存块,指向的地址可变,指向的内容也可变,所以常用指针来操作动态内存。指针远比数组灵活,但使用不当就容易造成危险。数组的定义如下:

数据类型　　数组名[数组元素数目] = { 元素 0 初值,元素 1 初值,…};
　　　　　　　　　　　　　　　　　　　　　　//例如 int a[3] = {1,2,3};

如果数组定义时赋初值,那么可以省略数组元素数目。赋初值不是必须的,可以不赋初值,也可以赋值前面部分元素的初始值。下面几种定义都是正确的:

```
int a[3] = {1,2,3};
int a[3] = {1,2};
int a[] = {1,2,3};
```

数组名的运算是初学者最容易搞混的地方,如表 1－2 所列。

表 1－2　数组名的运算

数组名	数组首元素的首地址
&. 数组名	数组的首地址
sizeof(数组名)	数组占用空间的字节数
sizeof(&. 数组名)	不同平台下,意义不同,不建议使用 在 Linux gcc 下,会把(&. 数组名)当作指针来处理,即指针占用空间的字节数; 在 Window VC 6.0 下,会把(&. 数组名)当作整个数组来处理,即数组占用空间的字节数

根据表1-2,分析下面的例程,结果见代码注释。

```c
void main()
{
    int a[5]={1,2,3,4,5};      //a：数组首元素的首地址,即 a[0];&a：数组的首地址
    int * ptr = (int *)(&a+1); //a+1:数组的下一元素的首地址,即 a[1]的地址
                               //&a+1:下一数组的首地址,即 &a+5*sizeof(int),即 a[5]的地址
    printf("%d,%d\n", *(a+1), *(ptr-1));
                               // *(ptr-1) 即为 a[5-1] = a[4] = 5
                               //结果为：2,5
}
```

注意：对于上述的代码,在调试窗口看(&a+1)的值,此时脱离了上下文,(&a+1)的值是不对的,如图1-8所示。

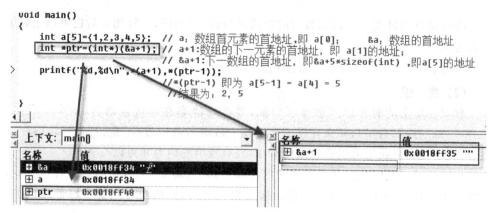

图1-8 (&a+1)脱离上下文后的值

7. 指针数组和数组指针

指针数组和数组指针,初学者非常容易混淆,其实区分两者的关键就是看它是数组还是指针。

指针数组：首先它是一个数组,数组的元素都是指针,数组占多少个字节由数组本身决定。它是"存储指针的数组"的简称。

`int * p[10];`   //指针数组。小标[]的优先级比指针取内容 * 高,等效于"int * (p[10]);"

数组指针：首先它是一个指针,它指向一个数组。它是"指向数组的指针"的简称。

`int (* p)[10];`   //数组指针

8. 函数指针和回调函数

(1) 函数名和函数指针

相信学过C语言的读者都对函数这个名字非常熟悉,但对它的概念又是否了解呢？假定需要定义一个比较两个变量的最大值的函数max,那么它的定义如下：

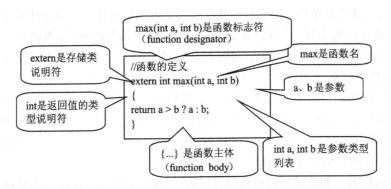

当需要调用 max 这个函数时,相信大部分读者都觉得这是一件非常简单的事情。真的是这样吗?那么请读者尝试分析一下下面几种函数的调用方法是否可行。

```
int t = max(1,2);
int t = (&max)(1,2);
int t = (&(&max))(1,2);            //除了这个和如此类推的调用方法是编译错误外,
                                   //其他都是对的,运行结果也对的
……
int t = ( * max)(1,2);
int t = ( * ( * max))(1,2);
int t = ( * ( * ( * max)))(1,2);
……
int t = ( * (&max))(1,2);
t = ( * ( * (&max)))(1,2);
……
```

第一感觉就是乱糟糟,分不清指针和取地址的关系。我们需要亲自动手在编译器里编译一下,验证结果。编译后会发现上述几种函数调用方法中,仅仅(&(&max))(1,2)和如此类推的函数调用在编译的时候会报错,其他的调用方法居然都是对的,而且运行结果也是对的。为什么会这样?这里涉及一个概念:函数指针。函数指针就是指向函数的指针,指向函数的入口地址。使用函数指针的好处在于可以在运行时根据数据的状态来选择相应的处理方式,常用在回调函数、中断向量表等应用里。

函数指针的用法如下述的代码。

```
int ( * pfun)(int,int);      //定义一个函数指针 pfun
pfun = &max;                 //或 pfun = max;两种方法都可行,都是把函数指针指
                             //向函数的入口
pfun(1,2);                   //或( * pfun)(1,2);两种方法都可行,都是通过函数
                             //入口地址调用函数
```

从上述的用法中可以看到,函数指针可以直接赋值为"& 函数名",函数指针也可以赋值为函数名,编译器没有任何警告,说明两者类型相同。换句话说,函数名实际上也是个函数指针,"& 函数名"后也是函数指针,从而也可以推导出" * 函数名"、" * (* 函数名)"也是函数指针。因此,函数指针,跟普通的指针不一样,不能用普通指针变量的思维去思考函数指针。

实际上,编译器在处理函数调用的时候就是把函数名作为函数指针来处理的,直接加载函数入口地址到 PC 寄存器上。"& max"是取函数的地址,即函数指针,那么 int t=(&max)(1,2)这种调用方法自然是对的。"&(&max)"是错误的,虽然"&max"是函数指针类型,但变量不能连续两次 & 取地址,再次 & 后并不认为是取地址,而认为是逻辑与 &,从而导致缺乏左值而报错。"*max"是函数指针,那么 int t=(*max)(1,2)这种调用方法自然是对的。"*(*max)"是取函数指针的内容,内容也是函数指针,即"*(*max)"也是函数指针,int t=(*(*max))(1,2)也是对的。"*(&max)"也是这样的道理。

C 语言提供了如此灵活的函数指针用法,但在一定程度上也让人困惑,因此在实际应用中应避免使用复杂的函数指针用法,以提高代码的可阅读性。

函数指针也是变量,可以作为参数传递给函数,用法如下述代码所示:

```
int f(void);              //声明函数 f
g(f);                     //然后把 f 传递给函数 g
//函数 g 的定义如下
void g(int (*funcp)(void))
{
    (*funcp)();           //或 funcp()
}
//函数 g 也可以按如下方式定义(都是等效的)
void g(int func(void))
{
    func();               //或(*func)()
}
```

(2) 指针函数和函数指针

分析下面两个语句,看看能不能区分两者的区别。

```
int * fun1 (void);
int (* fun2)(void);
```

第 1 条语句是常见的函数声明,返回值为 int 型指针的函数,即 fun1 是指针函数。第 2 条语句,由于括号的存在,fun2 为指针,是一个返回值为 int 型的函数的指针,即函数指针。

(3) 回调函数

所谓的回调函数,就是通过函数指针调用的函数。如果把函数的指针(地址)作为参数传递给另一个函数,当这个指针被用为调用它所指向的函数时,就说这是回调函数。回调函数不是由该函数的实现方直接调用,而是在特定的事件或条件发生时由另外一方调用的,用于对该事件或条件进行响应。

因为使用回调函数可以把调用者和被调用者分开,调用者不关心谁是被调用者,所有它需知道的,只是存在一个具有某种特定原型、某些限制条件(如返回值为 int)的被调用函数。回调函数就好像是一个中断处理函数,系统在符合设定的条件时自动调用。

如下述的代码,caller 函数仅仅知道回调函数的原型为 void(* ptr)(),它并不知道到底是什么函数被调用。func 函数的地址(函数指针)就可以作为 caller 函数的形参传递进去,动态绑定,从而在 caller 函数里回调 func 函数。

```c
void caller(void( * ptr)())
{
    ptr();              //调用 ptr 指向的函数
}
void func();            //函数原型
int main()
{
    p = func;           //如果赋了不同的值给 p(不同函数地址),那么调用者将调用不同
                        //的函数地址。函数地址的赋值过程可发生在运行中,这样就能实
                        //现动态绑定不同函数地址。
    caller(p);
}
```

9. 使用断言进行安全检测

相信现在还存在着很多连断言是什么都不知道的软件工程师,更别说是初学者了。断言,其实就是一个宏定义:

```c
/ * 配置断言和其实现函数 * /
void assert_failed(char * , int);
# if defined( DEBUG )    //定义了 DEBUG,且条件为假,则执行断言失败函数
# define ASSERT(expr)
    if (! (expr)) \
        assert_failed(__FILE__, __LINE__)
# else
# define ASSERT(expr)    //非 DEBUG,则定义为空,不执行任何函数
# endif
/ * !
 * @brief        断言失败所执行的函数
 * @param    file    文件路径地址
 * @param    line    行数
 * @since        v5.0
 * Sample usage:        assert_failed(__FILE__, __LINE__);
 * /
const char ASSERT_FAILED_STR[] = "Assertion failed in % s at line % d\n";
void assert_failed(char * file, int line)
{
    led_init(LED0);
    while (1)
    { //断言失败时,通过串口 printf 打印信息,以便程序员可找出问题所在
      //死循环等待程序员检测为何断言失败
        DEBUG_PRINTF(ASSERT_FAILED_STR, file, line);    //通过串口提示断言失败
        led_turn(LED0);  //LDE 闪烁,以便程序员继续发现问题
        DELAY_MS(1000);
    }
}
```

如果定义了 DEBUG 宏定义,就会对断言里的条件进行检查,条件不成立就提示错误信息,进入死循环。因为会进入死循环,很明显,这个断言是用来检测程序的错误,例如传递给函数的变量取值范围是否正确。例如在 FTM 模块里检测传递进来的占空比是否在 100% 之内(PWM 占空比不能超过 100%):

```
ASSERT(duty <= FTM0_PRECISON);        //用断言检测占空比是否合理
```

如果传递错误的参量,就会出错,在串口里可以看到如图 1-9 所示类似错误的位置,提示出错的代码所在的文件和行数,从而判断出错的原因并解决问题。

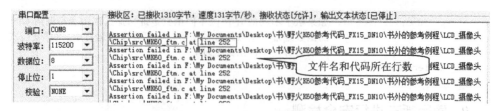

图 1-9　断言失败提示

这样在调试阶段,我们就能发现传递给函数的变量是不是超出了范围,在调试阶段就解决 bug。如果没有定义 DEBUG,则由于 ASSERT 宏定义为空,在预处理阶段就把判断代码给删掉,不会影响运行速度。

关于断言的使用,从林锐的《高质量 C 编程指南》里提取了一段断言的使用规则:

> 程序一般分为 Debug 版本和 Release 版本,Debug 版本用于内部调试,Release 版本发行给用户使用。
>
> 断言 assert 是仅在 Debug 版本起作用的宏,用于检查"不应该"发生的情况。
>
> 【规则1】使用断言捕捉不应该发生的非法情况。不要混淆非法情况与错误情况之间的区别,后者是必然存在的并且是一定要作出处理的。
>
> 【规则2】在函数的入口处,使用断言检查参数的有效性(合法性)。
>
> 【建议1】在编写函数时,要进行反复的考查,并且自问:"我打算做哪些假定?"一旦确定了的假定,就要使用断言对假定进行检查。
>
> 【建议2】一般教科书都鼓励程序员们进行防错设计,但要记住这种编程风格可能会隐瞒错误。当进行防错设计时,如果"不可能发生"的事情的确发生了,则要使用断言进行报警。

10. 强符号和弱符号

C语言的强符号和弱符号是C初学者经常犯错的地方。特别是多人联合开发程序时,它引起的问题往往非常怪异而且难以定位。这是初学者最容易犯的错误,而且一般教程都不介绍的内容。Java里还有强引用、软引用、弱引用、虚引用等概念。

(1) 什么是强符号和弱符号

在编程中,我们经常遇到"multiple definition of 'xxxxxx'"这样的编译器提示重复定义错误,这是因为程序中多个目标文件中包含相同名字的已初始化全局变量或者相同名字的函数。这里就涉及强符号和弱符号的概念。

在C语言中,函数和初始化的全局变量是强符号,未初始化的全局变量是弱符号。强符号和弱符号的定义是连接器用来处理多重定义符号的。针对强弱符号的概念,链接器就会按如下规则处理与选择被多次定义的全局符号:

规则1:不允许强符号被多次定义(即同一工程下的不同目标文件中不能有同名的强符号);如果有多个强符号定义,则链接器报符号重复定义错误。

规则2:如果一个符号在某个目标文件中是强符号,在其他文件中都是弱符号,那么选择强符号。

规则3:如果一个符号在所有目标文件中都是弱符号,那么选择其中占用空间最大的一个。

(2) 陷阱分析

```
//main.c
#include<stdio.h>
int fun();
int x;
int main()
{
    printf("in main.c:x = %p\n", &x);      //打印x的地址
    fun();
    return 0;
}
//test.c
#include<stdio.h>
int x;
int fun()
{
    printf("in test.c:x = %p\n", &x);      //打印x的地址
    return 0;
}
```

上述代码编译后,结果如图1-10所示。两个文件的x变量都占用相同的地址,换句话说,编译器认为是相同的变量,可能是程序员漏了加上extern来声明外部定义。写程序时,全局变量声明要加上extern,让其他人也知道该变量在外部定义了。

再来分析下面这段代码,读者需要注意变量 x 的定义,看看编译是否出错。

```
//main.c
#include<stdio.h>
int fun();
int x;
int main()
{
    printf("in main.c;&x = % p\n", &x);     //打印 x 的地址
    fun();
    return 0;
}
//test.c
#include<stdio.h>
struct
{
    char a;
    char b;
    char c;
    char d;
    int t;
} x;                                          //x 的数据类型变了
int fun()
{
    printf("in test.c;&x = % p\n", &x);      //打印 x 的地址
    return 0;
}
```

图 1-10 相同类型变量的弱引用

编译后,编译器居然没报错,运行结果如图 1-11 所示。尽管变量 x 的两处定义类型不同,但链接器还是认为两者是一个变量,但这时候大多数的程序员都会认为两者是不同的变量。由于共用同一块内存,不同的文件中有不同的类型和含义,这两个文件对这块内存进行读/写过程中会相互影响对方,从而会引发非常诡异的问题。

图 1-11 不相同类型变量的弱引用

在实际的项目开发中,往往需要团队合作来共同开发同一个程序。如果程序中使用的全局变量有重名问题,而且没有初始化,那么就会容易引发问题。在一个程序中出现问题还比较容易解决,毕竟源代码是在一个工程里的。如果使用的动态库或静态库中有没初始化的全局变量,而又恰好与自己定义的重名,那么就会出现变量地址冲突的问题。当该问题发生时,哪怕是优秀的程序员也得走很多弯路才想到是库修改了自己的变量。

(3) 跳出陷阱

全局变量是导致问题出现的根本原因,所以应该想办法消除全局变量。全局变量会增加程序的耦合性(应该尽量做到高内聚低耦合),尽量避免使用全局变量,如果能用其他的方法代替最好。

如果实在没有办法,那就把全局变量定义为 static,它是没有强弱之分的,而且不会和其他的全局符号产生冲突。如果其他文件需要对它进行访问,可以封装成函数,通过函数调用的方式进行访问。

11. ♯转换为字符串和♯♯合并变量名

(1) ♯操作符

♯操作符,这里指的不是用在宏定义♯define 开头的♯号,而是用在♯define 后面的♯操作符。♯操作符就是把宏定义转换为一个字符串。分析下面一段代码,运行结果如图 1-12 所示,MKSTR(chuxue123.com\n)最终会替换为可被编译器识别的字符串"chuxue123.com\n",这就是♯操作符的转换字符串功能。

```
♯define MKSTR(str)    ♯str
void main(void)
{
    printf(
        MKSTR(chuxue123.com\n)//♯操作符把 chuxue123.com\n 替换为" chuxue123.com\
                              //n",即字符串
    );
}
```

在嵌入式开发中,♯操作符常用于输出调试信息。假定有变量 reg,需要输出调试信息时,可以通过下面的方法来实现。代码运行结果如图 1-13 所示,输出调试信息时仅需要输入变量名,调试信息里也会包含变量名,从而更方便调试。

```
♯define DEBUG_COUT(var)    printf(♯var" = %d\n",var)
void main(void)
{
    int reg = 1;
    DEBUG_COUT(reg);
    //展开后的结果为:printf("reg"" = %d\n",reg)。编译时会把两个双引号隔开的字符
    //串当作一个字符串来处理,即等效于:printf("reg = %d\n",reg)
}
```

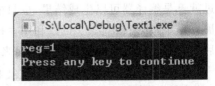

图 1-12　♯操作符用法　　　　图 1-13　♯操作符在嵌入式开发中的常见用法

(2) ##操作符

##操作符的用途是合并变量名,这是在嵌入式开发中常见的用法,一般用在寄存器命名中。常见的I/O口命名都是PTA、PTB、PTC等,有没有办法把A、B、C作为参数传递进PT(X)的宏定义,最终展开结果为PTA、PTB、PTC这样的命名呢?答案是肯定的,看下面的代码。

```
#define PT(X)    PT##X       //PT(A)展开后为PTA
```

野火的K60底层驱动里就有不少代码用到##操作符,例如实现51风格的I/O操作方法。

```
#define PT(X,n,REG)   BITBAND_REG(PT##X##_BASE_PTR->##REG,n)  //位操作
#define PTA0_OUT      PT(A,0,PDOR)
```

调用PTA0_OUT后,代码会展开为BITBAND_REG(PTA_BASE_PTR->PDOR,0),从而避免输入太长的代码。BITBAND_REG宏是飞思卡尔官方提供头文件里定义的,是位带操作的宏定义,这里不继续展开讨论了。

(3) #和##的宏参数不支持宏

凡是宏定义里有#和##操作符的地方都不会进行宏展开。例如下面的一段代码,PT(K)展开后的结果为PTK而不是PTA,因为有##操作符的地方都不会进行宏展开,而是直接进行合并变量名。

```
#define K        A
#define PT(X)    PT##X
```

既然遇到#和##操作符的地方不会进行宏展开,难道就不能传递宏参数吗?答案是否定的,可以加多一层宏定义先进行宏展开,然后再进行#和##操作。

```
#define K         A
#define _PT(X)    PT##X       //多插入了一层宏定义
#define PT(X)     _PT(X)
```

调用PT(K)时,预编译器首先进行第1次展开,展开为_PT(A),然后再进行第2次展开,展开结果为PTA,这就实现了有#和##操作符的地方也可以传递宏参数。

(4) 打印宏定义展开结果

很多读者在学宏定义的时候,总是只能看教程里说展开的结果是什么,往往没法真正动手来看看宏展开的结果。

IAR编译器可以通过工程选项配置生成宏定义结果,参考图1-64预处理设置。不过就算是编译器可以生成结果,也只能整个文件一起看,而不能单纯看一个宏定义的展开结果,那怎么办呢?可以利用#操作符实现把宏展开后的结果转换为字符串,然后把字符串通过printf函数打印出来。

```
#define _MKSTR(str)   #str         //支持参数为宏的宏定义,作用是转换为一个字符串
#define MKSTR(str)    _MKSTR(str)
#define DEFINE_PRINTF(def)  printf(MKSTR(def)"\n")
                            //把字符串打印出来,字符串后面加个换行符
```

利用前面介绍的 PT(X) 宏定义的例程，可以再来验证一下实验结果。实验结果如图 1-14 所示，与前面的分析结果一致。

```
#define K            A
#define _PT(X)       PT##X
#define PT(X)        _PT(X)

void main(void)
{
    DEFINE_PRINTF(PT(K));    //即使 PT()是多层宏定义,此功能也能把最终的
                             //宏展开结果打印出来
}
```

12. 堆和栈

作为程序员，经常听到"堆栈"这样的一个名词，但其实堆和栈是完全不同的概念。堆，是动态分配数据的区域，由程序员在程序运行中调用 malloc 等函数在堆内申请内存空间。栈，是非静态局部变量存储的区域，调用函数时由系统自动从栈里划分空间提供给函数内部定义的非静态变量使用。关于堆和栈的内容，将在后续的 1.4.3 节中继续讲解。

13. 程序的起始运行地址

程序从 main 函数开始吗？答案是否定的。大部分读者都用过 VC 编译器吧？有没有用过 VC 的调试模式呢？在 VC 里调试时，一般 PC 指针都会停留在 main 函数的开头，初学者就误以为程序是从 main 函数开始执行的。我们可以查看调用栈（菜单栏的"查看→调试窗口→Call Stack"），如图 1-15 所示，可以看到在执行 main 函数前，程序还执行了 mainCRTStartup 等初始化函数。

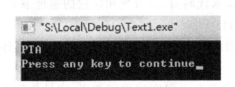

图 1-14 打印 PT(X)宏定义展开结果

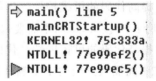

图 1-15 VC 编译器调用栈

不仅 VC 编译器是如此，微控制器程序也是如此。例如 K60 微控制器上电时，首先从中断向量表里获取复位函数的地址，然后执行复位函数，复位函数里对单片机系统进行初始化后再跳到 main 函数执行，如图 1-16 所示。

不同的硬件平台，不同的操作系统，程序的起始运行地址各不相同，但往往都不是从 main 函数开始执行。main 函数仅仅是用户代码的开始，而前面还需要进行其他的初始化操作。

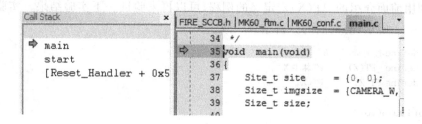

图 1-16 K60 在 IAR 平台下的调用栈

1.2.2 编程思想

1. 软件分层

(1) 软件层的特征

① 每一个软件层都应该由共同完成特定功能的函数或类组成,例如 I^2C、UART 等特定功能。

② 层与层之间应该是自上而下的依赖关系,下层应用不能依赖于上层应用。例如 printf 函数这个上层应用依赖与 UART 串口通信的底层应用,但如果底层应用也依赖于顶层应用,就会使得层次结构混乱。

③ 每一个软件层都对上层提供 API 接口,但隐藏具体的实现细节。对每一个层次的内容进行修改时,仅仅改变其实现细节,不改变其 API 接口,从而不影响顶层的实现。

(2) 软件分层的优点

① 提高代码的可维护性。当修改某些需求代码时,仅改变相应层的实现细节,并不影响 API 接口,从而不需要修改顶层接口。

② 提高代码的可拓展性。代码中需要增加新功能时可以保持原先代码的整体架构,在中间插入某层时不影响其他的代码。

③ 提高代码的重用性。同一层代码可供多个上层应用程序调用,满足各种需求,从而减少程序代码的冗余。

(3) 软件分层的缺点

软件分层越多,架构师设计程序架构时需要花更长的时间。合理清晰的软件架构可以提高开发效率,而混乱的架构会大大影响开发效率。

图 1-17 是野火 K60 的软件分层架构,野火在开发 K60 程序时,根据 K60 片内外设模块、开发板外设模块的不同功能,已经设计好相应的软件分层架构。每层的 API 接口都在头文件里声明,程序员可以在头文件里找到相应的声明,从而调用相关的函数。

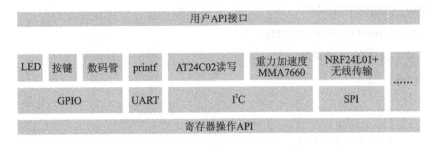

图 1-17　野火 K60 的软件分层架构

2. 状态机思想

有限状态机，简写为 FSM(Finite State Machine)，主要分为两大类：第 1 类，若输出只和状态有关而与输入无关，则称为 Moore 状态机；第 2 类，输出不仅和状态有关而且和输入有关系，则称为 Mealy 状态机。

状态机可归纳为 4 个要素，即现态、条件、动作、次态。这样的归纳，主要是出于对状态机的内在因果关系的考虑。"现态"和"条件"是因，"动作"和"次态"是果。详解如下：

① 现态：是指当前所处的状态。

② 条件：又称为"事件"，当一个条件被满足，将会触发一个动作，或者执行一次状态的迁移。

③ 动作：条件满足后执行的动作。动作执行完毕后，可以迁移到新的状态，也可以仍旧保持原状态。动作不是必需的，当条件满足后，也可以不执行任何动作，直接迁移到新状态。

④ 次态：条件满足后要迁往的新状态。"次态"是相对于"现态"而言的，"次态"一旦被激活，就转变成新的"现态"了。

以摄像头采集图像为例，编写状态机思想代码步骤如下：

① 画状态图，如图 1-18 所示。

② 在代码里定义摄像头图像采集的状态。

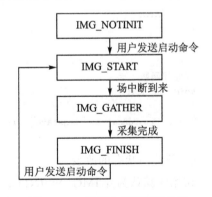

图 1-18　摄像头的状态转换图

```
//定义图像采集状态
typedef enum             //枚举具有自动编号的功能
{
    IMG_NOTINIT = 0,     //图像还没开始采集
    IMG_FINISH,          //图像采集完毕
    IMG_GATHER,          //图像采集中
    IMG_START,           //开始采集图像
}IMG_STATE;
```

主程序初始化时定义状态标记变量,并赋初值。

```
IMG_STATE imgstate = IMG_NOINIT;
```

③ 编写对应的处理函数。

```
void img_deal
{
    switch((int)imgstate)
    {
        case IMG_NOTINIT:
        //初始化动作
        break;
        case IMG_START:
        //启动采集图像动作
        break;
        //省略其他动作……
        default:
        break;
    }
}
```

如果状态较多,使用 switch 会影响速度,可使用函数指针数组的方式来实现。

```
typedef  void ( * imgfunc)(void);                //typedef 来定义函数指针类型
imgfunc  imgfuncarray[ 4] = {img_init,img_start,img_collet,img_finish};
                                                 //查表的方式,效率更高
//动作函数的实现
void img_init(void)
{
    //……
}

//……
//处理函数
void img_deal
{
    ( * imgfuncarray [imgstate])();              //查表,执行相应的函数
}                                                //查表法,速度优于 switch
```

④ 条件与状态的改变。

初始化默认为:IMG_NOINIT。

在 mian 函数里,当处理完图像数据,需要采集图像的时候,把状态设为 IMG_START,使能场中断,等待场中断到来。当场中断来时,把状态标记为 IMG_GATHER,开始采集图像。采集图像后,把状态标记为 IMG_FINISH,禁止场中断。在 mian 函数里等待图像采集完成后,对图像进行处理,然后继续把状态设为 IMG_START,使能场中断,开始采集图像。

1.3 走近 ARM Cortex–M4

ARM 可以理解为一家公司,也可以理解为 ARM 公司推出的内核芯片。ARM 的全称是 Advanced RISC Machines,高级精简指令集机器。ARM 公司是微处理器设计厂商,提供最广泛的微处理器内核,可满足几乎所有应用市场对性能、功耗及成本的要求。ARM 本身不出售任何芯片,它将其技术授权给世界上许多著名的半导体、软件和 OEM 厂商,每个厂商得到的都是一套独一无二的 ARM 相关技术及服务。利用这种合伙关系,ARM 很快成为许多全球性 RISC 标准的缔造者。ARM 公司在经典处理器 ARM11 以后的产品改用 Cortex 命名,并分成 A、R 和 M 3 类,旨在为各种不同的市场提供服务。

- Cortex–A 系列——应用处理器(Application Processor):Cortex–A 系列拥有 MMU 和 Cache,追求最快频率、最高性能、合理功耗,是面向复杂、基于虚拟内存的和应用的操作系统(如 Linux、Android/Chrome、Microsoft Windows(CE/Embedded))。
- Cortex–R 系列——实时控制处理器(Real-time Controller):Cortex–R 系列拥有 MPU 和 Cache,追求实时响应、合理性能、较低功耗;它通常会执行实时操作系统(RTOS,如 μC/OS、embOS、FreeRTOS、RT-Thread 等),而不是在应用程序处理器上运行的高级操作系统。
- Cortex–M 系列——微控制器(Micro-controller):Cortex–M 系列没有内存管理系统,性能一般,追求最低成本、极低功耗;它是针对低成本应用的优化的微控制器,可为超低功耗的嵌入式计算应用提供最佳解决方案。

1.3.1 M4 内核介绍

ARM Cortex–M4 处理器是由 ARM 专门开发的最新嵌入式处理器,用以满足需要有效且易于使用的控制和信号处理功能混合的数字信号控制市场特点,如图 1–19 所示。高效的信号处理功能与 Cortex–M 处理器系列的低功耗、低成本和易于使用的优点的组合,旨在满

图 1–19 M4 的特点

足专门面向电动机控制、汽车、电源管理、嵌入式音频和工业自动化市场的新兴类别的灵活解决方案,表 1–3 列出了 ARM Cortex–M4 的功能。

图 1–20 给出了 Cortex–M4 的内核框图。Cortex–M 系列处理器都是二进制向上兼容的,这使得软件重用以及从一个 Cortex–M 处理器无缝发展到另一个成为可能。如图 1–21 所示,Cortex–M3 在 Cortex–M0/Cortex–M1 指令集的基础上

拓展而来，而 Cortex－M4 由从 Cortex－M3 的指令集基础上拓展而来，Cortex－M4F 是在 Cortex－M4 指令集的基础上额外增加浮点运算指令集。

表 1-3　ARM Cortex－M4 功能

体系结构	ARMv7E-M（哈佛）
ISA 支持	Thumb®/Thumb-2
DSP 扩展	单周期 16、32 位 MAC（乘法累加）
	单周期双 16 位 MAC（乘法累加）
	8、16 位 SIMD 运算
	硬件除法（2～12 个周期）
浮点单元	单精度浮点单元
	符合 IEEE 754（二进制浮点数算术标准）
流水线	3 级＋分支预测
性能效率	3.40 CoreMark/MHz－1.25～1.52 DMIPS/MHz
内存保护	带有子区域和后台区域的可选 8 区域 MPU
中断	不可屏蔽的中断（NMI）＋1 到 240 个物理中断
中断优先级	8～256 个优先级
唤醒中断控制器	最多 240 个唤醒中断
睡眠模式	集成的 WFI 和 WFE 指令和"退出时睡眠"功能
	睡眠和深度睡眠信号
	随 ARM 电源管理工具包提供的可选 Retention 模式
位操作	集成的指令和位段
调试	可选 JTAG 和 Serial-Wire 调试端口。最多 8 个断点和 4 个检测点

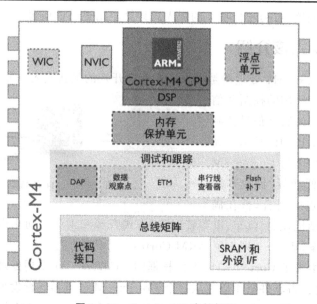

图 1-20　Cortex－M4 内核框图

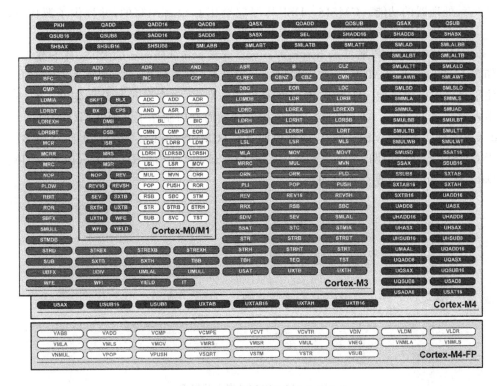

图 1-21 Cortex-M 系列兼容指令集

1.3.2 基于 Cortex-M 的 CMSIS 库

Cortex-M4 内核自带了内核外设和 DSP 处理器,为了方便 Cortex-M 内核的微控制器操作这些内核外设和 DSP 处理器,ARM 公司提供了 CMSIS 库。CMSIS 为基于 Cortex-M 系列处理器的系统定义了标准软件接口,提供了以下功能:

➢ CMSIS-CORE 为整个系统定义了 API 并支持所有 Cortex-M 系列处理器 (Cortex-M0、Cortex-M3、Cortex-M4、SC000 和 SC300)。它提供了用于访问特定处理器功能和内核外设的系统启动方法与函数。它包含用于通过 CoreSight™ 调试单元进行打印式输出的帮助程序函数,并为 RTOS 内核识别定义了调试通道。每个外设都具有一致的结构,用于为符合 CMSIS 的设备跨平台、一致地定义设备的外围寄存器和所有中断。

➢ CMSIS-DSP 库包括向量运算、矩阵计算、复杂运算、筛选函数、控制函数、PID 控制器、傅里叶变换和很多其他常用的 DSP 算法。大多数算法都可以用于浮点格式(32 位)和各种定点格式(分数 q7、q15、q31),并已针对 Cortex-M 系列处理器进行优化。Cortex-M4 处理器实现采用 ARM DSP SIMD(单指令多数据)指令集和浮点硬件,以全面支持用于信号处理算法的 Cortex-M4

处理器的功能。CMSIS-DSP 库是完全用 C 语言编写的,并提供了源代码,允许程序员根据特定应用需求对算法进行修改。

CMSIS 库的下载地址是 https://silver.arm.com/browse/CMSIS,其下载界面如图 1-22 所示。CMSIS 函数库提供了函数接口,把底层操作隐藏起来,让我们专注于自己的应用函数。CMSIS 库里面的函数非常多,包含各种复杂的定义,会让初学者容易迷失方向。ARM 公司为了解决该问题而专门制作了说明文档(CMSIS\index.html)。下载 CMSIS 库后,打开说明文档(CMSIS\index.html),里面有很多关于 CMSIS 的介绍说明,本书主要关注的是 CORE 和 DSP 的 Reference(函数说明)、Data Structures(数据结构说明)。

图 1-22 CMSIS 库下载界面

如图 1-23 所示,NVIC_EnableIRQ 的功能就是使能指定 IRQ 号的中断,传递进去的 IRQn 中断号是芯片特定的,不同的 Cortex-M4 内核的微控制器,其中断号

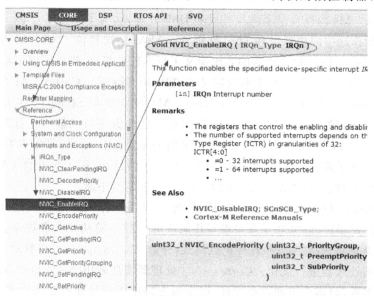

图 1-23 CMSIS 库说明文档的函数说明

也不相同，由芯片厂家规定。对于内核，常用的函数主要是 NVIC 模块的中断配置和系统复位、开关总中断等函数，如表 1-4 所列，具体用法需要自行查看 CMSIS 的帮助文档。

表 1-4 内核常用函数

函数名	作 用
void NVIC_DisableIRQ(IRQn_Type IRQn)	禁止指定 IRQ 中断
void NVIC_EnableIRQ(IRQn_Type IRQn)	使能指定 IRQ 中断
uint32_t NVIC_GetPriority(IRQn_Type IRQn)	获取指定 IRQ 中断优先级
uint32_t NVIC_GetPriorityGrouping(void)	获取优先级分组
void NVIC_SetPriority(IRQn_Type IRQn, uint32_t priority)	设置指定 IRQ 中断优先级
void NVIC_SetPriorityGrouping(uint32_t PriorityGroup)	设置优先级分组
void NVIC_SystemReset(void)	系统复位
void __disable_irq(void)	禁止总中断
void __enable_irq(void)	使能总中断
uint32_t __get_PSP(void)	获取进程堆栈指针 PSP
void __set_PSP(uint32_t topOfProcStack)	设置 PSP

对 DSP 处理器，这里列出一些简单易用的函数，如表 1-5 所列，具体用法需要自行查看 CMSIS 的帮助文档。为了节省空间，与后缀 f32 类似的 q31、q15、q7 就不列出来了。

表 1-5 DSP 处理器常用函数

函数名	作 用	函数名	作 用
arm_cos_f32	求余弦值	arm_shift_q31	数组元素的移位
arm_sin_f32	求正弦值	arm_var_f32	求数组元素的方差
arm_sin_cos_f32	求正弦值和余弦值	arm_std_f32	求数组元素的标准差
arm_abs_f32	求绝对值	arm_rms_f32	求均方根
arm_add_f32	求加法	arm_fill_f32	填充数据
arm_sub_f32	求减法	arm_copy_f32	复制数据
arm_max_f32	求数组元素的最大值	arm_dot_prod_f32	点乘
arm_min_f32	求数组元素的最小值	arm_negate_f32	取反
arm_mult_f32	乘法	arm_offset_f32	偏移
arm_mat_mult_f32	矩阵乘法	arm_rfft_init_f32	傅里叶初始化
arm_mean_f32	平均值	arm_rfft_f32	傅里叶
arm_sqrt_f32	求平方根	arm_split_rfft_f32	分布傅里叶
arm_power_f32	求平方和		

1.4 典型 Kinetis 系列微控制器简介

1.4.1 Kinetis 简介

飞思卡尔公司的 Kinetis 系列 ARM Cortex MCU 由多款软硬件互相兼容的 ARM Cortex－M0＋和 ARM Cortex－M4 MCU 产品构成，具有出色的低功耗表现、内存扩展特性和功能集成。系列产品包括从入门级的 ARM Cortex－M0＋Kinetis L 系列到高性能、功能丰富的 ARM Cortex－M4 Kinetis K，而且还具有丰富的模拟、通信、HMI、数据链接和安全特性。所有的 Kinetis MCU 都受到大量由飞思卡尔和第三方软硬件系统的全面支持，从而可以降低开发成本，缩短产品上市时间。Kinetis K 系列的 MCU 种类繁多，K1x 到 K7x 的功能定位如下：K1x：基准 MCU；K2x：支持 USB 的 MCU；K3x：支持段式 LCD 的 MCU；K4x：支持 USB 和段式 LCD MCU；K5x：测量 MCU；K6x：以太网加密 MCU；K7x：支持图形 LCD 的 MCU。Kinetis K 系列的 MCU 种类繁多，通过特定的命名规则来分区不同的型号芯片，如图 1－24 所示，表 1－6 给了型号参数描述。

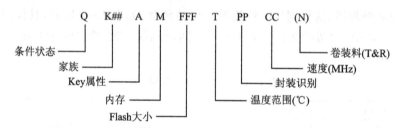

图 1－24 型号命名

表 1－6 型号参数描述

字 段	描 述	值
Q	条件描述	M＝经验证完全符合的量产级别，通用市场级别 P＝未验证工程样品级别
K＃＃	Kinetis 家族	K60
A	Key 属性	D＝Cortex－M4 w/ DSP F＝Cortex－M4 w/ FPU
M	Flash 内存类别	N＝仅程序 flash X＝程序 flash 和 FlexMemory
FFF	程序 flash 内存大小	32＝32 KB 64＝64 KB 128＝128 KB 256＝256 KB 512＝512 KB 1M0＝1 MB
T	温度范围/(℃)	V＝－40～105 C＝－40～85

续表 1-6

字 段	描 述	值
PP	封装识别	FM=32 QFN（5 mm×5 mm） FT=48 QFN（7 mm×7 mm） LF=48 LQFP（7 mm×7 mm） EX=64 QFN（9 mm×9 mm） LH=64 LQFP（10 mm×10 mm） LK=80 LQFP（12 mm×12 mm） MB=81 MAPBGA（8 mm×8 mm） LL=100 LQFP（14 mm×14 mm） MC=121 MAPBGA（8 mm×8 mm） LQ=144 LQFP（20 mm×20 mm） MD=144 MAPBGA（13 mm×13 mm） MF=196 MAPBGA（15 mm×15 mm） MJ=256 MAPBGA（17 mm×17 mm）
CC	最大 CPU 频率/MHz	5=50　7=72　10=100　12=120　15=150
N	包装类别	R=卷装料　（空白）=托盘

本书主要讲解 K60 系列的 MK60DN512 和 MK60FX512 微控制器，内部自带的模块如图 1-25 所示，其特点如表 1-7 所列。

图 1-25　Kinetis K60 系列模块

表 1-7 Kinetis K60 系列 MCU 特点

特 性	优 点
➢ ARM Cortex-M4 内核支持数字信号处理指令以及可选的单精度浮点单元 ➢ 达到 32 通道的 DMA 单元,达到 16 KB 的 cache Cross bar 开关单元	➢ 达到 180 MHz 的内核,满足宽范围处理带宽的需要 ◆ 支持外设和存储器的数据服务,减少 CPU 的负荷 ◆ 优化系统总线带宽和 Flash 执行能力 ➢ 多主机总线并行访问,提高系统总线带宽
➢ 带硬件时戳的 IEEE 1588 以太 MAC ➢ 带设备充电检测的 USB OTG(全速/高速)	➢ 为实时、网络化的工业自动化和控制提供精确的时钟同步 ➢ 专为手提 USB 设备而优化的充电电流/时间特性可以保证更长的电池使用寿命。内部集成的 5 V 输入/3.3 V 输出的 USB 低压调整器能为片外器件提供达到 20 mA 的离片电流
➢ 硬件加密协处理器 ➢ 系统加密和篡改检测单元	➢ 支持加密数据的传输和存储,比传统的软件方法具有更快的速度和更少的 CPU 负荷占用。该协处理器支持多种加密算法,例如：DES、3DES、AES、MD5、SHA-1、SHA-256 等 ➢ 独立电池供电的加密实时时钟。当检测到未加密的 Flash、温度、时钟和电源电压变化以及物理撞击时,内/外部的篡改检测单元能保护关键的存储区域
➢ FlexBus 外部总线接口 ➢ 数字加密主控制器 ➢ NAND Flash 控制器 ➢ DRAM 控制器	➢ FlexBus 外部总线可以作为与存储器和诸如图形显示等外设的接口 ➢ 支持 SD、SDIO、MMC 和 CE-ATA 卡,适合在线软件升级,文件系统和 WiFi 或蓝牙支持 ➢ 支持达到 32 位 ECC 的当前和未来 NAND 类型。误码纠正(ECC)管理由硬件操作,最大限度减少软件的开销 ➢ 支持 DDR、DDR2 和低功耗 DDR 存储器的连接
➢ 256 KB~1 MB Flash 存储器,达到 128 KB 的 SRAM 存储器 ➢ 32~512 KB FlexMemory 存储器	➢ 快速访问和具有 4 级安全保护的高可靠性 Flash 存储器,独立的 Flash 块配置允许并行的代码执行和固件刷新 ➢ FlexMemory 提供 32 B~16 KB 支持字节写/擦除操作的 EEPROM 用户存储段,此外 256~512 KB 的 FlexNVM 可用于存放额外的程序代码、数据或 EEPROM 的备份内容

Cortex-M4 和 K60 是什么关系？为什么学 K60 微控制器总是讲到 Cortex-M4 内核？

初次接触 ARM MCU 的读者可能不清楚 Cortex-M4 内核和 K60 的关系,以及 Cortex-M4 外设和 K60 外设的关系。

简单地说，K60 是一块 MCU 芯片，其内部还可以细分成多个模块：Cortex-M4 内核、GPIO、UART、I²C、SPI、ADC、DAC、DMA、PIT、FTM 等。除 Cortex-M4 内核模块外，其他的 GPIO、UART 等模块就是 K60 的片内外设。

Cortex-M4 内核是 K60 芯片的核心，其内部还可以细分成多个模块：Cortex-M4 CPU、DSP、NVIC、SysTick、SCB、MPU、FPU 等。除 Cortex-M4 CPU 和 DSP 外，其他的 NVIC 等模块就是 Cortex-M4 外设。

ARM 公司是一家知识产权(IP)供应商，其本身不制造芯片、不出售芯片，而是通过转让设计方案，由合作伙伴生产出各具特色的芯片。飞思卡尔公司从 ARM 公司获取到 ARM Cortex-M4 内核的授权，在 Cortex-M 内核的基础上增加外设而形成 Kinetis 系列微控制器。这种模式也给用户带来了巨大的好处，因为用户只掌握一种 ARM 内核结构及其开发手段，就能够使用多家公司相同 ARM 内核的芯片。

除了 ARM Cortex-M 内核架构外，其实还有很多内核架构，例如 51、X86、MIPS、RISC 等。学习过 51 单片机的读者也应该了解过不同公司的 51 单片机，它们都是采用 51 内核，因此开发手段上基本相同。

1.4.2 K60P144 的引脚功能和硬件电路

本小节主要以 K60 系列 144 引脚的 MK60DN512VLQ 芯片为基础来讲解 K60 的引脚功能，其他的 Kinetis 系列微控制器也是大同小异。

1. 电源引脚

K60 芯片中有较多的 VDDx、VSSx 数字电源引脚，目的是提供足够多的电流来保证 K60 芯片的正常运行。K60 的数字电源和模拟电源是区分开的，目的是防止信号的相互串扰而影响到某些敏感元件。K60 有专门的 ADC、DAC 模块模拟参考电源引脚，可用于提供稳定的模拟参考电源，如表 1-8 所列。

表 1-8 K60 电源引脚描述

电源	描述	电源	描述
VDD	数字电源	VSSA	模拟地
VSS	数字地	VREFH	ADC、DAC 的模拟参考电源高位
VDDA	模拟电源	VREFL	ADC、DAC 的模拟参考电源低位

2. 调试/编程接口

Cortex-M4 支持 JTAG、cJTAG 和 SWD 调试接口，Kinetis K 系列还具有 Ez-

Port 编程接口,如表 1-9 所列。

表 1-9 K60 调试/编程接口引脚

Kinetis 引脚	JTAG	EzPort	SWD	Kinetis 引脚	JTAG	EzPort	SWD
PTA0	TCK	EZP_CLK	SWD_CLK	PTA3	TMS	—	—
PTA1	TDI	EZP_DI	—	PTA4	—	EZP_CS	—
PTA2	TDO	EZP_DO	SWD_DIO				

(1) JTAG 接口

JTAG(Joint Test Action Group,联合测试行动小组)是一种国际标准测试协议(IEEE 1149.1-1990),主要用于芯片内部测试,信号描述如表 1-10 所列。目前大部分的处理器(MCU、DSP、FPGA)都支持 JTAG 协议。

表 1-10 JTAG 信号描述

信 号	说 明
TCK	测试时钟输入
TDI	测试数据输入,数据通过 TDI 引脚输入 JTAG 接口
TDO	测试数据输出,数据通过 TDO 引脚从 JTAG 接口输出
TMS	测试模式选择,TMS 用来设置 JTAG 接口处于某种特定的测试模式
TRST	(可选)测试复位,输入引脚,低电平有效

(2) cJTAG 接口

cJTAG(Comapact JTAG,紧凑 JTAG)接口是基于 IEEE 1149.7 标准开发的新一代测试接口,也被称为 TAP.7。cJTAG 接口只用到 TMS 和 TCK 两个信号,如表 1-11 所列。

表 1-11 cJTAG 信号描述

信 号	说 明
TCK	测试时钟输入
TMS	测试模式选择,TMS 用来设置 JTAG 接口处于某种特定的测试模式

(3) SWD 接口

SWD 接口源自于 JTAG 接口,只需两个信号线即可,如表 1-12 所列。

表 1-12 SWD 信号描述

信 号	说 明	信 号	说 明
SWCLK	测试时钟引脚	SWDIO	测试数据 I/O 引脚

JTAG 接口和 SWD 接口的引脚顺序,ARM 公司有规定,如图 1-26 所示。

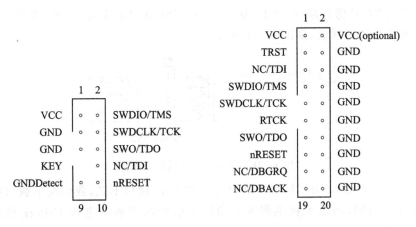

图 1-26 标准 JTAG 和 SWD 10Pin、20Pin 接口

(4) EzPort 接口

EzPort 是 Kinetis 微控制器自带的串行 Flash 编程接口，兼容 SPI 接口，支持 ISP 编程，信号描述如表 1-13 所列，EzPort 框图如图 1-27 所示。外部 SPI 主机可通过 EzPort 接口实现对 MCU 中的 Flash 进行读/写操作和擦除操作。

表 1-13 EzPort 信号描述

信 号	说 明	信 号	说 明
EZP_CK	时钟	EZP_D	串行数据输入
EZP_CS	片选	EZP_Q	串行数据输出

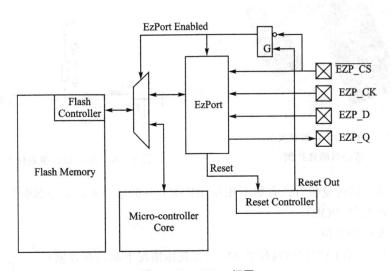

图 1-27 EzPort 框图

为了节省核心板的面积，本书配套的 K60 核心板采用 10Pin 接口，但 10Pin 接口并非图 1-26 中的 10Pin 接口，而是目前国内开发板用得最多的 10Pin 接口，可使用

Jlink V8 或 P&E 仿真器,通过 JTAG/SWD 10Pin 接口来实现对 K60 微控制器的在线仿真和烧录固件功能,如图 1-28 所示。

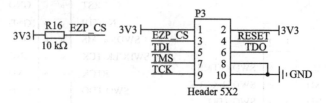

图 1-28 野火 K60 下载口原理图

如图 1-29 所示,为了使得下载口支持 EzPort 接口下载,我们在下载口里加入了 EZP_CS 引脚,通过上拉电阻来避免浮空引脚时误触发进入 EzPort 编程模式(EZP_CS 低电平进入 EzPort 编程模式)。

3. 复位电路

参考表 1-14 MK60DN 144 封装引脚复用功能表,RESET_b 为 K60 的复位引脚,b 表示低电平有效。如图 1-30 所示,图中 RESET 信号接入 K60 的 RESET_b 引脚,按键按下时 RESET_b 引脚直接接地,K60 微控制器复位。在复位电路中加入电容的目的是保证足够的低电平脉冲宽度来产生复位信号。按键按下时,RESET_b 引脚接地,为低电平,按键弹起后,电容通过上拉电阻充电,电压逐渐增大,最后变成高电平。电容的充电过程保证了足够的低电平脉冲宽度来产生复位信号。

图 1-29 Jlink 和野火 K60
核心板的连接图

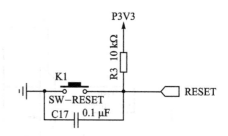

图 1-30 K60 核心板复位电路

K60 可支持的复位方式有如下几种(RESET_b 低电平复位是外部引脚复位):
- 上电复位(POR)。
- 外部引脚复位。
- 低压检测(LVD)复位(保护 MCU 在低压情况下的内存数据)。
- 看门狗复位。
- 低耗电唤醒复位。
- MCG 时钟产生器时钟丢失复位。

> 软件复位。
> 死锁复位。
> EzPort 复位。
> 调试接口复位(JTAG/SWD 和 nTRST)。

以上几种复位都可通过读取 K60 的 MC_SRSH 和 MC_SRSL 寄存器来判断最后一次 K60 程序运行前的复位方式。

4. 晶振电路

晶振,全称为晶体振荡器,是微控制器内部电路产生微控制器所需的时钟频率的部件,微控制器晶振提供的时钟频率越高,那么微控制器运行速度就越快,微控制器一切指令的执行都是建立在微控制器晶振提供的时钟频率上。简单地说,没有晶振就没有时钟周期,没有时钟周期就无法执行程序代码,微控制器就无法工作。K60 通过内部的 MCG 模块选择外部参考时钟源和内部参考时钟源,由于内部参考时钟源不稳定,因此一般都是采集外部参考时钟源(EXTAL 和 XTAL)。

野火 K60 核心板主晶振采用的是 50 MHz 的有源晶振,只需要把晶振输出时钟源接入 EXTAL 即可,图 1-31 给出了 K60 的主晶振电路。如果采用无源晶振,则把无源晶振的两个引脚分别接入 EXTAL 和 XTAL 引脚,不区分方向。无源晶振需要 K60 通过 XTAL 引脚提供振荡器来起振,而有源晶振通过内部自带振荡器来起振。

K60 的 RTC 模块也需要提供 32.768 kHz 的时钟源(EXTAL32 和 XTAL32)来计时,野火 K60 核心板采用无源晶振提供时钟源,如图 1-32 所示,由于是贴片封装,因此有 4 个引脚。

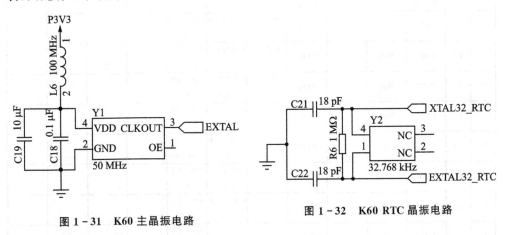

图 1-31 K60 主晶振电路   图 1-32 K60 RTC 晶振电路

5. 引脚复用

目前的芯片内部集成功能越来越多,芯片的引脚数目过多会增大芯片成本,增大 PCB Layout 难度,而且并不是每个芯片都适合于不同的应用场合,因此可以通过引脚复用把多个功能复用到相同的引脚上,从而减少引脚的数目。

Kinetis 微控制器的引脚可以通过修改复用寄存器来修改引脚的功能,复用功能 ALTn 由 PORT 模块的 PCRn 寄存器的 MUX 字段来选择。每个引脚可选的复用功能如表 1-14 所列。注:FX 比 DN 系列增多了一些功能,FX 的复用可见 RM 编程手册(参见配套资料)。

表 1-14　MK60DN 144 封装引脚复用功能表

144 LQFP	144 MAP BGA	引脚名	默认	ALT0	ALT1	ALT2	ALT3	ALT4	ALT5	ALT6	ALT7	EzPort
—	L5	保留	保留	保留								
—	M5	NC	NC	NC								
—	A10	NC	NC	NC								
—	B10	NC	NC	NC								
—	C10	NC	NC	NC								
1	D3	PTE0	ADC1_SE4a	ADC1_SE4a	PTE0	SPI1_PCS1	UART1_TX	SDHC0_D1		I2C1_SDA		
2	D2	PTE1/LLWU_P0	ADC1_SE5a	ADC1_SE5a	PTE1/LLWU_P0	SPI1_SOUT	UART1_RX	SDHC0_D0		I2C1_SCL		
3	D1	PTE2/LLWU_P1	ADC1_SE6a	ADC1_SE6a	PTE2/LLWU_P1	SPI1_SCK	UART1_CTS_b	SDHC0_DCLK				
4	E4	PTE3	ADC1_SE7a	ADC1_SE7a	PTE3	SPI1_SIN	UART1_RTS_b	SDHC0_CMD				
5	E5	VDD	VDD	VDD								
6	F6	VSS	VSS	VSS								
7	E3	PTE4/LLWU_P2	禁用		PTE4/LLWU_P2	SPI1_PCS0	UART3_TX	SDHC0_D3				
8	E2	PTE5	禁用		PTE5	SPI1_PCS2	UART3_RX	SDHC0_D2				
9	E1	PTE6	禁用		PTE6	SPI1_PCS3	UART3_CTS_b	I2S0_MCLK		I2S0_CLKIN		
10	F4	PTE7	禁用		PTE7		UART3_RTS_b	I2S0_RXD				
11	F3	PTE8	禁用		PTE8		UART5_TX	I2S0_RX_FS				
12	F2	PTE9	禁用		PTE9		UART5_RX	I2S0_RX_BCLK				
13	F1	PTE10	禁用		PTE10		UART5_CTS_b	I2S0_TXD				
14	G4	PTE11	禁用		PTE11		UART5_RTS_b	I2S0_TX_FS				
15	G3	PTE12	禁用		PTE12			I2S0_TX_BCLK				
16	E6	VDD	VDD	VDD								
17	F7	VSS	VSS	VSS								
18	H3	VSS	VSS	VSS								
19	H1	USB0_DP	USB0_DP	USB0_DP								

续表 1-14

144 LQFP	144 MAP BGA	引脚名	默认	ALT0	ALT1	ALT2	ALT3	ALT4	ALT5	ALT6	ALT7	EzPort
20	H2	USB0_DM	USB0_DM	USB0_DM								
21	G1	VOUT33	VOUT33	VOUT33								
22	G2	VREGIN	VREGIN	VREGIN								
23	J1	ADC0_DP1	ADC0_DP1	ADC0_DP1								
24	J2	ADC0_DM1	ADC0_DM1	ADC0_DM1								
25	K1	ADC1_DP1	ADC1_DP1	ADC1_DP1								
26	K2	ADC1_DM1	ADC1_DM1	ADC1_DM1								
27	L1	PGA0_DP/ADC0_DP0/ADC1_DP3	PGA0_DP/ADC0_DP0/ADC1_DP3	PGA0_DP/ADC0_DP0/ADC1_DP3								
28	L2	PGA0_DM/ADC0_DM0/ADC1_DM3	PGA0_DM/ADC0_DM0/ADC1_DM3	PGA0_DM/ADC0_DM0/ADC1_DM3								
29	M1	PGA1_DP/ADC1_DP0/ADC0_DP3	PGA1_DP/ADC1_DP0/ADC0_DP3	PGA1_DP/ADC1_DP0/ADC0_DP3								
30	M2	GA1_DM/ADC1_DM0/ADC0_DM3	GA1_DM/ADC1_DM0/ADC0_DM3	GA1_DM/ADC1_DM0/ADC0_DM3								
31	H5	VDDA	VDDA	VDDA								
32	G5	VREFH	VREFH	VREFH								
33	G6	VREFL	VREFL	VREFL								
34	H6	VSSA	VSSA	VSSA								
35	K3	ADC1_SE16/CMP2_IN2/ADC0_SE22	ADC1_SE16/CMP2_IN2/ADC0_SE22	ADC1_SE16/CMP2_IN2/ADC0_SE22								
36	J3	ADC0_SE16/CMP1_IN2/ADC0_SE21	ADC0_SE16/CMP1_IN2/ADC0_SE21	ADC0_SE16/CMP1_IN2/ADC0_SE21								

续表 1-14

144 LQFP	144 MAP BGA	引脚名	默认	ALT0	ALT1	ALT2	ALT3	ALT4	ALT5	ALT6	ALT7	EzPort
37	M3	VREF_OUT/CMP1_IN5/CMP0_IN5/ADC1_SE18	VREF_OUT/CMP1_IN5/CMP0_IN5/ADC1_SE18	VREF_OUT/CMP1_IN5/CMP0_IN5/ADC1_SE18								
38	L3	DAC0_OUT/CMP1_IN3/ADC0_SE23	DAC0_OUT/CMP1_IN3/ADC0_SE23	DAC0_OUT/CMP1_IN3/ADC0_SE23								
39	L4	DAC1_OUT/CMP2_IN3/ADC1_SE23	DAC1_OUT/CMP2_IN3/ADC1_SE23	DAC1_OUT/CMP2_IN3/ADC1_SE23								
40	M7	XTAL32	XTAL32	XTAL32								
41	M6	EXTAL32	EXTAL32	EXTAL32								
42	L6	VBAT	VBAT	VBAT								
43	—	VDD	VDD	VDD								
44	—	VSS	VSS	VSS								
45	M4	PTE24	ADC0_SE17	ADC0_SE17	PTE24	CAN1_TX	UART4_TX			EWM_OUT_b		
46	K5	PTE25	ADC0_SE18	ADC0_SE18	PTE25	CAN1_RX	UART4_RX			EWM_IN		
47	K4	PTE26	禁用		PTE26		UART4_CTS_b	ENET_1588_CLKIN		RTC_CLKOUT	USB_CLKIN	
48	J4	PTE27	禁用		PTE27		UART4_RTS_b					
49	H4	PTE28	禁用		PTE28							
50	J5	PTA0	JTAG_TCLK/SWD_CLK/EZP_CLK	TSI0_CH1	PTA0	UART0_CTS_b	FTM0_CH5			JTAG_TCLK/SWD_CLK		EZP_CLK
51	J6	PTA1	JTAG_TDI/EZP_DI	TSI0_CH2	PTA1	UART0_RX	FTM0_CH6			JTAG_TDI		EZP_DI
52	K6	PTA2	JTAG_TDO/TRACE_SWO/EZP_DO	TSI0_CH3	PTA2	UART0_TX	FTM0_CH7			JTAG_TDO/TRACE_SWO		EZP_DO

续表 1-14

144 LQFP	144 MAP BGA	引脚名	默认	ALT0	ALT1	ALT2	ALT3	ALT4	ALT5	ALT6	ALT7	EzPort
53	K7	PTA3	JTAG_TMS/SWD_DIO	TSI0_CH3	PTA3	UART0_RTS_b	FTM0_CH0			JTAG_TMS/SWD_DIO		
54	L7	PTA4/LLWU_P3	NMI_b/EZP_CS_b	TSI0_CH5	PTA4/LLWU_P3		FTM0_CH1			NMI_b		EZP_CS_b
55	M8	PTA5	禁用		PTA5		FTM0_CH2	RMII0_RXER/MII0_RXER	CMP2_OUT	I2S0_RX_BCLK	JTAG_TRST	
56	E7	VDD	VDD	VDD								
57	G7	VSS	VSS	VSS								
58	J7	PTA6	禁用		PTA6		FTM0_CH3			TRACE_CLKOUT		
59	J8	PTA7	ADC0_SE10	ADC0_SE10	PTA7		FTM0_CH4			TRACE_D3		
60	K8	PTA8	ADC0_SE11	ADC0_SE11	PTA8		FTM1_CH0			FTM1_QD_PHA	TRACE_D2	
61	L8	PTA9	禁用		PTA9		FTM1_CH1	MII0_RXD3		FTM1_QD_PHB	TRACE_D1	
62	M9	PTA10	禁用		PTA10		FTM2_CH0	MII0_RXD2		FTM2_QD_PHA	TRACE_D0	
63	L9	PTA11	禁用		PTA11		FTM2_CH1	MII0_RXCLK		FTM2_QD_PHB		
64	K9	PTA12	CMP2_IN0	CMP2_IN0	PTA12	CAN0_TX	FTM1_CH0	RMII0_RXD1/MII0_RXD1		I2S0_TXD	FTM1_QD_PHA	
65	J9	PTA13/LLWU_P4	CMP2_IN1	CMP2_IN1	PTA13/LLWU_P4	CAN0_RX	FTM1_CH1	RMII0_RXD0/MII0_RXD0		I2S0_TX_FS	FTM1_QD_PHB	
66	L10	PTA14	禁用		PTA14	SPI0_PCS0	UART0_TX	RMII0_CRS_DV/MII0_RXDV		I2S0_TX_BCLK		
67	L11	PTA15	禁用		PTA15	SPI0_SCK	UART0_RX	RMII0_TXEN/MII0_TXEN		I2S0_RXD		
68	K10	PTA16	禁用		PTA16	SPI0_SOUT	UART0_CTS_b	RMII0_TXD0/MII0_TXD0		I2S0_RX_FS		
69	K11	PTA17	ADC1_SE17	ADC1_SE17	PTA17	SPI0_SIN	UART0_RTS_b	RMII0_TXD1/MII0_TXD1		I2S0_MCLK	I2S0_CLKIN	

续表 1-14

144 LQFP	144 MAP BGA	引脚名	默认	ALT0	ALT1	ALT2	ALT3	ALT4	ALT5	ALT6	ALT7	EzPort
70	E8	VDD	VDD	VDD								
71	G8	VSS	VSS	VSS								
72	M12	PTA18	EXTAL	EXTAL	PTA18		FTM0_FLT2	FTM_CLKIN0				
73	M11	PTA19	XTAL	XTAL	PTA19		FTM1_FLT0	FTM_CLKIN1		LPT0_ALT1		
74	L12	RESET_b	RESET_b	RESET_b								
75	K12	PTA24	禁用		PTA24			MII0_TXD2		FB_A29		
76	J12	PTA25	禁用		PTA25			MII0_TXCLK		FB_A28		
77	J11	PTA26	禁用		PTA26			MII0_TXD3		FB_A27		
78	J10	PTA27	禁用		PTA27			MII0_CRS		FB_A26		
79	H12	PTA28	禁用		PTA28			MII0_TXER		FB_A25		
80	H11	PTA29	禁用		PTA29			MII0_COL		FB_A24		
81	H10	PTB0/LLWU_P5	/ADC0_SE8/ADC1_SE8/TSI0_CH0	/ADC0_SE8/ADC1_SE8/TSI0_CH0	PTB0/LLWU_P5	I2C0_SCL	FTM1_CH0	RMII0_MDIO/MII0_MDIO		FTM1_QD_PHA		
82	H9	PTB1	/ADC0_SE9/ADC1_SE9/TSI0_CH6	/ADC0_SE9/ADC1_SE9/TSI0_CH6	PTB1	I2C0_SDA	FTM1_CH1	RMII0_MDC/MII0_MDC		FTM1_QD_PHB		
83	G12	PTB2	/ADC0_SE12/TSI0_CH7	/ADC0_SE12/TSI0_CH7	PTB2	I2C0_SCL	UART0_RTS_b	ENET0_1588_TMR0		FTM0_FLT3		
84	G11	PTB3	/ADC0_SE13/TSI0_CH8	/ADC0_SE13/TSI0_CH8	PTB3	I2C0_SDA	UART0_CTS_b	ENET0_1588_TMR1		FTM0_FLT0		
85	G10	PTB4	/ADC0_SE13/TSI0_CH8	/ADC0_SE13/TSI0_CH8	PTB4			ENET0_1588_TMR2		FTM1_FLT0		

续表 1-14

144 LQFP	144 MAP BGA	引脚名	默认	ALT0	ALT1	ALT2	ALT3	ALT4	ALT5	ALT6	ALT7	EzPort
86	G9	PTB5	/ADC1_SE11	/ADC1_SE11	PTB5			ENET0_1588_TMR3		FTM2_FLT0		
87	F12	PTB6	/ADC1_SE12	/ADC1_SE12	PTB6				FB_AD23			
88	F11	PTB7	/ADC1_SE13	/ADC1_SE13	PTB7				FB_AD22			
89	F10	PTB8			PTB8		UART3_RTS_b		FB_AD21			
90	F9	PTB9			PTB9	SPI1_PCS1	UART3_CTS_b		FB_AD20			
91	E12	PTB10	/ADC1_SE14	/ADC1_SE14	PTB10	SPI1_PCS0	UART3_RX		FB_AD19	FTM0_FLT1		
92	E11	PTB11	/ADC1_SE15	/ADC1_SE15	PTB11	SPI1_SCK	UART3_TX		FB_AD18	FTM0_FLT2		
93	H7	VSS	VSS	VSS								
94	F5	VDD	VDD	VDD								
95	E10	PTB16	/TSI0_CH9	/TSI0_CH9	PTB16	SPI1_SOUT	UART0_RX		FB_AD17	EWM_IN		
96	E9	PTB17	/TSI0_CH10	/TSI0_CH10	PTB17	SPI1_SIN	UART0_TX		FB_AD16	EWM_OUT_b		
97	D12	PTB18	/TSI0_CH11	/TSI0_CH11	PTB18	CAN0_TX	FTM2_CH0	I2S0_TX_BCLK	FB_AD15	FTM2_QD_PHA		
98	D11	PTB19	/TSI0_CH12	/TSI0_CH12	PTB19	CAN0_RX	FTM2_CH1	I2S0_TX_FS	FB_OE_b	FTM2_QD_PHB		
99	D10	PTB20			PTB20	SPI2_PCS0			FB_AD31	CMP0_OUT		
100	D9	PTB21			PTB21	SPI2_SCK			FB_AD30	CMP1_OUT		
101	C12	PTB22			PTB22	SPI2_SOUT			FB_AD29	CMP2_OUT		
102	C11	PTB23			PTB23	SPI2_SIN	SPI0_PCS5		FB_AD28			
103	B12	PTC0	/ADC0_SE14/TSI0_CH13	/ADC0_SE14/TSI0_CH13	PTC0	SPI0_PCS4	PDB0_EXTRG	I2S0_TXD	FB_AD14			
104	B11	PTC1/LLWU_P6	/ADC0_SE15/TSI0_CH14	/ADC0_SE15/TSI0_CH14	PTC1/LLWU_P6	SPI0_PCS3	UART1_RTS_b	FTM0_CH0	FB_AD13			

续表 1-14

144 LQFP	144 MAPBGA	引脚名	默认	ALT0	ALT1	ALT2	ALT3	ALT4	ALT5	ALT6	ALT7	EzPort
105	A12	PTC2	/ADC0_SE4b/CMP1_IN0/TSI0_CH15	/ADC0_SE4b/CMP1_IN0/TSI0_CH15	PTC2	SPI0_PCS2	UART1_CTS_b	FTM0_CH1	FB_AD12			
106	A11	PTC3/LLWU_P7	/CMP1_IN1	/CMP1_IN1	PTC3/LLWU_P7	SPI0_PCS1	UART1_RX	FTM0_CH2	FB_CLKOUT			
107	H8	VSS	VSS	VSS								
108	—	VDD	VDD	VDD								
109	A9	PTC4/LLWU_P8			PTC4/LLWU_P8	SPI0_PCS0	UART1_TX	FTM0_CH3	FB_AD11	CMP1_OUT		
110	D8	PTC5/LLWU_P9			PTC5/LLWU_P9	SPI0_SCK		LPT0_ALT2	FB_AD10	CMP0_OUT		
111	C8	PTC6/LLWU_P10	/CMP0_IN0	/CMP0_IN0	PTC6/LLWU_P10	SPI0_SOUT	PDB0_EXTRG		FB_AD9			
112	B8	PTC7	/CMP0_IN1	/CMP0_IN1	PTC7	SPI0_SIN			FB_AD8			
113	A8	PTC8	/ADC1_SE4b/CMP0_IN2	/ADC1_SE4b/CMP0_IN2	PTC8		I2S0_MCLK	I2S0_CLKIN	FB_AD7			
114	D7	PTC9	/ADC1_SE5b/CMP0_IN3	/ADC1_SE5b/CMP0_IN3	PTC9			I2S0_RX_BCLK	FB_AD6	FTM2_FLT0		
115	C7	PTC10	/ADC1_SE6b/CMP0_IN4	/ADC1_SE6b/CMP0_IN4	PTC10	I2C1_SCL		2S0_RX_FS	FB_AD5			
116	B7	PTC11/LLWU_P11	/ADC1_SE7b	/ADC1_SE7b	PTC11/LLWU_P11	I2C1_SDA		I2S0_RXD	FB_RW_b			
117	A7	PTC12			PTC12		UART4_RTS_b		FB_AD27			
118	D6	PTC13			PTC13		UART4_CTS_b		FB_AD26			
119	C6	PTC14			PTC14		UART4_RX		FB_AD25			
120	B6	PTC15			PTC15		UART4_TX		FB_AD24			
121	—	VSS	VSS	VSS								
122	—	VDD	VDD	VDD								

续表 1-14

144 LQFP	144 MAP BGA	引脚名	默认	ALT0	ALT1	ALT2	ALT3	ALT4	ALT5	ALT6	ALT7	EzPort
123	A6	PTC16			PTC16	CAN1_RX	UART3_RX	ENET0_1588_TMR0	FB_CS5_b/FB_TSIZ1/FB_BE23_16_BLS15_8_b			
124	D5	PTC17			PTC17	CAN1_TX	UART3_TX	ENET0_1588_TMR1	FB_CS4_b/FB_TSIZ0/FB_BE31_24_BLS7_0_b			
125	C5	PTC18			PTC18		UART3_RTS_b	ENET0_1588_TMR2	FB_TBST_b/FB_CS2_b/FB_BE15_8_BLS23_16_b			
126	B5	PTC19			PTC19		UART3_CTS_b	ENET0_1588_TMR3	ENET0_1588_TMR3	FB_TA_b		
127	A5	PTD0/LLWU_P12			PTD0/LLWU_P12	SPI0_PCS0	UART2_RTS_b		FB_ALE/FB_CS1_b/FB_TS_b			
128	D4	PTD1	/ADC0_SE5b	/ADC0_SE5b	PTD1	SPI0_SCK	UART2_CTS_b		FB_CS0_b			
129	C4	PTD2/LLWU_P13			PTD2/LLWU_P13	SPI0_SOUT	UART2_RX		FB_AD4			
130	B4	PTD3			PTD3	SPI0_SIN	UART2_TX		FB_AD3			
131	A4	PTD4/LLWU_P14			PTD4/LLWU_P14	SPI0_PCS1	UART0_RTS_b	FTM0_CH4	FB_AD2	EWM_IN		
132	A3	PTD5	/ADC0_SE6b	/ADC0_SE6b	PTD5	SPI0_PCS2	UART0_CTS_b	FTM0_CH5	FB_AD1	EWM_OUT_b		
133	A2	PTD6/LLWU_P15	/ADC0_SE7b	/ADC0_SE7b	PTD6/LLWU_P15	SPI0_PCS3	UART0_RX	FTM0_CH6	FB_AD0	FTM0_FLT0		
134	M10	VSS	VSS	VSS								
135	F8	VDD	VDD	VDD								
136	A1	PTD7			PTD7	CMT_IRO	UART0_TX	FTM0_CH7		FTM0_FLT1		

续表 1-14

144 LQFP	144 MAPBGA	引脚名	默认	ALT0	ALT1	ALT2	ALT3	ALT4	ALT5	ALT6	ALT7	EzPort
137	C9	PTD8	禁用		PTD8	I2C0_SCL	UART5_RX			FB_A16		
138	B9	PTD9	禁用		PTD9	I2C0_SDA	UART5_TX			FB_A17		
139	B3	PTD10	禁用		PTD10		UART5_RTS_b			FB_A18		
140	B2	PTD11	禁用		PTD11	SPI2_PCS0	UART5_CTS_b	SDHC0_CLKIN		FB_A19		
141	B1	PTD12	禁用		PTD12	SPI2_SCK		SDHC0_D4		FB_A20		
142	C3	PTD13	禁用		PTD13	SPI2_SOUT		SDHC0_D5		FB_A21		
143	C2	PTD14	禁用		PTD14	SPI2_SIN		SDHC0_D6		FB_A22		
144	C1	PTD15	禁用		PTD15	SPI2_PCS1		SDHC0_D7		FB_A23		

1.4.3 Kinetis 系列微控制器的编程介绍

Kinetis 系列微控制器可支持的编译器有 MDK(Keil)、IAR for arm、CodeWarrior(CW)。MDK 编译器是 ARM 公司推出的编译器,对 ARM 芯片的支持比较好。CW 编译器是由飞思卡尔公司推出的编译器,对飞思卡尔公司芯片支持得比较好,尤其是 PE 功能十分强大,可自动生成代码。IAR 编译器是由 IAR Systems 公司推出的编译器。由于 IAR 的界面简洁、编译效率高、而且调试工具比较强大,因此本书采用 IAR 编译器作为开发环境。当然,IAR 编译器也有它自己的弱点,就是编辑代码功能比较差,各版本工程之间不兼容问题比较突出。注意:编译器总是频繁更新版本,通常都是新版本编译器兼容旧版本工程,而旧版本编译器无法打开新版本工程,或者打开出错。

1. IAR 新建工程

本节将通过建立 IAR 工程,编程实现对 GPIO 的操作,从而实现点亮 LED 的功能。本节内容不讲解代码,需要用到的代码都直接从本书"第 2 章 GPIO_LED"工程里提取出来,后续会介绍这些代码的实现原理。

(1)创建工程文件

① 建立工作空间

选择 File→New→Workspace 菜单项,如图 1-33 所示。

② 建立工程

选择 Project→Create New Project 菜单项。接着在弹出来的对话框里选择空的工程，单击 OK 按钮，如图 1-34 所示。接着弹出选择保存工程的对话框。由于还没建保存工程的文件夹，可直接在对话框里新建：在空白处右击，在弹出的级联菜单中选择"新建"→"文件夹"，重命名为：fire_Kinetis，如图 1-35 所示。

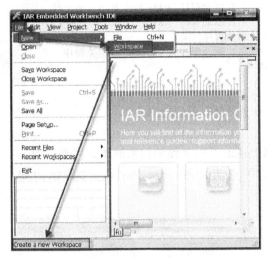
图 1-33 建立工作区

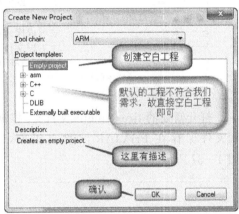
图 1-34 建立空白工程

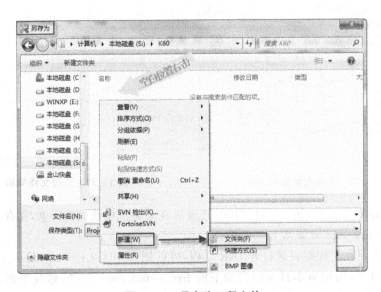
图 1-35 另存为工程文件

为了使得工程架构更加清晰，因此需要对工程文件夹进行如下规定，如图 1-36 所示。注：Window 系统不区分文件大小写。

```
├──App                        用户程序
│  └──Inc                     用户程序头文件
├──Board                      开发板驱动程序
│  ├──inc                     开发板驱动程序头文件
│  └──src                     开发板驱动程序
├──Chip                       K60芯片驱动程序
│  ├──inc                     K60芯片驱动程序头文件
│  │  ├──IAR                  K60芯片驱动程序与IAR编译器相关头文件
│  │  └──kinetis              K60芯片驱动程序与Kinetis MCU相关头文件
│  └──src                     K60芯片驱动程序
│     └──IAR                  K60芯片驱动程序与IAR编译器相关程序
├──Lib                        现成库代码
└──Prj                        工程文件
   └──IAR                     IAR工程文件
      └──config files         IAR编译器相关的配置文件
```

打开新建的 fire_Kinetis 文件夹，根据上述的工程文件架构来创建文件夹。把工程文件保存在 Prj\IAR 文件夹里面，工程文件名为：fire_demo。文件结构如图 1-37 所示。

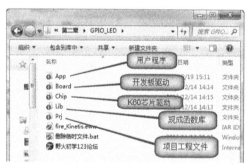

图 1-36 工程文件架构说明

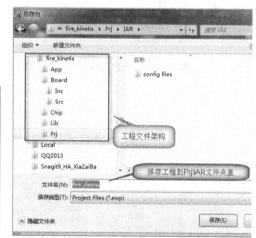

图 1-37 工程文件架构

保存 IAR 工程后，进入 IAR 界面，还需要在菜单栏里找到图标 ▣，保存工作区文件，命名为 fire_demo，如图 1-38 所示。

为了方便在工程根目录打开 IAR 工程，可以把工作区文件 fire_demo.eww 复制到工程根目录，用记事本打开根目录下的 fire_demo.eww 文件，修改里面的工程路径。WS_DIR 为工作区所在的文件夹。

```
<workspace>
  <project>
    <path>$WS_DIR$\fire_demo.ewp</path>    //这里修改相对路径为<path>$WS_
```

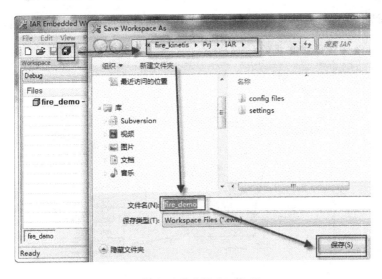

图 1-38 保存工作区文件

```
                                //DIR$\Prj\IAR\fire_demo.ewp</path>
    </project>
    <batchBuild/>
</workspace>
```

至此,一个空的 IAR 工程骨架就建立完毕。下面开始往里面添加自己的模块。

(2) 添加工程代码

① 往工程添加第 2 章——GPIO_LED 工程的现成代码。复制第 2 章——GPIO_LED 例程下的 App、Board、Chip、Lib 文件夹到新建的 IAR 工程里。复制第 2 章——GPIO_LED 例程下的 Prj\IAR\config files 里全部文件到新建的 IAR 工程相应的文件夹下。现成的代码是如何实现的,这个留到后续的学习中讲解,本节内容不讲解代码。

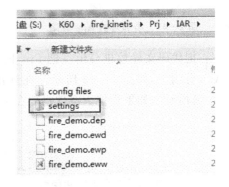

图 1-39 工程中的是 settings 文件夹

如图 1-39 所示,细心的读者可能发现工程下会多了个 settings 文件夹,这个是保存工作区后 IAR 自动创建的设置文件夹,可删掉,删掉后会自动生成,不需要管它。

② 添加分组,方便管理代码。返回 IAR 界面,在工程里创建分组,如图 1-40 所示。在弹出来的对话框里输入 App,这样就添加了一个 App 分组,如图 1-41 所示。如此继续添加其他分组:Board、Chip、Lib,如图 1-42 所示。这些分组有什么用呢?其实分组就好比文件夹,由于代码比较多,利用分组来区分不同模块的代码,从而方

便查找代码。现在就往里面添加源代码文件,添加后就能明白分组的用途。

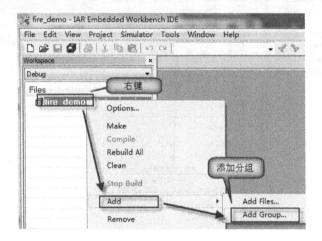

图 1-40 添加分组

图 1-41 添加好的 App 分组

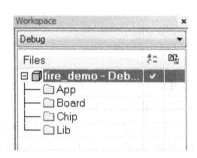

图 1-42 添加分组后的效果

③ 把代码文件放进分组。把 fire_kinetis\App 文件夹下的 *.c 文件全部添加到 App 分组里,如图 1-43 所示。在弹出的对话框中,选中所有的 *.c 文件,如图 1-44 所示。如果想把头文件也放在工程里,也可以选中 *.h 文件。

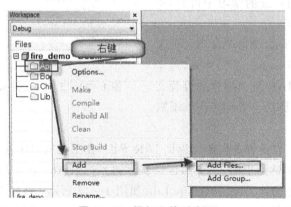

图 1-43 添加文件到分组

由于图 1-45 中的 3 个头文件比较常用和重要，因此也把下列 3 个头文件放入工程 App 分组里。添加后，效果如图 1-46 所示。

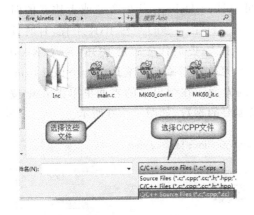

图 1-44 选择 c/cpp 文件

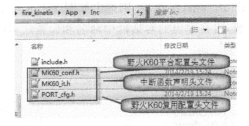

图 1-45 工程中重要的配置文件

再把 Borad 和 Chip 文件夹下的 *.c 都添加到相应的分组里，Chip\Src\IAR 下有个 *.s 文件，也需要添加到工程分组里，如图 1-47 所示。其中，startup_MK60DZ10.s 是启动文件，微控制器上电复位后就会执行里面的汇编代码。Lib 里存放现有的代码库，目前仅有 CMSIS 库，而 CMSIS 库是已经编译好的库文件，可以选择把库文件放入分组里，也可以在工程选项里添加，两种方法都可行。这里选择在工程选项里加入，因此此处不需要添加文件。至此，往 IAR 工程里添加文件到此完成。后续还需要修改工程选项配置。

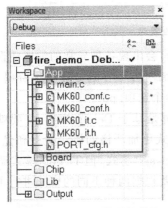

图 1-46 添加文件后的效果

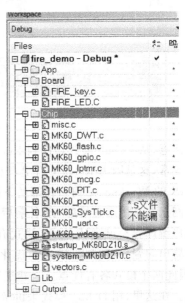

图 1-47 不能漏了添加汇编文件

(3) 工程选项配置

IAR 的工程选项默认分成两个：Debug 模式（调试模式）和 Release 模式（发布模式），如图 1-48 所示。在调试的时候，可以选择 Debug；发布产品或者比赛的时候，可以选择 Release，这样切换起来非常方便。网上共享的一些 IAR 工程，有时读者会发现它们并没有 Debug 模式 和 Release 模式，取而代之的是 ROM 模式、RAM 模式、Flash 模式等，这些模式名字都可以自行修改或增减：选择 Project→Edit Configurations 菜单项，则弹出如图 1-49 所示的界面。在弹出来的界面里单击 new 按钮，再在弹出的对话框中命名和设置成自己需要的参数，如图 1-50 所示。

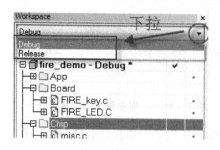

图 1-48　工程模式下拉列表

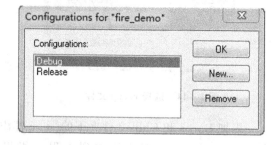

图 1-49　工程模式配置的界面

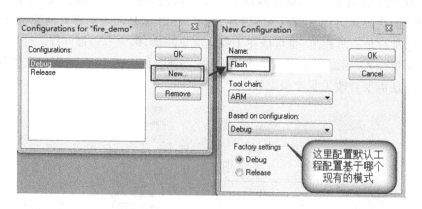

图 1-50　添加工程配置模式

注意，从 Debug 模式切换到 Release 模式，经常会出现各种异常的编译错误或者运行异常，这是因为 Release 有更严格的检查，详细内容可看配套资料中资料手册\在 IAR 的 Workspace 窗口顶部的下拉菜单中有两个选项.pdf。

网上共享的工程模版，改名字后的模式一般都是基于 Debug 模式，主要就是担心用户编译容易出错（Release 模式有比 Debug 模式更加严格的语法检查和优化，因而容易出问题）。Debug 模式的优化效果不如 Release 模式，但 Debug 模式调试方便，因此两个模式各有优点。在建工程的时候，需要根据两种不同的模式进行不同的配置。在这里，用 Debug 模式来讲解。

在工作区的工程名上右击,在弹出的菜单中选择 Options,随后就会弹出选项框,如图 1-51 所示。注意,是在工程名里右击,不要在分组名里右击,不然弹出的对话框不是设置工程的,而是设置分组的。下面开始配置工程选项。

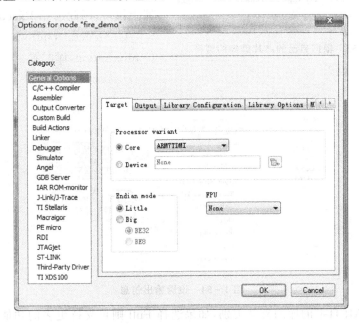

图 1-51 工程选项界面

① General Options——Target,设置芯片型号。

设置芯片型号的步骤如图 1-52 所示。本书配套例程的 K60 型号支持 MK60DN512ZVLQ10 和 MK60FX512VLQ15。注意芯片型号带 Z 和不带 Z 是不同的。这里需要根据自己使用的芯片型号来选择,如图 1-53 所示。

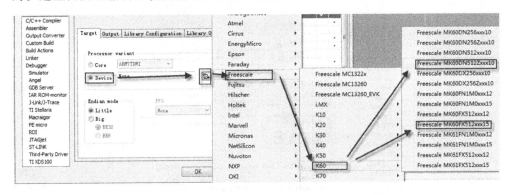

图 1-52 选择芯片型号

② General Options——output,设置输出信息。

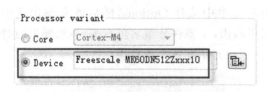

图1-53 根据自己的芯片选择的型号

IAR可选择是生成库文件或者可执行文件,设置步骤如图1-54所示。这里生成可执行文件,下载到微控制器上执行,因此选择Executable。

③ General Options ——Library Configuration,库配置。

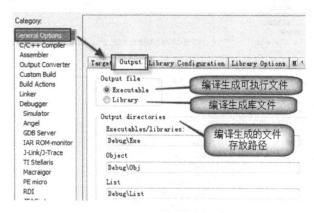

图1-54 设置输出信息

配置IAR自带的库的支持类别,如果选择Full则可支持更多的功能,例如支持printf函数。本身配套的工程使用的printf函数是IAR库自带的代码,因此此处需要配置为Full。

由于CMSIS库默认屏蔽了NVIC等模块的函数功能,需要修改源代码才能支持这些功能,而IAR自带的库放在IAR安装目录,不利于复制代码到其他计算机,因此不使用IAR自带的CMSIS库。配置方法如图1-55所示。

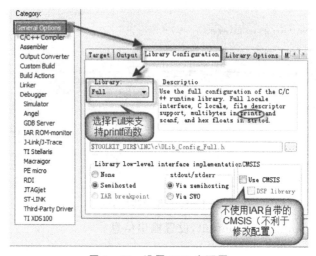

图1-55 设置IAR库配置

④ C/C++Compiler——Language 2,设置 char 类型。IAR 的 char 类型默认配置为 unsigned 型,而我们习惯上认为是 Signed 型。因此需要配置 char 的数据类型,如图 1-56 所示。

⑤ C/C++Compiler——Optimizations,优化等级。在 Debug 模式里,这里设为不优化,便于调试方便。事实上,在调试的时候,如果编译器进行了优化,有些变量被优化而不能显示出来,就不便于调试了。在 Release 模式里,可以选择最大优化,但在发布前,需要对优化后的效果进行验证。因为优化后可能会出现各种异常的错误。用

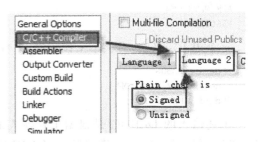

图 1-56 char 类型配置

户可以根据自己的需要选择不同的优化等级,如图 1-57 所示。

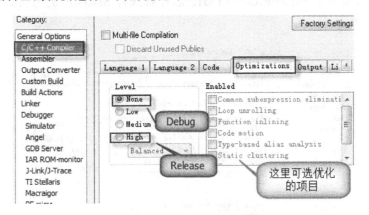

图 1-57 优化配置

⑥ C/C++Compiler——Preprocessor,预处理器。

在 Additional include directories:(one per line)文本编辑框里输入:

```
$PROJ_DIR$\..\..\App
$PROJ_DIR$\..\..\App\Inc
$PROJ_DIR$\..\..\Board\Inc
$PROJ_DIR$\..\..\Chip\inc
$PROJ_DIR$\..\..\Chip\inc\IAR
$PROJ_DIR$\..\..\Chip\inc\kinetis
$PROJ_DIR$\..\..\Lib\CMSIS\Inc
```

在这里输入的是头文件所在的文件夹,预处理器编译的时候,就根据这些路径来搜索头文件。这里需要输入相对地址,如果输入绝对地址,那么修改工程路径后就会编译报错。

➢ $PROJ_DIR$:表示 IAR 工程所在的目录 (Prj\IAR)。

> ..\：表示上一层目录。

在 Defined symbols：(one per line) 文本编辑框里输入：

DEBUG
ARM_MATH_CM4
MK60DZ10

这个用于定义宏，对整个工程有效，相当于在代码里输入：

#define DEBUG
#define ARM_MATH_CM4
#define MK60DZ10

上述输入的 DEBUG 是根据工程模式来选择的，如果是在 Debug 模式就选择 DEBUG，如果是 Release 模式就选择 NDEBUG。上述输入的 ARM_MATH_CM4 在 CMSIS 库里需要用到，用于声明使用的是 Cortex - M4 内核。上述输入的 MK60DZ10 根据芯片类型来选择，如果是 MK60DN512ZVLQ10 芯片就选择 MK60DZ10，如果是 MK60FX512VLQ15 芯片就选择 MK60F15。具体的操作步骤如图 1-58 所示。

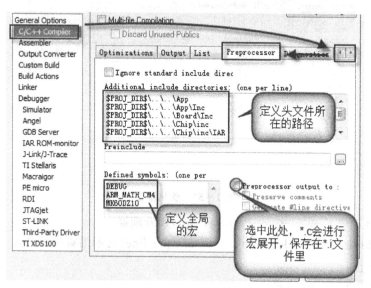

图 1-58　预处理设置

如果选中 Preprocessor output to，那么编译后就会在 List 文件夹（如图 1-54 的 List 配置）里生成 *.i 文件，*.i 文件是宏定义展开后的文件，有利于分析宏定义代码，例如 MK60_DWT.c 文件编译后生成的 MK60_DWT.i 文件内容如图 1-59 所示。不过由于编译后生成的文件较大，一般为了加快编译而不选择此选项。

⑦ Output Converter——Output，输出格式转换。这里可以设置编译代码后，把代码转化成其他格式，由于 hex 格式更为通用，因此需要设置输出格式为 hex 格

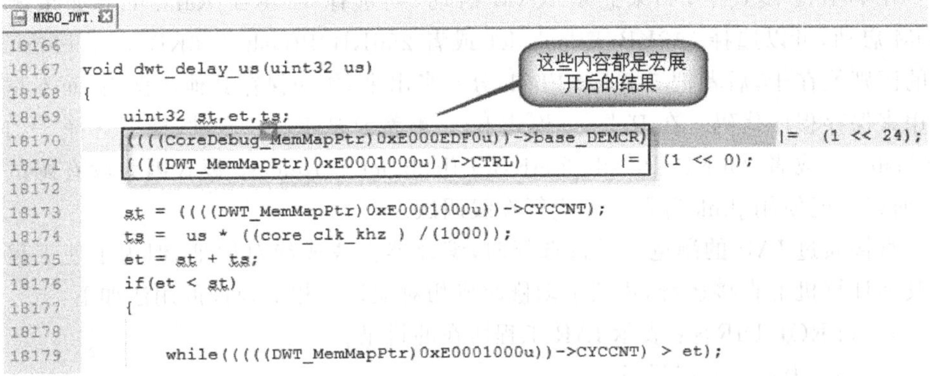

```
MK60_DWT.
18166
18167    void dwt_delay_us(uint32 us)
18168    {
18169        uint32 st,et,ts;
18170        ((((CoreDebug_MemMapPtr)0xE000EDF0u)->base_DEMCR)   |= (1 << 24);
18171        ((((DWT_MemMapPtr)0xE0001000u))->CTRL)              |= (1 << 0);
18172
18173        st = ((((DWT_MemMapPtr)0xE0001000u))->CYCCNT);
18174        ts = us * ((core_clk_khz) /(1000));
18175        et = st + ts;
18176        if(et < st)
18177        {
18178
18179            while(((((DWT_MemMapPtr)0xE0001000u))->CYCCNT) > et);
```

这些内容都是宏展开后的结果

图 1-59　宏定义展开后生成结果

式,如图 1-60 所示。

⑧ Linker——Config,链接器配置。

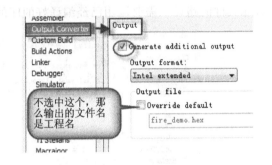

图 1-60　输出格式转换

Linker 的配置文件通过如图 1-61 所示的方式来指定。在 Linker configuration file 里选中 Override default,输入 icf 文件的相对路径。icf 文件是 Linker 的配置文件,可以设置 Kinetis 微控制器的代码分布,实现 Kinetis 微控制器的 RAM 启动和 ROM 启动等功能。

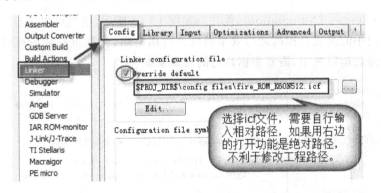

图 1-61　Linker 配置文件路径设置

Linker 配置文件都放在 Prj\IAR\config files 文件夹里,如果是 ROM 启动,则根据芯片的 Flash 容量来选择 Pflash;如果是 RAM 启动则根据芯片的 RAM 容量来选择 RAM。fire_RAM_K60N512.icf 和 fire_ROM_K60N512.icf 则是由野火根据飞思卡尔公司的例程修改而来,添加了注释,方便读者理解。

在 Debug 模式下,如果想从 RAM 启动,则选择 128KB_Ram.icf;如果想从 ROM 启动,可以选择 512KB_Pflash.icf 或者 256KB_Pflash_256KB_Dflash.icf,两者的区别就在于,后者把 512 KB Flash 分一半出来,作为保存其他数据用,而不是全部用来保存程序代码。在 Release 模式下,一般都是从 ROM 启动,即可选择 512KB _Pflash.icf 或者 256KB_Pflash_256KB_Dflash.icf。Release 模式因为没有调试信息,所以不能使用 jlink 等调试器进行在线调试。

直接通过 IAR 的浏览框进行选择时,编译器会改成绝对地址,但为了使工程能在其他计算机上直接运行,建议手动修改成相对地址。相对地址的用法如下:
> $PROJ_DIR$:表示 IAR 工程所在的目录。
> ..\:表示上一层目录。

⑨ Linker——Automatic runtime librarys,自动运行库。如图 1-62 所示,这里设置库文件的路径。需要调用已经编译好的库的函数时,可在此处输入库文件路径。

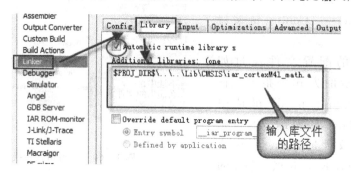

图 1-62 库文件配置

⑩ Linker——Optimizations,优化。如图 1-63 所示,这里可以进行一些优化处理。内联短小的函数会提高运行效率而增大占用空间,合并重复的段可减少内存空间但可能降低运行效率,需要根据自己的需求来取舍。

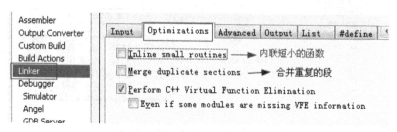

图 1-63 优化配置

⑪ Linker——List,列表。如图 1-64 所示,这里可以生成关于内存分布、编译后生成文件大小等各种信息的文件。以 Debug 模式为例,选中 Generate linker map file,编译后在工程的文件夹下生成:fire_kinetis\Prj\IAR\Debug\List\ fire_demo.map 文件。从 map 文件里可以获取函数的访问地址、全局变量的存储位置、内存的

分布情况等信息,如图 1-65 所示。

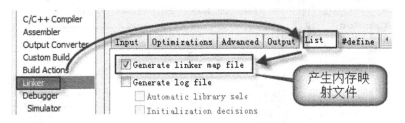

图 1-64 内存映射文件配置

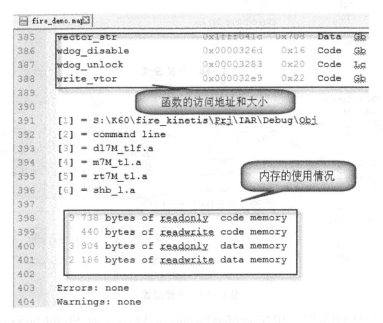

图 1-65 内存映射文件

⑫ Debugger——Setup,仿真器设置。如图 1-66 所示,在 Driver 里有多种可供选择的调试方式。本书配套的野火 K60 开发板使用 jlinkV8 仿真器,因此可以在这里选择 J-Link/J-Trace。Simulator 是软件仿真,不过软件仿真存在较多的问题,建议直接硬件在线调试。

⑬ Debugger——Download,下载设置。如图 1-67 所示,此处用于配置调试器下载的相关内容。Verify download 这个选项用来验证下载的代码映像,可以从 memory 空间中正确读出。Suppress download 这个选项用来调试已经在 memory 空间中的应用程序。当选择这个选项时,代码将不会被下载,而会保留 Flash 中的当前内容。Use flash loader 这个选项用来指定下载代码到 Flash 中所用的一个或多个 Flash loader,RAM 启动时不能选中此选项。

选中 Verify download 和 Use flash loader。使用 MK60DN512ZVLQ10 芯片则

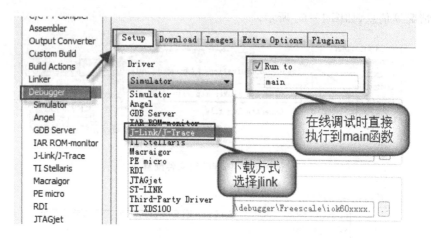

图 1-66 调试设置

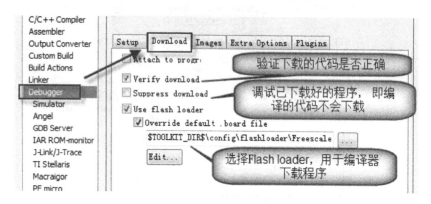

图 1-67 下载配置

需要输入 $TOOLKIT_DIR$\config\flashloader\Freescale\FlashK60Xxxx.board，这个是 IAR 6.3 自带的 K60 Flash loader。

由于 IAR 6.3 版本没有 MK60FX512VLQ15 芯片的 Flash loader，因此需要在本书配套的代码文件夹下把 Flash loader 文件夹的内容复制到 IAR 安装目录 C:\Program Files (x86)\IAR Systems\Embedded Workbench 6.0\arm\config\flashloader\Freescale 下。复制后，输入 $TOOLKIT_DIR$\config\flashloader\Freescale\FlashK60Fxxx128K.board。注意，如果读者想进行 RAM 启动，那么就不能使用 Flash loader，因为 Flash loader 仅使用于 Flash。

⑭ J-Link/J-Trace——Setup Jlink，下载设置。如图 1-68 所示，这里配置 Jlink 的下载速度等相关内容。

⑮ J-Link/J-Trace——Connection Jlink，连接设置。如图 1-69 所示，这里配置 Jlink 的下载方式。这里可以选择 Jlink 的下载方式：JTAG 和 SWD。野火在实际测试中发现，部分 Jlink V8 版本使用 SWD 方式下载容易出现 K60 芯片锁住的情况，因

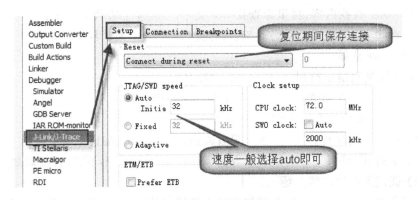

图 1-68 Jlink 配置

此建议使用 JTAG 方式进行下载。

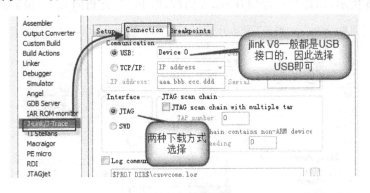

图 1-69 Jlink 下载方式配置

到目前为止,IAR 重要的设置就介绍得差不多了,读者可根据上述设置方式配置 Debug 模式(调试模式)和 Release 模式(发布模式)。

2. IAR 使用说明

(1) 常用工具栏功能介绍

打开 IAR 工程后,可以在编译器的上方找到 IAR 的工具栏,如图 1-70 所示。与其他编译器项目,IAR 的工具栏功能简单,容易上手,各个图标的用途如下:

图 1-70 IAR 工具栏

[fire]：查找内容，这里为查找 fire 文字； ：查找上一个；
：查找下一个； ：查找； ：替换。

③
：光标跳到指定行列； ：设置书签； ：调到下一个书签；
：跳回上一个页面； ：跳到下一个页面。

④ 编译下载功能为：
：编译当前文件； ：设置断点； ：编译整个工程；
：下载并调试； ：取消编译； ：不下载，直接调试。

(2) 调试工具栏功能介绍

下载程序后，工具栏里还会增加调试工具栏，如图 1－71 所示。单击 下载并调试后，由于在选择 Debugger→Setup 菜单项后弹出的对话框中选中了 run to main，如图 1－66 所示，因此程序停留在 main 函数，即 PC 指针指向 main 函数。

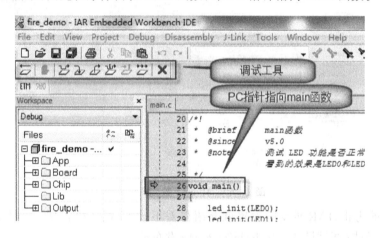

图 1－71 调试工具栏

调试的工具栏在程序暂停时是这样： ，而在程序全速运行时是这样： 。

：复位； ：下一条语句；
：暂停； ：跳到光标所指向的语句；
：步过，执行函数，不进入函数内； ：全速运行；
：步进，跳进函数内； ：退出调试。
：步出，跳出函数；

3. IAR 在线调试

IAR 的调试功能非常强大，我们需要学会调试，这样才可能快速地查找 bug。IAR 的调试工具在菜单栏 View 里调用，如图 1－72 所示。(需要单击下载并调试图标 进入在线调试界面才看到这些工具)。

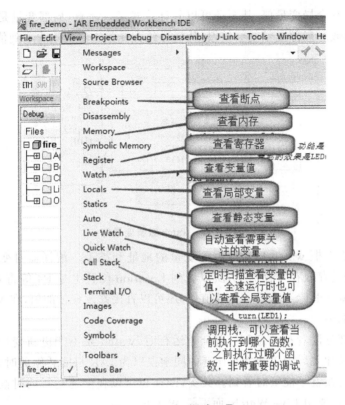

图 1-72 IAR 调试工具

(1) 设置断点 Breakpoints

在 View→breakpoint 菜单项弹出的对话框里调出 breakpoint 框。如图 1-73 所示,breakpoint 框可以看到设置了多少个断点。双击断点,就会跳到对应的代码上;去掉断点前面的勾,就会发现代码里面的红点变成空心红圈,这表示此断点被禁用。全速运行时,如果代码执行到断点的地方,就会停留在断点处,断点框上对应的断点变为绿色。

(2) 查看变量 watch

在 View→watch 菜单项弹出的对话框里调出变量查看框 watch,watch 框有 4 个,功能都相同,为了让用户方便查看不同的变量而增加至 4 个。右击变量,在弹出的菜单中选择 Add to Watch,调出变量查看框 watch,如图 1-74 所示。在变量查看框 watch 里,可以查看当前执行到的函数的局

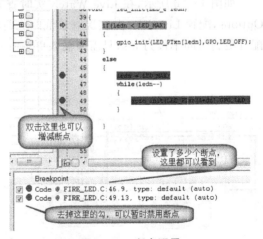

图 1-73 断点配置

部变量值,还有全局变量值,甚至还可以是计算式子。注意,局部变量是有生命周期的,退出该函数后局部变量就会销毁,从而导致在变量查看框里看不到值。

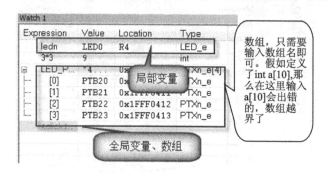

图 1-74 watch 查看变量值

在变量查看框 watch 里还能看到变量的地址和类型。编译器对变量进行优化时,有可能变量存放在寄存器上,所以看到 Location 位置上是 R4 等寄存器的名字。变量查看框 watch 除了查看变量的值外,还可以直接修改变量的值,在 Value 栏里双击修改变量的值。

相信大部分读者都留意到:在全速运行时,watch 是不能更新变量值的。这也是导致往届参加飞思卡尔智能车比赛的同学误以为 IAR 只能暂停的时候才能看到,全速运行的时候就不能实时看到。其实,IAR 也可以在全速运行的时候查看全局变量的值,不过需要用 Live Watch,而不是 Watch。

(3) 实时查看变量 Live Watch

Live Watch 是 IAR 实时查看全局变量的工具,仅支持全局变量的查看,如图 1-75 所示。Live Watch 实时查看变量框就是一个实时查看变量的窗口,不过所谓的实时,是指定期扫描更新,而不是值一改变就马上更新。

如图 1-76 所示,在 Live Watch 实时查看变量框里右击,在弹出的菜单中选择 Options,配置 Live Watch 实况查看框的更新时间。如图 1-77 所示,Live Watch 的配置更新时间单位为 ms,只需要输入更新时间即可。

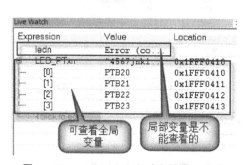

图 1-75 Live Watch 实时查看全局变量

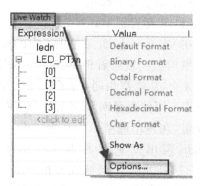

图 1-76 Live Watch 右键选项

Live Watch 实时查看变量框虽然可以实时查看变量的变化,但如果更新数据过大,或者更新时间过短,那么就会影响微控制器的正常运行,不利于调试。有了 Live Watch 实时查看变量框,那么就可以在全速运行中实时查看全局变量的变化,不需要再利用串口等方式实时查看变量的值。

(4) 查看寄存器

作为单片机开发工具,查看寄存器的工具是必须的。IAR 提供寄存器查看框来看寄存器。选择 View→Registers 菜单项,在弹出的对话框里查看 Registers 寄存器,如图 1-78 所示。默认是当前 CPU 寄存器,可以看到 R0~R14 寄存器,还有各种寄存器。在 Current CPU Registers 下拉列表框里还可以选择各种模块的寄存器。如果模块时钟并没有使能,那么寄存器返回的值都是 0xAAAA AAAA,即没用到该模块。

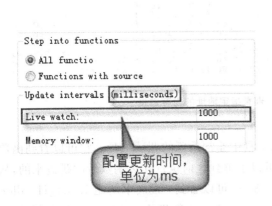

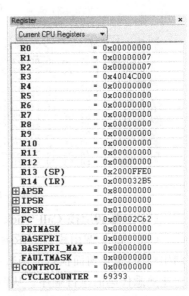

图 1-77 Live Watch 的刷新时间配置   图 1-78 查看寄存器

(5) 静态变量 Statics

静态变量 Statics,顾名思义,就是查看静态区域的变量。打开 Statics 框后,会自动把静态区的变量显示出来,如图 1-79 所示。

(6) 查看内存 Memory

查看内存空间的数据,这里的内存空间不仅仅指 RAM,还包括 Flash、寄存器等 4 GB 分布空间。例如输入一个地址,假设是 0x400,回车,则跳到对应的内存上,如图 1-80 所示。这里也可以输入计算式子,例如通过取地址符号 & 来获取全局变量地址,如图 1-81 所示。

Variable	Value	Location	Type
⊞ ASSERT_FAILED_STR <MK...	"Asserti...	0x00003400	char[35]
⊞ GPIOX <MK60_gpio\GPIOX>	<array>	0x1FFF0B24	GPIO_Mem...
⊞ KEY_PTxn <FIRE_key\KEY_...	"jnklgmNO"	0x1FFF0414	PTXn_e[8]
⊞ LED_PTxn <FIRE_LED\LED...	"4567jnk...	0x1FFF0410	PTXn_e[4]
⊞ PORTX <MK60_port\PORTX>	<array>	0x1FFF0B80	PORT_Mem...
⊞ UARTN <MK60_uart\UARTN>	<array>	0x1FFF0B94	UART_Mem...
⊞ __vector_table <vectors__v...	<array>	0x00000000	void (*[260])()
bus_clk_khz <system_MK60...	48000	0x1FFF0DAC	int
core_clk_khz <system_MK60...	96000	0x1FFF0DA4	int
core_clk_mhz <system_MK6...	96	0x1FFF0DA8	int
⊞ mcg_cfg <MK60_mcg\mcg_c...	<array>	0x1FFF0B38	mcg_cfg_t[17]
⊞ mcg_div <MK60_mcg\mcg_d...	<struct>	0x1FFF0B7C	mcg_div_t
⊞ vector_str <MK60_conf\vecto...	<array>	0x1FFF041C	char[120][15]

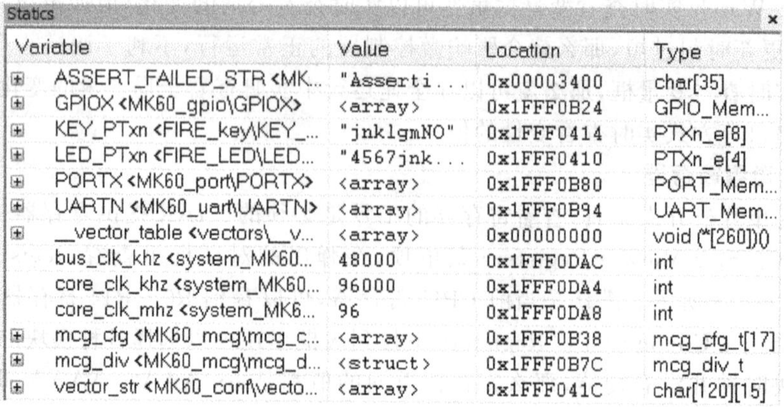

图 1－79　查看静态变量

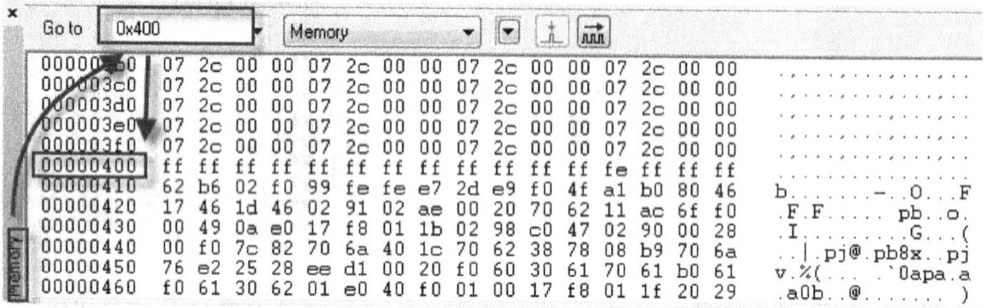

图 1－80　查看指定地址的内存数据

(7) 查看调用栈 Call Stack

Call Stack 调用栈是 IAR 调试工具中非常重要的调试工具。它可以看到函数的调用顺序，选择前面执行的函数就可以了解到之前执行什么函数后才跳进来的，从而快速熟悉代码的执行顺序。从图 1－82 中可以看到，最底下的是 Reset_Handler 函数，这个是上电复位函数，然后 Reset_Handler 函数里执行 BL start 语句跳到 start 函数，start 函数再调用 main 函数。从 Call Stack 调用栈可以知道执行 main 函数之前，微控制器还执行了哪些其他初始化函数。

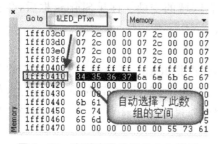

图 1－81　查看变量地址的内存数据

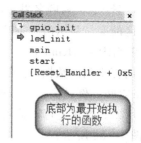

图 1－82　调用栈查看函数调用顺序

4. K60 的启动分析

要分析 K60 的启动代码,最适合在编译器在线调试里分析。参考图 1-66 的设置,去掉工程选项 Debugger→Setup 设置中的 run to main 选项,然后下载并调试程序,打开 Call Stack 调用栈。进入调试界面后可以发现,PC 指针指向汇编函数 Reset_Handler,如图 1-83 所示。

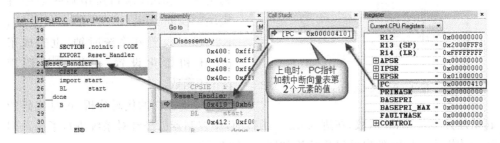

图 1-83 上电加载 PC 值

PC 指针的上电加载值是中断向量表的第 2 个元素。中断向量表在 vectors.c 里定义,在 vectors.h 文件里定义映射关系,如图 1-84 所示。中断向量表的前两个元素分别映射到 __BOOT_STACK_ADDRESS 和 Reset_Handler,第 1 个为起始 SP 栈指针、第 2 个为复位中断服务函数。

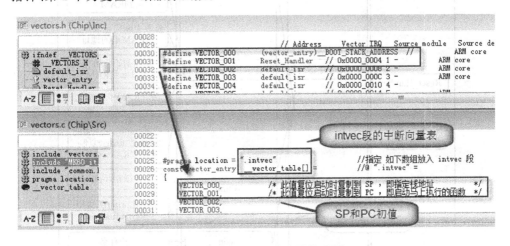

图 1-84 SP 和 PC 寄存器的配置

上电复位时,微控制器会读取中断向量表,把第 1 个元素的值赋给 SP 寄存器,把第 2 个值赋给 PC 寄存器。由于代码配置第 2 个元素为 Reset_Handler,那么上电后会马上运行 Reset_Handler 函数。__BOOT_STACK_ADDRESS 是栈地址,在 linker 文件(*.icf)里定义,后面讲解 linker 文件时再来谈这问题。接着在调试工具栏里选择跳入函数执行,则跳到 start 函数运行,如图 1-85 所示。

start 函数里主要包含 wdog_disable、common_startup、sysinit、main 等函数。

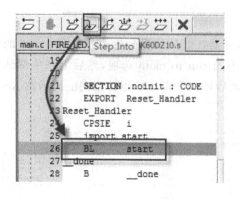

common_startup 函数用于初始化数据段,要想理解该函数的实现,对读者的微控制器基础有一定的要求,因此此处不做深入讲解。sysinit 函数则调用 pll_init 函数进行系统时钟频率设置,也初始化了 printf 端口所用到的 UART 模块。换句话说,进入 main 函数前,K60 已经设置好系统时钟,也完成了 printf 初始化设置,可以直接调用 printf 函数。

图 1-85 跳入 start 函数

经过上面的代码分析,可见代码的起始地方不是 main 函数,在进入 main 函数前,微控制器已经针对系统进行了一系列初始化操作。K60 的启动过程分析如图 1-86 所示。

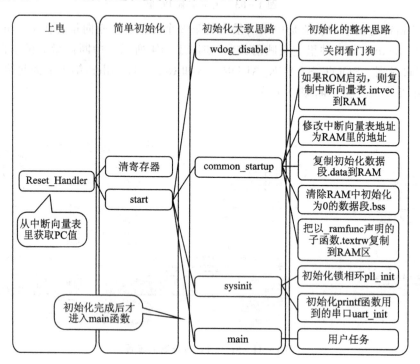

图 1-86 上电运行代码分析

5. ROM、RAM 启动工作原理和 ICF 文件讲解

对于初学者而言,对微控制器的内存分配往往最让人头疼,很多人学了微控制器几年都不知道微控制器内部的内存使用情况是如何分配的。要了解 ROM 和 RAM 启动,首先需要对链接器 Linker 如何分配内存有一定的了解。

通常,对于栈生长方向向下的单片机,其内存一般模型如图1-87所示:

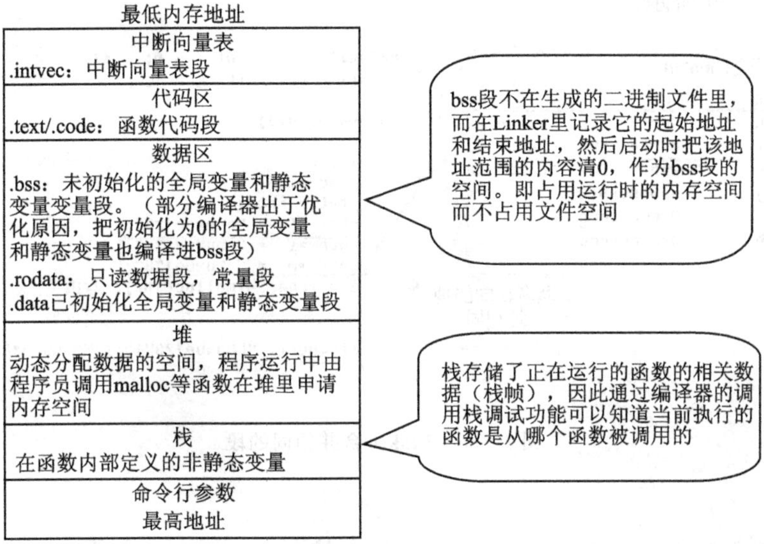

```
最低内存地址
┌─────────────────────────┐
│      中断向量表          │
│ .intvec: 中断向量表段    │
├─────────────────────────┤
│        代码区            │
│ .text/.code: 函数代码段  │
├─────────────────────────┤
│        数据区            │
│ .bss: 未初始化的全局变量和静态│
│ 变量变量段。(部分编译器出于优│
│ 化原因,把初始化为0的全局变量│
│ 和静态变量也编译进bss段)  │
│ .rodata: 只读数据段,常量段│
│ .data 已初始化全局变量和静态变量段│
├─────────────────────────┤
│         堆               │
│ 动态分配数据的空间,程序运行中由│
│ 程序员调用 malloc 等函数在堆里申请│
│ 内存空间                 │
├─────────────────────────┤
│         栈               │
│ 在函数内部定义的非静态变量│
├─────────────────────────┤
│       命令行参数         │
│       最高地址           │
└─────────────────────────┘
```

bss段不在生成的二进制文件里,而在Linker里记录它的起始地址和结束地址,然后启动时把该地址范围的内容清0,作为bss段的空间。即占用运行时的内存空间而不占用文件空间

栈存储了正在运行的函数的相关数据(栈帧),因此通过编译器的调用栈调试功能可以知道当前执行的函数是从哪个函数被调用的

图1-87 栈生长方向向下微控制器内存的一般模型

```c
#include "stdio.h"
#include "malloc.h"
int a = 1;                      //已初始化的全局变量.data
int b = 0;                      //初始化为0的全局变量,可能是.data,也可能是.bss
static int c = 1;               //已初始化的全局变量.data
const int d = 1;                //只读全局变量.rodata
volatile const int e;           //未初始化的易变只读全局变量,VC里为.rodata,IAR里为.bss
volatile const int f = 0;       //VC里为.rodata,IAR里为.bss
volatile const int g = 1;       //VC里为.rodata,IAR里为.data
//注意差别,加 volatile 后有所不同
int main(void)
{
    int h;                      //局部变量,栈
    char * i;                   //局部变量,栈
    static int j;               //静态变量.bss
    char k[] = "chuxue123";     //局部变量,栈 ("chuxue123"为栈里面的数据)
    char * l = "chuxue123";     //"chuxue123"是常量.rdata。l是局部指针变量,
                                //注意差别,k是数组,l是指针
    char * m = "chuxue123";     //"chuxue123"是常量
                                //编译器可能把它与上面的l指向的字符串优化成同一个地方
                                //IAR里可以设置 Linker 合并相同的段,即优化成一个地方
    i = (char *)malloc(100);    //申请的数据在堆里
}
```

运行上述代码,结果如图1-88所示,编译器会合并相同的段。那编译的时候,编译器是如何为这些变量数据分配地址的呢? 其实,这就是链接器 Linker 在发挥作用,它会根据配置文件来为这些变量数据分配合适的地址,这样我们就可以不需要考

虑这些内存分布就能写出可运行的代码。编译器对代码进行编译,一般分为 4 个步骤,如图 1-89 所示。

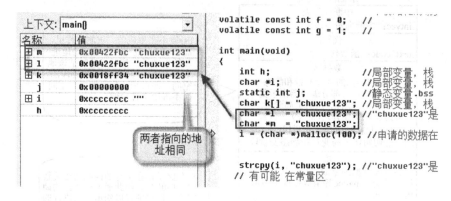

图 1-88　Linker 合并相同的段

图 1-89　编译的步骤

链接器 Linker 就是在第 4 个步骤发挥作用的。通常情况下,链接器 Linker 的配置文件都由官方提供,不需要对其进行更改。不过出于学习的目的,我们非常有必要去研究一下这些配置文件。

如图 1-90 所示,在代码目录 Prj\IAR\config files 下,可以看到有多个 Linker 配置文件(* . icf)。Linker 配置文件用来分配数据在内存中的位置,链接器 Linker 根据这些文件来为 Kinetics 分配 4 GB 的虚拟寻址空间地址,从而可以实现 ROM 启动和 RAM 启动。如果把全部的数据都编译进 RAM,那就是 RAM 启动;如果把代码段编译进 ROM,那就是 ROM 启动(Flash 启动)。

不同的 K60 芯片型号,其 Flash、RAM 的容量是不一样的,如表 1-15 和表 1-16 所列,所以配置 Linker 文件也会不一样。

表 1-15 部分 K60 型号 Flash 容量

Device	Program Flash/KB	Block 0(P-Flash) address range[1]	FlexNVM /KB	Block 1 (FlexNVM/P-Flash)address range[1]	FlexRAM /KB	FlexRAM address range
NK60DN256ZV LQ10	256	0x0000_0000~ 0x0001_FFFF	—	0x0002_0000~ 0x0003_FFFF	—	M/A
MK60DX256ZV LQ10	256	0x0000_0000~ 0x0003_FFFF	256	0x1000_0000~ 0x1003_FFFF	4	0x1400_0000~ 0x1400_0FFF
MK60DN512ZV LQ10	512	0x0000_0000~ 0x0003_FFFF	—	0x0004_0000~ 0x0007_FFFF	—	N/A
MK60DN256ZV MD10	256	0x0000_0000~ 0x0001_FFFF	—	N/A	—	—
MK60DX256ZV MD10	256	0x0000_0000~ 0x0003_FFFF	256	0x1000_0000~ 0x1003_FFFF	4	0x1400_0000~ 0x1400_0FFF
MK60DN512ZV MD10	512	0x0000_0000~ 0x0003_FFFF	—	0x0004_0000~ 0x0007_FFFF	—	N/A

表 1-16 部分 K60 型号 RAM 容量

Device	SRAM/KB	Device	SRAM/KB	Device	SRAM/KB
MK60DN256ZVLQ10	64	MK60DN512ZVLQ10	128	MK60DX256ZVMD10	64
MK60DX256ZVLQ10	64	MK60DN256ZVMD10	64	MD60DN512ZVMD10	128

本书配套的 K60 型号为 MK60DN512ZVLQ10 和 MK60FX512VLQ15,都是 512 KB 的 Program Flash 和 128 KB 的 SRAM。MK60FX512VLQ15 还有 512 KB 的 FlexNVM 和 16 KB 的 FlexRAM。K60 的 4 GB 虚拟寻址空间就是按照内存空间的映射图进行配置的,如表 1-17 所列。

表 1-17 内存映射

地址	空间
0x0000_0000~0x0FFF_FFFF	P-Flash
0x1000_0000~0x13FF_FFFF	FlexNVM(如果有效)
0x1400_0000~0x17FF_FFFF	FlexRAM
0x1FF0_0000~0x1FFF_FFFF	SRAM_L
0x2000_0000~0x200F_FFFF	SRAM_U,位带范围
0x2200_0000~0x23FF_FFFF	外设桥 0 的位带范围

续表 1-17

地 址	空 间
0x4000_0000 - 0x4007_FFFF	外设桥 1 的位带范围
0x4008_0000 - 0x400F_FFFF	端口控制模块的位带范围
0x400F_F000 - 0x43FF_FFFF	位带到外设桥 & 端口
0x6000_0000 - 0xDFFF_FFFF	FlexBus
0xE000_0000 - 0xE00F_FFFF	私有外设(调试模块)

如果需要设置为 RAM 启动,那么就需要修改 Linker 配置文件,从而实现代码数据和只读数据编译进 RAM 地址空间里。注意,RAM 启动仅适合于编译器在线调试使用,而且只能使用编译器在线调试工具栏的复位按键进行复位。因为 K60 上电和复位时会默认加载 0x00000000 地址(Flash 空间)中断向量表的数据到 PC 和 SP 寄存器,而不是加载 RAM 地址中断向量表的数据,只有在调试阶段由编译器加载 RAM 地址中断向量表的数据到 PC 和 SP 寄存器才能保证 RAM 启动。RAM 启动时会把全部数据写入 RAM,不会写任何数据到 Flash。另外,RAM 启动也需要去掉工程选项的 Flash loader 选项,因为程序是下载到 RAM 里,不需要 Flash loader。

用记事本打开 fire_RAM_K60N512.icf,此文件是野火根据飞思卡尔官方提供的 128KB_Ram.icf 文件修改而来的。

```
/*###ICF### Section handled by ICF editor, don't touch! *****/
/*-Editor annotation file-*/
/*IcfEditorFile = "$TOOLKIT_DIR$\config\ide\IcfEditor\cortex_v1_0.xml"*/
/*-Specials-*/
define symbol __ICFEDIT_intvec_start__ = 0x1fff0000;  //中断向量表地址
                        //RAM 启动要设置为 RAM 起始地址,ROM 启动要设为 ROM 的起始地址
/*-Memory Regions-*/
define symbol __ICFEDIT_region_ROM_start__ = 0x00000000;      //设置 PFlash 范围
define symbol __ICFEDIT_region_ROM_end__   = 0x00080000;
            //0x00040000:P-flash 256k   D-flash 256k   0x00080000:P-flash 512k
define symbol __ICFEDIT_region_RAM_start__ = 0x1fff0000;      //设置 RAM 范围
define symbol __ICFEDIT_region_RAM_end__   = 0x20000000;
/*-Sizes-*/
define symbol __ICFEDIT_size_cstack__ = 0x1000;               //设置栈大小
define symbol __ICFEDIT_size_heap__   = 0x800;                //设置堆大小
/***** End of ICF editor section. ###ICF#####*/
/***** 上边是由 ICF 编辑,下面是由我们手动配置 *****/
define symbol __region_RAM2_start__ = 0x20000000;
        //SRAM 是分成两块的,因此需要设置另外一块 RAM,RAM2 即 SRAM_U,RAM 为 SRAM_L
define symbol __region_RAM2_end__ = 0x20000000 + __ICFEDIT_region_RAM_end__ - __ICFEDIT_region_RAM_start__;

define exported symbol __VECTOR_TABLE = __ICFEDIT_intvec_start__;
        //代码编译进 ROM,则 0x00000000;RAM,则 __ICFEDIT_region_RAM_start__
define exported symbol __VECTOR_RAM = __ICFEDIT_region_RAM_start__;
```

```
        //前面的 RAM 留给 RAM User Vector Table
        //common_startup 函数就是把 __VECTOR_TABLE 的数据复制到__VECTOR_RAM,由于中断
        //向量表放在 RAM 里可以加快中断响应速度,所以此处定义了__VECTOR_RAM 来给 ROM
        //启动时复制中断向量表到__VECTOR_RAM
    define exported symbol __BOOT_STACK_ADDRESS = __region_RAM2_end__ - 8;
                                                    //0x2000FFF8;    //启动栈地址
    //exported 表示输出该变量,程序里可用 int 型来读取该变量的值。例如__BOOT_STACK_
    //ADDRESS 就用在程序里的中断向量表第一个元素
    /* 决定代码编译的地址 */
    define exported symbol __code_start__ = __ICFEDIT_intvec_start__ + 0x410;
            //代码编译进 ROM,则   __ICFEDIT_region_ROM_start__ + 0x410
            //代码编译进 RAM,则   __ICFEDIT_region_RAM_start__  + 0x410
            //+ 0x410,是因为前面的留给中断向量表 Vector Table
    //定义一个可编址的存储地址空间
    define memory mem with size = 4G;              //4 GB 的虚拟寻址空间
    //定义 ROM 和 RAM 存储地址区域(region)。一个区域可由一个或多个范围组成,每个范围内
    //地址必须连续,但几个范围之间不必是连续的
    define region ROM_region = mem:[from __ICFEDIT_region_ROM_start__ to __ICFEDIT_region_
ROM_end__];
    define region RAM_region = mem:[from __ICFEDIT_region_RAM_start__ to __ICFEDIT_region_
RAM_end__] | mem:[from __region_RAM2_start__ to __region_RAM2_end__];
    //定义堆和栈的地址块(block);地址块可以是个空块,比如栈、堆;也可以包含一系列 sections
    define block CSTACK with alignment = 8, size = __ICFEDIT_size_cstack__{ };     //栈
    define block HEAP with alignment = 8, size = __ICFEDIT_size_heap__{ };         //堆
    //初始化 sections,manually 表示在程序启动时不自动执行初始化,如果改成 by copy 则表
    //示在程序启动时自动执行初始化
    //手动初始化,在 common_startup 函数 里完成
    initialize manually { readwrite };              //未初始化数据 .bss
    initialize manually { section .data};           //已初始化数据
    initialize manually { section .textrw };        //__ramfunc 声明的函数
    do not initialize  { section .noinit };         //复位中断向量服务函数
    //定义包含一系列 sections 的地址块(block)
    define block CodeRelocate { section .textrw_init };
    define block CodeRelocateRam { section .textrw };
                    //CodeRelocateRam 把代码复制到 RAM 中(对 Flash 操作的函数必须这样)
    //把一系列 sections 和 blocks 放置在某个具体的地址,或者一个 region 的开始或者结束处
    place at address mem:__ICFEDIT_intvec_start__ { readonly section .intvec };//中断向量表
        //vectors.c 中设置 #pragma location = ".intvec",
        //告诉编译器,这个是中断向量表,编译进去 .intvec
    place at address mem:__code_start__ { readonly section .noinit };
    //在 *.s 中设置了 SECTION .noinit : CODE  ,即把代码编译进去 .noinit,代码开始执行位置
    //把一系列 sections 和 blocks 放置在某个 region 中。sections 和 blocks 将按任意顺序放置
    place in RAM_region    { readonly, block CodeRelocate };
            //把代码编译进去 RAM(调试用),非调试,则设为 ROM_region,原本应该放入 ROM 中
    place in RAM_region    { readwrite, block CodeRelocateRam,
                    block CSTACK, block HEAP };
```

Linker 根据 icf 配置文件分配内存地址,如图 1-91 所示。如果是 ROM(Flash) 启动,那么把中断向量表、代码和只读数据存放在 Flash 空间即可。这部分内容就

留给读者自行阅读代码工程 Prj\IAR\Config files\fire_ROM_K60N512.icf 的源代码。

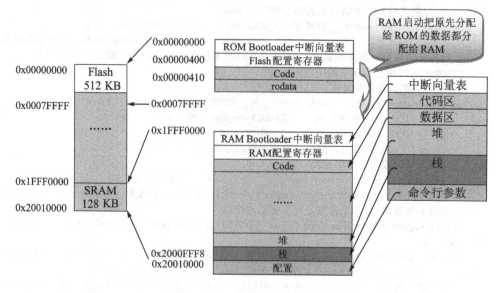

图 1-91 RAM 启动的内存分布

在 IAR 里，可以通过 map 文件查看编译生成文件的内存分配情况。在工程选项的 Linker→List 中选中 Generate linker map file，编译后就可以在工程里找到 Prj\IAR\{编译模式}\List\{工程名}.map 文件，从而获取函数的访问地址、全局变量的存储位置、内存的分布情况等信息。

经过前面内容的讲解，不知道有多少读者能掌握这些内容？熟悉微控制器的内存分配，是每一个电子软件工程师必备的。如果对单片机的内存分配都不了解，那就算会写单片机的驱动程序，也难以保证程序的质量。

6. 中断函数的实现方法

Cortex-M 系列的单片机都是通过 NVIC 模块来控制中断配置（设定中断函数的优先级、使能中断响应等），通过 SCB 模块来设定中断向量表的地址。Kinetis 微控制器上电时默认中断向量表的起始地址为 0 地址，可在运行时通过寄存器配置来设定为其他内存地址。野火 K60 的工程代码里会在系统初始化时复制中断向量表的内容到 RAM 起始位置，然后设置寄存器来指定中断向量表的地址就是 RAM 起始地址。把中断向量表移到 RAM 的好处是加快中断响应，因为 RAM 的读/写速度要快于 Flash 的读/写速度。

中断函数的编写实现方法有两个，一个是直接编入进 0 地址的中断向量表，一个是运行时调用函数来写入到相应的 RAM 地址。

① 方法一：直接把函数入口地址编入进 0 地址的中断向量表。中断向量表 __vector_table 在工程根目录\Chip\src\vectors.c 里定义，如图 1-92 所示。中断向量表里面的元素都是通过宏定义来映射的，VECTOR_xxx 在工程根目录\Chip\Inc\vectors.h 里定义，默认定义为 default_isr 函数，如图 1-93 所示。

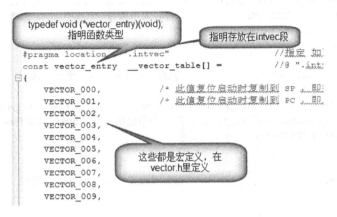

图 1-92 vectors.c 里中断向量表的定义

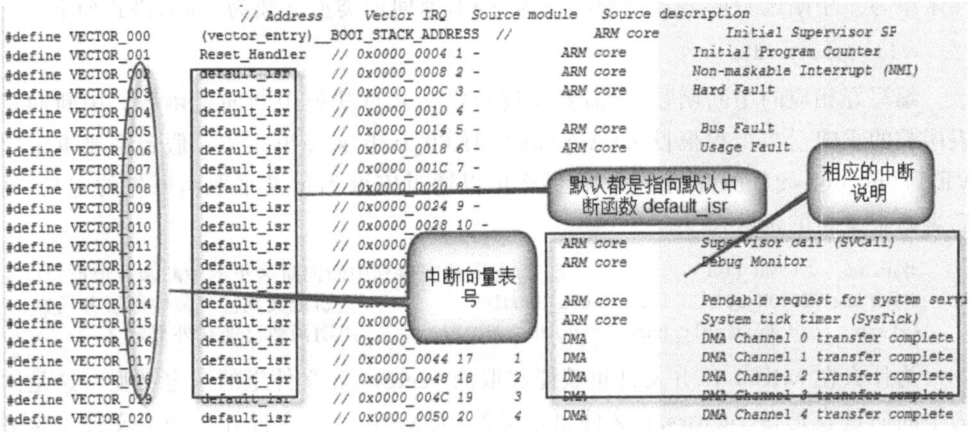

图 1-93 vectors.h 指定默认中断函数

default_isr 函数在工程根目录\App\MK60_conf.c 里定义，只有在 DEBUG 模式下才会执行函数代码，否则直接退出。它主要的功能是实现 LED1 闪烁，串口打印中断信息，从而让开发者及时地发现问题，并解决问题。

```
/*!
*  @brief      默认中断服务函数
*  @since      v5.0
*  @note       此函数写入中断向量表里,不需要用户执行
*/
void default_isr(void)
```

```c
{
#ifdef DEBUG
#define VECTORNUM     ((SCB_ICSR &                                      \
        SCB_ICSR_VECTACTIVE_MASK)>>SCB_ICSR_VECTACTIVE_SHIFT)
                                    //等效于(*(volatile uint8_t *)(0xE000ED04))
    //中断号可在 Cortex-M 内核的 SCB 模块 ICSR 寄存器 VECTACTIVE 字段里获得
    uint8 vtr = VECTORNUM;          //获取中断号
    led_init(LED1);
    while(1)
    {
        led_turn(LED1);             //LED1 闪烁表示进入默认中断
        DEBUG_PRINTF(
        "\n* * * *default_isr entered on vector %d* * * * *\n\n%s Interrupt",
        vtr, vector_str[vtr]);      //打印中断信息和中断号,以便及时查找问题原因
        DELAY_MS(1000);
    }
#else
    return;                         //如果没定义 DEBUG,则直接返回
#endif
}
```

编写中断函数,可以在工程根目录\App\MK60_it.c 文件里像编写普通函数那样来编写。中断函数的参数类型必须为 void,返回值类型必须为 void,格式如下:

```c
void  func(void);
```

编写好相应的中断函数后,需要通过宏定义来重映射中断向量函数。中断向量表函数的重映射在工程根目录\App\inc\MK60_it.h 文件里完成。假定需要重定向 VECTOR_003 硬件故障这个中断,那么可以通过宏取消定义来取消原先的定义,然后重新定义新的函数:

```c
#undef  VECTOR_003                      //先取消映射到中断向量表里的中断函数地址宏定义
#define VECTOR_003    HardFault_Handler //重新定义硬件故障中断服务函数
extern  void HardFault_Handler(void);   //声明函数已经在外部定义
```

为什么在 MK60_it.h 文件里就能够取消 vectors.h 文件里的宏定义呢?这是因为中断向量表是在 vectors.c 文件里定义的,而 vectors.c 文件开头的头文件包含顺序是先包含 vectors.h,然后再包含 MK60_it.h 来取消前面的宏定义,从而实现了中断向量表的重映射。

```c
#include "vectors.h"
#include "MK60_it.h"
```

② 方法二:运行中调用函数来修改中断向量表。

野火的工程里已经提供了 set_vector_handler 函数在运行中修改中断向量表里的中断函数入口。

```
/*!
 *  @brief      设置中断向量表里的中断复位函数
 *  @since      v5.0
```

```
 *    @warning      只有中断向量表位于 icf 指定的 RAM 区域时,此函数才有效
 *    Sample usage：set_vector_handler(UART3_RX_TX_VECTORn, uart3_handler);
                                      //把 uart3_handler 函数添加到中断向量表中
 */
void set_vector_handler(VECTORn_t vector, void pfunc_handler(void))
{
    extern uint32 __VECTOR_RAM[];
    ASSERT(SCB->VTOR == (uint32)__VECTOR_RAM);//断言,检测中断向量表是否在 RAM 里
    //直接传递函数指针,然后修改中断向量表
    __VECTOR_RAM[vector] = (uint32)pfunc_handler;
}
```

VECTORn_t 是中断号的枚举类型,在工程根目录\Chip\inc\ common.h 文件里定义。

```
/*
 * 中断向量表编号声明
 */
typedef enum
{   //前面为 Cortex-M4 内核规定的,每个 Cortex-M4 内核的微控制器都相同
    /****** Cortex-M4 Processor Exceptions Numbers *****************/
    NonMaskableInt_VECTORn    = 2,     /*!<2 Non Maskable Interrupt        */
    HardFault_VECTORn         = 3,     /*!<3 Hard Fault                    */
    ……
    SysTick_VECTORn           = 15,    /*!<15 Cortex-M4 System Tick Interrupt
                                                                          */
    /****** Kinetis 60 specific Interrupt Numbers ******************/
    DMA0_VECTORn,                      //DMA Channel 0 Transfer Complete
    DMA1_VECTORn,                      //DMA Channel 1 Transfer Complete
    ……                                 //后面的为 K60 芯片规定的中断
    ……                                 //枚举各种中断向量号
} VECTORn_t;
```

编写好中断函数后,使能中断前调用 set_vector_handler 函数重新设定中断函数入口即可。假定需要设置硬件故障中断的中断服务函数为 HardFault_Handler,那么在 main 函数里执行下面的函数即可。

```
set_vector_handler(HardFault_VECTORn, HardFault_Handler);
```

(1) 使能中断和禁止中断

关于中断函数的功能,野火的工程里都是调用 CMSIS 库里提供的现成函数。为了考虑兼容其他的飞思卡尔微控制器,因此通过宏定义的方式里按照飞思卡尔微控制器常用的函数名来重新命名 CMSIS 库里的函数接口。

使能总中断和关总中断函数如下：

```
#define EnableInterrupts          __enable_irq()            //使能全部中断
#define DisableInterrupts         __disable_irq()           //禁止全部中断
```

使能和禁止指定 IRQ 号的中断如下：

```
#define enable_irq(irq)           NVIC_EnableIRQ(irq)       //使能 IRQ
```

```
#define disable_irq(irq)         NVIC_DisableIRQ(irq)         //禁止 IRQ
```

(2) 中断的优先级配置

K60 的中断优先级由 4 bit 的寄存器决定,实际上是由 Cortex – M4 内核的 NVIC 模块来配置中断优先级。相关的优先级函数如下:

```
void NVIC_SetPriorityGrouping(uint32_t PriorityGroup);    //设置优先级分组
                                                          //PriorityGroup 范围为 0 ~ 4,共 5 组
void NVIC_SetPriority(IRQn_Type IRQn, uint32_t priority); //设置优先级
                                                          //priority 范围为 0~15(4 bit), prio 越低,则优先级越高
```

优先级可分为抢占优先级(4 bit 里的高位)和亚优先级(4 bit 里的低位),调用 NVIC_SetPriorityGrouping 函数来划分优先级分组。只有抢占优先级高的中断才可以打断低抢占优先级的中断,形成中断嵌套。相同抢占优先级的中断,亚优先级高的优先响应中断。NVIC_SetPriorityGrouping 函数的 NVIC_SetPriorityGrouping 参数就是指定如何在 4 bit 优先级里区分抢占优先级和亚优先级,如表 1 – 18 所列。

表 1 – 18　优先级分组

PriorityGroup 值	抢占优先级	亚优先级	备　　注
0	0 bit	4 bit	默认的,由于都是相同抢占优先级,所以不支持中断嵌套
1	1 bit	3 bit	抢占优先级可选 0~1
2	2 bit	2 bit	抢占优先级可选 0~3
3	3 bit	1 bit	抢占优先级可选 0~7
4	4 bit	0 bit	抢占优先级可选 0~15

NVIC_SetPriority 函数的 priority 参数就是指定这 4 bit 的优先级是多少。假定 NVIC_SetPriorityGrouping 设置为 2,即 2 bit 抢占优先级和 2 bit 亚优先级,那么 priority 为 9(0b1001)表示抢占优先级为 2,亚优先级为 1。

```
NVIC_SetPriorityGrouping(2);           //优先级分组为 2
NVIC_SetPriority(PIT0_IRQn, 9);        //PIT0 的中断优先级为 9(抢占优先级为 2)
```

7. Kinetis 微控制器的解锁步骤

Kinetis 微控制器在编程过程中会经常遇到各种下载失败的问题,一般通过 Jlink 来解锁即可。首先,需要按照 Jlink 驱动软件,可在配套资料中查找。

安装 Jlink 驱动后,在开始菜单里找到 SEGGER→J-Link Commander,在里面输入 unlock kinetis 来解锁,如图 1 – 94 所示。如果解锁失败,可尝试按复位键来重复上述的解锁操作。

如果上述的解锁步骤失败,那么可以尝试使用 IAR 擦除内存来进行解锁,在 IAR 编译器里 Project→Download→Erase Memory→Erase(不是 Erase All),如图 1 – 95 所示。同样,按复位键进行解锁会增大成功的概率。一般按照上述的步骤

图 1-94 利用 jlink 来解锁

就可以解决由软件问题引起的上锁问题。如果仍无法解决下载失败的问题,可以到论坛参考相关帖子。

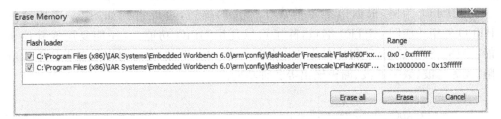

图 1-95 IAR 擦除内存

第 2 章

GPIO 小试牛刀

2.1 PORT 端口控制和中断

2.1.1 PORT 模块简介

K60 的 PORT 模块是引脚控制和中断模块,支持外部中断、数字滤波、端口控制等功能。大多数的功能可独立配置到 32 位端口的每个引脚上,不管引脚的复用状态如何都对该引脚起作用,具体的复用功能可参考第 1 章的表 1-14。

以 PTE0 为例,根据第 1 章的表 1-14 的描述,可以得到如图 2-1 所示的 PTE0 复用功能图。PTE0 端口,除了可以复用 GPIO 功能外,还能复用成其他功能:ADC、SPI、UART、SDHC、I^2C。另外,每个 PORT 端口,都可以配置上拉下拉电阻、无源滤波、数字滤波、漏极输出等各种功能。

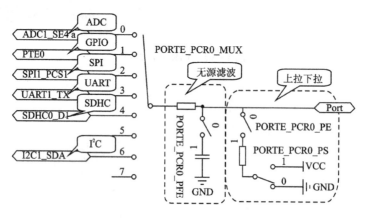

图 2-1 PTE0 的端口复用

PORT 模块具有如下特性:

(1) 引脚中断

➢ 每个引脚都有中断标志位和使能寄存器。
➢ 每个引脚都可以配置支持边沿触发(上升沿、下降沿、跳变沿)或水平触发(低电平、高电平)。
➢ 低功耗模式下异步唤醒。

➢ 在所有的数字引脚复用模式下都可以使用引脚的中断功能。

(2) 数字输入滤波器
➢ 每个引脚的数字输入滤波器都可在任意数字复用模式下使用。
➢ 每个引脚都独立使能或旁路控制位。
➢ 选择 5 位分辨率滤波大小的数字输入滤波器时钟源。
➢ 在所有的数字引脚复用模式下都可以使用数字滤波器。

(3) 端口控制
➢ 独立的拉控制寄存器支持上拉、下拉、拉禁用。
➢ 独立的驱动强度寄存器支持高和低驱动强度。
➢ 独立的转换速率寄存器支持快和慢转换率。
➢ 独立的输入无源滤波寄存器支持开启和禁用。
➢ 独立的开漏寄存器支持开启和禁用。
➢ 独立的复用寄存器支持模拟功能（或引脚禁用），GPIO 功能，和多达 6 个芯片特定的数字功能。
➢ 端口配置寄存器在所有的数字引脚复用模式下都可使用。

2.1.2 PORT 模块寄存器

1. PORT 寄存器内存地址图

PORT 寄存器内存地址图如图 2-2 所示。

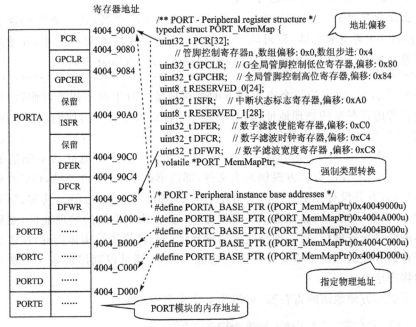

图 2-2　PORT 寄存器内存地址图

思考题：为什么 PORT_MemMapPtr 的定义使用 volatile 来修饰？不使用可行不？

答：volatile 是 C 语言里的类型修饰符，本意是易变的。因为寄存器的读/写速度远快于内存单位，编译器一般都会把数据存放在寄存器而减少对内存单位的读/写，从而有可能读取到脏数据，即错误数据。volatile，其作用准确地来说是防止编译器对代码进行优化而导致没有执行指令或执行有误。

例如，在模拟时序的时候，通常需要对 I/O 引脚输出高、低电平。假设没有 volatile 声明，例如如下伪代码：

```
/* volatile */ int * pPTA0_OUT = 0x400FF000u;    //pPTA0_OUT 指向 PTA0 的输出寄
                                                 //存器,注释了 volatile 的修饰
* pPTA0_OUT = 1;
* pPTA0_OUT = 0;
```

上面例程中最后两行代码，不加 volatile 声明，编译器会认为两次对 0x400FF000u 地址进行写入操作，而且两次写入之间并没有读取该地址的数据，可认为第一次写入是无效的，则编译器就会忽略第一次写入的指令。因此，需要加入 volatile 来修饰，防止编译器对代码进行优化而忽略了这些指令。

一般说来，volatile 用在如下的几个地方：
① 在中断服务函数中需要访问的全局变量。
② 多任务环境中需要被多个任务共享的变量。
③ 硬件寄存器（如：状态寄存器）。

上述代码里的 0x400FF000u，u 表示 unsigned 的意思，就是告诉编译器用 unsigned int 类型来存储，否则编译器默认按 int 型存储变量。此外，常量后面的字母还可以是 l(long 型)、ul(unsigned long 型)和 f(float 型)。

在 C 语言里，如何为每个寄存器分配物理地址？对于很多初学者而言，他们从来不会去考虑寄存器的物理地址，因为绝大部分教材里都是告诉他们：在工程里 include 芯片厂家提供的头文件就可以了。这样的做法让初学者失去了一个对底层理解的机会。作为一个学习者，连 C 语言里如何为寄存器分配地址都不知道如何实现，那万一用的芯片没有官方提供的头文件，那岂不是学不下去？例如 OV 系列的摄像头芯片，官方并没有提供这些头文件的，是需要用户自己去写的。其实，要实现这些功能，上面提供的代码已经提供了实现方法：直接指定模块的物理地址，然后利用结构体的变量地址偏移特性，把指定的物理地址强制转换为结构体指针，从而自动为每个寄存器分配地址而不需要一一指定地址。另外，还可以利用宏定义来避免记住琐碎的物理地址。

为了更加方便地访问寄存器，可以用宏定义来实现：

```
/* PORT - Peripheral instance base addresses */
                                        /* 定义模块基地址,指定结构类型 */
```

```
#define    PORTA_BASE_PTR      ((PORT_MemMapPtr)0x40049000u)
#define    PORTB_BASE_PTR      ((PORT_MemMapPtr)0x4004A000u)
#define    PORTC_BASE_PTR      ((PORT_MemMapPtr)0x4004B000u)
#define    PORTD_BASE_PTR      ((PORT_MemMapPtr)0x4004C000u)
#define    PORTE_BASE_PTR      ((PORT_MemMapPtr)0x4004D000u)
/* PORT - Register accessors */
#define    PORT_PCR_REG(base,index)        ((base)->PCR[index])
#define    PORT_GPCLR_REG(base)            ((base)->GPCLR)
#define    PORT_GPCHR_REG(base)            ((base)->GPCHR)
#define    PORT_ISFR_REG(base)             ((base)->ISFR)
#define    PORT_DFER_REG(base)             ((base)->DFER)
#define    PORT_DFCR_REG(base)             ((base)->DFCR)
#define    PORT_DFWR_REG(base)             ((base)->DFWR)
```

模块名　寄存器名　表示寄存器　此处传入模块基础地址,利用模块基址和结构体类型来确认寄存器的地址,从而实现对寄存器的读写操作

另外,一个寄存器里可能需要实现配置多个功能属性(节省寄存器),换句话说,一个寄存器里面可能需要多个字段来配置功能。为了方便对寄存器里面的字段进行配置,飞思卡尔官方的头文件里也提供了如下宏定义:

```
#define PORT_PCR_MUX_MASK                  0x700u
                                           //MASK 是掩码的意思,即该字段的位全部置 1
#define PORT_PCR_MUX_SHIFT                 8
                                           //SHIFT 是移位的意思,即最低位的位数
#define PORT_PCR_MUX(x)                    \
    (((uint32_t)(((uint32_t)(x))<<PORT_PCR_MUX_SHIFT))&PORT_PCR_MUX_MASK)
                                           //当该字段位的数目超过 1 时,就会有这个宏定义,表示此字段的值赋值为 x
```

2. PORT 寄存器详解

考虑到很多初学者不会看手册,因此本书在介绍寄存器的时候保持了手册的风格,以便初学者学会看手册。

注:本书讲解的寄存器是最常用的,其他寄存器的详细信息可参见配套资料中的 K60P144M100SF2RM.pdf。

(1) 引脚控制寄存器 n(PORTx_PCRn,Pin Control Register n)

对于 PORTA 的 PCR1~PCR5,位 0、1、6、8、9、10 的复位值是 1;对于 PORTA 的 PCR0,位 1、6、8、9、10 的复位值是 1;其他位的复位值为 0,其各位说明如表 2-1 所列。

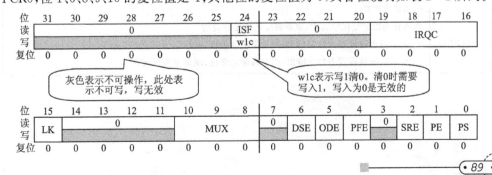

表 2-1　PROTx-PCRn 说明

域	描述
31～25 保留	保留 读为 0,写无效
24 ISF	中断状态标志位 在所有的数字复用模式中,引脚的中断配置都是有效的 0:不配置检测中断 1:配置为检测中断,如果引脚配置为产生 DMA 请求,在 DMA 传输完成后会自动清除该位,否则需要写入 1 来清空该位。如果配置为电平触发,外部电平保持不变的情况下,即使该位清 0 后仍然会置位
23～20 保留	保留 读为 0,写无效
19～16 IRQC	中断配置 在所有的数字复用模式中,引脚的中断配置都是有效的 相应引脚配置可配置为产生中断/DMA 请求: 0000:禁止中断/DMA 请求;0001:上升沿产生 DMA 请求;0010:下降沿产生 DMA 请求;0011:跳变沿产生 DMA 请求。跳变沿,包括上升沿和下降沿;0100:保留;1000:逻辑 0 时产生中断;1001:上升沿产生中断;1010:下降沿产生中断;1011:跳变沿产生中断;1100:逻辑 1 时产生中断;其他:保留
15 LK	锁寄存器 0:引脚控制寄存器位[15:0],没有锁定 1:引脚控制寄存器位[15:0],被锁定,在下一次系统复位前不能改变
14～11 保留	保留 读为 0,写无效
10～8 MUX	引脚复用控制 相应引脚的配置如下(参见表 1-14): 000:引脚禁止(模拟)。;001:功能选择 ALT1(GPIO);010:功能选择 ALT2(芯片特定);011:功能选择 ALT3(芯片特定);100:功能选择 ALT4(芯片特定);101:功能选择 ALT5(芯片特定);110:功能选择 ALT6(芯片特定);111:功能选择 ALT7(芯片特定/JTAG/NMI)
7 保留	保留 读为 0,写无效
6 DSE	驱动强度选择 在所有的数字复用模式中,驱动强度选择是有效的 0:如果引脚被设置为数字输出,则为低驱动强度 1:如果引脚被设置为数字输出,则为高驱动强度,驱动电流更大

续表 2-1

域	描述
5 ODE	开漏选择 在所有的数字复用模式中,开漏选择是有效的 0:禁用开漏输出 1:启用开漏输出 开漏输出,输出逻辑 0 时引脚接地,输出逻辑 1 时引脚悬空,因此需要外部接上拉电阻,以确保输出逻辑 1 时引脚为高电平。上拉电阻大小影响开关响应及驱动能力
4 PFE	无源滤波器使能 在所有的数字复用模式中,无源滤波器配置是有效的 0:禁用相应引脚上的无源滤波器 1:当对应的引脚配置为输入时,使能无源低通滤波器(10~30 MHz 带宽)。引脚接入高速接口(> 2 MHz)时,禁用无源滤波器 输入频率大于 2 MHz 时,如果开启无源滤波器,会使得信号失真,因而需要禁用无源滤波器
3 保留	保留 读为 0,写无效
2 SRE	转换速率选择 在所有的数字复用模式中,转换速率配置是有效的 0:对应引脚为输出时,选择快速模式;1:对应引脚为输出时,选择慢速模式
1 PE	上下拉使能 在所有的数字复用模式中,上下拉配置是有效的 0:禁用对应引脚的上下拉电阻功能;1:配置为输入时,开启对应的引脚上下拉电阻功能
0 PS	上下拉选择 在所有的数字复用模式中,上下拉配置是有效的 0:如果使能上拉下拉功能,则使能内部下拉电阻功能 1:如果使能上拉下拉功能,则使能内部上拉电阻功能

(2) 全局引脚控制低位寄存器(PORTx_GPCLR, Global Pin Control Low Register)

PORTx_GPCLR 各位说明如表 2-2 所列。其中,读恒为 0。

位	31	30	29	28	27	26	25	24	23	22	21	20	19	18	17	16	15	14	13	12	11	10	9	8	7	6	5	4	3	2	1	0
读	\multicolumn{16}{c	}{0}	\multicolumn{16}{c	}{0}
写	\multicolumn{16}{c	}{GPWE}	\multicolumn{16}{c	}{GPWD}
复位	0	0	0	0	0	0	0	0	0	0	0	0	0	0	0	0	0	0	0	0	0	0	0	0	0	0	0	0	0	0	0	0

表 2-2 PORTx_GPCLK 说明

域	描述
31~16 GPWE	全局引脚写使能 当置位时,对应引脚的控制寄存器 PORTx_PCRn(n=0~15)的位[15:0]会被更新为全局引脚写数据字段 GPWD 的值。若写入 PORTx_GPCLR[GPWE]=0x03,则 PORTx_PCR0 和 PORTx_PCR1 的位[15:0]都赋值为 PORTx_GPCLR[GPWD]。这是方便快速配置引脚

域	描述
15~0 GPWD	全局引脚写数据 值是通过 GPWE 使能来用于写入所有引脚位的控制寄存器的位[15:0],需要确保对应的寄存器没有被锁定

(3) 全局引脚控制高位寄存器(PORTx_GPCHR, Global Pin Control High Register)

PORTx_GPCHR 各位说明如表 2-3 所列。

位	31 30 29 28 27 26 25 24 23 22 21 20 19 18 17 16	15 14 13 12 11 10 9 8 7 6 5 4 3 2 1 0
读	0	0
写	GPWE	GPWD
复位	0 0 0 0 0 0 0 0 0 0 0 0 0 0 0 0	0 0 0 0 0 0 0 0 0 0 0 0 0 0 0 0

表 2-3 PORTx_GPCHR 说明

域	描述
31~16 GPWE	全局引脚写使能 当置位时,对应引脚的控制寄存器 PORTx_PCRn(n=16~31)的位[15:0]会被更新为全局引脚写数据字段 GPWD 的值
15~0 GPWD	全局引脚写数据 值是通过 GPWE 使能用于写入所有引脚位的控制寄存器的位[15:0],需要确保对应的寄存器没有被锁定

(4) 中断状态标志寄存器 (PORTx_ISFR, Interrupt Status Flag Register)

在所有的数字复用模式中,引脚的中断配置都是有效的。每个引脚的中断状态标志位也是可见的,每个标志位在任何位置都可被清 0, PORTx_ISFR 的各位说明如表 2-4 所列。

位	31 30 29 28 27 26 25 24 23 22 21 20 19 18 17 16	15 14 13 12 11 10 9 8 7 6 5 4 3 2 1 0
读	ISF	
写	w1c	
复位	0 0 0 0 0 0 0 0 0 0 0 0 0 0 0 0	0 0 0 0 0 0 0 0 0 0 0 0 0 0 0 0

注:w1c表示写1清0。清0时需要写入1,写入为0是无效的。

表 2-4 PORTx_ISFR 说明

域	描述
31~0 ISF	中断状态标志位 字段中的每个位的位数对应相同编号的引脚的中断标志 0:中断没有发生 1:检测到中断发生。如果引脚配置为产生 DMA 请求,在 DMA 传输完成后会自动清除该位,否则需要写入 1 来清空该位。如果配置为电平触发,外部电平保持不变的情况下,即使该位清 0 后仍然会置位。注:写 1 清 0,因此清空引脚 n 的中断标志位方法为:"ISF=1<<n;"

(5) 数字滤波使能寄存器(PORTx_DFER,Digital Filter Enable Register)

PORTx_DFER 的各位说明如表 2-5 所列。

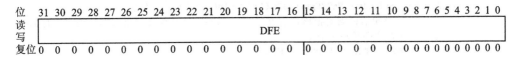

表 2-5 PORTx_DFER 说明

域	描 述
31~0 DFE	数字滤波器使能 在所有的数字复用模式中,数字滤波器配置都是有效的。当系统复位或禁用数字滤波器时,每个数字滤波器的输出都复位为 0 0:禁用对应引脚上的数字滤波器。每个位对应相应编号的引脚 1:如果对应的引脚设置为输入,则启用数字滤波器

(6) 数字滤波时钟寄存器(PORTx_DFCR,Digital Filter Clock Register)

PORTx_DFCR 的各位说明如表 2-6 所列。

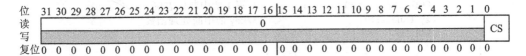

表 2-6 PORTx_DFLR 说明

域	描 述
31~1 保留	保留 读为 0,写无效
0 CS	时钟源 在所有的数字复用模式中,数字滤波器配置都是有效的。从此为配置数字滤波器的时钟源,只有在禁用所有开启的数字滤波器之后才能更改滤波器时钟源 0:数字滤波器使用总线时钟;1:数字滤波器使用 1 kHz LPO 时钟

2.1.3 PORT 编程要点

PORT 初始化步骤如下:

① 使能 PORT 端口时钟。

② 清空 PORT 端口的中断标志位(不然有可能误触发中断或 DMA 请求)。

③ 配置端口的各种属性(PORTx_PCRn)。

④ 如果需要数字滤波,需要使能数字滤波器,配置数字滤波器的带宽,选择数字滤波器的时钟源。

```
void port_init(PTXn_e ptxn, uint32 cfg )   //cfg 的取值根据 PORTx_PCRn 寄存器
{
    SIM_SCGC5 |= (SIM_SCGC5_PORTA_MASK<<PTX(ptxn));        //开启 PORTx 端口
    PORT_ISFR_REG(PORTX_BASE(ptxn)) = (1<<PTn(ptxn));      //清空标志位
    //写 1 清 0,换句话说需要把该位置 0 时写入 1,写入 0 是没任何反应的。很多芯片的
    //寄存器标志位都是写 1 清 0 的
    PORT_PCR_REG(PORTX_BASE(ptxn), PTn(ptxn)) = cfg;
                                //复用功能,确定触发模式,开启上拉或下拉电阻
}
```

PORT 的中断复位函数编程步骤如下:

① 根据中断标志位判断对应引脚是否进入中断。

② 写 1 清对应引脚的中断标志位。

③ 执行对应按键的处理函数。

```
void PORTD_IRQHandler()
{
    uint8 n = 0;                         //引脚号
    n = 7;
    if(PORTD_ISFR & (1<<n))              //PTD7 触发中断
    {
        PORTD_ISFR  = (1<<n);            //写 1 清中断标志位
        key_handler();                   //key 的中断处理函数
    }
}
```

> 此处不能用 |=,不然把其他置位的中断标志位也清了。写1清0,写0是不会产生作用的

2.1.4 PORT 应用实例

1. PORT 模块 API 的设计

在编写代码时要有软件分层的思想,对 PORT 模块编写对应的 PORT API 接口,以便上层的其他模块进行引脚复用和配置引脚,如图 2-3 所示。

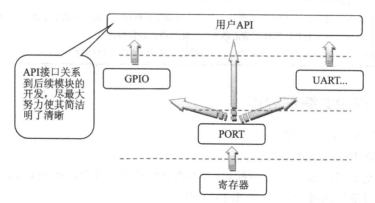

图 2-3 PORT 模块的 API 设计

> 思考题：上层需要怎样的 API？
> PORT 模块用于配置端口功能，仅仅实现初始化函数即能满足大部分的需求。

(1) PORT API 接口

```
void    port_init (PTXn_e, uint32 cfg);           //PORT 初始化(需要配置复用)
void    port_init_NoALT (PTXn_e, uint32 cfg);     //PORT 初始化(保留原先复用配置)
```

由于顶层模块默认调用 port_init 配置端口，仅配置了复用。如果用户有特殊要求，例如按键需要上拉电阻，那么 GPIO 初始化后再调用 port_init_NoALT 修改属性

(2) PORT API 代码的实现

① MK60_port.h 的代码如下：

```
#ifndef _PORT_H_
#define _PORT_H_
//条件编译,防止头文件被重复包含
/*! 枚举引脚编号 */
typedef enum
{
PTA0, PTA1, PTA2, PTA3, PTA4, ……, PTA31,        /* PTA 端口 */ //0~31
    PTB0, PTB1, PTB2, PTB3, PTB4, ……, PTB31,    /* PTB 端口 */ //32~63
    PTC0, PTC1, PTC2, PTC3, PTC4, ……, PTC31,    /* PTC 端口 */
    PTD0, PTD1, PTD2, PTD3, PTD4, ……, PTD31,    /* PTD 端口 */
    PTE0, PTE1, PTE2, PTE3, PTE4, ……, PTE31,    /* PTE 端口 */
//第一个元素默认为 0,后面的元素接着前面的加 1
//为了加强程序的健壮性,减少 bug,在这里使用枚举。枚举的使用,本身就是用来限制变量
//的范围,可以在编译阶段就进行报错,让程序员可以及时发现错误和修正错误。另外,枚举有自
//动编号的功能,不需要我们自行一个个赋值编号
} PTXn_e;
/*! 枚举端口模块 */
typedef enum
{
    PTA, PTB, PTC, PTD, PTE,
    PTX_MAX,
}PTX_e;
/*! 枚举编号 */
typedef enum
{
    PT0, PT1, PT2, PT3, PT4, ……, PT31,
}PTn_e;
//利用枚举自动编号的功能
//根据以上的定义,可以得出：PTx = PTxn / 32 ; PTn = PTxn & 31
#define PTX(PTxn)           ((PTxn)>>5)             //即为 PTxn/32
#define PTn(PTxn)           ((PTxn)&0x1f)
#define PORTX_BASE(PTxn)    PORTX[PTX(PTxn)]
                            //PORT 模块的地址,常用的引脚号转为模块号和端口号
/*! 枚举 PORT 配置 */
typedef enum
```

```c
{                                                //port 的端口属性通过枚举来列举出来
//中断方式和 DMA 请求方式,两者只能选其中一种(可以不选)
//中断方式选择
    IRQ_ZERO        = 0x08<<PORT_PCR_IRQC_SHIFT,    //低电平触发
    IRQ_RISING      = 0x09<<PORT_PCR_IRQC_SHIFT,    //上升沿触发
    IRQ_FALLING     = 0x0A<<PORT_PCR_IRQC_SHIFT,    //下降沿触发
    IRQ_EITHER      = 0x0B<<PORT_PCR_IRQC_SHIFT,    //跳变沿触发
    IRQ_ONE         = 0x0C<<PORT_PCR_IRQC_SHIFT,    //高电平触发
//DMA 请求选择
    DMA_RISING = 0x01<<PORT_PCR_IRQC_SHIFT,         //上升沿触发
    DMA_FALLING = 0x02<<PORT_PCR_IRQC_SHIFT,        //下降沿触发
    DMA_EITHER = 0x03<<PORT_PCR_IRQC_SHIFT,         //跳变沿触发
    HDS = 0x01<<PORT_PCR_DSE_SHIFT,                 //输出高驱动能力
    ODO = 0x01<<PORT_PCR_ODE_SHIFT,                 //漏极输出
    PF = 0x01<<PORT_PCR_PFE_SHIFT,                  //带无源滤波器
    SSR = 0x01<<PORT_PCR_SRE_SHIFT,                 //输出慢变化率 Slow slew rate
//下拉上拉选择
    PULLDOWN        = 0x02<<PORT_PCR_PS_SHIFT,      //下拉
    PULLUP          = 0x03<<PORT_PCR_PS_SHIFT,      //上拉
//功能复用选择(如果不需要改变功能复用选择,保留原先的功能复用,直接选择 ALT0)
//需要查 K60 Signal Multiplexing and Pin Assignments
    ALT0            = 0x00<<PORT_PCR_MUX_SHIFT,
    ALT1            = 0x01<<PORT_PCR_MUX_SHIFT,     //GPIO
    ALT2            = 0x02<<PORT_PCR_MUX_SHIFT,
    ALT3            = 0x03<<PORT_PCR_MUX_SHIFT,
    ALT4            = 0x04<<PORT_PCR_MUX_SHIFT,
    ALT5            = 0x05<<PORT_PCR_MUX_SHIFT,
    ALT6            = 0x06<<PORT_PCR_MUX_SHIFT,
    ALT7            = 0x07<<PORT_PCR_MUX_SHIFT,
//复用关系查表 1-14 MK60DN 144 封装引脚复用功能表
} port_cfg;
extern volatile struct PORT_MemMap * PORTX[PTX_MAX];
extern void port_init(PTXn_e, uint32 cfg);          //PORT 初始化(配置 MUX 复用功能)
extern void port_init_NoALT(PTXn_e, uint32 cfg);    //PORT 初始化(不改变 MUX 复用功能)
/* 中断复位函数模版 */
extern void porta_handler(void);                    //中断复位函数,仅供参考(需用户自行实现)
#endif                                              //_PORT_H_
```

② MK60DZ10_port.c 的代码如下:

```c
#include "common.h"
#include "MK60DZ10_port.h"
volatile struct PORT_MemMap * PORTX[PTX_MAX] =
{PORTA_BASE_PTR, PORTB_BASE_PTR, PORTC_BASE_PTR, PORTD_BASE_PTR, PORTE_BASE_PTR};
                                                //使用查表法快速找到对应的物理地址
/*!
 *  @brief      PORT 初始化
 *  @param      PTxn        端口
 *  @param      cfg         端口属性配置,如触发选项和上拉下拉选项
 *  @since      v5.0
 *  @note       与 port_init_NoALT 不同的是,此函数需要配置 MUX 复用功能,否则 MUX = ALT0
```

```
 *  Sample usage: port_init (PTA8, IRQ_RISING | PF | ALT1 | PULLUP );
                //初始化 PTA8 引脚,上升沿触发中断,带无源滤波器,复用功能为 GPIO,上拉电阻
 */
void port_init(PTXn_e ptxn, uint32 cfg)
{           //SIM 模块是控制各个模块的时钟,需要的时候才开启时钟,从而节省功耗
    SIM_SCGC5 |= (SIM_SCGC5_PORTA_MASK<<PTX(ptxn));    //开启 PORTx 端口
    PORT_ISFR_REG(PORTX_BASE(ptxn)) = (1<<PTn(ptxn));  //清空标志位,写 1 清 0,写 0 无
                                                      //效,因此是 = 号而不是 |= 号
    PORT_PCR_REG(PORTX_BASE(ptxn), PTn(ptxn)) = cfg;
                        //复用功能,确定触发模式,开启上拉或下拉电阻
}
/*!
 *  @brief      PORT 初始化
 *  @param      PTxn    端口
 *  @param      cfg     端口属性配置,如触发选项和上拉下拉选项
 *  @since      v5.0
 *  @note       与 port_init 不同的是,此函数不需要配置 MUX 复用功能(即使配置了也
不生效),MUX 保留为原先寄存器配置的值
 *  Sample usage: port_init_NoALT (PTA8, IRQ_RISING | PF | PULLUP );
//初始化 PTA8 引脚,上升沿触发中断,带无源滤波器,保留原先复用功能,上拉电阻
 */
void  port_init_NoALT(PTXn_e ptxn, uint32 cfg)
{
    SIM_SCGC5 |= (SIM_SCGC5_PORTA_MASK<<PTX(ptxn));       //开启 PORTx 端口
PORT_ISFR_REG(PORTX_BASE(ptxn)) = (1<<PTn(ptxn));
                                                          //清空标志位
    //清空 cfg 里的 MUX,加载寄存器里的 MUX
    cfg &= ~PORT_PCR_MUX_MASK;        //清了 MUX 字段(即不需要配置 ALT,保持原来的 ALT)
    cfg |=  (PORT_PCR_REG(PORTX_BASE(ptxn), PTn(ptxn)) & PORT_PCR_MUX_MASK);
                                                      //读取寄存器里配置的 MUX
    PORT_PCR_REG(PORTX_BASE(ptxn), PTn(ptxn)) = cfg;
                        //复用功能,确定触发模式,开启上拉或下拉电阻
}
/*!
 *  @brief      PORTA 的参考中断服务函数
 *  @since      v5.0
 *  @warning    此函数需要用户根据自己需求完成,这里仅仅是提供一个模版
 *  Sample usage:       set_vector_handler(PORTA_VECTORn, porta_handler);
                //把 porta_handler 函数添加到中断向量表,不需要我们手动调用
 */
void porta_handler(void)
{
    uint8   n = 0;              //引脚号
    //PTA6
    n = 6;
    if(PORTA_ISFR & (1<<n))     //PTA6 触发中断
    {
        PORTA_ISFR  = (1<<n);   //写 1 清中断标志位
        /*以下为用户任务*/
        //此处加入用户代码
```

```
        /*以上为用户任务*/
    }
}
```

2. 按键中断例程

PORT 是用于进行引脚复用和配置引脚的中断、上拉下拉电阻、无源滤波、数字滤波、漏极输出等各种功能。如图 2-4 所示,以按键接入 PTD7 为例,配置 PTD7 上拉电阻,复用为 GPIO 模式,下降沿触发中断。PTD7 所对应的按键在核心板的位置如图 2-5 所示。main.c 代码如下:

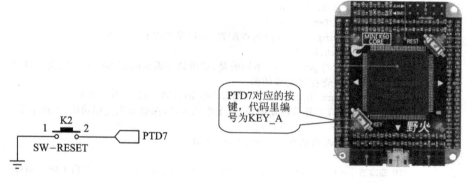

图 2-4　按键测试原理图　　　　图 2-5　K60 核心板按键位置

```
# include "common.h"
# include "include.h"
void PORTD_IRQHandler(void);           //PORTD 端口中断服务函数
void key_handler(void);                //按键按下的测试中断复位函数
/*!
 *  @brief       main 函数
 *  @since       v5.0
 *  @note        测试 port 配置功能,需要接串口来看测试效果
                 按键一端接 PTD7,另一端接地
                 按键按下时,PTD7 接地
                 按键没有弹起时,PTD7 浮空,因此需要上拉电阻来把电平拉高
 */
void main()
{
    printf("\n* * * * *按键测试* * * * *\n");
    //初始化按键所用的端口
    port_init(PTD7, ALT1 | IRQ_FALLING | PULLUP );
                    //初始化 PTD7 引脚,复用功能为 GPIO,下降沿触发中断,上拉电阻
    set_vector_handler(PORTD_VECTORn,PORTD_IRQHandler);
                    //设置 PORTD 的中断复位函数为 PORTD_IRQHandler
    enable_irq (PORTD_IRQn);           //使能 PORTD 中断
    while(1)
    {
```

```c
        //disable_irq(PORTD_IRQn);          //While 循环里任何事情都不做,等待中断
    }
}
/*!
 * @brief       PORTD 端口中断服务函数
 * @since       v5.0
 */
void PORTD_IRQHandler(void)
{
    //#if 是宏条件编译,可根据条件判断是否编译相应的代码
#if 0                                       //条件编译,两种方法可供选择
    uint8 n = 0;                            //引脚号
    n = 7;
    //根据标志位判断是哪个端口触发中断
    if(PORTD_ISFR & (1<<n))                 //PTD7 触发中断
    {
        PORTD_ISFR = (1<<n);                //写 1 清中断标志位
        /*以下为用户任务*/
        key_handler();                      //执行按键中断任务
        /*以上为用户任务*/
    }
#else
    PORT_FUNC(D,7,key_handler);
#endif
}
/*!
 * @brief       按键按下的测试中断服务函数
 * @since       v5.0
 */
void key_handler(void)
{
    printf("\n按下按键\n");
}
```

宏定义封装接口,替换上述较长的代码步骤
```
#define PORT_FUNC(X,num,func)                   \
    do{                                         \
        if(PORT##X##_ISFR & (1 << num))         \
        {                                       \
            PORT##X##_ISFR = (1 << num);        \
            func();                             \
        }                                       \
    }while(0)
```

注意:本书提供的代码支持 FX 和 DZ10 型号,通过选择工程模式来选择不同的芯片型号,如果是 MK60DN512ZVLQ10 芯片就选择 DZ10;如果是 MK60FX512VLQ15 芯片就选择 FX15,如图 2-6 所示。两种芯片类型是不能交换下载程序的,否则会锁住 Kinetis 芯片。编译下载后,可以在串口助手里看到的效果如图 2-7 所示。

本身配套的代码中 printf 函数的参数可以在 App\Inc\ PORT_cfg.h 里配置,由于波特率配置为 115 200,因此在串口助手里需要配置为 115 200。

```c
/*
 * 定义 printf 函数的 串口输出端口 和 串口信息
 */
#define FIRE_PORT           UART3
#define FIRE_BAUD           115200
```

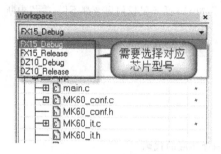

图 2-6 FX15 和 DZ10 程序模式的选择

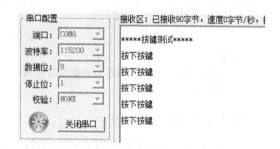

图 2-7 PORT_KEY 实验结果

在实验过程中,细心的读者可能留意到一个细节:按键按下时,有可能打印多个"按下按键"。那是因为按键按下的时候,由于机械或人手动的问题,有可能出现抖动现象,如图 2-8 所示。从图 2-8 按键抖动中还发现一个现象:上升沿比较缓慢,下降沿比较陡峭。那是因为按键弹起时,引脚通过上拉电阻接入高电平,需要一定的充电时间,而按键按下时直接接地,因而电平快速下降。

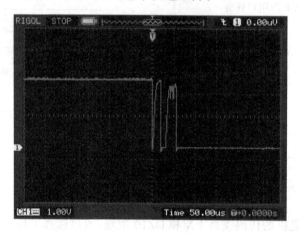

图 2-8 按键抖动

2.2 GPIO 通用 I/O 模块

2.2.1 GPIO 模块简介

GPIO(General Purpose Input/Output)通用输入输出,即 I/O 接口,我们可以通过微控制器来控制引脚的电平高低或读取引脚的电平,从而与外界进行信息传输,如图 2-9 所示。K60DN512ZVLQ10 共有 144 个引脚,拥有 GPIOA、GPIOB、GPIOC、GPIOD、GPIOE 5 个 GPIO 模块,共 100 个 I/O 引脚。

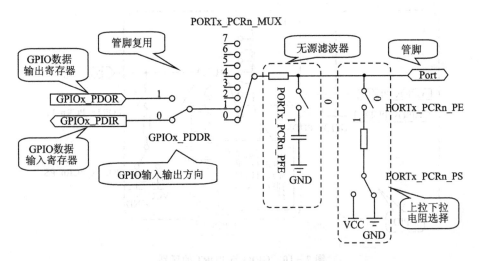

图 2-9 GPIO 输入输出部分功能原理图

- GPIOA 有 26 个引脚：PTA0～PTA19、PTA24～PTA29。
- GPIOB 有 20 个引脚：PTB0～PTB11、PTB16～PTB23。
- GPIOC 有 20 个引脚：PTC0～PTC19。
- GPIOD 有 16 个引脚：PTD0～PTD15。
- GPIOE 有 18 个引脚：PTE0～PTE12、PTE24～PTE28。

> 为什么不是每个模块都是 32 位引脚？
> 因为有部分 GPIO 引脚并没有引出来。在实际应用中，并非引脚越多越好，恰好够用才是最好的，这样才能减少芯片的体积及芯片价格，从而降低产品的体积及生产成本。为此，芯片厂家就会推出同款不同引脚与封装的芯片，我们使用的 K60DN512ZVLQ10 芯片有 100 个 I/O 引脚。
>
> GPIO 与 PORT 的区别如下：
> 在 51 单片机里，I/O 口和端口是有区别的，但 51 复用功能很少，很多课本和教程都不加以区别，导致很多人误以为是没有区别的。对于 ARM Cortex 系列的微控制器而言，复用的功能很多，想当然地以为 I/O 口和端口是一样的概念就会导致无法理解复用这个概念，也无法区分 GPIO 和 PORT 的区别。
> 事实上，GPIO 和 PORT 并不是同一个模块：PORT 是用来把引脚复用到其他模块上，其中一个功能就是复用到 GPIO 上，当然也可以复用到其他专用的接口，如 UART、SPI、I²C 等接口上，而 GPIO 只能用于通用普通 I/O 输入输出，即微控制器主动控制其输出电平的高低，或者读取电平，如图 2-10 所示。

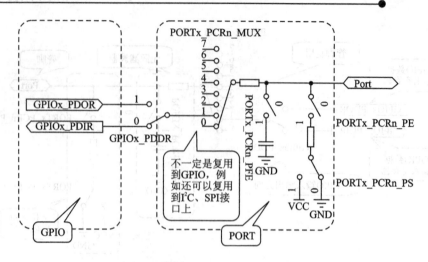

图 2-10 GPIO 与 PORT 的区别

2.2.2 GPIO 模块寄存器

1. GPIO 寄存器内存地址图

GPIO 寄存器内存地址图，如图 2-11 所示。

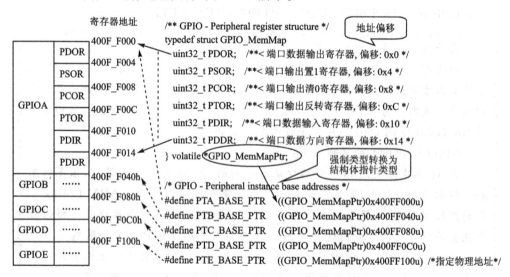

图 2-11 GPIO 寄存器内存地址图

> 思考题：volatile 和 const 可以同时来修饰变量吗？
> const 修饰只读变量（区分与常量的区别），限定了变量不能被改变。volatile 声明变量是易变的，它可能随时被外界改变。

例如 GPIO 引脚的输入寄存器,既然是输入寄存器,那么寄存器的值就随时随输入引脚的电平改变而改变,那就不能进行优化,每次都要重新从寄存器中读取,需要用 volatile 来声明。另外,输入寄存器也不能写,即只读,不然就不是输入而是输出了,所以应该用 const 来修饰。

在 GPIO_MemMap 的结构体声明中,输入寄存器之所以没有用 const 来修饰,是因为对输入寄存器写操作是无效的,所以不用担心对输入寄存器进行写操作。当然,更好的选择应该是在 PDIR 的定义中加入 const 修饰。

2. GPIO 寄存器详解

(1) 数据输出寄存器 GPIOx_PDOR(Port Data Output Register)

GPIOx_PDOR 说明如表 2-7 所列。

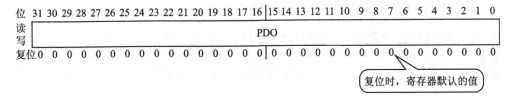

复位时,寄存器默认的值

表 2-7 GPIOx_PDOR 说明

域	描述
31~0 PDO	端口数据输出 未实现的引脚,读取到的数据为 0 0:当配置为通用 I/O 输出时,输出低电平;1:当配置为通用 I/O 输出时,输出高电平

(2) 输出置 1 寄存器 GPIOx_PSOR(Port Set Output Register)

GPIOx_PSOR 各位说明如表 2-8 所列。

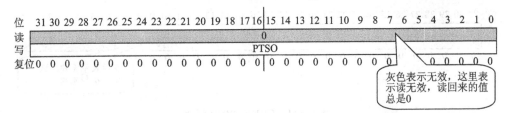

灰色表示无效,这里表示读无效,读回来的值总是0

表 2-8 GPIOx_DSOR 说明

域	描述
31~0 PTSO	置位端口数据输出 对该寄存器进行写操作将改变数据输出寄存器(PDOR)的值 0:不改变 PDOR 相应位的值;1:PDOR 相应位的值置 1

(3) 输出清位寄存器 GPIOx_PCOR(Port Clear Output Register)

GPIOx_PCOR 各位说明如表 2-9 所列。

位	31 30 29 28 27 26 25 24 23 22 21 20 19 18 17 16	15 14 13 12 11 10 9 8 7 6 5 4 3 2 1 0
读	0	
写	PTCO	
复位	0 0 0 0 0 0 0 0 0 0 0 0 0 0 0 0	0 0 0 0 0 0 0 0 0 0 0 0 0 0 0 0

表 2-9 GPIOx_PCOR 说明

域	描述
31~0 PTCO	清位端口数据输出 对该寄存器进行写操作将改变数据输出寄存器(PDOR)的值 0：不改变 PDOR 相应位的值；1：PDOR 相应位的值清 0

(4) 输出反转寄存器 GPIOx_PTOR(Port Toggle Output Register)

GPIOx_PTOR 各位说明如表 2-10 所列。

位	31 30 29 28 27 26 25 24 23 22 21 20 19 18 17 16	15 14 13 12 11 10 9 8 7 6 5 4 3 2 1 0
读	0	
写	PTTO	
复位	0 0 0 0 0 0 0 0 0 0 0 0 0 0 0 0	0 0 0 0 0 0 0 0 0 0 0 0 0 0 0 0

表 2-10 GPIOx_PTOR 说明

域	描述
31~0 PTTO	反转端口数据输出 对该寄存器进行写操作将改变数据输出寄存器(PDOR)的值 0：不改变 PDOR 相应位的值；1：PDOR 相应位的值将反转，即 1 变 0,0 变 1

(5) 数据输入寄存器 GPIOx_PDIR(Port Data Input Register)

GPIOx_PDIR 各位说明如表 2-11 所列。

位	31 30 29 28 27 26 25 24 23 22 21 20 19 18 17 16	15 14 13 12 11 10 9 8 7 6 5 4 3 2 1 0
读	PDI	
写		
复位	0 0 0 0 0 0 0 0 0 0 0 0 0 0 0 0	0 0 0 0 0 0 0 0 0 0 0 0 0 0 0 0

灰色表示无效，这里表示写无效

表 2-11 GPIOx_PDIR 说明

域	描述
31~0 PDI	端口数据输入 无效的引脚读取为 0(并非所有 I/O 引脚都引出来，部分没引出来是无效的)。引脚如果配置为非数字功能，则读取为 0。如果相应的端口控制和中断模块被禁用，那么这个端口输入数据寄存器不更新 0：输入为 0；1：输入为 1

(6) 数据方向寄存器 GPIOx_PDDR(Port Data Direction Register)

GPIOx_PDDR 各位说明如表 2-12 所列。

位	31 30 29 28 27 26 25 24 23 22 21 20 19 18 17 16 15 14 13 12 11 10 9 8 7 6 5 4 3 2 1 0
读写	PDD
复位	0 0 0 0 0 0 0 0 0 0 0 0 0 0 0 0 0 0 0 0 0 0 0 0 0 0 0 0 0 0 0 0

表 2-12　GPIOx_PDDR 说明

域	描　述
31~0	端口数据方向
PDD	0：如果复用为 GPIO 模式，则数据方向为输入；1：如果复用为 GPIO 模式，则数据方向为输出

2.2.3　GPIO 编程要点

初始化步骤：

① 设置为 GPIO 复用，即在 PORT 模块里设置复用功能为 GPIO，同时也可以设置 PORT 模块里端口的其他功能，例如：上拉下拉、是否带滤波器等功能。

② 设置 GPIO 的输入输出方向，如果是输出方向，则还需要设置输出的电平。

编程步骤：

① 因为编程过程中，可能需要改变 GPIO 的输入输出方向，所以要确保 GPIO 的输入输出方向正确。

② 如果为输出方向，可设置数据输出寄存器、输出置 1 寄存器、输出清位寄存器、输出反转寄存器来改变输出的电平。

③ 如果为输入方向，则直接读取数据输入寄存器的值来获取输入电平。

2.2.4　GPIO 应用实例

1. GPIO 模块 API 的设计

在编写代码中，我们要有软件分层的思想，对 GPIO 模块编写对应的 GPIO API 接口，以便上层的 LED、按键 KEY、8 段数码管等模块调用，如图 2-12 所示。

> 思考题：上层需要怎样的 API？
> 答：初始化函数，设置引脚电平，读取引脚电平，反转引脚电平功能……

(1) GPIO API 接口如下：

```
void gpio_init (PTXn_e, GPIO_CFG, uint8 data);      //初始化 GPIO
void gpio_ddr (PTXn_e, GPIO_CFG);                   //设置引脚数据方向
void gpio_set (PTXn_e,          uint8 data);        //设置引脚状态
void gpio_turn (PTXn_e);                            //反转引脚状态
```

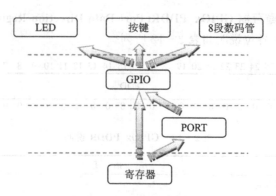

图 2-12 GPIO 模块 API 的设计

```
uint8 gpio_get (PTXn_e);                              //读取引脚状态
```

为了实现类似 51 风格的位赋值方式,也要实现如下定义:

```
/ * * * * * * * * * * *   下面的 X 用 A～E 代替,n 用 0～31 代替   * * * * * * * * * * */
PTXn_DDR        //设置引脚数据方向,例如 PTE0_DDR = 1,PTE0 为输入方向
PTXn_OUT        //设置设置引脚状态,例如 PTE0_OUT = 1,PTE0 输出 1
PTXn_T          //反转引脚状态,例如 PTE0_T = 1,PTE0 输出反转
PTXn_IN         //读取引脚状态,例如 data = PTE0_IN,读取 PTE0 输入状态
//这样就可以实现类 51 风格操作:"int a = PTA0_IN; PTA0_OUT = a;"
```

(2) GPIO API 代码的实现

① MK60_gpio.h 的代码如下:

```
#ifndef __MK60_GPIO_H__
#define __MK60_GPIO_H__
#include "MK60_gpio_cfg.h"
/ * 定义引脚方向 * /
typedef enum GPIO_CFG
{
    //这里的值不能改
    GPI = 0,        //定义引脚输入方向 GPIOx_PDDRn 里,0 表示输入,1 表示输出
    GPO = 1,        //定义引脚输出方向
} GPIO_CFG;
#define HIGH   1u
#define LOW    0u    //定义高低电平逻辑值
extern GPIO_MemMapPtr  GPIOX[PTX_MAX];
#define GPIOX_BASE(PTxn)   GPIOX[PTX(PTxn)]                    //GPIO 模块的地址
/ * * * * * * * * * * * * * * * 以下为外部使用的 API 接口 * * * * * * * * * * * * * * * * * * */
extern void    gpio_init   (PTXn_e, GPIO_CFG, uint8 data);    //初始化 GPIO
extern void    gpio_ddr    (PTXn_e, GPIO_CFG);                //设置引脚数据方向
extern void    gpio_set    (PTXn_e,            uint8 data);   //设置引脚状态
extern void    gpio_turn   (PTXn_e);                          //反转引脚状态
extern uint8   gpio_get    (PTXn_e);                          //读取引脚状态
//如下 4 个函数的 PTxn 只能是宏定义,不能是变量
#define GPIO_SET(PTxn,data)       (PTXn_T(PTxn,OUT) = (data)) //设置输出电平
#define GPIO_TURN(PTxn)           (PTXn_T(PTxn,T) = 1)        //翻转输出电平
```

```
#define GPIO_GET(PTxn)                (PTXn_T(PTxn,IN))          //读取引脚输入状态
#define GPIO_DDR(PTxn,ddr)            (PTXn_T(PTxn,DDR) = ddr)   //输入输出状态
```
//宏定义封装成函数(不是真正的函数),代码会直接展开,而不像函数调用那样需要入栈出
//栈等操作,因而运行速度会更快。不过宏定义封装函数是直接展开代码,一般占用更多的
//空间,即空间换时间。一般是在代码非常短的情况下才用宏定义封装成函数,否则会占用
//太多的空间宏定义只能一行写完。语句太长的行用 '\' 续行,编译器会认为是同一行,记
//得 '\' 后面只能回车,不能有其他符号,包括空格
//n 位操作
```
#define GPIO_SET_NBIT(NBIT,PTxn,data)                                       \
        GPIO_PDOR_REG(GPIOX_BASE(PTxn)) =    (                              \
                                     (                                      \
                                     GPIO_PDOR_REG(GPIOX_BASE(PTxn))        \
                                     &                                      \
                                     ((uint32)( ~(((1<<NBIT) - 1)<<PTn(PTxn))))  \
                                     )                                      \
                                     |    ( ((data)&( (1<<(NBIT)) - 1))<<PTn(PTxn) )  \
                                     )
```
设置n位的对应数据,保留其他位为0
清空需要操作的n位的对应数据,保留其他位不变
确保data在NBIT位里,然后移位到相应的位置

//省略部分代码
//遇到这些超长的宏,从里往外逐步分析
```
#endif        //__MK60_GPIO_H__
```

② MK60_gpio.c 的代码如下:

```
#include "common.h"
#include "MK60_port.h"
#include "MK60_gpio.h"
/* 定义数组 */
//查表法来记录 GPIO 模块地址
GPIO_MemMapPtr GPIOX[PTX_MAX] = {PTA_BASE_PTR, PTB_BASE_PTR, PTC_BASE_PTR, PTD_BASE_PTR, PTE_BASE_PTR};    //定义 5 个指针数组保存 GPIOX 的地址
/*!
 *  @brief        初始化 GPIO
 *  @param    PTxn          端口
 *  @param    cfg           引脚方向,0 = 输入,1 = 输出
 *  @param    data          输出初始状态,0 = 低电平,1 = 高电平 (对输入无效)
 *  @since        v5.0
 *  Sample usage: gpio_init (PTA8, GPI,0);   //初始化 PTA8 引脚为输入
 */
void gpio_init (PTXn_e ptxn, GPIO_CFG cfg, uint8 data)
{
    //复用引脚为 GPIO 功能
    port_init( ptxn, ALT1);                    //GPIO 都是复用功能 1
    //端口方向控制输入还是输出
    if(cfg == GPI)
    {
        //设置端口方向为输入
        GPIO_PDDR_REG(GPIOX_BASE(ptxn)) & = ~(1<<PTn(ptxn));
                      //GPIO PDDR 引脚号清 0,即对应引脚配置为端口方向输入
    }
    else
```

```c
    {
        //设置端口方向为输出
        GPIO_PDDR_REG(GPIOX_BASE(ptxn)) |= (1<<PTn(ptxn));
                    //GPIO PDDR 引脚号置 1,即对应引脚配置为端口方向输出
        //端口输出数据
        if(data == 0)
        {
            GPIO_PDOR_REG(GPIOX_BASE(ptxn)) &= ~(1<<PTn(ptxn));
                    //GPIO PDOR 引脚号清 0,即对应引脚配置为端口输出低电平
        }
        else
        {
            GPIO_PDOR_REG(GPIOX_BASE(ptxn)) |= (1<<PTn(ptxn));
                    //GPIO PDOR 引脚号置 1,即对应引脚配置为端口输出高电平
        }
    }
}
/*!
 *  @brief       设置引脚数据方向
 *  @param       PTxn       端口
 *  @param       cfg        引脚方向,0:输入,1:输出
 *  @since       v5.0
 *  Sample usage:       gpio_ddr (PTA8, GPI);   //设置 PTA8 引脚为输入
 */
void   gpio_ddr   (PTXn_e ptxn, GPIO_CFG cfg)
{
    //端口方向控制输入还是输出
    if(  cfg == GPI )
    {   //设置 I/O 数据方向的方法与 gpio_init 函数类似
        //设置端口方向为输入
        GPIO_PDDR_REG(GPIOX_BASE(ptxn)) &= ~(1<<PTn(ptxn));
                    //GPIO PDDR 引脚号清 0,即对应引脚配置为端口方向输入
    }
    else
    {
        //设置端口方向为输出
        GPIO_PDDR_REG(GPIOX_BASE(ptxn)) |= (1<<PTn(ptxn));
                    //GPIO PDDR 引脚号置 1,即对应引脚配置为端口方向输出
    }
}
/*!
 *  @brief       设置引脚状态
 *  @param       PTxn       端口
 *  @param       data       输出初始状态,0:低电平,1:高电平(对输入无效)
 *  @since       v5.0
 *  @warning     务必保证数据方向为输出(DEBUG 模式下,有断言进行检测)
 *  Sample usage:       gpio_set (PTA8, 1);    //PTA8 引脚 输出 1
 */
void gpio_set (PTXn_e ptxn, uint8 data)
{
```

```c
                                //使用断言来检测传递形参是否正确,加强代码的健壮性
    ASSERT( BIT_GET( GPIO_PDDR_REG(GPIOX_BASE(ptxn)), PTn(ptxn)) == GPO );
                                                //断言,检测输入输出方向是否为输出
                                                //获取 GPIO PDDR 引脚号,比较是否为输出
    //端口输出数据
    if(data == 0)               //设置 I/O 输出数据的方法与 gpio_init 函数类似
    {
        GPIO_PDOR_REG(GPIOX_BASE(ptxn)) &= ~(1<<PTn(ptxn));
                            //GPIO PDOR 引脚号清 0,即对应引脚配置为端口输出低电平
    }
    else
    {
        GPIO_PDOR_REG(GPIOX_BASE(ptxn))  |= (1<<PTn(ptxn));
                            //GPIO PDOR 引脚号置 1,即对应引脚配置为端口输出高电平
    }
}
/*!
 * @brief        反转引脚状态
 * @param        PTxn       端口
 * @since        v5.0
 * @warning      务必保证数据方向为输出(DEBUG 模式下,有断言进行检测)
 *  Sample usage:       gpio_turn (PTA8);       //PTA8 引脚输出反转
 */
void gpio_turn (PTXn_e ptxn)
{
    ASSERT( BIT_GET( GPIO_PDDR_REG(GPIOX_BASE(ptxn)), PTn(ptxn)) == GPO );
                                                //断言,检测输入输出方向是否为输出
    GPIO_PTOR_REG( GPIOX_BASE(ptxn)) = 1<<(PTn(ptxn ));
    //GPIO PTOR ptxn 置 1,其他清 0,即对应引脚配置为端口输出反转,其他位不变
    //此处不能用 BIT_SET 这个宏来置 1,因为必须保证其他位不变,其他位直接清 0 即可
    //K60 有专门的寄存器 GPIO_PTOR 配置数据反转
}
/*!
 * @brief        读取引脚输入状态
 * @param        PTxn       端口
 * @return       引脚的状态,1 为高电平,0 为低电平
 * @since        v5.0
 * @warning      务必保证数据方向为输入(DEBUG 模式下,有断言进行检测)
 *  Sample usage: uint8 pta8_data = gpio_get (PTA8);    //获取 PTA8 引脚输入电平
 */
uint8 gpio_get(PTXn_e ptxn)
{
    ASSERT( BIT_GET( GPIO_PDDR_REG(GPIOX_BASE(ptxn)), PTn(ptxn)) == GPI );
                                                //断言,检测输入输出方向是否为输入
    return ((GPIO_PDIR_REG(GPIOX_BASE(ptxn)) >> PTn(ptxn )) & 0x01);
    //获取 GPIO PDIR ptxn 状态,即读取引脚输入电平,获取数据后需要清空其他位的数据
}
```

为了实现类 51 风格的引脚单独控制,可利用宏定义和联合体来实现:

③ 在 common.h 里定义联合体：

```
typedef union    //联合体共享内存空间,有确定的地址,确定的占用空间大小,但类型不确定
{
    uint32    DW;
    uint16    W[2];
    uint8     B[4];
    struct
    {
        uint32 b0:1; uint32 b1:1; uint32 b2:1; uint32 b3:1;……;
        uint32 b31:1;
        //在存储数据时,有时不需要占用一个完整字节,而是占用其中几位或者一位,为了节省
        //空间,C语言提供了位域这样的数据结构,以":"号后面的数字指定其长度
    };
}Dtype;           //sizeof(Dtype)为 4
```

④ MK60_gpio_cfg.h 的代码如下(出于篇幅考虑,省略了部分代码)：

```
#ifndef __GPIO_CFG_H__
#define __GPIO_CFG_H__
#if 1          //寄存器位操作,有两种方法,前者效率更高,因而此处使用第一种方法
#define PT(X,n,REG)    BITBAND_REG(PT##X##_BASE_PTR->##REG,n)
                                                            //位操作
#else
#define PT(X,n,REG)    \
                       (((Dtype *)(&(PT##X##_BASE_PTR->##REG)))->b##n)
/* ## 是 'token-paste' 操作符,其后的变量将与前面的合并在一起
 * PT(A,1,PDOR)经过预处理后变成:
 * ((Dtype *)(&(PTA_BASE_PTR->PDOR)))->b1
 * 意思是:取 PTA_BASE_PTR->PDOR 的地址,转换为 Dtype 指针,对其位 1 进行操作
 * 如果没有 ##,宏定义替换的时候,就以为->REG 本来合并在一起的,就不会拆开进行宏
 * 替换,从而出错 */
#endif
#define PT_BYTE(X,n,REG)    \
                            (((Dtype *)(&(PT##X##_BASE_PTR->##REG)))->B[n])
#define PT_WORD(X,n,REG)    \
                            (((Dtype *)(&(PT##X##_BASE_PTR->##REG)))->W[n])
#define PT_DWORD(X,REG)     \
                            (((Dtype *)(&(PT##X##_BASE_PTR->##REG)))->DW)
/* Sample usage:
PT_BYTE(A,0,PDOR) = (((Dtype *)(&(PTA_BASE_PTR->PDOR)))->B[0])
##,一般用于把两个宏参数贴合在一起,
这里把 PT A  _BASE_PTR->PDOR->B[0] 串接起来。例程讲解,读者可尝试用第 1 章的
1.2.1 小节的方法打印宏定义结果
*/
//定义 PTA 的端口
#define PTA0_OUT            PT(A,0,PDOR)
#define PTA1_OUT            PT(A,1,PDOR)
//有了上述独立操作寄存器某位的方法,这里就可以容易实现 51 风格的位操作
//PTA2_OUT ~ PTE31_OUT 的代码省略
//定义 PTA 的输出输入方向
```

```
#define PTA0_DDR          PT(A,0,PDDR)
#define PTA1_DDR          PT(A,1,PDDR)
//PTA2_DDR ~ PTE31_DDR 的代码省略
//定义 PTA 的输入端口
#define PTA0_IN           PT(A,0,PDIR)
#define PTA1_IN           PT(A,1,PDIR)
//PTA2_ IN ~ PTE31_ IN 的代码省略
//定义 PTA 的翻转电平输出端口
#define PTA0_T            PT(A,0,PTOR)
#define PTA1_T            PT(A,1,PTOR)
//定义 PTA 的 8 位端口
#define PTA_B0_OUT        PT_BYTE(A,0,PDOR)
#define PTA_B1_OUT        PT_BYTE(A,1,PDOR)
//PTA_B2_OUT ~ PTE_B3_OUT 的代码省略
//DDRA_B0 ~ DDRE_B3 的代码省略
//PTA_B0_ IN ~ PTE_B3_ IN 的代码省略
//定义 PTA 的 16 位端口
#define PTA_W0_OUT        PT_WORD(A,0,PDOR)
#define PTA_W1_OUT        PT_WORD(A,1,PDOR)
//PTB_W0_OUT ~ PTE_W1_OUT 的代码省略
//PTA_W0 _DDR~ PTE_W1_DDR 的代码省略
//PTA_W0_ IN ~ PTE_W1_ IN 的代码省略
#endif
```

2. LED 流水灯

LED 灯仅仅需要控制引脚的高低电平便可控制其亮灭。有了 GPIO 的底层驱动，便可以轻松实现控制 LED。与 PORT、GPIO 等底层驱动都需要 API 一样，LED 也应该设计其 API 接口，方便顶层调用。

(1) LED API 接口

如下：

```
extern void    LED_init(LED_e);                //初始化 LED 端口
extern void    LED(LED_e,LED_status);          //设置 LED 灯亮灭
extern void    LED_turn(LED_e);                //设置 LED 灯亮灭反转
```

(2) LED 的 API 代码的实现

① FIRE_LED.h 的代码如下：

```
#ifndef __FIRE_LED_H__
#define __FIRE_LED_H__
/*！枚举 LED 编号 */
typedef enum
{
  LED0,
  LED1,
  LED2,
  LED3,
  LED_MAX,
}LED_e;    //对 LED 进行编号,有利于增减 LED,而方便修改 LED 引脚,提高代码的可移植性
```

```c
/*! 枚举 LED 亮灭状态 */
typedef enum LED_status
{
    LED_ON = 0,                    //灯亮(对应低电平)
    LED_OFF = 1                    //灯暗(对应高电平)
}LED_status;            //枚举 LED 亮灭的电平,根据硬件来修改其值,提高代码的可移植性
extern void    led_init(LED_e);           //初始化 LED 端口
extern void    led(LED_e,LED_status);     //设置 LED 灯亮灭
extern void    led_turn(LED_e);           //设置 LED 灯亮灭反转
#endif    //__FIRE_LED_H__
```

② FIRE_LED.c 的代码如下:

```c
#include "common.h"
#include "MK60_port.h"
#include "MK60_gpio.h"
#include "FIRE_LED.H"
/*定义 LED 编号对应的引脚*/
PTXn_e LED_PTxn[LED_MAX] = {PTB20,PTB21,PTB22,PTB23};
                    //LED 的端口都通过 LED 编号查表的方式来获取,方便修改硬件
/*!
 * @brief         初始化 LED 端口
 * @param         LED_e       LED 编号(LED 编号为 LED_MAX 时初始化全部 LED)
 * @since         v5.0
 * Sample usage:  LED_init (LED0);      //初始化 LED0
 */
void    led_init(LED_e ledn)
{
    if(ledn<LED_MAX)
    {    //传递值为 LED 编号时,初始化对应的 LED,否则初始化全部 LED
        gpio_init(LED_PTxn[ledn],GPO,LED_OFF);    //直接调用 GPIO 的 API 接口
    }
    else
    {
        ledn = LED_MAX;
        while(ledn -- )
        {
            gpio_init(LED_PTxn[ledn],GPO,LED_OFF);
        }
    }
}
/*!
 * @brief         设置 LED 灯亮灭
 * @param         LED_e              LED 编号(LED0、LED1、LED2、LED3)
 * @param         LED_status         LED 亮灭状态(LED_ON、LED_OFF)
 * @since         v5.0
 * Sample usage:  LED (LED0,LED_ON);      //点亮 LED0
 */
void    led(LED_e ledn,LED_status status)
{       //直接调用 GPIO 的 API 接口,I/O 端口通过查表法找到,电平状态则通过枚举来定义
    gpio_set(LED_PTxn[ledn],status);
```

```
}
/*!
 *  @brief          设置 LED 灯亮灭反转
 *  @param       LED_e              LED 编号(LED0、LED1、LED2、LED3)
 *  @since         v5.0
 *  Sample usage:        LED_turn(LED0);      //LED0 灯亮灭反转
 */
void led_turn(LED_e ledn)
{
    gpio_turn(LED_PTxn[ledn]);
}
```

上面已经实现了 LED 的 API 接口,下面就来测试这些 API 函数能否正常工作。用两颗 LED 灯,一颗用 LED()函数来不断点亮和熄灭 LED 灯,另外一颗使用 LED_turn 不断反转来达到不断点亮和熄灭 LED 灯的效果。

③ 在 main.c 函数里:

```
#include "common.h"
#include "include.h"

/*!
 *  @brief       main 函数
 *  @since      v5.0
 *  @note       测试 LED 功能是否正常
 *              看到的效果是 LED0 和 LED1 同时亮灭闪烁
 */
void main()
{
    LED_init(LED0);                          //初始化 LED0
    LED_init(LED1);                          //初始化 LED1
    //由于对 LED 进行编号,用户不需要关注 LED 的硬件连接方式
    while(1)
    {
        LED(LED0, LED_ON);               //LED0 亮
        LED_turn(LED1);                   //LED1 翻转
        DELAY_MS(500);                    //延时 500 ms
        LED(LED0, LED_OFF);              //LED0 灭
        LED_turn(LED1);                   //LED1 翻转
        DELAY_MS(500);                    //延时 500 ms
    }
}
```

编译下载后可以看到,板子上的 LED 同时亮灭,因为 LED 初始化时默认是灭的,第一次执行 LED_turn 函数反转,LED1 会变亮,即与 LED0 同时亮,第二次执行 LED_turn 函数反转,LED1 会熄灭,与 LED0 同时灭,因此看到的实验效果为同时亮灭。(这里说的同时,是给人的感觉是同时,对于微控制器而言是分先后亮和先后灭的)

3. 按键例程(循环扫描法和定时扫描法)

在 K60 里可供实现按键扫描的模块有 ADC 模数转换模块和 GPIO 模块。

(1) ADC 按键扫描

通过电阻分压,不同按键按下产生不同电压,ADC 获取电压值,从而判断按下的按键,如图 2-13 所示。key1 按下,ADC 得到的电压值为:

$$U1 = \frac{R1}{R1+R2+R3+L+Rn} \times V\text{cc}$$

key2 按下,ADC 得到的电压值为:

$$U2 = \frac{R1+R2}{R1+R2+R3+L+Rn} \times V\text{cc}$$

keyn−1 按下,ADC 得到的电压值为:

$$U_{n-1} = \frac{R1+R2+L+R_{n-1}}{R1+R2+R3+L+Rn} \times V\text{cc}$$

➢ 优点:仅需一个 ADC 口就可实现多个按键。

➢ 缺点:不支持多个按键同时按下,按键数目不能太多,否则容易出现误识别。

(2) GPIO 按键扫描

GPIO 按键又可分为独立式和矩阵式。

① 独立式

一个按键独立占用一个 GPIO 口,如图 2-14 所示。

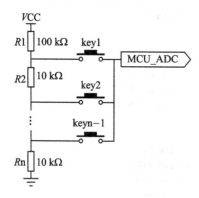

图 2-13 按键 ADC 原理图

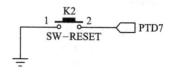

图 2-14 独立按键原理图

优点:软件扫描简单,扫描速度快,支持多个按键同时按下。

缺点:占用太多的 I/O 资源,尤其是实际项目中,I/O 资源往往很宝贵。

② 矩阵式

按键通过特定的规则排列,组成矩阵按键,通过特定的算法求得按下的按键,如图 2-15 所示。

优点:占用较少的 I/O 口即可实现较多的按键。

缺点:软件扫描算法较为复杂,对多个按键同时按下较难识别。

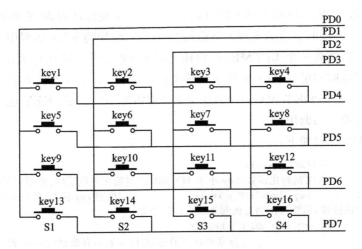

图 2-15 矩阵按键原理图

按按键扫描的实现方式来分，按键扫描可分为：循环查询、定时查询、中断响应。

a. 循环查询

在一个循环函数里不断地扫描按键，获取按下的按键值。

优点：软件实现简单。

缺点：消抖处理需要浪费宝贵的 CPU 时间、实时性不足。

b. 定时查询

在定时中断服务函数里扫描按键获得按键值，根据按键值的按下时间分成不同的消息，把消息发送到 FIFO 缓冲区，等主函数有需要的时候再来处理按键消息。

优点：避免消抖时浪费时间、不会丢失捕捉按键按下、容易实现按键按下、弹起、长按等动作的识别。

缺点：需要使用定时器中断，占用较多内存。

c. 中断响应

按键按下时触发中断，获取按键的按键值，需要进行消抖处理。

优点：实时性好。

缺点：需要微控制器支持中断，同样在消抖处理时占用 CPU 资源。

机械按键按下和弹起的瞬间，由于触点的弹性会产生一连串的抖动，为了取得正确的键值，必须设法消除抖动的影响。对按键的去抖动，可以使用软件延时、多次采样的办法实现。

由于循环查询方式实现简单，很多开发板例程也使用此类方法，因而很多学生在开发过程中常用此类方法进行按键扫描。考虑到按键是由人来控制，按键处理的实时性要求不严格（允许几十毫秒的延迟处理），但也要必须保证不能漏识别按键按下。循环查询方式难以保证不漏识别按键按下，而且对于按键长按、弹起的识别也较难，因此在市场化的产品上更多的是采用定时查询的方式。

现在已经实现了 PORT 和 GPIO 的底层驱动,实现循环查询、中断响应方法就变得容易多了。中断响应的实现方法已经在 PORT 模块的 KEY 例程中实现了。定时扫描的方式,需要一个 LPTMR(低功耗定时器)来提供定时执行 KEY 的中断函数,以便实现定时扫描(LPTMR 将在后续的课程里讲到,本例程仅要求读者学会调用函数接口)。与 PORT 和 GPIO 等底层驱动都需要 API 一样,KEY 也应该设计其 API 接口,方便顶层调用。

KEY API 接口如下:

```
void     key_init(KEY_e key);
                //KEY 初始化函数(key 小于 KEY_MAX 时初始化对应端口,否则初始化全部端口)
KEY_STATUS_e   key_check(KEY_e key);         //检测 key 状态(带延时消抖)
//定时扫描按键,需要采用消息机制来缓存按键消息
uint8   get_key_msg(KEY_MSG_t * keymsg);
                //获取按键消息,返回 1 表示有按键消息,0 表示无按键消息
void     key_IRQHandler(void);
                //需要定时扫描的中断服务函数(定时时间为 10 ms)
```

下面介绍 KEY 的 API 代码的实现。

① FIRE_KEY.h 的代码如下:

```
#ifndef __FIRE_KEY_H__
#define __FIRE_KEY_H__
//下面是定义按键的时间,单位为 :10 ms(中断时间)
#define KEY_DOWN_TIME          1         //消抖确认按下时间
#define KEY_HOLD_TIME          50
        //长按 hold 确认时间,最多 253,否则需要修改 keytime 的类型
        //如果按键一直按下去,则每隔 KEY_HOLD_TIME - KEY_DOWN_TIME 时间
        //会发送一个 KEY_HOLD 消息
//定义按键消息 FIFO 大小,定时扫描需要有 FIFO 来缓存按键消息
#define KEY_MSG_FIFO_SIZE      20        //最多 255,否则需要修改 key_msg_front/
                                         //key_msg_rear 类型
//按键端口的枚举
typedef enum
{   //对按键进行编号,提高代码的可阅读性和移植性
    KEY_U,              //上
    KEY_D,              //下
    KEY_L,              //左
    KEY_R,              //右
    KEY_A,              //取消
    KEY_B,              //选择
    KEY_START,          //开始
    KEY_STOP,           //停止
    KEY_MAX,            //最后一个枚举不是对按键编码,而是表示按键的数目
} KEY_e;
//key 状态宏定义
typedef enum
{                       //定义按键状态
    KEY_DOWN = 0,       //按键按下时对应电平
```

```c
    KEY_UP = 1,            //按键弹起时对应电平
    KEY_HOLD,              //按键长按消息状态
} KEY_STATUS_e;
//按键消息结构体
typedef struct
{
    KEY_e            key;
    KEY_STATUS_e     status;
} KEY_MSG_t;
void            key_init(KEY_e key);
                //KEY 初始化函数(key 小于 KEY_MAX 时初始化对应端口,否则初始化全部端口)
KEY_STATUS_e    key_check(KEY_e key);         //检测 key 状态(带延时消抖)
//定时扫描按键
uint8   get_key_msg(KEY_MSG_t * keymsg);
                //获取按键消息,返回 1 表示有按键消息,0 表示无按键消息
void    key_IRQHandler(void);
                //需要定时扫描的中断服务函数(定时时间为 10 ms)
#endif    //__FIRE_KEY_H__
```

② FIRE_KEY.c 的代码如下：

```c
/* 包含头文件 */
#include "common.h"
#include "MK60_port.h"
#include "MK60_gpio.h"
#include "FIRE_key.h"
/* 定义 KEY 编号对应的引脚 */
PTXn_e KEY_PTxn[KEY_MAX] = {PTD10, PTD14, PTD11, PTD12, PTD7, PTD13, PTC14, PTC15};
                //按键的硬件连接关系在此数组定义,方便移植
/*!
 * @brief    初始化 key 端口(key 小于 KEY_MAX 时初始化对应端口,否则初始化全部端口)
 * @param    KEY_e      KEY 编号
 * @since    v5.0
 * Sample usage:    KEY_init (KEY_U);    //初始化 KEY_U
 */
void    key_init(KEY_e key)
{
    if(key<KEY_MAX)
    {    //由于芯片外部没有上拉电阻来保证按键弹起时为高电平,因此需要内部上拉电阻
        gpio_init(KEY_PTxn[key], GPI, 0);
        port_init_NoALT(KEY_PTxn[key], PULLUP);
                                    //保持复用不变,仅仅改变配置选项
    }
    else
    {
        key = KEY_MAX;
        //初始化全部按键
        while(key--)
        {                                //循环初始化全部的按键
            gpio_init(KEY_PTxn[key], GPI, 0);
            port_init_NoALT(KEY_PTxn[key], PULLUP);
```

```c
        }                               //保持复用不变,仅仅改变配置选项
    }
}
/*!
 *  @brief      获取key状态(不带延时消抖)
 *  @param      KEY_e           KEY 编号
 *  @return     KEY_STATUS_e    KEY 状态(KEY_DOWN、KEY_DOWN)
 *  @since      v5.0
 *  Sample usage:
                    if(key_get(KEY_U) ==   KEY_DOWN)
                    {
                        printf("\n 按键按下")
                    }
*/
KEY_STATUS_e  key_get(KEY_e key)
{
    if(gpio_get(KEY_PTxn[key]) == KEY_DOWN)
    {   //直接通过 GPIO 口来获取 I/O 状态,可以看到按键端口和按键状态都是前面的数
        //组和枚举里定义的,修改前面的内容不需要修改此处代码,从而大大提高了按键
        //的可移植性
        return KEY_DOWN;
    }
    return KEY_UP;
}
/*!
 *  @brief      检测key状态(带延时消抖)
 *  @param      KEY_e           KEY 编号
 *  @return     KEY_STATUS_e    KEY 状态(KEY_DOWN、KEY_DOWN)
 *  @since      v5.0
 *  Sample usage:
                    if(key_check(KEY_U) ==   KEY_DOWN)
                    {
                        printf("\n 按键按下")
                    }
*/
KEY_STATUS_e key_check(KEY_e key)
{
    if(key_get(key) == KEY_DOWN)
    {
        DELAY_MS(10);                        //软件消抖会占用 CPU 资源
        if( key_get(key) == KEY_DOWN)
        {
            return KEY_DOWN;
        }
    }
    return KEY_UP;
}
/**********   如下代码是实现按键定时扫描,发送消息到 FIFO   ************/
/*定义按键消息 FIFO 状态*/
```

```c
typedef enum
{
    KEY_MSG_EMPTY,                          //没有按键消息
    KEY_MSG_NORMAL,                         //正常,有按键消息,但不满
    KEY_MSG_FULL,                           //按键消息满
    //采用按键消息机制,可以使得程序空闲时才处理按键消息,从而使得程序更具有实时
    //性,而且减少很多代码异常问题
} key_msg_e;
/* 定义按键消息 FIFO 相关的变量 */
KEY_MSG_t          key_msg[KEY_MSG_FIFO_SIZE];              //按键消息 FIFO
volatile uint8     key_msg_front = 0, key_msg_rear = 0;     //接收 FIFO 的指针
volatile uint8     key_msg_flag = KEY_MSG_EMPTY;            //按键消息 FIFO 状态
/* !
 * @brief       发送按键消息到 FIFO
 * @param       KEY_MSG_t       按键消息
 * @since       v5.0
 * Sample usage:
                KEY_MSG_t keymsg;  //此处是按键发送消息,实际上就是用数组来
                                   //实现队列的功能,这个是数据结构的相关知识
                keymsg.key      = KEY_U;
                keymsg.status   = KEY_HOLD;
                send_key_msg(keymsg);                       //发送
*/
void send_key_msg(KEY_MSG_t keymsg)
{
    uint8 tmp;
    //保存在 FIFO 里
    if(key_msg_flag == KEY_MSG_FULL)
    {
        //满了直接不处理
        return ;
    }
    key_msg[key_msg_rear].key = keymsg.key;                 //如果队列非满,则入队
    key_msg[key_msg_rear].status = keymsg.status;
    key_msg_rear ++ ;                                       //队尾标志需要移动下一位
    if(key_msg_rear >= KEY_MSG_FIFO_SIZE)                   //如果已经超出数组范围,从数组
                                                            //开头继续排队,形成循环
    {
        key_msg_rear = 0;                                   //从头开始
    }
    tmp = key_msg_rear;
    if(tmp == key_msg_front)                                //环形队列,如果队尾跟队首连在一起了,就满了
    {
        key_msg_flag = KEY_MSG_FULL;
    }
    else
    {
        key_msg_flag = KEY_MSG_NORMAL;
    }
}
```

```c
/*!
 *  @brief       从FIFO里获取按键消息,获取消息则是一个出队的过程
 *  @param       KEY_MSG_t            按键消息
 *  @return      是否获取按键消息(1为获取成功,0为没获取到按键消息)
 *  @since       v5.0
 *  Sample usage:
                    KEY_MSG_t keymsg;
                    if(get_key_msg(&keymsg) == 1)
                    {
                        printf("\n按下按键KEY%d,类型为%d(0为按下,1为弹起,2为长按)",keymsg.key,keymsg.status);
                    }
 */
uint8 get_key_msg(KEY_MSG_t * keymsg)
{                                       //此处是查询按键消息,实际上就是数据结构中的队列出队
    uint8 tmp;
    if(key_msg_flag == KEY_MSG_EMPTY)       //按键消息FIFO为空,不能出队,直接返回0
    {
        return 0;
    }
    keymsg->key = key_msg[key_msg_front].key;           //从FIFO队首中获取按键值
    keymsg->status = key_msg[key_msg_front].status;     //从FIFO队首中获取按键类型
    key_msg_front ++ ;                                  //出队,FIFO队首指针加1,指向下一个消息
    if(key_msg_front >= KEY_MSG_FIFO_SIZE)   //FIFO指针队首溢出则从0开始计数
    {
        key_msg_front = 0;                              //重头开始计数(循环利用数组)
    }
    tmp = key_msg_rear;
    if(key_msg_front == tmp)        //比较队首和队尾是否一样,一样则表示FIFO已空了
    {
        key_msg_flag = KEY_MSG_EMPTY;
    }
    else
    {
        key_msg_flag = KEY_MSG_NORMAL;
    }
    return 1;
}
/*!
 *  @brief       定时检测key状态
 *  @since       v5.0
 *  @note        此函数需要放入定时中断复位函数里,定时10ms执行一次
 *  定时按键扫描的关键代码,根据按下的时间判断按键的状态
 */
void key_IRQHandler(void)
{
    KEY_e    keynum;        //局部静态变量保存每个按键按下的时间,从而判断其按键状态
    static   uint8 keytime[KEY_MAX];                //静态数组,保存各数组的按下时间
    KEY_MSG_t keymsg;                                //按键消息
    for(keynum = (KEY_e)0 ; keynum<KEY_MAX; keynum ++ )      //每个按键轮询
```

```c
    {
        if(key_get(keynum) == KEY_DOWN)                    //判断按键是否被按下
        {
            keytime[keynum] ++ ;                           //按下时间累加
            if(keytime[keynum]< = KEY_DOWN_TIME)
                                                           //判断时间是否没超过消抖确认按下时间
            {
                continue;                                  //没达到,则继续等待
            }
            else if(keytime[keynum] == KEY_DOWN_TIME + 1 )
                                                           //判断时间是否为消抖确认按下时间
            {
                //确认按键按下
                keymsg.key = keynum;
                keymsg.status = KEY_DOWN;
                send_key_msg(keymsg);
                                                           //把按键值和按键类型发送消息到FIFO
            }
            else if(keytime[keynum]< = KEY_HOLD_TIME)
                                                           //是否没超过长按HOLD按键确认时间
            {
                continue;                                  //没超过,则继续等待
            }
            else if(keytime[keynum] == KEY_HOLD_TIME + 1)
                                                           //是否为长按HOLD确认时间
            {
                //确认长按HOLD
                keymsg.key = keynum;
                keymsg.status = KEY_HOLD;
                send_key_msg(keymsg);                      //发送
                keytime[keynum] = KEY_DOWN_TIME + 1;
            }
            else
            {
                keytime[keynum] = KEY_DOWN_TIME + 1;
                                                           //继续重复检测HOLD状态
            }
        }
        else
        {                                                  //检测到按键弹起则发送按键弹起消息
            if(keytime[keynum] > KEY_DOWN_TIME)            //如果确认过按下按键
            {
                keymsg.key = keynum;
                keymsg.status = KEY_UP;
                send_key_msg(keymsg);                      //发送按键弹起消息
            }
            keytime[keynum] = 0;                           //时间累计清0
        }
    }
}
```

(3) 按键循环查询法

循环查询,即不断循环进行按键扫描,检测到按键按下就延时去抖后再次扫描,确定按键按下则最终识别按键按下。按键刚按下去的过程中,按键和人都会出现抖动,有可能影响判断,因此检测到按键按下去后,还需要延时一段时间,再次检测,从而确定按键的值是否正确。上面已经实现了 KEY 的 API 接口,下面就在主程序里测试这些 API 函数能否正常使用。

如图 2-14 所示为按键测试原理图,以按键接入 PTD7(按键编号为 KEY_A)为例,key_check()函数用来检测是否按下按键,如果按下按键就通过串口打印数据,在 PC 机里通过串口助手查看实验结果。

```
/*!
 *   @brief      main 函数
 *   @since      v5.0
 *   @note       测试 KEY 循环扫描
 */
void main()
{
                                //初始化按键,直接调用 API 接口,使得编程变得更简单
    key_init(KEY_A);
    printf("\n****** GPIO 查询扫描 按键测试 *******");
    while(1)
    {
        if(key_check(KEY_A) == KEY_DOWN) //检测 key 状态(带延时消抖)
        {
            printf("\n 按键按下");      //通过串口助手查看,提示按键按下

            DELAY_MS(500);              //调整这里的时间,会发现,时间越长,
                                        //快速双击,就没法识别第 2 次采集
        }
    }
}
```

编译下载后,通过串口助手即可查看实验效果,如图 2-16 所示。

图 2-16 GPIO_KEY_LOOP

循环查询的缺点是实时性不足,容易漏掉按键。例如把上述例程的延时时间调大,可以发现有时按键按下时,串口消息里并没有提示按键按下的信息,实际上是没

采集到按键按下。

(4) 按键定时扫描法

定时扫描法是指在定时中断服务函数里扫描按键获得按键值,根据按键值的按下时间分成不同的消息,把消息发送到 FIFO 缓冲区,等主函数有需要的时候再来处理按键消息。此方法可以有效避免按键按下需要消抖而造成浪费 CPU 资源,也有效避免了由于主程序任务执行时间过长而导致漏识别按键按下。

在 main 函数里初始化全部按键(不然没初始化的按键,有可能被误识别为按下),定义 lptmr_timing_ms()函数实现定时 10 ms,并把中断服务函数地址写入中断向量表里,实现定时中断扫描。LPTMR 定时功能是本书后续讲解的内容,读者可以先简单了解一下。开发板的按键位置如图 2-17 所示。

图 2-17　开发板的按键位置

在 main.c 函数中输入如下代码:

```
#include "common.h"
#include "include.h"
/*!
 *  @brief      LPTMR 定时执行的中断服务函数
 *  @since      v5.0
 *  @note       测试 KEY 定时扫描
 */
void lptmr_hander(void)        //定时执行按键扫描
{
    LPTMR0_CSR |= LPTMR_CSR_TCF_MASK;           //清除 LPT 比较标志位
    //下面由用户添加实现代码
    key_IRQHandler();        //把按键扫描程序加入到定时中断服务函数里,定时执行
}
    //把按键名和按键状态都存储为字符串,方便串口发送到上位机显示
char * keyname[KEY_MAX] = {"KEY_U","KEY_D","KEY_L","KEY_R",
                          "KEY_A","KEY_B","KEY_START","KEY_STOP"};
char * keystatus[3] = {"按下","弹起","长按"};
```

```c
/*!
 *  @brief       main 函数
 *  @since       v5.0
 *  @note        测试 KEY 定时扫描,需要通过串口查看结果,串口波特率为 FIRE_BAUD
 */
void main()
{
    KEY_MSG_t keymsg;
    printf("\n* * * * * * GPIO 按键定时测试 * * * * * * *");
    key_init(KEY_MAX);        //初始化全部按键
    lptmr_timing_ms(10);
                    //此处为设置定时初始化代码,暂时了解一下即可。LPTMR 定时 10 ms
    set_vector_handler(LPTMR_VECTORn,lptmr_hander);//设置中断服务函数到中断向量表里
    enable_irq(LPTMR_IRQn);//使能 LPTMR 中断
    while(1)
    {
        while(get_key_msg(&keymsg) == 1)
                    //检测有按键按下,则一直处理,直到没按键消息为止
        {
            printf("\n 按键 %s %s",keyname[keymsg.key],keystatus[keymsg.status]);
        }
        DELAY_MS(500);   //调延时时间,除非 FIFO 满溢出,不然不会出现漏识别按键
    }
}
```

编译下载后,可以通过串口助手来查看实验效果,如图 2-18 所示,按键的类型和按键状态都可以识别到,甚至按键长按也可以识别到。

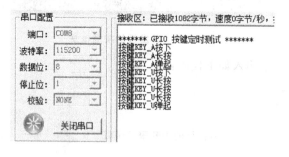

图 2-18 GPIO_KEY_TIMEING 实验结果

定时扫描由于采用定时方式不需要延时消抖,从而避免了消抖时浪费时间。另外,定时扫描也不会容易漏识别按键按下,读者可自行修改上述例程的延时时间,即使延时时间增长,只要按键 FIFO 不溢出,那么就不会出现按键状态丢失的情况。

第 3 章
串行通信的时序分析

通信协议,即通信发送方按照事先约定的规则来发送数据,接收方根据规则来接收数据并进行解码。约定的规则包括传输速度、同步方式、数据格式、检错纠错方式等。通信各方都必须按照约定来发送接收数据,从而实现通信,否则就会通信失败。

通信协议按时间来分,可分为同步通信和异步通信。按发送数据位宽来分,通信协议又可分为:串行通信和并行通信。串行通信里,按通信数据传输的方向及是否同时收发通信又可分为:单工、半双工和全双工。

1. 同步和异步

同步传输是面向比特的传输,通过特定的时钟线来调整位时序。异步传输是面向字符的传输,通过字符的开始位和停止位来调整字节时序,通常需要事先约定通信的波特率。

2. 串行和并行

并行通信:总线上都有多条数据线,各数据位同时通过数据总线进行传输,特点是:传送速度快、效率高,需多条数据线从而导致成本高,如图 3-1 所示。并行通信通常用在实时性要求高、需要快速通信的场合,例如计算机与显示器之间的 VGA、DVI 接口。

串行通信:是相对于并行通信而言,通常认为只有 1 位或 2 位数据(双向或差分就需要用 2 条数据线)同时通过数据总线,而 8 位数据需要分时通过数据总线来传输,如图 3-2 所示。串行通信的特点是低成本、控制复杂、传输速度慢等(利用 LVDS 等技术,串行通信可以实现比并行更快的速度,例如 USB、SATA)。

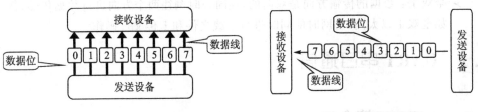

图 3-1 并行通信　　　　图 3-2 串行通信

相对于并行通信,串行通信的成本更低,因此市场应用更加广泛,目前常见的串行通信方式有:UART(通用非同步收发传输器,即俗称的串口)、I^2C、SPI、CAN、USB、SATA(串行硬件驱动器接口)等。CAN 和 USB 所涉及的知识点多,而且学习难度大,因此本书将在后面的第 8 章和第 10 章分别介绍。

> 拓展阅读:
> LVDS(Low Voltage Differential Signaling)是一种低摆幅的差分信号技术,它使得信号能在差分 PCB 线对或平衡电缆上以几百 Mbps 的速率传输,其低压幅和低电流驱动输出实现了低噪声和低功耗。低摆幅,可以使上升沿、下降沿的时间更短,从而速度更快。差分则提高抗干扰能力,能运行更高的频率。

3. 单工、半双工和全双工

单工、半双工和全双工,这里指的是传输数据的方向以及是否同时传输的特点,如图 3-3 所示。

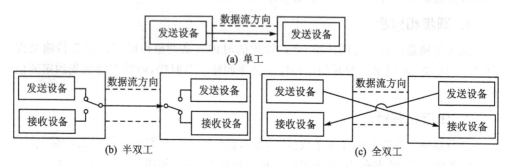

图 3-3 单工、半双工、全双工通信

- 单工:数据的传输方向是单向的。例如遥控器与电视之间的通信就是典型的单工通信。
- 半双工:数据的传输方向是双向的,但同一时刻只能往一个方向传输数据,不能两个方向同时传输数据。例如 NRF24L01 无线模块,同一时刻只能进行接收或者发送操作,不能同时进行收发操作。
- 全双工:数据的传输方向是双向的,能同一时刻往两个方向进行数据传输,例如全双工以太网,上网时能同时进行下载文件和上传文件操作。

3.1 UART 串口通信

3.1.1 UART 简介

UART,即通用异步收发器(Universal Asynchronous Receiver/Transmitter),

包括了 RS232、RS499、RS423、RS422 和 RS485 等接口标准规范和总线标准规范,即 UART 是异步串行通信口的总称。RS232、RS499、RS423、RS422 和 RS485 等,对应各种异步串行通信口的接口标准和总线标准,规定了通信口的电气特性、传输速率、连接特性和接口的机械特性等内容。实际上属于通信网络中的物理层(最底层)的概念,与通信协议没有直接关系。而通信协议,属于通信网络中的数据链路层(物理层的上一层)的概念,如图 3-4 是以太网 7 层协议。通常的通信协议,都是通过建立分层模型来实现的,最典型的就是以太网的 7 层模型 OSI。而简单的协议通常只有物理层、数据链路层和应用层。

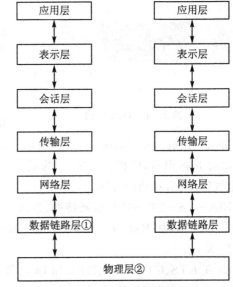

图 3-4 以太网 7 层协议

COM 接口是串行通信端口(Cluster Communication Port),简称串口。由于历史原因,IBM 的 PC 外部接口配置为 RS232,成为实际上的 PC 界默认标准。所以,现在 PC 机的 COM 口均为 RS232(COM 口指串口的物理实现,而 RS232 是一种串口接口标准),采用 DB9 针连接器作为接口,如图 3-5 及表 3-1 所示。旧式计算机也有采用 DB25 针连接器作为接口的,即俗称并口。图 3-5 没有使用同步时钟信号线,是异步通信。

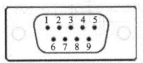 

图 3-5 DB9 针连接器(COM 接口)

表 3-1 DB9 针连接器引脚功能

引脚号	功能	引脚号	功能
1	DCD,数据载波检测	6	DSR,数据发送就绪
2	RxD,串口数据输入	7	RTS,发送数据请求
3	TxD,串口数据输出	8	CTS,清除发送
4	DTR,数据终端就绪	9	RI,铃声指示
5	SG,地线		

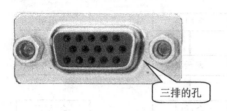

图3-6 VGA接口（三排的孔）

注意,DB9针连接器才是串口的接口,在主板上,通常还有一个与DB9针连接器很相似的VGA接口,如图3-6所示。

1. RS-232-C

RS-232-C标准的全称是EIA-RS-232C标准,其中EIA代表美国电子工业协会(Electronic Industry Association),RS代表推荐标准(ecommeded standard),232是标识号,C代表RS232的最新一次修改(1969)。它规定连接电缆和机械、电气特性、信号功能及传送过程。

EIA-RS-232-C对电器特性、逻辑电平和各种信号线功能作了如下规定:

① 在TxD和RxD上:逻辑1(MARK)=-3~-15 V;逻辑0(SPACE)=+3~+15 V。

② 在RTS、CTS、DSR、DTR和DCD等控制线上:信号有效(接通,ON状态,正电压)=+3~+15 V;信号无效(断开,OFF状态,负电压)=-3~-15 V。其中,TxD和RxD的逻辑1是负数,控制线上信号有效是正数。

尽管COM口有9根线,但一般情况下都是使用TxD、RxD、SG这3根线,即最为简单且常用的是3线制接法,很少使用控制线。

与计算机通信是RS232信号,但一般的微控制器都不支持直接输出RS232信号,而仅支持TTL电平信号,因此微控制器与计算机通信时,需要使用RS232转TTL芯片来完成通信。如果微控制器逻辑"1"对应的是5 V电平,则使用MAX232芯片,如果逻辑"1"对应的是3.3 V电平,则使用MAX3232芯片。Kinetis系列微控制器的逻辑"1"对应的是3.3 V电平,因此需要采用的是MAX3232芯片,如图3-7所示。

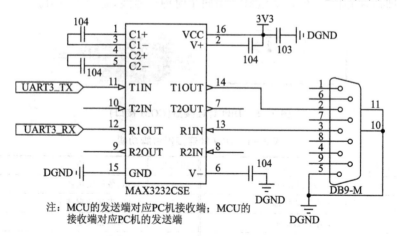

注:MCU的发送端对应PC机接收端;MCU的接收端对应PC机的发送端

图3-7 串口模块原理图

考虑到目前大部分的台式机和笔记本都不带COM口,因此本书配套的开发板直接采用 CP2102 芯片实现 USB 转 TTL，即通过 USB 接口实现与计算机的通信，如图 3-8 所示。

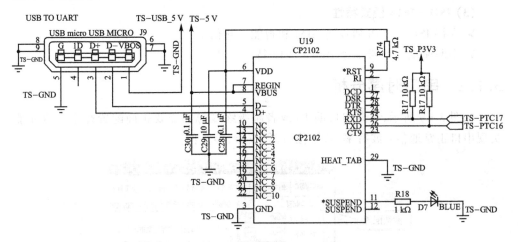

图 3-8　USB 转 UART TTL 原理图

2. K60 UART 特性

K60 的 UART 模块有 3 个主要模式：
- UART 模式：6 个 UART 模块都支持。
- IrDA 模式：6 个 UART 模块都支持。
- ISO-7816 模式：仅 UART0 支持。

(1) UART 模式特性
- 全双工数据传输。
- 标准不归零编码(NRZ)数据格式。
- 基于模块 1/32 时钟频率的 13 位波特率选择。
- 可编程的数据格式：
  ◆ 8 位或 9 位数据格式，包括 9 位带奇偶校验位格式，不支持停止位位数选择。
  ◆ 可编程的发送器输出和接收器输入机械。
  ◆ 可编程选择先发送高位(MSB)或低位(LSB)的数据。
- 硬件流控制支持请求发送(RTS)和清除发送(CTS)信号。
- 接收机的地址配备特性可减少地址标记唤醒 ISR 开销。
- 硬件生成和检测奇偶校验位。
- 带 DMA 接口。
  ◆ 来自 UART 的 DMA 发送和接收请求不需要 CPU 参与就能传输数据。

(2) IrDA 模式特性
- 可选择 IrDA 1.4 反相归零(RZI)格式。
- 可编程窄脉冲传输和侦测。

- 支持 IrDA 数据传输速率在 2.4~115.2 kbits/s 之间。
- 几个用来改变 UART0、UART1 的 RX、TX 源的选项用来控制 SIM。

(3) ISO-7816 模式特性
- 支持 ISO-7816 协议与 SIM 和智能卡通信。
- 中断驱动操作带 7 个 ISO-7816 特定中断。

3.1.2 串口时序分析

如图 3-9 所示，打开串口助手（或者超级终端）后，需要正确配置几个参数才能实现串口正常通信：波特率、数据位、奇偶校验、停止位。

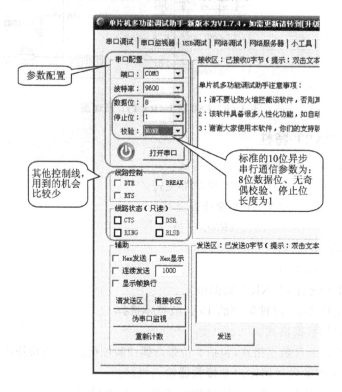

图 3-9 串口助手配置图

- 波特率：每秒可最大传输码元的数目，是衡量码元传输快慢的指标。由于 RS232 的码元是二进制，因此可表示每秒钟传送的二进制位数。例如数据传送速率为 120 字符/秒，而每一个字符为 10 位，则其传送的波特率为 $10 \times 120 = 1\,200$ 位/秒=1 200 波特。

  常用的波特率有：2 400、4 800、9 600、19 200、115 200 等，波特率越高，传输越不稳定。

- 数据位：长度可设为 5、6、7、8。从最低位开始传输，依靠预先设定的波特率进行时钟定位。
- 奇偶校验位：可选择无校验，此时此位长度为0。设置为偶校验(奇校验)时，此位长度为1，数据位和校验位的"1"的位数应为偶数(奇数)，否则传输错误。
- 停止位：是数据传输的结束标志，长度可选为1位、1.5位、2位，逻辑值固定为1，如果接收端接收到此位为0，表示传输错误。

此外，与时序密切相关的参数还有起始位，由于起始位长度固定为1，逻辑值固定为0，因此不需要设置。数据线空闲时为高电平，起始位在前，拉低数据线，接收端就知道进入传输状态了。

由于串口收发器是异步工作，没有使用同步时钟信号，因此需要接收器与发送器都需要进行相同的配置，才能确保接收器正确解码发射器发送的数据。串口传输的二进制数据流如下：

位域	起始位	数据位	奇偶校验位	停止位
长度	1	5~8	0或1	1或1.5或2

注：K60数据位长度可选8或9，K60停止位长度固定为1。

发送与接收的时序如图3-10所示。

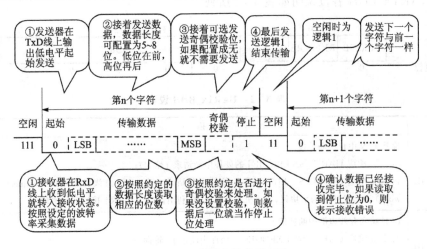

图3-10 发送与接收的时序

标准的10位异步串行通信参数为：8位数据位、无奇偶校验、停止位长度为1。通常情况下，打开串口助手时默认的配置参数都是这样。接收方采集数据的时间如图3-11所示。

边学边想：一端用偶校验发数据，另一端用无校验收数据，可以收到数据吗？
答：当偶校验位为1时，无校验接收端会识别为停止位，可正常接收；当偶校验为0时，无校验接收端会识别到停止位异常，不能正常接收数据。

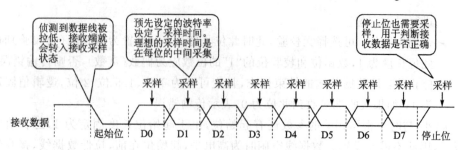

图 3-11 标准 10 位异步串行协议接收采样时序图

3.1.3 UART 模块寄存器

1. UART 寄存器内存地址图

UART 寄存器内存地址图如图 3-12 所示。

2. UART 寄存器详解

限于篇幅,在这里就介绍几个常用的寄存器。

(1) 高位波特率寄存器 UARTx_BDH(UART Baud Rate Registers: High)

UARTx_BDH 各位说明如表 3-2 所列。

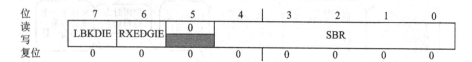

表 3-2 UARTx_BDH 说明

域	描 述
7 LBKDIE	检测 LIN 中止中断使能 0:禁止响应 UART_S2[LBKDIF] 的硬件中断请求(轮询); 1:使能响应 UART_S2[LBKDIF] 的硬件中断请求。注:LIN 总线(Local Interconnect Network)是一个串行通信协议,单主机多从机机制,利用普通的 UART 接口即可实现
6 RXEDGIE	RxD 输入有效边沿中断使能 0:禁止响应 UART_S2[RXEDGIF] 的硬件中断请求(轮询); 1:使能响应 UART_S2[RXEDGIF] 的硬件中断请求
5 保留	
4~0 SBR	UART 波特率位 UART 的波特率取决于 13 位的 SBR:UART 波特率=UART 模块时钟/(16×(SBR[12:0]+BRFD)) 注意: ➤ 复位后,还没设置 SBR 就把 C2[TE] 或 C2[RE] 设为 1,或 SBR 设为 0,波特率发生器会被禁用; ➤ 需要先写 BDH,再写 BDL,否则会无效。因为先写入 BDH 是暂时写到缓存区,再写入 BDL 时才更新波特率位

串行通信的时序分析

UART	寄存器	寄存器地址
UART0	BDH	4006_A000
	BDL	4006_A001
	C1	4006_A002
	C2	4006_A003
	S1	4006_A004
	S2	4006_A005
	C3	4006_A006
	D	4006_A007
	MA1	4006_A008
	MA2	4006_A009
	C4	4006_A00A
	C5	4006_A00B
	ED	4006_A00C
	MODEM	4006_A00D
	IR	4006_A00E
	保留	4006_A00F
	PFIFO	4006_A010
	CFIFO	4006_A011
	SFIFO	4006_A012
	TWFIFO	4006_A013
	TCFIFO	4006_A014
	RWFIFO	4006_A015
	RCFIFO	4006_A016
	保留	4006_A017
	C7816	4006_A018
	IE7816	4006_A019
	IS7816	4006_A01A
	WP7816_T_TYPE0	4006_A01B
	WP7816_T_TYPE1	
	WN7816	4006_A01C
	WF7816	4006_A01D
	ET7816	4006_A01E
	TL7816	4006_A01F
UART1	……	4006_B000
UART2	……	4006_C000
UART3	……	4006_D000
UART4	……	400E_A000
UART5	……	400E_B000

```
/** UART-Peripheral register structure */
typedef struct UART_MemMap
{
    uint8_t BDH;    // 高位波特率寄存器, 偏移: 0x0
    uint8_t BDL;    // 低位波特率寄存器, 偏移: 0x1
    uint8_t C1;     // 控制寄存器1, 偏移: 0x2
    uint8_t C2;     // 控制寄存器2, 偏移: 0x3
    uint8_t S1;     // 状态寄存器1, 偏移: 0x4
    uint8_t S2;     // 状态寄存器2, 偏移: 0x5
    uint8_t C3;     // 控制寄存器3, 偏移: 0x6
    uint8_t D;      // 数据寄存器, 偏移: 0x7
    uint8_t MA1;    // 地址匹配寄存器1, 偏移: 0x8
    uint8_t MA2;    // 地址匹配寄存器2, 偏移: 0x9
    uint8_t C4;     // 控制寄存器4, 偏移: 0xA
    uint8_t C5;     // 控制寄存器5, 偏移: 0xB
    uint8_t ED;     // 拓展数据寄存器, 偏移: 0xC
    uint8_t MODEM;  // 调制解调器寄存器, 偏移: 0xD
    uint8_t IR;     // 红外寄存器, 偏移: 0xE
    uint8_t RESERVED_0[1];
    uint8_t PFIFO;  // FIFO 参数, 偏移: 0x10
    uint8_t CFIFO;  // FIFO 控制寄存器, 偏移: 0x11
    uint8_t SFIFO;  // FIFO 状态寄存器, 偏移: 0x12
    uint8_t TWFIFO; // FIFO 发送水位标记, 偏移: 0x13
    uint8_t TCFIFO; // FIFO 发送计数, 偏移: 0x14
    uint8_t RWFIFO; // FIFO 接收水位标记, 偏移: 0x15
    uint8_t RCFIFO; // FIFO 接收计数, 偏移: 0x16
    uint8_t RESERVED_1[1];
    uint8_t C7816;  // 7816 控制寄存器, 偏移: 0x18
    uint8_t IE7816; // 7816 中断使能寄存器, 偏移: 0x19
    uint8_t IS7816; // 7816 转到状态寄存器, 偏移: 0x1A
    union{          /* offset: 0x1B */
        uint8_t WP7816_T_TYPE0;//7816等待产生寄存器
        uint8_t WP7816_T_TYPE1;//7816等待产生寄存器
    };
    uint8_t WN7816; // 7816 等待N寄存器, 偏移: 0x1C
    uint8_t WF7816; // 7816 等待FD寄存器, 偏移: 0x1D
    uint8_t ET7816; // 7816 错误阈值寄存器, 偏移: 0x1E
    uint8_t TL7816; // 7816 发送长度寄存器, 偏移: 0x1F
} volatile *UART_MemMapPtr;

/* UART - Peripheral instance base addresses */
#define UART0_BASE_PTR ((UART_MemMapPtr)0x4006A000u)
#define UART1_BASE_PTR ((UART_MemMapPtr)0x4006B000u)
#define UART2_BASE_PTR ((UART_MemMapPtr)0x4006C000u)
#define UART3_BASE_PTR ((UART_MemMapPtr)0x4006D000u)
#define UART4_BASE_PTR ((UART_MemMapPtr)0x400EA000u)
#define UART5_BASE_PTR ((UART_MemMapPtr)0x400EB000u)
```

图 3-12 UART 寄存器内存地址图

(2) 低位波特率寄存器 UARTx_BDL(UART Baud Rate Registers: Low)

UARTx_BDL 各位说明如表 3-3 所列。

位	7	6	5	4	3	2	1	0
读写				SBR				
复位	0	0	0	0	0	0	0	0

表 3-3 UARTx_BDL 说明

域	描 述
7~0 SBR	UART 波特率位 UART 的波特率取决于 13 位的 SBR: UART 波特率 = UART 模块时钟 / (16 × (SBR[12:0] + BRFD)) 注意: ➢ 复位后,还没设置 SBR 就把 C2[TE] 或 C2[RE] 设为 1,或 SBR 设为 0,波特率发生器会被禁用; ➢ 需要先写 BDH,再写 BDL,否则会无效。因为先写入 BDH 是暂时写到缓存区,再写入 BDL 时才更新波特率位; ➢ 红外(IrDA)选择 1/32 窄脉冲宽度时,波特率字段必须设为偶数,即最低位为 0

(3) 控制寄存器 1: UARTx_C1(UART Control Register 1)

UARTx_C1 各位说明如表 3-4 所列。

位	7	6	5	4	3	2	1	0
读写	LOOPS	UARTSWAI	RSRC	M	WAKE	ILT	PE	PT
复位	0	0	0	0	0	0	0	0

表 3-4 UARTx_C1 说明

域	描 述
7 LOOPS	循环模式选择 当 LOOPS 置 1,RxD 引脚断开与 UART 模块连接,发送器输出引脚内部连接到接收器的输入引脚。使用循环模式时必须使能接收器和发送器(测试的时候用) 0:正常操作;1:循环模式。发送器的输出连接到接收器的输入,接收器的输入源由 RSRC 决定
6 UARTSWAI	等待模式下 UART 停止 0:在等待模式下 UART 时钟继续运行;1:在等待模式下冻结 UART 时钟
5 RSRC	接收器信号源选择 LOOPS 置 1 时 RSRC 位才有效,此时 RSRC 位决定接收器移位寄存器输入信号源 0:选择内部回环模式,接收器输入被内部连接到接收端的输出; 1:单线 UART 模式,接收器输入连接到发送器引脚输入信号

续表 3-4

域	描 述
4 M	9位或8位模式选择 C7816[ISO_7816E](数据位长度选择)设为置1时,此位必须置1 0:正常——起始位+8位数据位(高位/低位 在前是由 MSBF 决定)+停止位; 1:使用9位模式——起始位+9位数据位(高位/低位 在前是由 MSBF 决定)+停止位
3 WAKE	接收器唤醒方式选择 决定唤醒 UART 的条件:地址标记在接收数据字符的最高位,或者空闲条件发生在接收器输入信号 0:空闲线唤醒;1:地址标志唤醒
2 ILT	空闲线类型选择 ILT 决定接收器何时开始计数逻辑1为空闲字符位。如果在起始位后开始计数,那么停止位之前的逻辑1字符也可能导致空闲字符识别错误 0:在开始位之后,空闲字符位开始计数;1:在停止位之后,空闲字符位开始计数
1 PE	奇偶校验位使能 使能奇偶校验功能。当使能校验时,校验功能会马上在停止位之前插入一个校验位。偶校验(奇校验)时,数据位和校验位的"1"的位数应为偶数(奇数)。当 C7816[ISO_7816E]被设置或使能时,该位必须置1 0:校验功能禁止;1:校验功能使能
0 PT	校验的类型 决定 UART 是否产生并检测奇校验位或者偶校验位 奇校验时,1 的数量为奇数时清零校验位,1 的数量为偶数时置位校验位。偶校验时,1 的数量为偶数时清零校验位,1 的数量为奇数时置位校验位。当 C7816[ISO_7816E]被设置或使能时,该位必须被清零 0:奇校验;1:偶校验

(4) 控制寄存器 2:UARTx_C2(UART Control Register 2)

UARTx_C2 各位说明如表 3-5 所列。

位	7	6	5	4	3	2	1	0
读写	TIE	TCIE	RIE	ILIE	TE	RE	RWU	SBK
复位	0	0	0	0	0	0	0	0

表 3-5 UARTx_C2 说明

域	描 述
7 TIE	发送中断或者 DMA 传送使能 使能 S1[TDRE]位,根据 C5[TDMAS]的状态发出中断请求或者 DMA 传送请求 注意:如果 C2[TIE]和 C5[TDMAS]位同时被置位,TCIE 必须被清零,除了 DMA 请求外不能写入 D[D] 0:TDRE 中断和 DMA 传送请求禁止;1:TDRE 中断或 DMA 传送请求使能

续表 3-5

域	描述
6 TCIE	发送完成中断使能 使能发送完成标志,S1[TC]位,发出中断请求 0：禁止 TC 中断请求；1：使能 TC 中断请求
5 RIE	接收满中断或者 DMA 传送使能 使能 S1[RDRF]位,根据 C5[RDMAS]的状态发出中断请求或者 DMA 传送请求 0：RDRE 中断和 DMA 传送请求禁止；1：RDRE 中断或者 DMA 传送请求使能
4 ILIE	空闲线中断使能 使能空闲线标志,S1[IDLE]位,根据 C5[ILDMAS]的状态发出中断请求 0：IDLE 中断请求禁止；1：IDLE 中断请求使能
3 TE	发送器使能 使能 UART 发送。可通过先清零再置位 TE 位用于排列一个空闲序列。 当 C7816[ISO_7816E]被置位/使能,且 C7816[TTYPE]=1 时,请求模块被发送之后,该位会自动被清零。此条件在 TL7816[TLEN]=0 并且 4 个附加字符被发送的时候被检测 0：发送器禁用；1：发送器启用
2 RE	接收器使能 使能 UART 接收器 0：接收器禁用；1：接收器启用
1 RWU	接收器唤醒控制 该位置 1 可使 UART 接收器处于待机状态。当一个 RWU 事件发生时,RWU 自动清零,即当 C1[WAKE]清零时发生 IDLE 事件或者当 C1[WAKE]置位时发生地址匹配。当 C7816[ISO_7816E]被置位时,该位必须被清零 这个可由 S2[RAF]标志决定。如果该标志被设置为唤醒一个 IDLE 事件且该通道已经是空闲的,UART 就可能要丢弃数据了。因为数据接收或者 LIN 间隔检测必须发生在一个 IDLE 被检测到之后且 IDLE 被允许重新断言之前 0：正常操作； 1：RWU 使能唤醒功能并且禁止进一步的接收器中断请求。一般,硬件通过自动清零 RWU 来唤醒接收器
0 SBK	发送间隔 以下情况,触发 SBK 发送一个间隔字符：看不同配置的逻辑 0 的个数。触发意味着在间隔字符发送完成之前清零 SBK 位。只要 SBK 被设置了,发送器就会继续发送完成间隔字符(10,11 位,或者 12 位,或者 13 位,或者 14 位) 如果 S2[BRK13]被清零,就有 10,11 位,或者 12 位逻辑 0 如果 S2[BRK13]被置位,就有 13 位,或者 14 位逻辑 0 当 C7816[ISO_7816E]被置位时,这位发送间隔字符位必须被清零 0：正常发送操作；1：队列间隔字符发送

(5) 状态寄存器 1：UARTx_S1(UART Status Register 1)

S1 寄存器为 MCU 的 UART 中断发生或者 DMA 请求提供输入,其各位说明如

表 3-6 所列。该寄存器也可通过 MCU 进行轮询来检测位的状态。为了清除一个标志，在状态寄存器被读取后，必须根据中断标志类型对 UART 数据寄存器进行读取或写入。当一个标志被配置为触发 DMA 请求时，来自 DMA 控制器的相关的 DMA 完成信号的置位会清除该标志。

注意：如果置位、中断或 DMA 请求的标志位没有优先清零，该标志就会再次置位、中断或发出 DMA 请求。例如，如果 DMA 或者中断服务未能写入有效的数据到发送缓冲区将其提高到水位标志以上，该标志将会再置位并产生另一个中断或者 DMA 请求。

读取一个空的数据寄存器来清除 S1 寄存器的某一个标志位会导致 FIFO 指针偏离。清除接收 FIFO 会重新初始化指针。

位	7	6	5	4	3	2	1	0
读写	TDRE	TC	RDRF	IDLE	OR	NF	FE	PF
复位	0	0	0	0	0	0	0	0

表 3-6 UARTx_S1 说明

域	描述
7 TDRE	发送数据寄存器空标志 在发送缓冲区中的数据字（D 和 C3[T8]）的数目等于或小于 TWFIFO[TXWATER]指定的数目时，TDRE 就会置位。进程中正在被发送的字符不计算在内。为了清零 TDRE，当 TDRE 被置位时读取 S1，然后写入 UART 数据寄存器(D)。为了更有效的中断服务，除了最终写入缓冲区的值之外的所有数据必须写入 D/C3[T8]。然后 S1 就可在写入最终数据值之前被读取，来清零 TDRE 标志位。这个会更有效，因为 TDRE 直到超出水准标志才再置位。所以，用任意一个写入操作试图清零 TDRE 将不会生效直到写入足够的数据 0：发送缓冲区的数据数目大于 TWFIFO[TXWATER]指定的值； 1：发送缓冲区的数据数目小于或等于 TWFIFO[TXWATER]在某些时候因为标志位被清零而指定的值
6 TC	发送完成标志 当进程中有一个传输或者当一个序列或间隔字符被加载的时候，TC 位被清除 当传输缓冲区是空的并且没有数据、序列或间隔字符正在被传送时，TC 位被置位。当 TC 被置位时，传送数据输出信号变成空闲的（逻辑 1）。TC 置位后，在以下情况下会被清零：当 C7816[ISO_7816E]被置位/使能时，在任何 NACK 信号被接收到之后，任何相应的防范时间期满之前，此位被置位。当 C6[EN7009]被置位/使能，此标志不会在传送数据包完成时置位 写入 UART 数据寄存器(D)传送新数据 通过清零然后设置 C2[TE]位排列一个序列 通过写入 1 到 C2 的 SBK 排序一个间隔字符 0：传送进行中（正在发送数据、序列、或者间隔字符）； 1：传送空闲中（传送工作完成）

续表 3-6

域	描述
5 RDRF	接收数据寄存器满标志 当接收缓冲区中的数据字的数目等于或大于 RWFIFO[RXWATER]定义的数值时,RDRF 位置位。在正在被接收的进程中的数据字不包含在计数中。当 S2[LBKDE]为 1 时,RDRF 不可置 1。另外,当 S2[LBKDE]为 1 时,接收到的数据字存储在接收缓冲区中,但数据会相互覆盖。RDRF 为 1 时,读取 S1,然后读取 UART 数据寄存器(D),即可清零 RDRF 位。为了更有效地进行中断和 DMA 操作,通过 D/C3[T8]/ED 读取缓冲区里除了最终值之外的所有数据。然后读取 S1 和最终值,来清零 RDRF 标志。即使 RDRF 被置位,数据会继续被接收直到出现溢出条件 0:接收缓冲区中数据字的数目少于 RXWATER 定义的数值时; 1:从此标志前一次被清零之后,在某一时刻,接收缓冲区中数据字的数目等于或大于 RXWATER 定义的数值时
4 IDLE	空闲线标志 IDLE 标志被清零之后,一个帧必须被接收(即使没有必要保存在数据缓冲区中,例如如果 C2[RWU]为 1 时),或者一个 LIN 间隔字符必须在一个空闲状态可以设置 IDLE 标志之前,设置 S2[LBKDIF]标志。IDLE 为 1 时,读取 UART 状态 S1,然后读取 UART 数据寄存器(D),即可清零 IDLE 位 当以下任一情况出现在接收器输入时,IDLE 被置 1: 当 C1[M]=0 时,出现 10 个连续的逻辑 1; 当 C1[M]=1 且 C4[M10]=0 时,出现 11 个连续的逻辑 1; 当 C1[M]=1 且 C4[M10]=1 且 C1[PE]=1 时,出现 12 个连续的逻辑 1; 当 7816E 或者 EN709 被置位/使能时,不支持空闲检测,因此此标志会被忽略掉 注意:当 RWU 被置 1 且 WAKE 被清 0 时,如果 RWUID 被置位,空闲线状态会把 IDLE 标志置 1 0:接收器输入现在工作着或者 IDLE 标志从上一次被清零之后,从未工作过; 1:接收器是空闲的或者此标志从上一次置位之后,从未被清零
3 OR	接收器溢出标志 当软件不能阻止接收数据寄存器数据溢出时,OR 置 1。在缓冲区中数据溢出,且所有的其他错误标志(FE,NF,和 PF)都没有被设置时,停止位被完全接收后,OR 位就立刻置 1。移位寄存器的数据丢失,但已经在 UART 数据寄存器中的数据不会受到影响。如果 OR 标志设为 1,即使有足够的空间,也不会有数据存储在数据缓冲区中。另外,当 OR 标志设为 1,RDRF 和 IDLE 标志将不可置位,即从空闲变成激活状态。OR 为 1 时,读取 S1,然后读取 UART 数据寄存器(D),即可清零 OR 位。当 LBKDE 使能且检测到 LIN 间隔时,如果 S2[LBKDIF]在下一个数据字符被接收到之前没被清零,OR 位将发生置位。详见关于 OR 位的操作介绍。在 7816 模式中的溢出(OR)标志,通过编程 C7816[ONACK]位有可能配置为可以返回的 NACK 位 0:从上一次清零标志后,没有溢出发生; 1:有溢出发生或者从上一次溢出发生之后溢出标志还没被清零

域	描述
2 NF	噪声标志 当 UART 在接收器输入中检测到噪声时,NF 置 1。在溢出或当 LIN 间隔检测功能使能(S2[LBKDE]=1)时,NF 位不为 1。当 NF 为 1 时,意味着从上一次它被清零后,一个数据字已经带噪声被接收 NF 为 1 时,读取 S1,然后读取 UART 数据寄存器(D),即可清零 NF 位。当 EN709 置位/使能,噪声标志不为 1 0:从此标志上一次被清零之后,没有检测到噪声。如果接收缓冲区有大于 1 的深度,接收器缓冲区中就有可能有带噪声接收的数据; 1:从此标志上一次被清零之后,至少接收到一个被检测到噪声的数据
1 FE	帧错误标志 当逻辑 0 被接收当做停止位时,FE 设为 1。在溢出或 LIN 间隔检测功能是否启用(S2[LBKDE]=1)的例子中 FE 不为 1。FE 禁止进一步的数据接收直到它被清零。为了清零 FE,在 FE 为 1 时读 S1 然后读 UART 数据寄存器(D)。数据缓冲区中最后的数据代表了帧错误启用接收的数据。然而,当 7816E 为 1 或者启用时帧错误不被支持。但是,在 7816 模式中,如果这个标志为 1,数据将会仍然不被接收 0:没有检测到的帧错误;1:帧错误
0 PF	奇偶校验错误标志 当 PE 为 1,S2[LBKDE]禁用,并且接收数据的奇偶校验不符合它的奇偶校验位时,PF 为 1。在溢出条件的情况中 PF 不会设为 1。当 PF 位为 1 时,它仅仅表示一个数据字带奇偶检验错误被接收自从上次它被清零后。为了清零 PF,读 S1 然后读 UART 数据寄存器(D)。 0:自从上次这个标志清零后,没有奇偶检验错误被检测出来。如果接收缓冲区深度高于 1,那么有可能数据在接收由奇偶校验错误的接收缓冲区中; 1:自从上次这个标志被清零后,至少一个带有奇偶校验错误的数据字被接收

(6) 状态寄存器 2:UARTx_S2(UART Status Register 2)

S2 寄存器用于产生 UART 中断或者 DMA 中断的标志位给 MCU,其各位说明如表 3-7 所列。该寄存器也可由 MCU 进行轮询来检测这些位的状态。该寄存器可在任何时候被读或被写,除了 MSBF 和 RXINV 位,它们只能被发送和接收数据包的用户改变。

位	7	6	5	4	3	2	1	0
读写	LBKDIF w1c	RXEDGIF	MSBF	RXINV	RWUID	BRK13	LBKDE	RAF
复位	0	0	0	0	0	0	0	0

表 3-7 UARTx_S2 说明

域	描述
7 LBKDIF	LIN 分隔字符检测中断标志 当 LBKDE 被置位且在接收到的数据中 LIN 分隔字符被检测到,LBKDIF 会置位 如果在接收数据中有 11 个连续的逻辑 0(C1[M]=0)或者连续 12 个逻辑 0(C1[M]=1)出现,那么在接收到最后 LIN 分隔字符后,LBKDIF 被置位。LBKDIF 位通过写 1 清 0 0:没有 LIN 分隔字符被检测;1:LIN 分隔字符被检测
6 RXEDGIF	RxD 引脚激活边沿中断标志 如果 RxD 引脚出现一个边沿跳动(RXINV=0 为下降沿,RXINV=0 为上升沿),那么 RXEDGIF 置位。RXEDGIF 位通过写 1 清 0 0:RxD 引脚没有出现一个指定的边沿跳动;1:RxD 引脚出现一个指定的边沿跳动
5 MSBF	最高位优先发送 0:先发送 LSB(位 0);1:先发送 MSB(最高位)
4 RXINV	接收数据翻转 设置此位用于翻转接收到的数据 0:接收数据没有翻转;1:接收数据翻转
3 RWUID	接收唤醒空闲检测 0:接收到空闲字符时,S1[IDLE]没有被置位; 1:接收到空闲字符时,S1[IDLE]被置位
2 BRK13	分隔传输字符长度 0:传输分隔符是 10,11,12 位长; 1:传输分隔符是 13,14 位长
1 LBKDE	LIN 分隔检测使能 0:分隔符在 10 位(C1[M]=0),11 位(C1[M]=1 且 C4[M10]=0),12 位(C1[M]=1,C4[M10]=1 且 S1[PE]=1)长检测; 1:分隔符在 11 位(C1[M]=0),12 位(C1[M]=1 且 C4[M10]=0),12 位(C1[M]=1)长检测
0 RAF	接收器激活标志 0:UART 接收器闲时/非激活等待起始位;1:UART 接收器激活,RxD 输入引脚非空闲

(7) 数据寄存器:UARTx_D(UART Data Register)

该寄存器其实是两个单独的寄存器,其各位说明如表 3-8 所列。读操作会返回接收数据寄存器的内容,写操作会写入发送数据寄存器。

位	7	6	5	4	3	2	1	0
读写				RT				
复位	0	0	0	0	0	0	0	0

表 3-8 UARTx_D 说明

域	描述
7～0 RT	读操作会返回接收数据寄存器的内容,写操作会写入发送数据寄存器

寄存器初始化步骤如下所示:
① 使能 UART 时钟。
② 设置 UART 的复用引脚。
③ 先禁止 UART 发送和接收,以便于后续配置 UART。
④ 设置 UART 数据格式、奇偶校验方式(停止位位数固定为1)。
⑤ 设置 UART 波特率。
⑥ 如果需要使用 FIFO,则还需要使能 FIFO。
⑦ 使能 UART 发送和接收。

3.1.4 UART 应用实例

1. UART 模块 API 的设计

在编写代码中,要有软件分层的思想,对 UART 模块编写对应的 UART API 接口,以便上层的 printf 等模块调用,如图 3-13 所示。

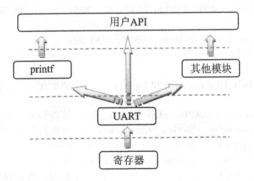

图 3-13 UART 模块 API 的设计

> 思考题:上层需要怎样的 API?
> 答:初始化函数、发送一个字符函数、发送指定大小缓存区函数、发送字符串函数、查询接收函数、等待接收函数……

(1) UART API 接口

如下:

```
//初始化
```

```c
extern void uart_init (UARTn, uint32 baud);           //初始化 uartx 模块
//接收相关代码
extern void uart_getchar (UARTn, char * ch);          //等待接收1个字节
extern char uart_querychar (UARTn, char * ch);        //查询接收1个字符
extern char uart_querystr (UARTn, char * str,uint32 max_len);//查询接收字符串
extern char uart_querybuff (UARTn, char * str,uint32 max_len);//查询接收 buff
extern char uart_query (UARTn);                       //查询是否接收到一个字节
//发送相关代码
extern void uart_putchar    (UARTn, char ch);         //发送1个字节
extern void uart_putbuff    (UARTn, uint8 * buff, uint16 len);//发送 len 个字节 buff
extern void uart_putstr     (UARTn, const uint8 * str);//发送字符串
//中断相关代码
extern void uart_rx_irq_en (UARTn);                   //开串口接收中断
extern void uart_tx_irq_en (UARTn);                   //开串口发送中断
extern void uart_txc_irq_en (UARTn);                  //开串口发送完成中断
extern void uart_rx_irq_dis(UARTn);                   //关串口接收中断
extern void uart_tx_irq_dis(UARTn);                   //关串口发送中断
extern void uart_txc_irq_dis(UARTn);                  //关串口发送完成中断
```

(2) UART API 代码的实现

① MK60DZ10_uart.h 的代码如下：

```c
#ifndef __UART_H__
#define __UART_H__
typedef enum UARTn
{
    UART0,UART1,UART2,UART3,UART4,UART5,UART_MAX,    //对 UART 模块进行编号
} UARTn;
extern volatile struct UART_MemMap * UARTx[UART_MAX];
/****************************************************************/
//初始化
extern void uart_init (UARTn, uint32 baud);         //初始化 uartx 模块
//接收相关代码
extern void uart_getchar (UARTn, char * ch);        //等待接收1个字节
extern char uart_querychar (UARTn, char * ch);      //查询接收1个字符
extern char uart_querystr (UARTn, char * str,uint32 max_len);//查询接收字符串
extern char uart_querybuff (UARTn, char * str,uint32 max_len);//查询接收 buff
extern char uart_query (UARTn);                     //查询是否接收到一个字节
//发送相关代码
extern void uart_putchar (UARTn, char ch);          //发送1个字节
extern void uart_putbuff (UARTn, uint8 * buff, uint16 len);//发送 len 个字节 buff
extern void uart_putstr (UARTn, const uint8 * str); //发送字符串
//中断相关代码
extern void uart_rx_irq_en (UARTn);                 //开串口接收中断
extern void uart_tx_irq_en (UARTn);                 //开串口发送中断
extern void uart_txc_irq_en (UARTn);                //开串口发送完成中断
extern void uart_rx_irq_dis(UARTn);                 //关串口接收中断
extern void uart_tx_irq_dis(UARTn);                 //关串口发送中断
extern void uart_txc_irq_dis(UARTn);                //关串口发送完成中断
extern void uart3_test_handler(void);               //中断复位函数,仅供参考(需用户自行实现)
```

```
/****************************************************************/
#endif /* __UART_H__ */
```

② MK60DZ10_uart.c 的代码如下：

```c
#include "common.h"
#include "MK60DZ10_uart.h"
volatile struct UART_MemMap * UARTx[UART_MAX] = {UART0_BASE_PTR, UART1_BASE_PTR,
UART2_BASE_PTR, UART3_BASE_PTR, UART4_BASE_PTR, UART5_BASE_PTR};
                                            //定义5个指针数组保存 UARTx 的地址
/*!
 *  @brief          初始化串口,设置波特率
 *  @param   UARTn          模块号(UART0～UART5)
 *  @param   baud           波特率,如9 600、19 200、56 000、115 200 等
 *  @since   v5.0
 *  @note    UART 所用的引脚在 fire_drivers_cfg.h 里配置,
 *           printf 所用的引脚和波特率在 k60_fire.h 里配置
 *  Sample usage:      uart_init (UART3, 9600);    //初始化串口3,波特率为9 600
 */
void uart_init (UARTn uratn, uint32 baud)
{
    register uint16 sbr, brfa;
    uint8 temp;
    uint32 sysclk;       //时钟
    /*配置 UART 功能的复用引脚*/
    switch(uratn)
    {                                   //每个模块的引脚复用可在 App\Inc\PORT_cfg.h 里定义
    case UART0:
        SIM_SCGC4 |= SIM_SCGC4_UART0_MASK;    //使能 UART0 时钟
        if(UART0_RX == PTA1){
            port_init( PTA1,ALT2);           //在 PTA1 上使能 UART0_RXD
        }
        else if(UART0_RX == PTA15){
            port_init( PTA15,ALT3);          //在 PTA15 上使能 UART0_RXD
        }
        else if(UART0_RX == PTB16){
            port_init( PTB16,ALT3);          //在 PTB16 上使能 UART0_RXD
        }
        else if(UART0_RX == PTD6){
            port_init( PTD6,ALT3);           //在 PTD6 上使能 UART0_RXD
        }
        else{
            ASSERT(0);           //上述条件都不满足,直接断言失败了,设置引脚有误?
        }
        if(UART0_TX == PTA2){
            port_init( PTA2,ALT2);           //在 PTA2 上使能 UART0_RXD
        }
        else if(UART0_TX == PTA14){
            port_init( PTA14,ALT3);          //在 PTA14 上使能 UART0_RXD
        }
        else if(UART0_TX == PTB17){
```

```
            port_init( PTB17,ALT3);              //在 PTB17 上使能 UART0_RXD
        }
        else if(UART0_TX == PTD7){
            port_init( PTD7,ALT3);               //在 PTD7 上使能 UART0_RXD
        }
        else{
            ASSERT(0);             //上述条件都不满足,直接断言失败了,设置引脚有误?
        }
        break;
    //省略部分引脚配置的代码
}
//设置的时候,应该禁止发送接收
UART_C2_REG(UARTx[uratn]) &= ~(0
                                | UART_C2_TE_MASK
                                | UART_C2_RE_MASK
                                );
//配置成 8 位无校验模式
//设置 UART 数据格式、校验方式和停止位位数。通过设置 UART 模块控制寄存器 C1 实现
UART_C1_REG(UARTx[uratn]) |= (0
                  //| UART_C2_M_MASK//9 位或 8 位模式选择:0 为 8 位,1 为 9 位
                  //(注释了表示 0,即 8 位)(如果是 9 位,位 8 在 UARTx_C3 里)
                                //| UART_C2_PE_MASK
                  //奇偶校验使能(注释了表示禁用)
                                //| UART_C2_PT_MASK
                  //校验位类型:0 为偶校验,1 为奇校验
                                );
//计算波特率,串口 0、1 使用内核时钟,其他串口使用 bus 时钟
if((uratn == UART0) || (uratn == UART1))
{
    sysclk = core_clk_khz * 1000;       //内核时钟
}
else                                    //不同 UART 模块,其时钟源不相同
{
    sysclk = bus_clk_khz * 1000;        //bus 时钟
}
//UART 波特率 = UART 模块时钟 / (16 × (SBR[12:0] + BRFA))
//不考虑 BRFA 的情况下, SBR = UART 模块时钟 / (16 * UART 波特率)
sbr = (uint16)(sysclk / (baud * 16));
if(sbr > 0x1FFF)sbr = 0x1FFF;           //SBR 是 13bit,最大为 0x1FFF
//已知 SBR,则 BRFA == UART 模块时钟 / UART 波特率 - 16 × SBR[12:0]
brfa = (sysclk/baud)  - (sbr * 16);
ASSERT( brfa <= 0x1F);
                //断言,如果此值不符合条件,则设置的条件不满足寄存器的设置
                //可以通过增大波特率降低时钟来解决这个问题
//如果此处计算结果为断言失败,表示不能设置此波特率,需要调整时钟频率
//写 SBR
temp = UART_BDH_REG(UARTx[uratn]) & (~UART_BDH_SBR_MASK);
                    //缓存清空 SBR 的 UARTx_BDH 的值
UART_BDH_REG(UARTx[uratn]) = temp |  UART_BDH_SBR(sbr >> 8);
                        //先写入 SBR 高位
```

```
    UART_BDL_REG(UARTx[uratn]) = UART_BDL_SBR(sbr);
                                    //再写入 SBR 低位
    //写 BRFD
    temp = UART_C4_REG(UARTx[uratn]) & (~UART_C4_BRFA_MASK);
                                    //缓存清空 BRFA 的 UARTx_C4 的值
    UART_C4_REG(UARTx[uratn]) = temp | UART_C4_BRFA(brfa);
                                    //写入 BRFA
    //设置 FIFO(FIFO 的深度由硬件决定,软件不能设置)
    UART_PFIFO_REG(UARTx[uratn]) |= (0
                    | UART_PFIFO_TXFE_MASK    //使能 TX FIFO(注释表示禁止)
                    | UART_PFIFO_RXFE_MASK    //使能 RX FIFO(注释表示禁止)
                    );
    /* 允许发送和接收 */
    UART_C2_REG(UARTx[uratn]) |= (0
                    | UART_C2_TE_MASK                        //发送使能
                    | UART_C2_RE_MASK                        //接收使能
                    //| UART_C2_TIE_MASK
                                //发送中断或 DMA 传输请求使能(注释了表示禁用)
                    //| UART_C2_TCIE_MASK
                                //发送完成中断使能(注释了表示禁用)
                    //| UART_C2_RIE_MASK
                                //接收满中断或 DMA 传输请求使能(注释了表示禁用)
                    );
    //设置是否允许接收和发送中断。通过设置 UART 模块的 C2 寄存器的
    //RIE 和 TIE 位实现。如果使能中断,必须首先实现中断服务程序
}
/*!
 *  @brief      等待接收 1 个字节
 *  @param      UARTn       模块号(UART0~UART5)
 *  @param      ch          接收地址
 *  @since      v5.0
 *  @note                   如果需要查询接收状态,可用 uart_query,
                            如果需要查询接收数据,可用 uart_querychar
 *  Sample usage:char ch = uart_getchar(UART3);    //等待接收 1 个字节,保存到 ch 里
 */
void uart_getchar(UARTn uratn, char * ch)
{
    while (! (UART_S1_REG(UARTx[uratn]) & UART_S1_RDRF_MASK));//等待接收满了
    //获取接收到的 8 位数据
    * ch = UART_D_REG(UARTx[uratn]);
}
/*!
 *  @brief      查询接收 buff
 *  @param      UARTn       模块号(UART0~UART5)
 *  @param      str         接收地址
 *  @param      max_len     最大接收长度
 *  @return                 接收到的字节数目
 *  @since      v5.0
 *  Sample usage:           char buff[100];
                            uint32 num;
```

```c
                num = uart_pendbuff(UART3,&buff,100);
                if( num != 0 )
                {
                        printf("成功接收到%d个字节:%s",num,buff);
                }
 */
char uart_querybuff(UARTn uratn, char *buff,uint32 max_len)
{   //与uart_querystr函数类似,只不过不考虑结束符的问题
    uint32 i = 0;
    while(uart_querychar(uratn, buff + i)  )
    {
        i ++;
        if(i>= max_len)                 //超过设定的最大值,退出
        {
            return i;
        }
    };
    return i;
}
/*!
 *  @brief       串口发送一个字节
 *  @param       UARTn         模块号(UART0~UART5)
 *  @param       ch            需要发送的字节
 *  @since       v5.0
 *  @note        printf 需要用到此函数
 *  @see         fputc
 *  Sample usage:       uart_putchar(UART3,'A');    //发送字节 'A'
 */
void uart_putchar(UARTn uratn, char ch)
{
    //等待发送缓冲区空
    while(!(UART_S1_REG(UARTx[uratn]) & UART_S1_TDRE_MASK));
    //检测到发送缓冲区为空则发送数据
    UART_D_REG(UARTx[uratn]) = (uint8)ch;
}
/*!
 *  @brief       开串口接收中断
 *  @param       UARTn         模块号(UART0~UART5)
 *  @since       v5.0
 *  Sample usage:       uart_rx_irq_en(UART3);       //开串口3接收中断
 */
void uart_rx_irq_en(UARTn uratn)
{
    UART_C2_REG(UARTx[uratn]) |= UART_C2_RIE_MASK;        //使能 UART 接收中断
    enable_irq((IRQn_t)((uratn<<1) + UART0_RX_TX_IRQn));  //使能 IRQ 中断
}
/*!
 *  @brief       开串口发送中断
 *  @param       UARTn         模块号(UART0~UART5)
 *  @since       v5.0
```

```
 *    Sample usage:       uart_tx_irq_en(UART3);        //开串口 3 发送中断
 */
void uart_tx_irq_en(UARTn uratn)
{
    UART_C2_REG(UARTx[uratn]) |= UART_C2_TIE_MASK;    //使能 UART 发送中断
    enable_irq((IRQn_t)((uratn<<1) + UART0_RX_TX_IRQn));    //使能 IRQ 中断
}
/*!
 *    @brief        关串口接收中断
 *    @param        UARTn        模块号(UART0~UART5)
 *    @since        v5.0
 *    Sample usage:       uart_rx_irq_dis(UART3);        //关串口 3 接收中断
 */
void uart_rx_irq_dis(UARTn uratn)
{
    UART_C2_REG(UARTx[uratn]) &= ~UART_C2_RIE_MASK;    //禁止 UART 接收中断
    //如果发送中断还没有关,则不关闭 IRQ
if(!(UART_C2_REG(UARTx[uratn]) &
(UART_C2_TIE_MASK | UART_C2_TCIE_MASK)))
    {
        disable_irq((IRQn_t)((uratn<<1) + UART0_RX_TX_IRQn));    //关 IRQ 中断
    }
}
/*!
 *    @brief        UART3 测试中断服务函数
 *    @since        v5.0
 *    @warning      此函数需要用户根据自己需求完成,这里仅仅提供一个中断模版
 *    Sample usage:  set_vector_handler(UART3_RX_TX_VECTORn, uart3_test_handler);
                    //把 uart3_handler 函数添加到中断向量表,不需要手动调用
 */
void uart3_test_handler(void)
{
    UARTn uratn = UART3;
    if(UART_S1_REG(UARTx[uratn]) & UART_S1_RDRF_MASK)    //接收数据寄存器满
    {
        //用户需要处理接收数据
    }
    if(UART_S1_REG(UARTx[uratn]) & UART_S1_TDRE_MASK )    //发送数据寄存器空
    {
        //用户需要处理发送数据
    }
}
```

2. 串口查询接收与发送

UART API 函数已经实现了 UART 发送和查询接收的相关函数。本例程中程序里等待接收数据,如果上位机发送了数据,那么程序就会接收到相应的数据,并把接收到的数据发送回上位机。下面验证一下查询接收与发送相关的部分代码:

```c
#include "common.h"
#include "include.h"
/*!
 *  @brief          main 函数
 *  @since          v5.0
 *  @note           测试查询接收与发送相关的部分代码
 */
void main()
{
    char ch;
    //uart_init(UART3,115200);
    //由于 printf 函数所用的端口就是 UART3,波特率也为 115 200,进入 main 函数前已经初始
    //化了,因此此处不需要再初始化
    printf("\n野火初学 123 论坛:www.chuxue123.com");
    while(1)
    {
        if(uart_query (UART3) != 0)         //查询是否接收到数据
        {
            uart_getchar (UART3,&ch);       //等待接收一个数据,保存到 ch 里
            uart_putchar(UART3, ch);        //发送 1 个字节
        }
        if(uart_querychar (UART3, &ch) != 0)  //查询接收 1 个字符
        {
            uart_putchar(UART3, ch);        //发送 1 个字节
        }
        //注:上面两个 if 实现的功能是一样的
        //uart_getchar 和 uart_querychar 的区别在于,前者需要等待接收到数据,后者查询是否接
        //收到,接收到就接收,接收不到就退出
    }
}
```

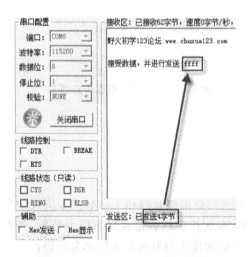

图 3-14 UART_LOOP 实验结果

编译下载后,需要在串口助手里发送数据,微控制器就会把接收到的数据发送回来,如图 3-14 所示。

本节的内容,读者需要掌握串口的发送和接收相关的函数调用。后续的例程里都会使用串口进行调试。

3. 串口中断接收

中断接收,可以实时检测到有数据接收,及时存储接收到的数据,从而避免数据丢失,因而中断接收的功能比查询接收的功能更常用。在 UART API 函数已经实现了中断接收相关的函数,下面调用

串行通信的时序分析

API 接口即可实现：

```c
#include "common.h"
#include "include.h"
/*!
*   @brief      UART3 中断服务函数
*   @since      v5.0
*/
void uart3_handler(void)
{
    char ch;
    UARTn uratn = UART3;
    if(UART_S1_REG(UARTx[uratn]) & UART_S1_RDRF_MASK)       //接收数据寄存器满
    {
        //用户需要处理接收数据。中断里不能处理时间太久,否则也会丢失数据
        uart_getchar     (UART3, &ch);                      //无限等待接收 1 个字节
        uart_putchar     (UART3, ch);                       //发送字符串
    }
}
/*!
*   @brief      main 函数
*   @since      v5.0
*   @note       串口中断接收测试
*/
void main()
{
//uart_init(UART3,115200);
//初始化串口(UART3 是工程里配置为 printf 函数的输出端口,故已经进行初始化)
    uart_putstr     (UART3,"\n\n\n 接收中断测试：");        //发送字符串

    set_vector_handler(UART3_RX_TX_VECTORn,uart3_handler);
                                                            //设置中断复位函数到中断向量表里
    uart_rx_irq_en (UART3);                                 //开串口接收中断
    //需要把中断函数写入到中断向量表里,并使能中断
    while(1)
    {
    }
}
```

编译下载后,需要在串口助手里发送数据,微控制器就会把接收到的数据发送回来,如图 3-15 所示。

由于采用中断收发,因此发送端一次发送多个字节,接收端都可以及时接收并显示。如果中断处理时间过长,就会导致来不及接收。例如在上述的中断函数里加入延时函数,由于中断处理时间过长,接收到的数据会存放在 UART 的数据寄存器缓存,从而导致后面接收到数据无法存进 UART 的数据寄存器而被丢弃掉,导致接收失败。

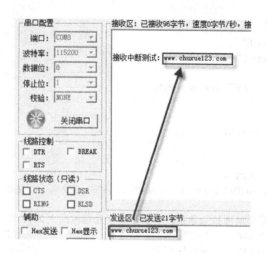

图 3-15 UART_INT 实验结果

3.2 I²C 串行通信

3.2.1 I²C 简介

I²C(Inter-Integrated Circuit)协议由 Philips 公司开发,由于它具有引脚少、硬件实现简单、可扩展性强,不需要如 USART、CAN 等外部收发设备,现在被广泛地应用在系统内多个集成电路(IC)间的通信中。

1. I²C 总线特性

- 仅使用两条总线线路:串行数据线(SDA)和串行时钟线(SCL)。
- 每个连接到总线的设备都有一个唯一的地址,主机通过这个地址来区分不同的设备进行访问。
- 多主机连接到总线上时,可能存在多个主机同时企图启动总线传输,为了避免数据冲突,I²C 总线通过总线仲裁方式决定哪个主机占用总线。
- 串行的 8 位双向数据有 3 种传输模式:标准模式最大传输速率为 100 kbit/s,快速模式最大传输速率为 400 kbit/s,高速模式最大传输速率为 3.4 Mbit/s,但目前大多数 I²C 设备尚不支持高速模式。
- 片上的滤波器可以过滤总线数据线上的毛刺,保证数据完整。
- 连接到相同总线的 IC 数量只受到总线的最大电容 400 pF 限制。

2. I²C 模块的内部原理图

I²C 模块内部的信号输出通过 MOS 管控制,输出 0 时 MOS 管导通,信号线接地,输出 1 时 MOS 管断开,信号线浮空。I²C 模块内部的信号输入通过同相器来完成,避免输入端影响总线信号。I²C模块的内部原理图如图3-16所示。

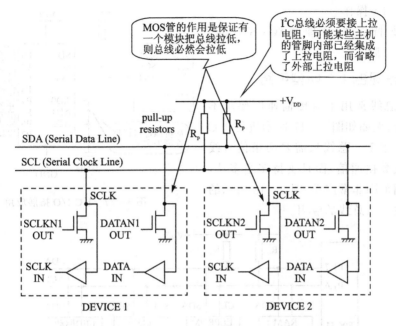

图3-16 标准模式设备和快速模式设备连接到 I²C 总线

> 边学边想:I²C总线不添加上拉电阻是否可行?
>
> 答:如图3-16所示,当某个设备把SCK输出为0时,MOS管导通,总线被拉低;把SCK输出为1时,MOS管截止,把总线悬空。SDA也是如此。
>
> 如果不接上拉电阻,当总线空闲时,总线线路处于悬空状态,其电平有可能为低电平,影响数据传输,所以总线需要接上拉电阻来确保总线空闲时线路为高电平。

> 边学边想:为什么网上共享的一些原理图上并没有看到上拉电阻?
>
> 答:出于成本考虑,很多微控制器的引脚都集成可编程上拉下拉电阻,K60也是如此,这样外围电路即可省略上拉电阻。

3. K60 的 I²C 模块特性

- K60芯片有2个的I²C总线接口。
- 能够工作于多主机模式或从机模式。
- 支持标准模式 100 Kbit/s。
- 支持7位或10位寻址。
- 仲裁丢失中断,模式自动从主模式转为从模式。

- I²C 的接收和发送都可以使用 DMA 操作。
- 支持系统管理总线（SMBus）2.0 版。

4. 常见的 I²C 典型电路

I²C 总线常用于对传输速度要求不高的场合，例如如图 3-17 所示进行 I/O 拓展。由于 I²C 总线只需要两条信号线即可完成数据通信，而且支持多主多从，因此应用范围非常广泛，图 3-18 所示的就是多主多从总线的应用。

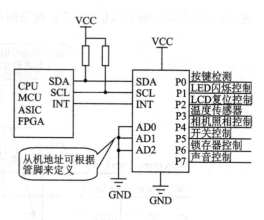

图 3-17 I²C I/O 拓展应用

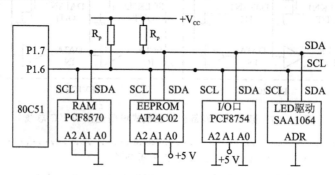

图 3-18 常见的 I²C——多主多从总线

3.2.2 I²C 时序分析

I²C 的协议包括起始和停止条件、数据有效性、响应、仲裁、时钟同步和地址广播等环节。K60 本身集成了硬件 I²C 接口，不需要使用 GPIO 引脚进行软件模拟，因此对于那些追求快速开发产品的工程师而言，可跳过此时序分析。对于大部分初学者而言，尽管 K60 本身集成了硬件 I²C 接口，但不熟悉 I²C 时序就难以理解其特性，调试的时候也无从入手，因而必须对 I²C 时序有一定的了解。

1. 位传输

进行位传输时，SCL 为高电平时，SDA 输出数据必须保持不变，数据采集有效；当 SCL 为低电平时，允许 SDA 改变输出数据，此时数据无效，如图 3-19 所示。

2. 起始和停止条件

与位传输时要求 SCL 高电平时 SDA 输出不允许改变的情况不同，起始和停止条件是在 SCL 高电平时，SDA 分别由高电平到低电平和由低电平到高电平，如图 3-20 所示。

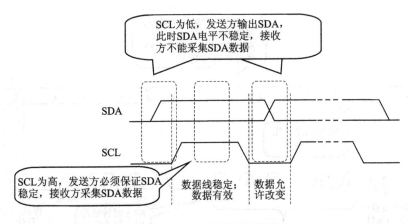

图 3-19　I^2C 总线的位传输

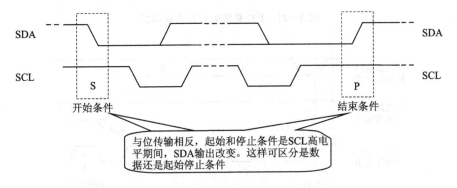

图 3-20　起始和停止条件

3. 传输数据

传输数据时，每次传输的字节数不受限制，每个字节都是 8 位，发送顺序是先高位后低位。每传输一个字节，后面必须有 1 位响应位，即数据格式为 8 位数据位加上 1 位响应位，如图 3-21 所示。

发送方每发送 8 位数据位后就会释放 SDA 线（变高），主机产生响应时钟脉冲，在响应时钟脉冲期间，接收器必须将 SDA 线拉低。如果接收器把 SDA 拉低，表示响应了，如果接收器释放了 SDA 总线，表示不响应，如图 3-22 所示。

当从机不能响应从机地址时（例如它正在执行一些实时函数不能接收或发送），从机可以暂时使 SCL 线拉低，主机侦测到 SCL 线被拉低就会停止操作，等待从机恢复 SCL 线，如图 3-23 所示。

如图 3-24 所示，如果从机作为接收器，响应了从机地址，但是在传输了一段时间后不能再继续接收更多数据，必须要主机终止传输。这种情况下，从机不产生响应，使 SDA 线保持高电平，主机就会产生一个停止或重复起始条件。

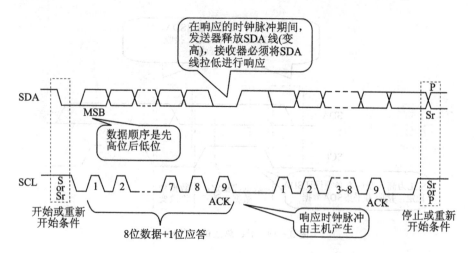

图 3-21 I²C 总线的数据传输格式

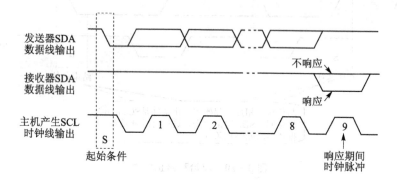

图 3-22 I²C 总线的响应电平

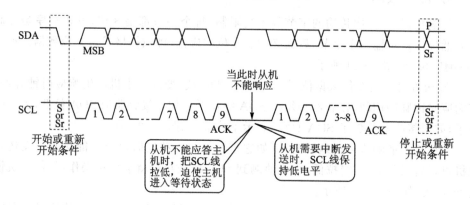

图 3-23 从机不能及时响应

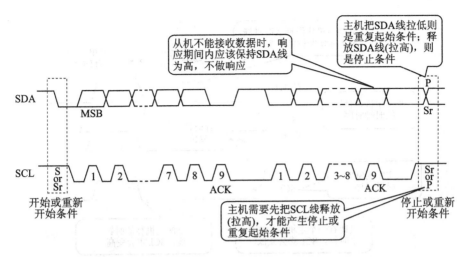

图 3-24 I²C 总线停止传输数据

> 从机不能接收数据时,什么情况下是拉低 SCL 线,什么情况下是保持 SDA 线来暂停传输呢？
> 答：当从机仅仅是短时间内暂停传输,例如正在执行短时间的实时函数而无法收发,可以拉低 SCL 线；当从机无法再继续接收数据,或可能需要较长的时间才能接收数据,则保存 SDA 线高电平,不做响应。

4. 仲裁和时钟发生

(1) 同　步

所有主机都是通过在 SCL 线上产生各自的时钟来传输 I²C 总线上的数据。数据只在时钟高电平期间有效,因此需要一个确定的时钟进行逐位传输。

利用 I²C 数据总线只要有一个模块拉低总线则该总线必然被拉低的特点,多主机输出时钟时,SCL 线被有最长低电平周期的设备保持低电平,此时低电平周期短的设备会进入高电平的等待状态,如图 3-25 所示。

当所有相关的主机计时各自的低电平周期完成后,SCL 线被释放并变成高电平状态。此时,所有相关主机会开始计时各种高电平周期,首先完成高电平周期的设备会再次将 SCL 线拉低。这样产生的同步 SCL 时钟的低电平周期由低电平时钟周期最长的设备决定,而高电平周期由高电平时钟周期最短的设备决定。

(2) 仲　裁

主机启动传输的条件是总线处于空闲状态,但有可能多个主机在起始条件的最小持续时间 $t_{HD;STA}$ 内产生一个起始条件,从而在总线上产生一个符合规定的起始条件。仲裁是在 SCL 线高电平时,由 SDA 线发生；传输数据过程中,SDA 线上部分主机发送低电平,而发送高电平的主机就会失去仲裁(因为 SDA 线电平与自己输出的

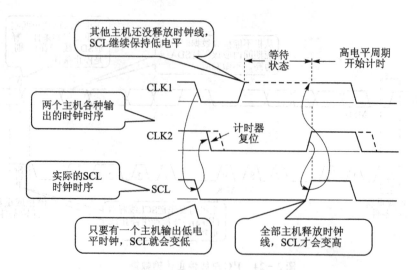

图 3-25 I²C 总线的同步过程

电平不相同),如图 3-26 所示。仲裁的过程可以持续多位,包括它的第一个阶段是比较地址位和第二阶段的比较数据位(主机是发送器)或响应位(主机是接收器)。因为 I²C 总线的地址和数据信息由赢得仲裁的主机决定,因而在仲裁过程中不会丢失信息。丢失仲裁的主机可以产生时钟脉冲直到丢失仲裁的该字节末尾。

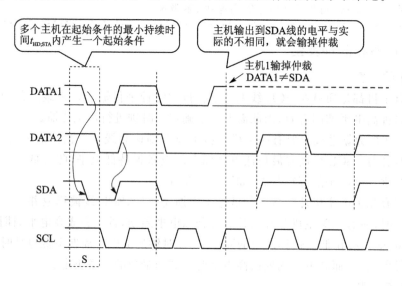

图 3-26 两个主机的仲裁过程

HS 模式下,主机有唯一一个 8 位主机码,因此一般在第一个字节就可以结束仲裁。

如果主机也带有从机功能(有时是主机模式,有时是从机模式),而且在寻址阶段丢失仲裁,那么它很可能就是赢得仲裁主机的寻址设备,因此丢失仲裁的主机必须立即切换到它的从机模式。

> 边学边想:仲裁过程决定了哪个主机拥有总线控制器,那是否可以设置优先级来决定哪个主机赢得仲裁呢?
> 答:由于 I^2C 总线的控制只由地址或主机码以及竞争主机发送的数据来决定,没有中央主机,因而总线上不能实现定制优先权。

需要必须特别注意的是:在传输时,有可能出现重复起始条件或停止条件发送到 I^2C 总线上,而仲裁过程仍在进行的情况。如果这种情况发生了,相关的主机必须在帧格式相同的位置发送这个重复起始条件或停止条件,即仲裁不能在下面情况之间进行:

- 重复起始条件到数据位之间。
- 停止条件到数据位之间。
- 重复起始条件到停止条件之间。

注意,从机是不参与仲裁过程的。

(3) 用时钟同步机制作为握手

时钟同步机制不仅能用在仲裁过程中,还可以用在从机处理字节级或位级的数据传输中。在字节级传输中,从机可以快速接收或发送数据字节,但需要更多的时间保存接收到的字节或准备另一个要发送的字节,然后从机以一种握手过程(如图 3-23 所示)在接收响应或发送一个字节后使 SCL 线保持低电平,迫使主机进入等待状态,直到从机准备好下一个要传输的字节。

在位级的快速传输中,从机可以通过延长每个时钟的低电平周期来减慢总线时钟,从而可以适配任何主机的速度。在 Hs 模式中,握手的功能只能在字节级使用。

5. 7 位地址格式

I^2C 的传输数据过程如图 3-27 所示:

① 起始条件(S)后,主机发送 7 位从机地址和 1 位读写操作命令,从机进行响应。

② 紧接着发送器发送 8 位数据,接收器进行响应。谁是发送器,谁是接收器,由①中的 1 位读写操作命令来决定。如果是读命令,则主机为接收器,从机为发送器。

③ 数据传输可以多个字节连续传输,当主机需要终止传输时,由主机产生的停止条件(P)来终止传输。

④ 如果主机还希望继续在总线上通信,可通过输出重复起始条件(Sr)继续通信,并寻址从机(可以是原来的从机,但读写操作相反;也可以是其他从机),而不是先产生停止条件(P)后再开始。

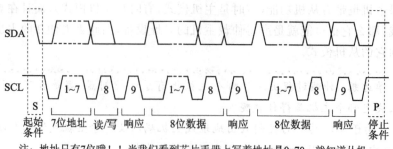

图 3-27 一个完整的数据传输过程

可能的数据传输格式：
➢ 主机作为发送器传输数据到作为接收器的从机，如图 3-28 所示。

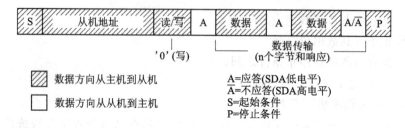

图 3-28 主机向从机传输数据

➢ 发送第一个字节(7位从机地址+1位读命令)后，主机马上读取从机数据，如图 3-29 所示。第一次响应时，主机由发送器变为接收器，从机由接收器转变为发送器，第一次的响应仍然由从机产生。主机需要停止传输时，先不响应从机，然后再发送停止条件。

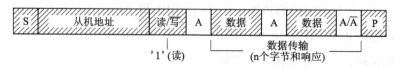

图 3-29 第一个字节后，主机读取从机数据

➢ 复合格式(如图 3-30 所示)，传输方向改变的时候，起始条件和从机地址都会重复传输，但读/写位取反。主机作为接收器，在发送重复起始条件前，应该发送一个不响应信号 A。

注意：① 复合格式可用在如控制串行存储器等通信上，第一个数据字节期间需要写内部存储器的位置，在重复起始条件和从机地址后，数据才被传输。
② 设备的设计者决定了内存访问位置是自动增加还是减少。
③ 每个字节后面都跟着一个响应位，在序列中用 A 或 $\overline{A}$ 来表示。

串行通信的时序分析

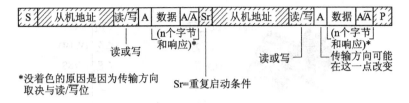

图 3-30 复合格式

④ 兼容 I²C 总线的设备在接收到起始条件或重复起始条件时，必须复位它们的总线逻辑，等待接收正在发送的从机地址，哪怕起始条件不符合正确的数据格式。

⑤ 起始条件后面紧跟着停止条件（数据为空），这是一个非法的格式。

6. 7 位寻址

I²C 总线寻址过程通常是在起始条件后的第一个字节来决定主机选择哪个从机。例外的是，主机选择"广播呼叫"地址来寻址全部设备。如果主机使用"广播呼叫"地址来寻址全部设备，所有设备理应进行响应。起始条件后的第一个字节由高 7 位从机地址和最低位读写位组成，如图 3-31 所示。

从机地址一般由固定和可编程两个部分组成，当系统中使用几个同样的设备，则从机地址的可编程部分决定了最大可用的设备数目，如图 3-32 所示。当然，有些设备是没有可编程部分地址的，如飞思卡尔的 3 轴加速度传感器 MMA7660，如图 3-33 所示。

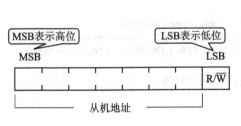

图 3-31 起始条件后的第一个字节

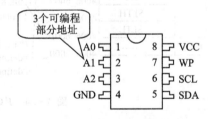

图 3-32 24C02 存储芯片待可编程从机地址的引脚

I²C 地址是由 I²C 总线委员会协调分配的，保留了两组 8 位地址（0000XXX 和 1111XXX），其中 0000 000 为广播寻找地址。

3.2.3 I²C 模块寄存器

1. I²C 寄存器内存地址图

I²C 寄存器内存地址图如图 3-34 所示。

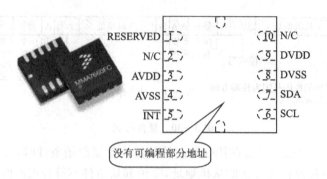

图 3-33 飞思卡尔的 3 轴加速度传感器 MMA7660

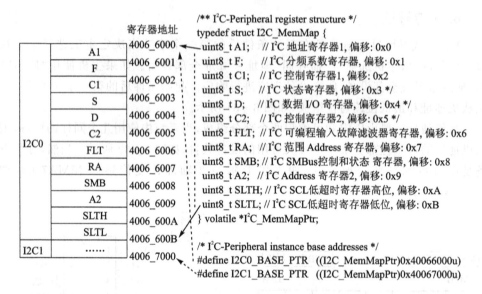

图 3-34 I²C 寄存器内存地址图

2. I²C 寄存器详解

(1) 地址寄存器 1：I2Cx_A1（I2C Address Register 1）

I2Cx_A1 各位说明如表 3-9 所列。

位	7	6	5	4	3	2	1	0
读写				AD[7:1]				0
复位	0	0	0	0	0	0	0	0

表 3-9 I2Cx_A1 说明

域	描述
7~1 AD[7:1]	地址 如果作为 I²C 从机模块,此地址为主要的从机地址。此位为 7 位地址,在 10 位地址模式下为最低 7 位
0 Reserved	保留,读为 0

(2) 分频寄存器:I2Cx_F(I2C Frequency Divider register)

I2Cx_F 各位说明如表 3-10 所列。

位	7	6	5	4	3	2	1	0
读写	MULT		ICR					
复位	0	0	0	0	0	0	0	0

表 3-10 I2Cx_F 说明

域	描述
7~6 MULT	此 MULT 位为定义乘法因子 mul,此因子和产生 I²C 波特率的 SCL 分频器一起使用 00:mul=1;01:mul=2;10:mul=4;11:保留

5~0 ICR	时钟频率
	为位频率选择,预分频总线时钟。此域和 MULT 域决定了 I²C 的波特率,SDA 保持时间,SCL 开始保持时间,和 SCL 停止保持时间。对于一系列相关的值,对每一个 ICR 设置,都看 I²C 分频器和保持的值。
	SCL 分频器通过由 I²C 波特率决定的乘法因子(mul)倍增
	    I²C 波特率=总线频率(Hz)/(mul×SCL 分频器)
	SDA 保持时间,是从 SCL(I²C 时钟)的下降沿到 SDA(I²C 数据)变化的的延时时间
	    SDA 保持时间=总线周期(s)×mul×SDA 保持值
	SCL 开始保持时间,是当 SCL 高电平时(开始条件),从 SDA(I²C 数据)的下降沿到 SCL(I²C 时钟)的下降沿的延时时间
	    SCL 开始保持时间=总线周期(s)×mul×SCL 开始保持值
	SCL 停止保持时间,是从 SCL(I²C 时钟)的下降沿到 SCL 高电平时的 SDA(I2C 数据)的下降沿
	    SCL 停止保持时间=总线周期(s)×mul×SCL 停止保持值
	例如,如果总线频率是 8 MHz,下表展示了为了达到 100 kbps 波特率,在不同的 ICR 和 MULT 选择中,可能的保持时间值。
	
	| MULT
		ICR	Hold times/μs		

		SDA	SCL Start	SCL Stop
h	00h	3.500	3.000	5.500
1h	07h	2.500	4.000	5 250
1h	0Bh	2.250	4.000	5.250
0h	14h	2 125	4.250	5 125
0h	18h	1.125	750	5.125	

(3) 控制寄存器 1：I2Cx_C1(I2C Control Register 1)

I2Cx_C1 各位说明如表 3-11 所列。

位	7	6	5	4	3	2	1	0
读写	IICEN	IICIE	MST	TX	TXAK	0 RSTA	WUEN	DMAEN
复位	0	0	0	0	0	0	0	0

表 3-11 I2Cx_C1 说明

域	描述
7 IICEN	I²C 使能 0：禁用；1：使能
6 IICIE	I²C 中断使能 0：禁用；1：使能
5 MST	主机模式选择 当 MST 位从 0 变成 1 时，总线上会产生一个开始信号，并且选择主机模式。当此位从 1 变成 0 时，总线上会产生一个停止信号，并且操作模式从主机模式变为从机模式 0：从机模式；1：主机模式
4 TX	传输模式选择 选择主机和从机的传输方向。在主机模式下，此位必须根据传输需要的类型决定，因此，对于地址循环，此位必须一直置位。当作为从机时，此位必须通过软件根据状态寄存器中的 SRW 位来设置 0：接收；1：发送
3 TXAK	传输应答使能 为主机和从机接收器确定在数据应答期间 SDA 传输的值。FACK 位的值影响 NACK/ACK 的生成 0：接收字节后(如果 FACK 清零)或者正在接收字节(如果 FACK 置位)，发送应答信号到总线； 1：接收字节后(如果 FACK 清零)或者正在接收字节(如果 FACK 置位)，不发送应答信号到总线
2 RSTA	重复开始 在主机模式下，向此位写入 1 会产生一个重复开始信号。此位始终读为 0。在错误的时间产生一个重复开始信号会导致仲裁丢失
1 WUEN	唤醒使能 I²C 模块可以通过从机地址匹配，在没有外设总线的情况下，从低功耗模式唤醒微控制器 0：正常操作。在低功耗模式下，地址匹配不产生中断； 1：在低功耗模式下唤醒功能使能

续表 3-11

域	描 述
0 DMAEN	DMA 使能 0：禁用所有 DMA 功能； 1：使能 DMA 传输，并在一下条件下触发 DMA 请求： ➤ 当 FACK=0,接收到一个字节数据,地址或者数据被传送；(ACK/NACK 自动)； ➤ 当 FACK=0,接收到的第一个字节匹配到 A1 寄存器或者广播寻址。如果发生任何地址匹配,IAAS 和 TCF 置位。如果传输的方向是从主机到从机,那么它不需要检查 SRW。假如是这样,DMA 也能用于这种情况。其他情况下,如果主机从从机读取数据,那么它需要重写 C1 寄存器操作。假如是这样,DMA 不能用； ➤ 当 FACK=1,一个地址或者一个字节数据被发送

(4) 状态寄存器：I2Cx_S(I2C Status register)

I2Cx_S 各位说明如表 3-12 所列。

位	7	6	5	4	3	2	1	0
读写	TCF	IAAS	BUSY	ARBL w1c	RAM	SRW	IICIF w1c	RXAK
复位	1	0	0	0	0	0	0	0

表 3-12　I2Cx_S 说明

域	描 述
7 TCF	传输完成标志 此位在一个字节或者应答位传输完成后置位。此位仅在 I^{2}C 模块正在传输数据或者即将数据传输时有效。在接收模式下读取 I^{2}C 数据寄存器,或者在发送模式下写入 I^{2}C 数据寄存器,TCF 位清零 0：正在传输；1：传输完成
6 IAAS	地址作为从机 此位在以下任意一种情况中置位： ➤ 呼叫地址匹配 A1 寄存器中的编程从机主地址或者 RA 寄存器中的范围地址（必须为非 0 值)； ➤ GCAEN 置位且接收到一个通用呼叫； ➤ SIICAEN 置位且呼叫地址匹配到第 2 个编程从机地址； ➤ ALERTEN 置位且接收到一个 SMBus 警告响应； ➤ RMEN 置位且接收到一个值在 A1 和 RA 寄存器范围内的地址 此位在 ACK 位之前置位。CPU 必须检查 SRW 位并且设置相应的 TX/RX。写入任何值到 C1 寄存器来清零此位 0：无地址；1：作为一个从机地址

续表 3-12

域	描 述
5 BUSY	总线忙 无论是主机模式还是从机模式,此位都代表总线状态。此位在检测到一个开始信号的时候置位,在检测到地址信号的时候清零 0:总线空闲;1:总线忙
4 ARBL	仲裁丢失 当仲裁过程丢失时,此位由硬件置位。ARBL 位必须通过软件写入 1 来清零 0:标准总线操作;1:丢失仲裁
3 RAM	范围地址匹配 此位在以下任意一种情况下置 1: ➤ 接收到任意匹配到 RA 寄存器中地址的非零呼叫地址; ➤ RMEN 位置位且呼叫地址在 A1 和 RA 寄存器范围内 注意:为了 RAM 位正确地置 1,C1[IICIE] 必须设为 1 写入任何值到 C1 寄存器来清零此位 0:无地址;1:作为一个从机地址
2 SRW	从机读/写 当作为从机地址时,SRW 表示呼叫地址发给主机的 R/W 命令位的值 0:从机接收,主机写入数据到从机;1:从机发送,主机从从机读取数据
1 IICIF	中断标志 当一个中断挂起时,此位置位。如在中断程序中,此位必须通过软件写入 1 来清零。在以下任意一种情况下,此位置位: 如果 FACK 是 0,一个字节且包含 ACK/NACK 位传输完成。在接收模式下,此位置位之后,通过写入 0 或 1 到 TXAK,一个 ACK 或者 NACK 被发送到总线上; 如果 FACK 是 1,一个字节且不包含 ACK/NACK 位传输完成 匹配从机地址的呼叫地址包括:主从机地址,范围从机地址,警告从机地址,第二从机地址和通用呼叫地址 仲裁丢失 在 SMBus 模式下,除 SCL 和 SDA 高电平时间溢出外的,任何时间溢出 0:没有中断挂起;1:中断挂起
0 RXAK	接收应答 0:在总线上完成一个字节数据传输之后,接收到应答信号; 1:没有检测到应答信号

(5) 数据 I/O 寄存器:I2Cx_D(I2C Data I/O register)

I2Cx_D 各位说明如表 3-13 所列。

位	7	6	5	4	3	2	1	0
读写				DATA				
复位	0	0	0	0	0	0	0	0

表 3-13 I2Cx_D 说明

域	描述
7~0 DATA	数据 在主机发送模式下,当数据写入此寄存器,一个数据发送开始。最重要的一位先发送。在主机接收模式下,读取此寄存器开始数据下一个字节的接收 注意:在非主机接收模式下发起一个传输,在读取数据寄存器之前,选择 I^2C 模式来防止一个无意中启动的主机接收数据传输 在从机模式下,在发生地址匹配之后,可以使用同样的功能 C1[TX]必须正确反映出在主机和从机模式下开始传输的预定方向。例如,如果 I^2C 模块配置为主机发送但预定为主机接收,读取数据寄存器是不会启动接收的 当 I^2C 模块配置为主机接收或者从机接收模式时,读取数据寄存器返回最后接收到的字节。数据寄存器不会反映出在 I^2C 总线上传输的任何字节,而且不能通过软件读取以验证此字节是否已经正确写入数据寄存器 在主机发送模式下,在 MST(开始位)断言,或者 RSTA(重复开始位)断言之后,写入到数据寄存器中的数据的第一个字节,被用作地址传输,且必须由呼叫地址(位 7~1)加上要求的 R/W 位(位 0)组成

(6) 控制寄存器 2: I2Cx_C2(I2C Control Register 2)

I2Cx_C2 各位说明如表 3-14 所列。

位	7	6	5	4	3	2	1	0
读写	GCAEN	ADEXT	HDRS	SBRC	RMEN	AD[10:8]		
复位	0	0	0	0	0	0	0	0

表 3-14 I2Cx_C2 说明

域	描述
7 GCAEN	通用呼叫地址使能 0:禁止;1:使能
6 ADEXT	地址拓展 控制用于从机地址的位数 0:7 位地址模式;1:10 位地址模式
5 HDRS	高驱动选择 控制 I^2C 模块的驱动能力 0:正常驱动模式;1:高驱动模式
4 SBRC	从机波特率控制 使时钟在 SCL 上伸展成非常快的 I^2C 模式的最大频率下,允许独立的从机模式波特率。对一个从机来说,一个"非常快"模式的例子是当主机传输在 40 kbps 但从机仅用 10 kpbs 就可以捕捉到主机的数据 0:从机波特率跟随主机波特率,且可能发生时钟伸展; 1:从机波特率独立于主机波特率

续表 3-14

域	描述
3 RMEN	范围地址匹配使能 此位控制从机地址和在 A1 和 RA 寄存器范围的值的匹配 当此位置位时,一个从机地址和任何大于 A1 寄存器的值且小于或等于 RA 寄存器的值的地址发生匹配 0:范围模式禁止。没有在 A1 和 RA 寄存器范围的值的地址匹配发生; 1:范围模式使能。当从机接收到一个地址是在 A1 和 RA 寄存器范围内的值时,发生地址匹配
2~0 AD[10:8]	从机地址 包含 10 位地址模式下的从机地址的高 3 位。此域仅当 ADEXT 位置位时有效

寄存器初始化步骤如下:
① 使能 I²C 时钟。
② 设置 I²C 的复用引脚。
③ 设置 I²C 波特率。
④ 使能 I²C 模块。

编程步骤如下:
① I²C 是一个由启动信号、数据信号、应答信号、停止信号、重复启动信号等组成的一个通信协议,因此要先实现发送这些信号的功能,便于后面写通信协议。
② 根据步骤①实现的功能和 I²C 协议的规定,实现 I²C 通信。

3.2.4 I²C 应用实例

1. I²C 模块 API 的设计

根据软件分层的思想,对 I²C 模块编写对应的 I²C API 接口,以便上层的 MMA7455、EEPROM 等模块调用,如图 3-35 所示。

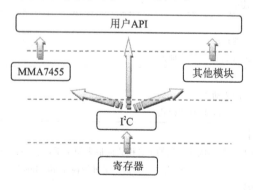

图 3-35 I²C 模块 API 的设计

> 思考题：上层需要怎样的 API？
> 需要实现初始化函数、读寄存器函数、写寄存器函数这 3 个最常用的函数。

(1) I²C API 接口

如下：

```
uint32 i2c_init(I2Cn i2cn,uint32 baud);                         //初始化 I²C
void   i2c_write_reg(I2Cn, uint8 SlaveID, uint8 reg, uint8 Data); //读取地址里的内容
uint8  i2c_read_reg (I2Cn, uint8 SlaveID, uint8 reg);           //往地址里写入内容
```

(2) I²C API 代码的实现

① MK60_i2c.h 的代码如下：

```c
#ifndef   __MK60_I2C_H__
#define   __MK60_I2C_H__
/ * * *   @brief I²C 模块编号    * /
typedef enum I2Cn
{                                       //对 I²C 模块编号
    I2C0  = 0,
    I2C1  = 1
} I2Cn;
/ * * *   @brief 主机读/写模式选择    * /
typedef enum MSmode
{                                       //根据 I²C 读/写位的值来赋值
    MWSR =    0x00,   / * 主机写模式    * /
    MRSW =    0x01    / * 主机读模式    * /
} MSmode;
uint32    i2c_init(I2Cn i2cn,uint32 baud);                         //初始化 I²C
void      i2c_write_reg(I2Cn, uint8 SlaveID, uint8 reg, uint8 Data);//读取地址里的内容
uint8     i2c_read_reg (I2Cn, uint8 SlaveID, uint8 reg);           //往地址里写入内容
#endif   //__MK60DZ10_I2C_H__
```

② MK60_i2c.c 的代码如下：

```c
#include "common.h"
#include "MK60DZ10_port.h"
#include "MK60DZ10_i2c.h"
unsigned char MasterTransmission;
unsigned char SlaveID;
volatile struct I2C_MemMap * I2Cx[2] = {I2C0_BASE_PTR, I2C1_BASE_PTR};
                                        //定义两个指针数组保存 I2Cx 的地址
/ *
 *  把 I²C 通信的每个小步骤都用宏定义来实现,方便编写顶层函数
 *  此宏定义参考飞思卡尔公司例程修改所得
 * /
//启动信号
#define i2c_Start(I2Cn)             //'\' 是续行符号
        I2C_C1_REG(I2Cx[I2Cn]) |= (I2C_C1_TX_MASK | I2C_C1_MST_MASK)
                            //MST 由 0 变 1,产生起始信号,TX = 1 进入发送模式
//停止信号
```

```c
#define i2c_Stop(I2Cn)                                                      \
        I2C_C1_REG(I2Cx[I2Cn]) &= ~(I2C_C1_MST_MASK | I2C_C1_TX_MASK)
                                //MST 由 1 变 0,产生停止信号,TX = 0 进入接收模式
//重复启动
#define i2c_RepeatedStart(I2Cn)                                             \
        I2C_C1_REG(I2Cx[I2Cn]) |= I2C_C1_RSTA_MASK
//进入接收模式(应答,需要接收多个数据,接收最后一个字节前需禁用应答 i2c_DisableAck)
#define i2c_EnterRxMode(I2Cn)                                               \
    I2C_C1_REG(I2Cx[I2Cn]) &= ~(I2C_C1_TX_MASK | I2C_C1_TXAK_MASK)
//进入接收模式(不应答,只接收一个字节)
#define i2c_PutinRxMode(I2Cn)         I2C_C1_REG(I2Cx[I2Cn]) &= \
        ~I2C_C1_TX_MASK;I2C_C1_REG(I2Cx[I2Cn]) |= I2C_C1_TXAK_MASK
//禁用应答(接收最后一个字节)
#define i2c_DisableAck(I2Cn)          I2C_C1_REG(I2Cx[I2Cn]) |= I2C_C1_TXAK_MASK
//等待 I2C_S
#define i2c_Wait(I2Cn)                                                      \
            while(( I2C_S_REG(I2Cx[I2Cn]) & I2C_S_IICIF_MASK) == 0) {} \
            I2C_S_REG(I2Cx[I2Cn]) |= I2C_S_IICIF_MASK;
//while 循环里等待信号的用法仅适合于学习,因为一直等待信号到来,在某些异常的情况
//下就会出现信号没出现,系统就会卡死在此处。正确的做法时延时一段时间后还是没有
//等到信号,就进入异常处理,例如返回失败等
//写一个字节
#define i2c_write_byte(I2Cn,data)                                           \
            (I2C_D_REG(I2Cx[I2Cn]) = (data));i2c_Wait(I2Cn)
/*!
 *  @brief       I2C 初始化,设置波特率
 *  @param       I2Cn        I2C 模块(I2C0,I2C1)
 *  @param       baud        期待的波特率
 *  @return                  实际的波特率
 *  @since       v5.0
 *  Sample usage:       i2c_init(I2C0,400 * 1000);
                                //初始化 I2C0,期待的波特率为 400 kb/s
 */
uint32 i2c_init(I2Cn i2cn,uint32 baud)
{
    if(i2cn == I2C0)
    {
        /* 首先开启时钟和复用引脚 */
        SIM_SCGC4 |= SIM_SCGC4_I2C0_MASK;               //开启 I2C0 时钟
        /* 配置 I2C0 功能的 GPIO 接口 */
        if(I2C0_SCL == PTB0)
            port_init (PTB0, ALT2 | PULLUP );
        else if(I2C0_SCL == PTB2)
            port_init (PTB2, ALT2 | PULLUP );
        else if(I2C0_SCL == PTD8)
            port_init (PTD8, ALT2 | PULLUP );
        else
            ASSERT(0);           //上述条件都不满足,直接断言失败了,设置引脚有误吗
        if(I2C0_SDA == PTB1)
            port_init (PTB1, ALT2 | PULLUP );
```

```c
        else if(I2C0_SDA == PTB3)
            port_init (PTB3, ALT2 | PULLUP );
        else if(I2C0_SDA == PTD9)
            port_init (PTD9, ALT2 | PULLUP );
        else
            ASSERT(0);            //上述条件都不满足,直接断言失败了,设置引脚有误吗
}
else
{
    /*开启时钟*/
    SIM_SCGC4 |= SIM_SCGC4_I2C1_MASK;              //开启 I2C1 时钟
    /*配置 I2C1 功能的 GPIO 接口*/
    if(I2C1_SCL == PTE1)
        port_init (PTE1, ALT6 | PULLUP );
    else if(I2C1_SCL == PTC10)
        port_init (PTC10, ALT2 | PULLUP );
    else
        ASSERT(0);            //上述条件都不满足,直接断言失败了,设置引脚有误吗
    if(I2C1_SDA == PTE0)
        port_init (PTE0, ALT6 | PULLUP );
    else if (I2C1_SDA == PTC11)
        port_init (PTC11, ALT2 | PULLUP );
    else
        ASSERT(0);            //上述条件都不满足,直接断言失败了,设置引脚有误吗
}
/*设置频率*/
//I2C baud rate = bus speed (Hz)/(mul × SCL divider),即这里 50 MHz/(1 × 128) = 390.625 kHz
//SDA hold time = bus period (s) × mul × SDA hold value
//SCL start hold time = bus period (s) × mul × SCL start hold value
//SCL stop hold time = bus period (s) × mul × SCL stop hold value
//查表 ICR 对应的   SCL_divider,见《K60P144M100SF2RM.pdf》第 1468 页的 I2C Divider
//and Hold Values
uint16 ICR_2_SCL_divider[0x40]  =
{
    20,22,24,26,28,30,34,40,28,32,36,40,44,48,56,68,48,56,64,72,80,88,104,128,80,
96,112,128,144,160,192,240,160,192,224,256,288,320,384,480,320,384,448,512,576,640,
768,960,640,768,896,1024,1152,1280,1536,1920,1280,1536,1792,2048,2304,2560,3072,3840
};
uint8 mult;
//自动根据传递进来的波特率,枚举最佳的波特率
if(bus_clk_khz <= 50000)mult = 0;                //bus 1 分频
else   if(bus_clk_khz <= 100000)mult = 1;        //bus 2 分频
else       mult = 2;                             //bus 4 分频
uint16 scldiv = bus_clk_khz * 1000 / ( (\1<<mult) * baud ) ;  //最佳的分频系数
//需要从 ICR_2_SCL_divider 里找到与最佳分频系数 scldiv 最相近的分频系数
uint8 icr,n = 0x40;
uint16 min_Dvalue = ~0,Dvalue;
while(n)                           //循环里逐个扫描,找出最接近的分频系数
{                                  //循环里计算最佳波特率
    n--;
```

```c
            Dvalue = abs(scldiv - ICR_2_SCL_divider[n]);
            if(Dvalue == 0)
            {
                icr = n;
                break;                              //退出 while 循环
            }
            if(Dvalue<min_Dvalue)
            {
                icr = n;
                min_Dvalue = Dvalue;
            }
    }
    //把计算的参数写入寄存器
    I2C_F_REG(I2Cx[i2cn])   = ( 0
//I2C Frequency Divider register (I2Cx_F) I²C 分频寄存器 I²C 最大波特率为 400kb/s
                              | I2C_F_MULT(mult)    //乘数因子 mul = 1<<mult
                              | I2C_F_ICR(icr)
//时钟速率 = ICR_2_SCL_divider[ICR],查表获得 ICR 与 SCL_divider 映射关系
                              );
    /* 使能 I²C */
    I2C_C1_REG(I2Cx[i2cn]) = ( 0
                              | I2C_C1_IICEN_MASK   //使能 I²C
                             //| I2C_C1_IICIE_MASK   //使能中断
                              );
    return (bus_clk_khz * 1000 /( (1<<mult) * ICR_2_SCL_divider[icr]));
}
/*!
 *  @brief      I²C 通信结束后需要调用的函数函数
 *  @since      v5.0
 *  @note       如果通信失败,可尝试增大此延时值,确认是否延时导致的
 */
void Pause(void)
{
    volatile uint16 n = 50;                     //注意,这个数据太小,会导致读取错误
    while(n -- )
    {
        asm("nop");         //K60 I²C 模块读/写后都必须延时一段时间才能继续读写
    }
}
/*!
 *  @brief      读取 I²C 设备指定地址寄存器的数据
 *  @param      I2Cn        I²C 模块(I2C0、I2C1)
 *  @param      SlaveID     从机地址(7 位地址)
 *  @param      reg         从机寄存器地址
 *  @return                 读取的寄存器值
 *  @since      v5.0
 *  Sample usage:       uint8 value = i2c_read_reg(I2C0, 0x1D, 1);
 */
uint8 i2c_read_reg(I2Cn i2cn, uint8 SlaveID, uint8 reg)
{
```

```c
        //对比 I²C 协议的步骤,从启动位、地址位、读写位、数据位一路进行处理
        //先写入寄存器地址,再读取数据,因此此过程是 I²C 的复合格式,改变数据方向时需要
        //重新启动
        uint8 result;
ASSERT((SlaveID & 0x80) == 0);
//断言,我们要求的 7 位地址的值仅仅是 7 bit,不是通信时要求的高 7 位
//有些手册,给出的 7 位地址指的是 8 bit 里的高 7 位
//有些手册,给出的 7 位地址指的是 7 bit
//请自行确认,可以尝试是否通信正常来确认
        i2c_Start(i2cn);                                    //发送启动信号
        i2c_write_byte(i2cn, ( SlaveID<<1 ) | MWSR);        //发送从机地址和写位
        i2c_write_byte(i2cn, reg);                          //发送从机里的寄存器地址
        i2c_RepeatedStart(i2cn);                            //复合格式,发送重新启动信号
        i2c_write_byte(i2cn, ( SlaveID<<1 ) | MRSW);        //发送从机地址和读位
        i2c_PutinRxMode(i2cn);                              //进入接收模式(不应答,只接收一个字节)
        result = I2C_D_REG(I2Cx[i2cn]);                     //虚假读取一次,启动接收数据
        i2c_Wait(i2cn);                                     //等待接收完成
        i2c_Stop(i2cn);                                     //发送停止信号
        result = I2C_D_REG(I2Cx[i2cn]);                     //读取数据
        Pause();                                            //必须延时一下,否则出错
        return result;
}
/*!
 * @brief       写入一个字节数据到 I²C 设备指定寄存器地址
 * @param       I2Cn        I²C 模块(I2C0、I2C1)
 * @param       SlaveID     从机地址(7 位地址)
 * @param       reg         从机寄存器地址
 * @param       Data        数据
 * @since       v5.0
 * Sample usage: i2c_write_reg(I2C0, 0x1D, 1,2);//向从机 0x1D 的寄存器 1 写入数据 2
 */
void i2c_write_reg(I2Cn i2cn, uint8 SlaveID, uint8 reg, uint8 Data)
{
        i2c_Start(i2cn);                                    //发送启动信号
        i2c_write_byte(i2cn, ( SlaveID<<1 ) | MWSR);        //发送从机地址和写位
        i2c_write_byte(i2cn, reg);                          //发送从机里的寄存器地址
        i2c_write_byte(i2cn, Data);                         //发送需要写入的数据
        i2c_Stop(i2cn);
        Pause();                                            //延时太短的话,可能写出错
}
```

2. 重力加速度 MMA7455 应用

MMA7455 是飞思卡尔公司推出的一款数字 3 轴加速度传感器,支持 I²C 和 SPI 协议,可同时测量 3 个轴方向上的加速度值,如图 3-36 所示是加速传感器的 3 个轴。使用 MMA7455 3 轴加速度传感器时,读取 3 个方向上的加速度值,这 3 个加速度值是可以为负的,负数表示沿该方向的反向加速度。

在地球上,物体受到的重力加速度是一直存在的。若利用 MMA7455 传感器来

测量重力加速度 g 在某个方向上的加速度分量,则可以根据物理公式来计算器件与水平面间的夹角,而测量这个夹角是很多有趣应用的基础,如图 3-37 所示。

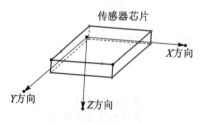

图 3-36 加速度传感器的 3 个轴

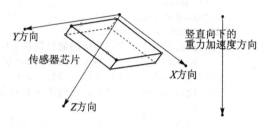

图 3-37 倾角测量示例

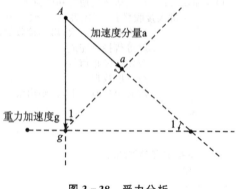

图 3-38 受力分析

当传感器处于图 3-37 倾角测量示例的倾斜状态时,下面以 X 方向进行物理的受力分析为例来讲解。如图 3-38 受力分析,已知垂直方向的重力加速度为 g,可通过传感器测量 X 方向的重力加速度分量 a,则 $\sin\angle 1 = a/g$,从而求得 $\angle 1$ 的值,即求得传感器 X 方向与水平面的倾角。

MMA7455 三轴加速度传感器可选的量程有:±2g、±4g、±8g。±2g、±4g 的数据为 8 bit,±8g 量程的数据可选 8 bit 或 10 bit。

本例程以 ±2g 量程为例,简单地分别读取 MMA7455 三轴加速度传感器 X、Y、Z 轴的数据,试验 I²C 通信是否正常,如图 3-39 所示。

(1) API 接口

设计代码需要考虑 API 接口的问题,这里测试 MMA7455 的寄存器读写,因此设计 MMA7455 的寄存器读写接口,其 API 接口如下:

```
extern void    mma7455_init(void);                          //MMA7455 初始化
extern void    mma7455_write_reg(uint8 reg, uint8 Data);    //写 MMA7455 寄存器
extern uint8   mma7455_read_reg(uint8 reg);                 //读 MMA7455 寄存器
```

(2) MMA7455 API 代码的实现

① 在 FIRE_MMA7455.h 里添加头文件:

```
#ifndef __FIRE_MMA7455_H__
#define __FIRE_MMA7455_H__
#define  MMA7455_DEVICE    I2C0                //定义 MMA7455 所用的接口为 I2C0
#define  MMA7455_ADRESS    (0x1D)
                /* MMA7455_Device Address 厂家规定的从机 7 bit 地址 */
/* MMA7455 Register Address 模块的寄存器地址 ------------------*/
```

串行通信的时序分析

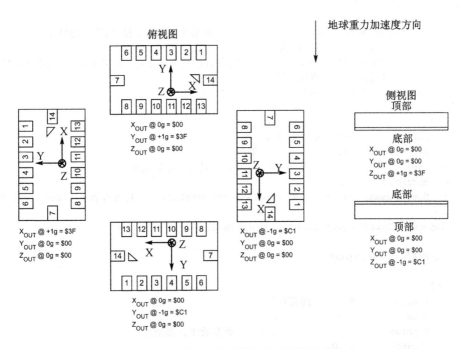

图 3-39 2g 量程下传感器不同方向的数据输出

```
#define    MMA7455_XOUTL    0x00    //00   10 bits output value X LSB (Read only)
#define    MMA7455_XOUTH    0x01    //01   10 bits output value X MSB (Read only)
#define    MMA7455_YOUTL    0x02    //02   10 bits output value Y LSB (Read only)
⋮
extern void    mma7455_init(void);                          //函数接口声明    //MMA7455 初始化
extern void    mma7455_write_reg(uint8 reg, uint8 Data);                       //写 MMA7455 寄存器
extern uint8 mma7455_read_reg(uint8 reg);                                      //读 MMA7455 寄存器
#endif   //__FIRE_MMA7455_H__
```

② 在 FIRE_MMA7455.c 里：

```
#include "common.h"
#include "MK60DZ10_port.h"
#include "MK60DZ10_i2c.h"
#include "FIRE_MMA7455.h"
//宏定义调用底层的 I²C 接口，MMA7455 直接通过宏定义调用 I²C 接口
#define MMA7455_OPEN(baud)    i2c_init(MMA7455_DEVICE,baud)
#define MMA7455_WR(reg,value)   \
     i2c_write_reg(MMA7455_DEVICE,MMA7455_ADRESS,reg,value)//mma7455 写寄存器
#define MMA7455_RD(reg)    \
     i2c_read_reg(MMA7455_DEVICE,MMA7455_ADRESS,reg)        //mma7455 读寄存器
/*!
 *  @brief       MMA7455 初始化，进入 2g 量程测试模式
 *  @since       v5.0
 *  Sample usage:       mma7455_init();    //初始化 MMA7455
 */
void mma7455_init(void)
```

```c
{
    MMA7455_OPEN(400 * 1000);           //初始化 mma7455 接口,设置波特率
    /* MMA 进入 2g 量程测试模式 */
    MMA7455_WR(MMA7455_MCTL,0x05);//寄存器的读/写都是通过宏定义来封装 I²C 的 API 接口
    /* DRDY 标置位,等待测试完毕 */
    while(!(MMA7455_RD(MMA7455_STATUS)&0x01));
}
/*!
 *  @brief      MMA7455 写寄存器
 *  @param      reg         寄存器
 *  @param      dat         需要写入的数据的寄存器地址
 *  @since      v5.0
 *  Sample usage：mma7455_write_reg(MMA7455_XOFFL,0);  //写寄存器 MMA7455_XOFFL 为 0
 */
void mma7455_write_reg(uint8 reg, uint8 Data)
{
    MMA7455_WR(reg,Data);
}
/*!
 *  @brief      MMA7455 读寄存器
 *  @param      reg         寄存器
 *  @param      dat         需要读取数据的寄存器地址
 *  @since      v5.0
 *  Sample usage：uint8 data = mma7455_read_reg(MMA7455_XOFFL);
 *                                                    //读寄存器 MMA7455_XOFFL
 */
uint8 mma7455_read_reg(uint8 reg)
{
    return MMA7455_RD(reg);
}
```

③ 在 main.c 里:

```c
#include "common.h"
#include "include.h"
/*!
 *  @brief      main 函数
 *  @since      v5.0
 *  @note       I2C 驱动 MMA7455
 */
void main(void)
{
    printf("\n\n\n********** 三轴加速度测试 ************");
    mma7455_init();
    while(1)
    {
        //注意：读取的结果需要校准的,否则不准
        //校准方法请看文档,此处仅讲解通信驱动
        //直接读取寄存器的值,通过串口打印出来
        printf("\n\nx：%d,y：%d,z：%d"
            ,(int8)mma7455_read_reg(MMA7455_XOUT8)      //读取 X 轴参数
```

```
                ,(int8)mma7455_read_reg(MMA7455_YOUT8)        //读取 Y 轴参数
                ,(int8)mma7455_read_reg(MMA7455_ZOUT8)        //读取 Z 轴参数
                );
        DELAY_MS(500);
    }
}
```

烧录代码后,在串口助手里看到的效果如图 3-40 所示:细心的读者会发现一个问题:图 3-38 的 2g 量程下传感器不同方向的数据输出,根据图中的位置摆放,却得不到图中显示的相应值。由于加工工艺和器件老化等问题,传感器的测量值会产生误差,因而需要进行校准操作,称为 0g 校准。

参照 DataSheet《AN3745》按以下步骤校准:

① 把传感器按水平方式放置,读取各方向寄存器的输出值。这个情况下,Z 轴方向标准输出应为 1g,X 轴和 Y 轴均为 0,对应到各个寄存器的原始数据就应是 ZOUT8=64,XOUT8=0,YOUT8=0。但在未校准前,各个寄存器的输出会有一定的偏差。

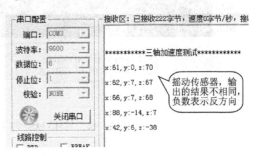

图 3-40 三轴加速度测试的实验现象

② 根据偏差情况,向相应的 OffSet 寄存器(校准寄存器)写入校准值,这个校准值即为偏差补偿,应以原始数据来计算偏差情况。需要注意两个问题:第一,校准寄存器中的值为 1/2 LSB,所以写入的误差补偿要相应地乘以 2 倍;第二,校准寄存器高 8 位写入值。

```
XOFFL = (uint8)(-2×XOUT8);
XOFFH = (uint8)((-2×XOUT8)>>8);
YOFFL = (uint8)(-2×YOUT8);
YOFFH = (uint8)((-2×YOUT8)>>8);
ZOFFL = (uint8)(-2×ZOUT8);
ZOFFH = (uint8)((-2×ZOUT8)>>8);
```

下面再来分析一下 MMA7455 的 I^2C 通信时序,以读取 Z 轴参数为例。

```
mma7455_read_reg(MMA7455_ZOUT8);        //读取 Z 轴参数
```

等效于以下的代码:

```
i2c_read_reg(I2C0,0x1D,0x08);        //mma7455 读 Z 轴参数
```

在逻辑分析仪上看到 MMA7455 的 I^2C 时序,包括从机地址和寄存器配置,数据等都可以看到,如图 3-41 所示。

再细看第一个字节传输时的通信时序,如图 3-42 所示。I^2C 接收器总是在 SCL 高电平时从 SDA 总线采集数据,I^2C 发送器总是在 SCL 低电平时输出数据。

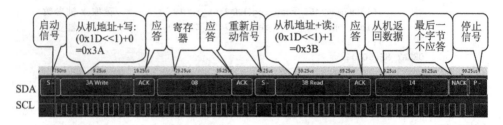

图 3-41　MMA7455 的 I²C 通信完整时序

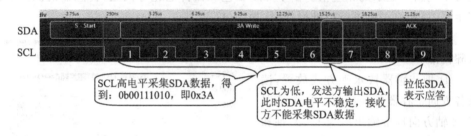

图 3-42　MMA7455 的 I²C 通信第一个时序

3.3　SPI 串行通信

3.3.1　SPI 简介

SPI 协议（Serial Peripheral Interface），即串行外围设备接口，是一种高速全双工的通信总线，由摩托罗拉公司（飞思卡尔公司的前身）提出，当前最新的为 V04.01-2004 版。

1. K60 SPI 特性

➢ 全双工，3 线同步传输。
➢ 主机模式和从机模式：持续选择从机，使数据流运作在从机模式下。
➢ 使用 4 级 TX FIFO 进行缓冲区传输操作。
➢ 使用 4 级 TX FIFO 进行缓冲区接收操作。
➢ 可以单独禁用 TX 和 RX FIFO 来低延迟更新 SPI 队列。
➢ 为了便于调试，TX 和 RX 的 FIFO 是可视化的。
➢ 每一帧数据都可编程传输属性。
　　◆ 两个传输属性寄存器。
　　◆ 可编程时钟的极性和相位。
　　◆ 多种可编程延时。
　　◆ 可编程串行帧长度为 4～16 位，可通过软件来扩展。

◆ 可使用持续选择格式使得 SPI 帧比 16 位更长。
◆ 可持续保持片选。
➢ 片选(PCSs)，可用于拓展外部复用。
➢ DMA 支持增加 TX FIFO 入口和移除 RX FIFO 入口。
◆ TX FIFO 非满(TFFF)。
◆ RX FIFO 非空(RFDF)。
➢ 中断条件：
◆ 到队列结尾(EOQF)。
◆ TX FIFO 非满(TFFF)。
◆ 当前帧传输完成(TCF)。
◆ TX FIFO 为空时尝试发送数据(TFUF)。
◆ RX FIFO 非空(RFDF)。
➢ 帧接收时，接收 FIFO 满(RFOF)。
➢ 全局中断请求线。
➢ 改变 SPI 传输格式来与低速外设进行通信。
➢ 低功耗结构特性：
◆ 支持停止模式。
◆ 支持休眠模式。

SPI 的框图如图 3-43 所示，可以看到发送和接收都共用相同的移位寄存器，因此 SPI 在发送数据的同时也会接收数据。

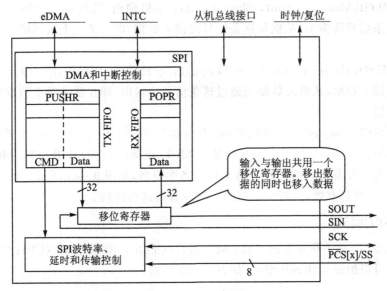

图 3-43　SPI 框图

3.3.2 SPI 时序分析

1. SPI 信号线

SPI 总线包含 4 条信号线：$\overline{CS}$（也称为 $\overline{SS}$）、SCK、MOSI、MISO，如图 3-44 所示。

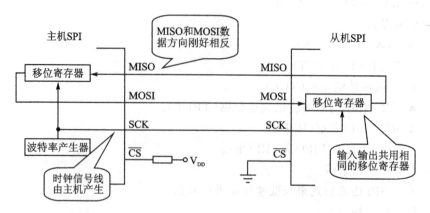

图 3-44 典型的 SPI 总线

各信号线的作用如下：

① SCK（Serial Clock）：时钟信号线，由主机产生，kinetis 系列的 SPI 模块使用 Bus 总线时钟，每个周期只能产生一个跳变沿，即最大时钟频率为 $f_{bus}/2$。

② MOSI（Master Output，Slave Input）：主机输出/从机输入引脚。主机的数据通过这条信号线输出，从机从这条信号线读入数据，即这条线上数据的方向为主机到从机。

③ MISO（Master Input，Slave Output）：主机输入/从机输出引脚。主机从这条信号线读入数据，从机的数据则通过这条信号线输出，即在这条线上数据的方向为从机到主机。

④ $\overline{CS}$（Chip select）：片选信号线，有时也称为 $\overline{SS}$（Slave Select）或者 $\overline{PCS}$（Peripheral Chip Select）。当多个 SPI 设备与 MCU 连接时，它们共用 SCK、MOSI、MISO 线，由每个设备独立拥有的 $\overline{CS}$ 线来区分各个设备，如图 3-45 所示。当 $\overline{CS}$ 信号线为低电平时，片选有效，主机与对应的 SPI 设备可进行通信。

2. SPI 模式

SPI 总线有两个很重要的参数：时钟极性（CPOL）和时钟相位（CPHA），这两个配置参数可以组成 4 种 SPI 模式，如表 3-15 所列。

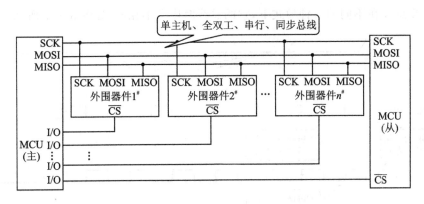

图 3-45 SPI 多设备通信

表 3-15 SPI 总线 4 种模式配置表

CPOL/CPHA	前边沿	后边沿	SPI 模式
0/0	上升沿采样	下降沿输出	0
0/1	上升沿输出	下降沿采样	1
1/0	下降沿采样	上升沿输出	2
1/1	下降沿输出	上升沿采样	3

时钟极性(CPOL)是指 SPI 通信设备处于空闲状态时时钟的状态(也可以认为这是 SPI 通信开始时,即 $\overline{CS}$ 线为低电平时),SCK 信号线的电平信号。CPOL=0 时,SCK 在空闲状态时为低电平,CPOL=1 时,则相反。

如图 3-46 所示,时钟相位(CPHA)是指数据的采样时刻,当 CPHA=0 时,MOSI 或 MISO 数据线上的信号将会在 SCK 时钟线的奇数边沿被采样。当 CPHA=1 时,数据线在 SCK 的偶数边沿采样。

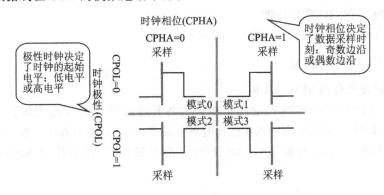

图 3-46 SPI 4 种模式的时钟极性与相位比较

SPI 总线在不同的时钟模式下，它的总线时序会不相同，如图 3-47 所示。

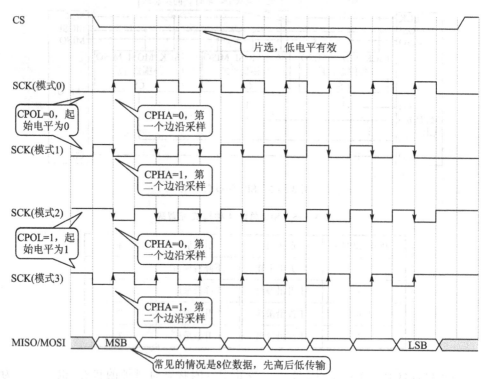

图 3-47 SPI 不同模式的时序图

3.3.3 SPI 模块寄存器

1. SPI 寄存器内存地址图

SPI 寄存器内存地址图如图 3-48 所示。

2. SPI 寄存器详解

(1) 配置寄存器 SPIx_MCR

包含用于配置与 DSPI 模块操作相关的各种属性位其各位说明如表 3-16 所列。HALT 位与 MDIS 位可以在任何时候被改变，但是它们只在下一帧的范围内有效。当此模块处于运行状态时，MCR 寄存器中只有 HALT 位及 MDIS 位可以改变。

串行通信的时序分析

图 3-48 SPI 寄存器内存地址图

位	31	30	29	28	27	26	25	24
读写	MSTR	CONT_SCKE	DCONF		FRZ	MTFE	PCSSE	ROOE
复位	0	0	0	0	0	0	0	0

位	23	22	21	20	19	18	17	16
读写	0				PCSIS[5:0]			
复位	0	0	0	0	0	0	0	0

位	15	14	13	12	11	10	9	8
读写	DOZE	MDIS	DIS_TXF	DIS_RXF	CLR_TXF	CLR_RXF	SMPL_PT	
复位	0	1	0	0	0	0	0	0

位	7	6	5	4	3	2	1	0
读写	0							HALT
复位	0	0	0	0	0	0	0	1

表 3-16 SPIx_MCR 说明

域	描 述
31 MSTR	主从机模式选择 为主机模式或者从机模式配置 DSPI 模块 0：DSPI 位从机模式；1：DSPI 位主机模式
30 CONT_SCKE	连续 SCK 使能 使能串行时钟(SCK)继续运行 0：禁止继续 SCK 时钟；1：开启继续 SCK 时钟
29~28 DCONF	DSPI 配置 选择 DSPI 配置 00：SPI；01：预留；10：预留；11：预留
27 FRZ	冻结 当设备进入到调试模式时，开启 DSPI 在传输到下一个帧时停止 0：在调试模式中不中止串行传输；1：在调试模式中中止串行传输
26 MTFE	可调时序格式使能 0：禁止 SPI 调整传输格式；1：使能 SPI 调整传输格式
25 PCSSE	片选脉冲使能 使能 PCS[5]/PCSS 当作 PCS 脉冲输出信号使用 0：PCS[5]/PCSS 用作 PCS [5] 脉冲信号；1：PCS[5]/PCSS 用作 PCS 低电平有效信号
24 ROOE	接收队列溢出覆盖使能 在接收队列溢出的情况下，配置 DSPI 来忽略输入的串行数据或者是覆盖已存在的数据。如果接收队列已满，并且接收到来自收发器的新的数据，产生溢出的新数据将会被忽略或者被移入到移位寄存器 0：输入数据被忽略；1：输入数据被移入到移位寄存器
21~16 PCSIS[5:0]	外设芯片选择信号 x 的非激活状态 决定 PCSx 信号的非激活状态 0：PCSx 信号低电平为非激活；1：PCSx 信号高电平为非激活
15 DOZE	睡眠使能 为外部控制睡眠模式的低功耗机制提供支持 0：睡眠模式对 DSPI 模块没有影响；1：睡眠模式禁止 DSPI 模块
14 MDIS	模块禁止 在 DSPI 中对无内存映射逻辑，允许通过禁止时钟来置 DSPI 为软件控制的低功耗状态。MDIS 位复位的值是一个默认复位值为 0 的参数值。当 DSPI 用于从机模式时，模块要求设置此位为0，直到从机不再控制主机的处理 0：使能 DSPI 时钟；1：允许外部逻辑禁止 DSPI 时钟
13 DIS_TXF	禁止发送队列 当发送队列被禁止之后，DSPI 发送部分将会当作是一个简单的双缓冲 SPI 来工作。此位只有当 MDIS 位清零才能被写入 0：使能发送队列；1：禁止发送队列

续表 3-16

域	描述
12 DIS_RXF	禁止接收队列 当接收队列被禁止之后，DSPI 的接收部分将会当作一个简单的双缓冲 SPI 来工作。此位只有当 MDIS 位清零才能被写入 0：使能接收队列； 1：禁止接收队列
11 CLR_TXF	清零发送队列 清零发送队列，向 CLR_TXF 写 1 将清零发送队列计数器。此位总是读为 0 0：不清空发送队列计数器是；1：清空发送队列计数器
10 CLR_RXF	清零接收队列 清零接收队列，向 CLR_TXF 写 1 将清零接收队列计数器。此位总是读为 0 0：不清空接收队列计数器；1：清空接收队列计数器
9~8 SMPL_PT	采样点 在可调的传输模式下，控制 DSPI 何时采样 SIN 信号。此域仅当 CTARn[CPHA] 的 CPHA 位为 0 时候有效 00：在 SCK 边界延时 0 个系统时钟进行 SIN 采样；01：在 SCK 边界延时 1 个系统时钟进行 SIN 采样； 10：在 SCK 边界延时 2 个系统时钟进行 SIN 采样；11：预留
0 HALT	停止位 开始和停止 DSPI 传送 0：开始传输；1：停止传输

(2) 主机模式下 DSPI 时钟和传输属性寄存器 SPIx_CTARn

CTAR 用来定义不同的传输属性的寄存器，其各位说明如表 3-17 所列。当 DSPI 模块处于运行状态时，不要写该寄存器。在主机模式下，CTAR 寄存器定义了传输属性的集合，例如：帧大小、时钟相位及极性、数据位顺序、波特率以及多种延迟。在从机模式下，此域中 CTAR0 寄存器的子集用来设置从机传输属性。当 DSPI 配置为 SPI 主机时，CTAS 字段选择使用哪个 CTAR 寄存器。当 DSPI 配置为 SPI 从机时，使用 CTAR0 寄存器。

位	31	30	29	28	27	26	25	24	23	22	21	20	19	18	17	16
读写	DBR	FMSZ				CPOL	CPHA	LSBFE	PCSSCK		PASC		PDT		PBR	
复位	0	1	1	1	1	0	0	0	0	0	0	0	0	0	0	0

位	15	14	13	12	11	10	9	8	7	6	5	4	3	2	1	0
读写	CSSCK				ASC				DT				BR			
复位	0	0	0	0	0	0	0	0	0	0	0	0	0	0	0	0

表 3-17　SPIx_CTARn 说明

域	描述
31 DBR	双重波特率 双倍有效的串行通信时钟(SCK)波特率。此位仅用于主机模式下。它有效地半波特率分频比，支持更快的频率，以及对 SCK 奇分频。当 DBR 置位时，SCK 的占空比决定于波特率预分频器和时钟相位，如下表所示。关于如何计算波特率，详见 BR 字段的描述。 | DBR	CPH	PBR	SCK dut cycle
---	---	---	---
0	any	any	50/50
1	0	00	50/50
1	0	01	33/66
1	0	10	40/60
1	0	11	43/57
1	1	00	50/50
1	1	01	66/33
1	1	10	60/40
1	1	11	57/43	 0：波特率按照平常的 50/50 占空比计算 1：波特率加倍占空比决定于波特率预分频器
30～27 FMSZ	帧大小 每个帧被传输的比特数等于 FMSE 字段的值加 1，FMSZ 字段最小的有效值为 3
26 CPOL	时钟极性 选择 SCK 的非激活状态。此位同时用于主机和从机模式。为了在串行设备之间成功通信，设备必须有唯一的时钟极性。当选择了连续选择格式时，在没有停止 DSPI 模块的情况下切换时钟极性，会导致在传输中的错误，因为外设会把时钟极性的切换当成一个有效时钟边沿 0：SCK 无效状态为低；1：SCK 无效状态为高
25 CPHA	时钟相位 用来选择在哪个 SCK 时钟边缘输出数据以及在哪个时钟边沿采样数据。此位都用于主机和从机模式。为了在串行设备之间成功通信，设备必须有唯一的时钟相位设置。在持续 SCK 模式下，此位会被忽略并且会当作 CPHA 位为 1 来完成传输 0：数据在 SCK 上升沿采样，在下降沿输出；1：数据在 SCK 下降沿输出，在上升沿采样
24 LSBFE	低字节先传输 确定在传输 SPI 数据帧时优先传输 LSB 还是 MSB 0：数据先传输 MSB 位；1：数据先传输 LSB 位
23～22 PCSSCK	PCS 到 SCK 的延迟预分频器 用来选择在 PCS 断言和 SCK 的第一个边沿之间的延迟时间的预分频器。关于如何计算 PCS 到 SCK 之间的延迟，详见 CSSCK 的描述 00：PCS 到 SCK 的预分频系数为 1；01：PCS 到 SCK 的预分频系数为 3； 10：PCS 到 SCK 的预分频系数为 5；11：PCS 到 SCK 的预分频系数为 7

续表 3-17

域	描 述
21~20 PASC	SCK 之后的延迟预分频器 用来选择 SCK 最后一个边沿到 PCS 被清 0 之间的延迟时间的预分频系数。关于如何计算 SCK 之后的延迟，详见 ASC 字段的描述 00：在传输之后的延迟预分频器系数为 1；01：在传输之后的延迟预分频器系数为 3； 10：在传输之后的延迟预分频器系数为 5；11：在传输之后的延迟预分频器系数为 7
19~18 PDT	传输之后的延迟预分频器 用来选择在帧的最后一位 PCS 信号清零到下一个帧的开始的 PCS 断言之间的延迟的预分频系数值。PDT 只用于主机模式。关于如何计算传输之后的延迟，详见 DT 字段的描述 00：传输之后的延迟预分频器的值为 1；01：传输之后的延迟预分频器的值为 3； 10：传输之后的延迟预分频器的值为 5；11：传输之后的延迟预分频器的值为 7
17~16 PBR	波特率预分频器 选择波特率的预分频器系数。此域只用于主机模式下。波特率为 SCK 的频率。在波特率选择开始时之前用系统时钟除以该值。关于波特率的计算，详见 BR 字段的描述 00：波特率预分频值为 2；01：波特率预分频值为 3； 10：波特率预分频值为 5；11：波特率预分频值为 7
15~12 CSSCK	PCS 到 SCK 的延迟分频器 选择 PCS 到 SCK 之间延迟的预分频参数。此域只用于主机模式下。PCS 到 SCK 的延迟为 PCS 断言到 SCK 的第一个边沿的延迟。该延迟为系统时钟周期的倍数，可以通过以下公式来计算： $$t_{CSC} = (1/f_{SYSN}) \times PCSSCK \times CSSCK$$ 延时分频的值如下所列： | Field value	Delay scalr value	Field value	Delay scalr value
---	---	---	---
000	2	1000	512
0001	4	101	1024
0010	8	1010	2048
0011	16	101	4096
0100	32	1100	192
0101	64	1101	384
0110	128	1110	3276
0111	256	1111	65536	
11~8 ASC	SCK 之后的延迟分频器 选择 SCK 之后的分频参数。此域只用于主机模式下。SCK 之后的延迟是指在 SCK 最后一个边沿到 PCS 被清 0 之间的延迟。该延迟是系统时钟周期的倍数，并且可以通过下面的公式来计算： $$t_{ASC} = (1/f_{SYS}) \times PASC \times ASC$$

续表 3-17

域	描述
7～4 DT	传输之后的延迟分频器 用来选择传输之后的延迟分频参数。此域只用于主机模式下。此传输后的延迟是在帧的最后一个 PCS 信号被清 0 到下一个帧第一个 PCS 断言之间的时间 在连续串行通信时钟操作中，DT 值固定为一个 SCK 时钟周期 传输之后的延迟是系统时钟周期的倍数，可以通过以下公式来计算： $$t_{DT} = (1/f_{SYS}) \times PDT \times DT$$ 详见在 CTARNn[CSSCK]域对延迟参数编码表参数值的描述
3～0 BR	波特率分频器 选择波特率分频器的值。此域只用于主机模式下。预分频的系统时钟除以波特率分频系数来产生 SCK 频率。波特率通过以下公式计算： $$\text{SCK 波特率} = (f_{SYS}/PBR) \times [(1+DBR)/BR]$$ SPI 波特率分频器如下所列： | CTARn[BR]	Baud rate scaler value	CTARn[BR]	Baud rate scaler value
---	---	---	---
0000	2	1000	25
0001	4	1001	512
0010	6	1010	1024
0011	8	1011	2048
0100	16	1100	4096
0101	32	1101	8192
0110	64	1110	16384
0111	128	1111	32768	

(3) DSPI 状态寄存器 SPIx_SR

SR 包含状态与标志位其各位说明如表 3-18 所列。这些位反映了 DSPI 的状态，指示可以产生中断或者 DMA 请求的事件发生。软件可以通过向 SR 中的标志位写 1 来清零标志，写 0 无效。此寄存器在禁止模式下不可写，因为使用了低功耗机制。

位	31	30	29	28	27	26	25	24	23	22	21	20	19	18	17	16
读	TCF	TXRXS	0	EOQF	TFUF	0	TFFF	0	0	0	0	0	RFOF	0	RFDF	0
写	w1c	w1c		w1c	w1c		w1c						w1c		w1c	
复位	0	0	0	0	0	0	1	0	0	0	0	0	0	0	0	1

位	15	14	13	12	11	10	9	8	7	6	5	4	3	2	1	0
读	TXCTR				TXNXTPTR				RXCTR				POPNXTPTR			
写																
复位	0	0	0	0	0	0	0	0	0	0	0	0	0	0	0	0

表 3-18 SPIx_SR 说明

域	描 述
31 TCF	传输完成标志位 指示一个帧的所有位都已经被移出。TCF 会一直保持置位直到它被写 1 清 0 0：传输还没完成；1：传输完成
30 TXRXS	发送与接收状态 反映 DSPI 的运行状态 0：禁止传输与接收操作(DSPI 处于停止状态)；1：使能传输与接收操作(DSPI 处于运行状态)
28 EOQF	队列尾标志 当 DSPI 处于主机模式时，表示在队列中的最后一个数据已经被传输完成。EOQ 位置 1 表示发送队列的最后一个数据，当发送队列为空时，EOQF 置位表示发送完毕。EOQF 位会一直置位直到被写 1 清 0。当 EOQF 置位，TXRXS 状态为会自动被清 0 0：在执行命令中，EOQ 没有被置位；1：在执行 SPI 命令中，EOQ 被置位
27 TFUF	传输队列下溢标志位 表示发送队列下溢条件发生。只有当 DSPI 模块处于从机模式且 SPI 配置时，才可以检测到下溢条件。从机模式下的 DSPI 模块的 TX FIFO 为空，而且外部 SPI 主机要求发送数据时，TFUF 置位 TFUF 置位后需要写 1 来清 0 0：没有 TX FIFO 下溢发送；1：TX FIFO 下溢发生了
25 TFFF	TX FIFO 满标志位 TX FIFO 非满时 TFFF 置位。可以通过写 1 来清 0 TFFF 位，或者 DMA 控制器检测到 TX FIFO 满队列 0：TX FIFO 已满；1：TX FIFO 非满
19 RFOF	接收 FIFO 溢出标志 RFOF 表明了 RX FIFO 发生溢出事件。当 RX FIFO 和移位寄存器已满，而且收到一个数据时，RFOF 置位。RFOF 置位后需要写 1 来清 0 0：没有 RX FIFO 溢出；1：RX FIFO 溢出发生
17 RFDF	接收 FIFO 空标志 当 RX FIFO 为非空时，RFDF 置位。RFDF 可通过写 1 来清 0，或者 DMA 控制器检测到 RX FIFO 为空 0：RX FIFO 为空；1：RX FIFO 非空
15～12 TXCTR	TX FIFO 计数器 TXCTR 用来指示 TX FIFO 中有效的待发送数据。每当 PUSHR 位被写入时，TXCTR 自动加 1。每当数据读取到移位寄存器发送时，TXCTR 自动减 1
11～8 TXNXTPTR	指向下一个发送数据的指针 表明下次要发送的数据的位置。当 SPI 数据从 TX FIFO 移到移位寄存器时，此字段自动更新

续表 3-18

域	描述
7~4 RXCTR	RX FIFO 计数器 RXCTR 用来表明 RX FIFO 里接收的有效数据数目。每当 POPR 被读取时,RXCTR 自动减 1。每当从移位寄存器接收数据到 RX FIFO 时,RXCTR 自动加 1
3~0 POPNXTPTR	执行下一个接收到的数据的指针 用来表明 RX FIFO 下一个返回的数据的位置,当 POPR 被读时,POPNXTPTR 会自动更新

(4) 主机模式 DSPI PUSH TX FIFO 寄存器 SPIx_PUSHR

PUSHR 提供了一种方式来写入 TX FIFO,其各位说明如表 3-19 所列。数据写到这个寄存器,等效于把数据加到 TX FIFO。

位	31	30	29	28	27	26	25	24	23	22	21	20	19	18	17	16
读写	CONT	\multicolumn{3}{c}{CTAS}	EOQ	CTCNT	\multicolumn{2}{c}{0}	\multicolumn{2}{c}{0}	\multicolumn{6}{c}{PCS[5:0]}
复位	0	0	0	0	0	0	0	0	0	0	0	0	0	0	0	0

位	15	14	13	12	11	10	9	8	7	6	5	4	3	2	1	0
读写	\multicolumn{16}{c}{TXDATA}
复位	0	0	0	0	0	0	0	0	0	0	0	0	0	0	0	0

表 3-19 SPIx_PUSHR 说明

域	描述
31 CONT	持续选择芯片使能 此位用于 SPI 主机模式。此位用于选择 PCS 信号在传输期间一直有效 0:在传输期间,PCSn 为无效状态;1:在传输期间,PCSn 为有效状态
30~28 CTAS	时钟和传输属性选择 在主机模式下,CTAS 字段用来选择哪个 CTAR 寄存器用于指明 SPI 帧的传输属性。在从机模式下,只能使用 CTAR0 000:CTAR0;001:CTAR1;其他:保留
27 EOQ	队列结尾 主机软件可以通过此位来向 SPI 发送器表明是最后一个数据传输。在传输完成后,SR 寄存器的 EOQF 置位 0:SPI 数据不是最后一个发送的数据;1:SPI 数据是最后一个发送的数据
26 CTCNT	清空发送计数器 用于清除 TCR 寄存器的 TCNT 字段。模块开始传输前需要先清空 TCNT 字段 0:不清空 TCR[TCNT];1:清空 TCR[TCNT]
21~16 PCS[5:0]	选择相应的 PCS 信号来发送数据。PCS 是片选信号,只有对从机模块进行片选才可以正常发送数据到相应的从机 0:对应的 PCS[x]信号无效;1:对应的 PCS[x]信号有效 可以一次选择多个 PCS 信号
15~0 TXDATA	发送的数据 通过相应的 SPI 命令来保持被传输的 SPI 数据

(5) DSPI POP RX FIFO 寄存器 SPIx_POPR

POPR 用于读取 RX FIFO 其各位说明如表 3-20 所列。通过对 POPR 寄存器进行 8 或 16 位的读访问,等效于对 RX FIFO 进行 32 位读访问。写数据到此寄存器将产生一个传输错误。

位	31	30	29	28	27	26	25	24	23	22	21	20	19	18	17	16	15	14	13	12	11	10	9	8	7	6	5	4	3	2	1	0
读																	RXDATA															
写																																
复位	0	0	0	0	0	0	0	0	0	0	0	0	0	0	0	0	0	0	0	0	0	0	0	0	0	0	0	0	0	0	0	0

表 3-20 SPIx_POPR 说明

域	描述
31~0	接收数据
RXDATA	来自 RX FIFO 的接收数据,读取操作时会自动弹出下一个接收的数据

寄存器初始化步骤如下:
① 使能 SPI 时钟。
② 设置 SPI 的复用引脚。
③ 设置 SPI 波特率。
④ 使能 SPI 模块。

3.3.4 SPI 应用实例

1. SPI 模块 API 的设计

根据软件分层的思想,对 SPI 模块编写对应的 SPI API 接口,以便上层的 NRF24L01+等模块调用,如图 3-49 所示。

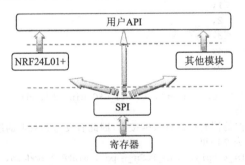

图 3-49 SPI 模块 API 的设计

思考题:上层需要怎样的 API?
需要注意的是,SPI 是发送的同时也进行接收处理。需要实现初始化函数、发送命令(同时接收数据)、发送命令和数据(同时接收数据)这 3 个最常用的函数。

```
uint32 spi_init (SPIn_e, SPIn_PCSn_e, SPI_CFG,uint32 baud);    //SPI 初始化,设置模式
//主机接收发送函数
    void spi_mosi (SPIn_e spin, SPIn_PCSn_e pcs,uint8 * modata, uint8 * midata, uint32 len);
    //SPI 发送接收函数,发送 modata 数据,并把接收到的数据存放在 midata 里
    void spi_mosi_cmd (SPIn_e spin, SPIn_PCSn_e pcs, uint8 * mocmd, uint8 * micmd, uint8 * modata, uint8 * midata, uint32 cmdlen, uint32 len);
    //SPI 发送接收函数,与 spi_mosi 相比,多了先发送 cmd 缓冲区的步骤,即分开两部分发送
    //SPI 在发送的同时也会接收数据,因此函数接口里既有发送缓冲区指针,也有接收缓冲区指针
```

SPI API 代码的实现如下。

① MK60_spi.h 的代码如下:
```
#ifndef __MK60_SPI_H__
#define __MK60_SPI_H__
//定义主从机模式
typedef enum
{
    MASTER,                      //主机模式
    SLAVE                        //主机模式
} SPI_CFG;
//定义 SPI 模块号
typedef enum
{
    SPI0,
    SPI1,
    SPI2
} SPIn_e;
//定义 SPI 模块片选号
typedef enum
{           //对 SPI 的片选进行编号,由于可能一次进行多个片选,因此每个值占用不同的位
    SPIn_PCS0 = 1<<0,
    SPIn_PCS1 = 1<<1,
    SPIn_PCS2 = 1<<2,
    SPIn_PCS3 = 1<<3,
    SPIn_PCS4 = 1<<4,
    SPIn_PCS5 = 1<<5,
} SPIn_PCSn_e;
uint32 spi_init (SPIn_e, SPIn_PCSn_e, SPI_CFG,uint32 baud);    //SPI 初始化,设置模式
//主机接收发送函数
//由于 SPI 发送数据的同时也进行数据接收,因此有发送和数据的缓存区指针,不需要接收
//时把接收指针指为 0 即可
    void spi_mosi (SPIn_e spin, SPIn_PCSn_e pcs, uint8 * modata, uint8 * midata, uint32 len);
    //SPI 发送接收函数,发送 modata 数据,并把接收到的数据存放在 midata 里
    //由于经常先发送命令再接收数据,因此这里添加这个 API 接口以方便调用
    void spi_mosi_cmd (SPIn_e spin, SPIn_PCSn_e pcs, uint8 * mocmd, uint8 * micmd, uint8 * modata, uint8 * midata, uint32 cmdlen, uint32 len);
    //SPI 发送接收函数,与 spi_mosi 相比,多了先发送 cmd 缓冲区的步骤,即分开两部分发送
#endif   //__MK60_SPI_H__
```

② MK60_spi.c 的代码如下：

```c
#include "common.h"
#include "MK60_port.h"
#include "MK60_spi.h"
SPI_MemMapPtr SPIN[3] = {SPI0_BASE_PTR, SPI1_BASE_PTR, SPI2_BASE_PTR};
                                   //定义3个指针数组保存SPIx的地址
#define SPI_TX_WAIT(SPIn) while(( SPI_SR_REG(SPIN[SPIn]) & SPI_SR_TXRXS_MASK ) == 1)
                                   //等待发送完成,常见的操作,通过宏定义来封装
#define SPI_RX_WAIT(SPIn) while(( SPI_SR_REG(SPIN[SPIn]) & SPI_SR_RFDF_MASK ) == 0)
                                   //等待发送 FIFO 为非空
#define SPI_EOQF_WAIT(SPIn) while((SPI_SR_REG(SPIN[SPIn]) & SPI_SR_EOQF_MASK ) == 0)
                                   //等待传输完成
/*!
 * @brief        SPI 初始化,设置模式
 * @param        SPIn_e          SPI 模块(SPI0、SPI1、SPI2)
 * @param        SPIn_PCSn_e     片选引脚编号
 * @param        SPI_CFG         SPI 主从机模式选择
 * @since        v5.0
 * Sample usage: spi_init(SPI0,SPIn_PCS0, MASTER);  //初始化 SPI,选择 CS0,主机模式
 */
uint32 spi_init(SPIn_e spin, SPIn_PCSn_e pcs, SPI_CFG master,uint32 baud)
{
    uint8 br,pbr;
    uint32 clk = bus_clk_khz * 1000/baud;
    uint32 Scaler[] = {2,4,6,8,16,32,64,128,256,512,1024,2048,4096,8192,16384,32768};
                                   //该数据是根据 RM 手册提供的分频数据
    uint8 Prescaler[] = {2,3,5,7};
    uint32 fit_clk,fit_br = 0,fit_pbr,min_diff = ~0,diff;
    uint32 tmp;
    //使能 SPI 模块时钟,配置 SPI 引脚功能
    if(spin == SPI0)
    {
        SIM_SCGC6 |= SIM_SCGC6_DSPI0_MASK;
        //进行引脚复用
        port_init(SPI0_SCK, ALT2  );
        port_init(SPI0_SOUT, ALT2 );
        port_init(SPI0_SIN, ALT2  );
        if(pcs & SPIn_PCS0)
            port_init(SPI0_PCS0, ALT2  );
        ……
    }
    else if(spin == SPI1)
    {
        ……
    }
    else if(spin == SPI2)
    {
        ……
    }
```

```c
        else
        {
            ASSERT(0);                           //传递进来的 SPI 模块有误,直接判断断言失败
        }
        SPI_MCR_REG(SPIN[spin]) = ( 0
                                    | SPI_MCR_CLR_TXF_MASK    //清空 Tx FIFO 计数器
                                    | SPI_MCR_CLR_RXF_MASK    //清空 Rx FIFO 计数器
                                    | SPI_MCR_HALT_MASK       //停止 SPI 传输
                                    );
        /************* 清标志位 **************/
        SPI_SR_REG(SPIN[spin]) = (0
                                    | SPI_SR_EOQF_MASK        //发送队列空了,发送完毕
                                    | SPI_SR_TFUF_MASK
//传输 FIFO 下溢标志位,SPI 为从机模式,Tx FIFO 为空,而外部 SPI 主机模式启动传输,标
//位就会置 1,写 1 清 0
                                    | SPI_SR_TFFF_MASK
//传输 FIFO 满标志位。写 1 或者 DMA 控制器发现传输 FIFO 满了就会清 0。0 表示 Tx FIFO 满了
                                    | SPI_SR_RFOF_MASK        //接收 FIFO 溢出标志位。
                                    | SPI_SR_RFDF_MASK
//接收 FIFO 空标志位,写 1 或者 DMA 控制器发现传输 FIFO 空了就会清 0。0 表示 Rx FIFO 空
                                    );
//根据主从机模式设置工作模式。MCU 提供最大主机频率是 1/2 主频,最大从机频率是 1/4 主频
        if(master == MASTER)
        {
            SPI_MCR_REG(SPIN[spin]) =   (0
                                    | SPI_MCR_MSTR_MASK       //master,主机模式
                                    | SPI_MCR_PCSIS(pcs)
                                    | SPI_MCR_PCSIS_MASK
                                    );
            for(br = 0;br<0x10;br ++ )                       //计算最佳的波特率
            {
                for(pbr = 0;pbr<4;pbr ++ )
                {
                    tmp = Scaler[br] * Prescaler[pbr];
                    diff = abs(tmp - clk);
                    if(min_diff > diff)
                    {
                        //记住最佳配置
                        min_diff = diff;
                        fit_br = br;
                        fit_pbr = pbr;
                        if(min_diff == 0)
                        {
                            //刚好匹配
                            goto SPI_CLK_EXIT;
                        }
                    }
                }
            }
SPI_CLK_EXIT:
```

```
            fit_clk =    bus_clk_khz * 1000 /(Scaler[fit_br] * Prescaler[fit_pbr]);
            //把计算好的参数写入寄存器
            SPI_CTAR_REG(SPIN[spin], 0) = (0
                                        //| SPI_CTAR_DBR_MASK
       //双波特率,假设 DBR = 1,CPHA = 1,PBR = 00,得 SCK Duty Cycle 为 50/50
                                        //| SPI_CTAR_CPHA_MASK
//数据在 SCK 上升沿改变(输出),在下降沿被捕捉(输入读取)。如果是 0,则反之。w25×10
//在上升沿读取数据;NRF24L01 在上升沿读取数据
                                        | SPI_CTAR_PBR(fit_pbr)
            //波特率分频器,0~3 对应的分频值 Prescaler 为 2、3、5、7
                                        | SPI_CTAR_PDT(0x00)
//延时因子为 PDT * 2 + 1,这里 PDT 为 3,即延时因子为 7。PDT 为 2 bit
                                        | SPI_CTAR_BR(fit_br)
            //波特率计数器值,当 BR<= 3,分频 Scaler 为 2*(BR + 1),
            //当 BR>= 3,分频 Scaler 为 2^BR。BR 为 4 bit
            //SCK 波特率 = (Bus clk/Prescaler) x [(1 + DBR)/Scaler ]    fSYS 为 Bus clock
            //            50M / 2        x  [ 1  /  2 ] = 25M    这里以最大的来算
                                        //| SPI_CTAR_CPOL_MASK
       //时钟极性,1 表示 SCK 不活跃状态为高电平,   NRF24L01 不活跃为低电平
                                        | SPI_CTAR_FMSZ(0x07)
                                   //每帧传输 7 bit + 1,即 8 bit (FMSZ 默认就是 8)
                                        //| SPI_CTAR_LSBFE_MASK  //1 为低位在前
                                        //| SPI_CTAR_CSSCK(1)     //
                                        //| SPI_CTAR_PCSSCK(2)
                    //设置片选信号有效到时钟第一个边沿出现的延时的预分频值
                    //tcsc 延时预分频 2×x+1
                                        );
        }
        else
        {
            //默认从机模式
            SPI_CTAR_SLAVE_REG(SPIN[spin], 0) = (0
                                        | SPI_CTAR_SLAVE_FMSZ(0x07)
                                        | SPI_CTAR_SLAVE_CPOL_MASK
                                        | SPI_CTAR_SLAVE_CPHA_MASK
                                        );
        }
        SPI_MCR_REG(SPIN[spin]) & = ~SPI_MCR_HALT_MASK;
                                        //启动 SPI 传输。1 为暂停,0 为启动
        return fit_clk;
}
/*!
 *  @brief     SPI 发送接收函数
 *  @param     SPIn_e        SPI 模块(SPI0、SPI1、SPI2)
 *  @param     SPIn_PCSn_e   片选引脚编号
 *  @param     modata        发送的数据缓冲区地址(不需要发送则传 NULL)
 *  @param     midata        发送数据时接收到的数据的存储地址(不需要接收则传 NULL)
 *  @since     v5.0
 *  Sample usage:       spi_mosi(SPI0,SPIn_PCS0,buff,buff,2);
                        //发送 buff 的内容,并接收到 buff 里,长度为 2 个字节
```

```c
 */
void spi_mosi(SPIn_e spin, SPIn_PCSn_e pcs, uint8 * modata, uint8 * midata, uint32 len)
{
    uint32 i = 0;
    do
    {
        /************* 清标志位 **************/
        SPI_SR_REG(SPIN[spin]) = (0
                                  | SPI_SR_EOQF_MASK  //发送队列空了,发送完毕标志
                                  | SPI_SR_TFUF_MASK
//传输 FIFO 下溢标志位,SPI 为从机模式,Tx FIFO 为空,而外部 SPI 主机模式启动传输
//标志位就会置 1,写 1 清 0
                                  | SPI_SR_TFFF_MASK
//传输 FIFO 满标志位。写 1 或者 DMA 控制器发现传输 FIFO 满了就会清 0。0 表示 Tx FIFO 满了
                                  | SPI_SR_RFOF_MASK  //接收 FIFO 溢出标志位
                                  | SPI_SR_RFDF_MASK
//接收 FIFO 损耗标志位,写 1 或者 DMA 控制器发现传输 FIFO 空了就会清 0。0 表示 Rx FIFO 空
                                  );
        /************* 清 FIFO 计数器 **************/
        SPI_MCR_REG(SPIN[spin])   |=  (0
                                  | SPI_MCR_CLR_TXF_MASK  //写 1 清 Tx FIFO 计数器
                                  | SPI_MCR_CLR_RXF_MASK  //写 1 清 Rx FIFO 计数器
                                  );
    }while( (SPI_SR_REG(SPIN[spin]) & SPI_SR_RFDF_MASK));
                                                        //如果 Rx FIFO 非空,则清 FIFO
    /***************** 发送 len-1 个数据 ******************/
    for(i = 0; i<(len-1); i++)
    {
        SPI_PUSHR_REG(SPIN[spin]) = (0
                                  | SPI_PUSHR_CTAS(0)
                                    //选择 CTAR0 寄存器,前 len-1 个字节都保持片选
                                  | SPI_PUSHR_CONT_MASK
                                    //1 为传输期间保持 PCSn 信号,即继续传输数据
                                  | SPI_PUSHR_PCS(pcs)
                                  | SPI_PUSHR_TXDATA(modata[i])  //要传输的数据
                                  );
        while(! (SPI_SR_REG(SPIN[spin]) & SPI_SR_RFDF_MASK));
        //RFDF 为 1,Rx FIFO is not empty.
        if(midata != NULL)
        {
            midata[i] = (uint8)SPI_POPR_REG(SPIN[spin]);
                                                        //如果接收缓冲区非 0 就进行数据接收
        }
        else
        {
            SPI_POPR_REG(SPIN[spin]);
        }
        SPI_SR_REG(SPIN[spin]) |= SPI_SR_RFDF_MASK;
    }
```

```c
    /****** 发送最后一个数据,最后一个字节发送完后不需要保持片选 ******/
    SPI_PUSHR_REG(SPIN[spin]) = (0
                                | SPI_PUSHR_CTAS(0)        //选择 CTAR0 寄存器
                                | SPI_PUSHR_PCS(pcs)
                                | SPI_PUSHR_EOQ_MASK       //1 为传输 SPI 最后的数据
                                | SPI_PUSHR_TXDATA(modata[i])
                                );
    SPI_EOQF_WAIT(spin);
    //等待发送完成(要及时把 RX FIFO 的东西清掉,不然这里就无限等待)
    while( ! (SPI_SR_REG(SPIN[spin]) & SPI_SR_RFDF_MASK));
        //RFDF 为 1,Rx FIFO is not empty.
    if(midata != NULL)
    {
        midata[i] = (uint8)SPI_POPR_REG(SPIN[spin]);        //保存接收到的数据
    }
    else
    {
        SPI_POPR_REG(SPIN[spin]);
    }
    SPI_SR_REG(SPIN[spin]) | = SPI_SR_RFDF_MASK;
                                        //写 1 清空 RFDF,标记 Rx FIFO 是空的
}
/*!
 * @brief    SPI 发送接收函数
 * @param    SPIn_e      SPI 模块(SPI0、SPI1、SPI2)
 * @param    SPIn_PCSn_e     片选引脚编号
 * @param    mocmd       发送的命令缓冲区地址(不需要接收则传 NULL)
 * @param    micmd       发送命令时接收到的数据的存储地址(不需要接收则传 NULL)
 * @param    modata      发送的数据缓冲区地址(不需要接收则传 NULL)
 * @param    midata      发送数据时接收到的数据的存储地址(不需要接收则传 NULL)
 * @since    v5.0
 * Sample usage:      spi_mosi(SPI0,SPIn_PCS0,cmd,NULL,buff,buff,1,2);
//发送 cmd/buff 的内容,不接收 cmd 发送时的数据,接收 buff 发送时的数据到 buff 里,长度
//分别为 1、2 字节
 */
void spi_mosi_cmd(SPIn_e spin, SPIn_PCSn_e pcs, uint8 * mocmd, uint8 * micmd, uint8 * modata, uint8 * midata, uint32 cmdlen, uint32 len)
{
    uint32 i = 0;
    do
    {
        /************** 清标志位 ***************/
        SPI_SR_REG(SPIN[spin]) = (0
                                | SPI_SR_EOQF_MASK        //发送队列空了,发送完毕标志
                                | SPI_SR_TFUF_MASK
//传输 FIFO 下溢标志位,SPI 为从机模式,Tx FIFO 为空,而外部 SPI 主机模式启动传输,标志
//位就会置 1,写 1 清 0
                                | SPI_SR_TFFF_MASK
//传输 FIFO 满标志位。写 1 或者 DMA 控制器发现传输 FIFO 满了就会清 0。0 表示 Tx FIFO 满了
                                | SPI_SR_RFOF_MASK        //接收 FIFO 溢出标志位
```

```c
                                | SPI_SR_RFDF_MASK
            //接收 FIFO 损耗标志位,写 1 或者 DMA 控制器发现传输 FIFO 空了就会清 0。0 表示 Rx FIFO 空
                         );
            /************** 清 FIFO 计数器 **************/
            SPI_MCR_REG(SPIN[spin])   |=  (0
                                | SPI_MCR_CLR_TXF_MASK         //写 1 清 Tx FIFO 计数器
                                | SPI_MCR_CLR_RXF_MASK         //写 1 清 Rx FIFO 计数器
                                );
        }while( (SPI_SR_REG(SPIN[spin]) & SPI_SR_RFDF_MASK));
                                                    //如果 Rx FIFO 非空,则清 FIFO
        /*************** 发送 len-1 个数据 ******************/
        for(i = 0; i<cmdlen; i++)
        {
            SPI_PUSHR_REG(SPIN[spin]) = (0
                                | SPI_PUSHR_CTAS(0)            //选择 CTAR0 寄存器
                                | SPI_PUSHR_CONT_MASK
                                    //1 为 传输期间保持 PCSn 信号,即继续传输数据
                                | SPI_PUSHR_PCS(pcs)
                                | SPI_PUSHR_TXDATA(mocmd[i])   //要传输的数据
                                );
            while(!(SPI_SR_REG(SPIN[spin]) & SPI_SR_RFDF_MASK));
                                                    //RFDF 为 1,Rx FIFO is not empty
            if(micmd != NULL)
            {
                micmd[i] = (uint8)SPI_POPR_REG(SPIN[spin]);    //保存接收到的数据
            }
            else
            {
                SPI_POPR_REG(SPIN[spin]);    //读取 FIFO 数据(丢弃读取到的数据)
            }
            SPI_SR_REG(SPIN[spin]) |= SPI_SR_RFDF_MASK;
        }
        /*************** 发送 len-1 个数据 ******************/
        for(i = 0; i<(len-1); i++)
        {
            SPI_PUSHR_REG(SPIN[spin]) = (0
                                | SPI_PUSHR_CTAS(0)            //选择 CTAR0 寄存器
                                | SPI_PUSHR_CONT_MASK
                                    //1 为 传输期间保持 PCSn 信号,即继续传输数据
                                | SPI_PUSHR_PCS(pcs)
                                | SPI_PUSHR_TXDATA(modata[i])//要传输的数据
                                );
            while(!(SPI_SR_REG(SPIN[spin]) & SPI_SR_RFDF_MASK));
                                                    //RFDF 为 1,Rx FIFO is not empty
            if(midata != NULL)
            {
                midata[i] = (uint8)SPI_POPR_REG(SPIN[spin]);    //保存接收到的数据
            }
            else
            {
```

```
            SPI_POPR_REG(SPIN[spin]);            //读取 FIFO 数据(丢弃读取到的数据)
        }
        SPI_SR_REG(SPIN[spin]) | = SPI_SR_RFDF_MASK;
    }
    /***************** 发送最后一个数据 *******************/
    SPI_PUSHR_REG(SPIN[spin]) = (0
                                | SPI_PUSHR_CTAS(0)           //选择 CTAR0 寄存器
                                | SPI_PUSHR_PCS(pcs)
                                | SPI_PUSHR_EOQ_MASK
        //End Of Queue,1 为 传输 SPI 最后的数据
                                | SPI_PUSHR_TXDATA(modata[i])
                                );
    SPI_EOQF_WAIT(spin);       //要及时把 RX FIFO 的东西清掉,不然这里就无限等待

    while( ! (SPI_SR_REG(SPIN[spin]) & SPI_SR_RFDF_MASK));
                                                //RFDF 为 1,Rx FIFO is not empty.
        if(midata != NULL)
        {
            midata[i] = (uint8)SPI_POPR_REG(SPIN[spin]);     //保存接收到的数据
        }
        else
        {
            SPI_POPR_REG(SPIN[spin]);            //读取 FIFO 数据(丢弃读取到的数据)
        }
        SPI_SR_REG(SPIN[spin]) | = SPI_SR_RFDF_MASK;
}
```

2. NRF24L01+无线传输应用

无线模块 NRF24L01+采用 SPI 总线,其时序图如图 3-50 和图 3-51 所示。单片机需要先发送命令,同时接收 NRF24L01+返回的状态,后续根据刚才发送的命令来进行读写操作。

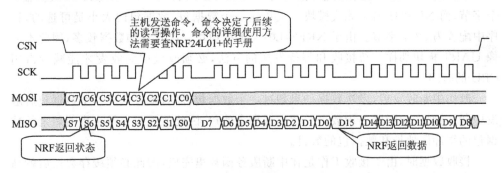

图 3-50 NRF24L01+SPI 读操作时序图

NRF24L01+与 MCU 通信,采样 SPI 全双工方式通信,但两个 NRF24L01+在无线传输数据时是半双工,即同一时刻只能是一个接收一个发送。NRF24L01+数据传输以最多 32 bit 为一帧,每次发送完成或接收完成一帧数据后都产生中断信号。

编程步骤如下:

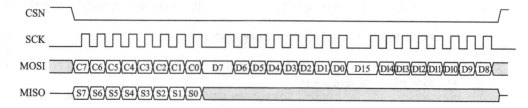

图 3-51 NRF24L01+SPI 写操作时序图

① 初始化 NRF24L01+,默认进入接收状态。
② 配置 NRF24L01+的中断信号 IRQ 为下降沿触发中断。
③ 若接收到数据,自动触发 NRF24L01+中断,在中断服务里读取状态寄存器的值,若状态寄存器表示接收到数据,就把数据保存的软件 FIFO 里。
④ 发送数据时,进入发送模式,发送完成一个数据包就会产生中断,在中断里判断是否还需要继续传输数据。发送完全部数据后进入接收模式。
⑤ 在主程序里查询软件 FIFO 里是否接收数据,若接收到数据,则从软件 FIFO 里提取数据,并对数据进行处理。

NRF24L01+是一个无线传输模块,为了方便顶层应用调用,需要设计它的 API 接口:

```
uint8 nrf_init(void);                           //初始化 NRF24L01+
uint8 nrf_link_check(void);                     //检测 NRF24L01+与单片机是否通信正常
uint32 nrf_rx(uint8 * rxbuf, uint32 len);       //接收
uint8 nrf_tx(uint8 * txbuf, uint32 len);        //发送
//与 UART 接口类似,尽量隐藏底层实现过程
nrf_tx_state_e nrf_tx_state ();                 //发送状态(发送数据后查询是否发送成功)
void nrf_handler(void);                         //NRF24L01+ 的 中断服务函数
```

上述的 API 接口比较简洁,接口与 UART API 接口类似。UART 一次传输 1 个字节,而 NRF24L01+无线模块一次传输一个数据包,数据包的大小是可选的,程序中配置为 32 个字节。由于 NRF24L01+无线模块一次发送的数据较多,因此不能像 UART 模块那样等待接收和等待发送的方法,必须改成中断收发才能减少占用 CPU 的时间。

改用中断收发后,发送数据如果超过一个数据包,那么就发送完一个数据包后触发中断,需要在中断服务函数里继续发送剩余的包,因此就需要变量来指明剩余的数据包的缓冲区地址和数据包的数目。

接收数据时,由于接收工作是在中断服务函数里完成,因此必须缓存数据后就马上退出,避免长时间打断当前任务导致异常。等 CPU 空闲时,可以从缓冲区里查询是否接收到数据,如果接收到数据就进行处理。接收到的数据包是放在缓冲区里缓存,需要通过队列的方式来对接收到的数据包进行管理,否则不清楚哪个包是先接收的,哪个包是后接收的。如同前面的按键定时扫描里介绍的按键消息机制那样,接收到数据后就入队,查询接收数据时就出队,从而可以确认数据包的先后顺序。

串行通信的时序分析

由于 NRF24L01＋无线模块是半双工的,同一时间只能进行发送或者接收,因此需要通过状态标记来记录状态。需要发送数据的时候进入发送状态,发送完毕后进入接收状态以便及时接收数据。如果两个 NRF24L01＋无线模块都同时处于发送状态,那么两个模块都没法接收到数据。

NRF24L01＋API 的实现代码如下。

① FIRE_NRF24L0.h 的代码如下:

```
#ifndef _NRF24L0_H_
#define _NRF24L0_H_           1
//以下是硬件配置
#define NRF_SPI               SPI0
#define NRF_CS                SPIn_PCS0
#define NRF_CE_PTXn           PTE28
#define NRF_IRQ_PTXn          PTE27
//定义用到的引脚,方便移植
//以下是用户配置的选项
#define DATA_PACKET           32      //一次传输最大可支持的字节数(1~32)
#define RX_FIFO_PACKET_NUM    80
        //接收 FIFO 的包数目(总空间必须要大于一副图像的大小,否则没法接收完)
#define ADR_WIDTH             5       //定义地址长度(3~5)
#define IS_CRC16              1       //1 表示使用 CRC16,0 表示 使用 CRC8(0~1)
//数据包大小是可选的,接收缓冲区的大小、无线模块的接收地址宽度也可以通过宏定义配置
//配置到这里结束
typedef enum
{
    NRF_TXING,                        //发送中
    //发送数据的状态,发送数据后,需要调用 nrf_tx_state 函数查询是否发生完毕
    NRF_TX_ERROR,                     //发送错误
    NRF_TX_OK,                        //发送完成
} nrf_tx_state_e;
//函数声明
extern  uint8   nrf_init(void);              //初始化 NRF24L01＋
extern  uint8   nrf_link_check(void);        //检测 NRF24L01＋与单片机是否通信正常
extern  uint32  nrf_rx(uint8 * rxbuf, uint32 len);    //接收
extern  uint8   nrf_tx(uint8 * txbuf, uint32 len);    //发送
extern  nrf_tx_state_e nrf_tx_state ();      //发送状态(发送数据后查询是否发送成功)
extern  void    nrf_handler(void);           //NRF24L01＋ 的 中断服务函数
//下面的函数留给无线消息处理机制的函数使用,一般用户用不着
extern  uint8   nrf_rx_fifo_check(uint32 offset,uint16 * val);
                                     //获取接收 FIFO 的数据

#endif     //_NRF24L0_H_
```

② FIRE_NRF24L0.c 的代码如下:

```
#include "common.h"
#include "MK60_port.h"
#include "MK60_gpio.h"
#include "MK60_spi.h"
#include "FIRE_NRF24L0.h"
```

```c
//NRF24L01+状态
typedef enum                          //用于识别是接收状态还是发送状态
{
    NOT_INIT = 0,
    TX_MODE,
    RX_MODE,
} nrf_mode_e;
typedef enum                          //用于消息机制的队列状态标志(状态机编程)
{
    QUEUE_EMPTY = 0,                  //队列空模式,只可入队列
    QUEUE_NORMAL,                     //正常模式,可正常出入队列,即队列不空不满
    QUEUE_FULL,                       //队列满模式,满了则不再添加,丢弃掉数据
} nrf_rx_queueflag_e;                 //中断接收时,队列状态标记位
//gpio 控制 CE 和 IRQ
#define NRF_CE_HIGH()       GPIO_SET(NRF_CE_PTXn,1)
#define NRF_CE_LOW()        GPIO_SET(NRF_CE_PTXn,0)        //CE 置低
#define NRF_Read_IRQ()      GPIO_SET(NRF_IRQ_PTXn)
//用户配置发送和接收地址,频道
uint8 TX_ADDRESS[5] = {0x34, 0x43, 0x10, 0x10, 0x01};   //定义一个静态发送地址
uint8 RX_ADDRESS[5] = {0x34, 0x43, 0x10, 0x10, 0x01};
#define CHANAL           40                  //频道选择
//内部配置参量
#define TX_ADR_WIDTH     ADR_WIDTH           //发射地址宽度
#define TX_PLOAD_WIDTH   DATA_PACKET         //发射数据通道有效数据宽度 0～32 Byte
#define RX_ADR_WIDTH     ADR_WIDTH           //接收地址宽度
#define RX_PLOAD_WIDTH   DATA_PACKET         //接收数据通道有效数据宽度 0～32 Byte
/****************** NRF24L01+ 寄存器命令 宏定义 ********************/
//SPI(nRF24L01) commands,NRF 的 SPI 命令宏定义,详见 NRF 功能使用文档
#define NRF_READ_REG     0x00    //Define read command to register
#define NRF_WRITE_REG    0x20    //Define write command to register
……
//几个重要的状态标记,中断服务函数里用到
#define TX_FULL    0x01      //TX FIFO 寄存器满标志。1 为满,0 为不满
#define MAX_RT     0x10      //达到最大重发次数中断标志位
#define TX_DS      0x20      //发送完成中断标志位
#define RX_DR      0x40      //接收到数据中断标志位
//内部寄存器操作函数声明
static uint8  nrf_writereg(uint8 reg, uint8 dat);
static uint8  nrf_readreg (uint8 reg, uint8 *dat);
static uint8  nrf_writebuf(uint8 reg, uint8 *pBuf, uint32 len);
static uint8  nrf_readbuf (uint8 reg, uint8 *pBuf, uint32 len);
static void   nrf_rx_mode(void);//进入接收模式
static void   nrf_tx_mode(void);//进入发送模式
/*!
 *  @brief    NRF24L01+ 模式标记
 */
volatile uint8  nrf_mode = NOT_INIT;
volatile uint8  nrf_rx_front = 0, nrf_rx_rear = 0;           //接收 FIFO 的指针
volatile uint8  nrf_rx_flag = QUEUE_EMPTY;
uint8 NRF_ISR_RX_FIFO[RX_FIFO_PACKET_NUM][DATA_PACKET];
```

串行通信的时序分析

```c
                                    //中断接收的 FIFO,用于缓存接收到的数据
volatile uint8    * nrf_irq_tx_addr    = NULL;
volatile uint32    nrf_irq_tx_pnum     = 0;
volatile uint8     nrf_irq_tx_flag     = 0;           //0 表示成功,1 表示发送失败
//中断发送中用来指示发送状态和需要发送的数据大小
/*!
 * @brief       NRF24L01+ 初始化,默认进入接收模式
 * @return      初始化成功标记,0 为初始化失败,1 为初始化成功
 * @since       v5.0
 * Sample usage:
                    while(! nrf_init())     //初始化 NRF24L01+,等待初始化成功为止
                    {
                        printf("\n    NRF 与 MCU 连接失败,请重新检查接线。\n");
                    }
                    printf("\n    NRF 与 MCU 连接成功! \n");
*/
uint8 nrf_init(void)
{
    //配置 NRF 引脚复用
    spi_init(NRF_SPI, NRF_CS, MASTER,12500 * 1000);   //初始化 SPI,主机模式
    gpio_init(NRF_CE_PTXn, GPO, LOW);                 //初始化 CE,默认进入待机模式
    gpio_init(NRF_IRQ_PTXn, GPI, LOW);                //初始化 IRQ 引脚为输入
    port_init_NoALT(NRF_IRQ_PTXn, IRQ_FALLING | PULLUP);
                                                      //初始化 IRQ 引脚为下降沿触发中断
    //配置 NRF 寄存器,需要根据手册来配置
    NRF_CE_LOW();
    nrf_writereg(NRF_WRITE_REG + SETUP_AW, ADR_WIDTH - 2);
                                                      //设置地址长度为 TX_ADR_WIDTH
    nrf_writereg(NRF_WRITE_REG + RF_CH, CHANAL);
                                                      //设置 RF 通道为 CHANAL
    nrf_writereg(NRF_WRITE_REG + RF_SETUP, 0x0f);
                        //设置 TX 发射参数,0db 增益,2 Mbps,低噪声增益开启
    nrf_writereg(NRF_WRITE_REG + EN_AA, 0x01);
                                                      //使能通道 0 的自动应答
    nrf_writereg(NRF_WRITE_REG + EN_RXADDR, 0x01);
                                                      //使能通道 0 的接收地址
    //RX 模式配置
    nrf_writebuf(NRF_WRITE_REG + RX_ADDR_P0, RX_ADDRESS, RX_ADR_WIDTH);
                                                      //写 RX 节点地址
    nrf_writereg(NRF_WRITE_REG + RX_PW_P0, RX_PLOAD_WIDTH);
                                                      //选择通道 0 的有效数据宽度
    nrf_writereg(FLUSH_RX, NOP);                      //清除 RX FIFO 寄存器
    //TX 模式配置
    nrf_writebuf(NRF_WRITE_REG + TX_ADDR, TX_ADDRESS, TX_ADR_WIDTH);
                                                      //写 TX 节点地址
    nrf_writereg(NRF_WRITE_REG + SETUP_RETR, 0x0F);
                        //设置自动重发间隔时间:250 μs + 86 μs;最大自动重发次数:15 次
    nrf_writereg(FLUSH_TX, NOP);                      //清除 TX FIFO 寄存器
    nrf_rx_mode();                                    //默认进入接收模式
    NRF_CE_HIGH();
```

```c
    return nrf_link_check();
}
/*!
 * @brief      NRF24L01+ 写寄存器
 * @param  reg        寄存器
 * @param  dat        需要写入的数据
 * @return NRF24L01+ 状态
 * @since   v5.0
 * Sample usage: nrf_writereg(NRF_WRITE_REG + RF_CH, CHANAL);  //设置 RF 通道为 CHANAL
 */
uint8 nrf_writereg(uint8 reg, uint8 dat)
{
    uint8 buff[2];
    buff[0] = reg;                                         //先发送寄存器
    buff[1] = dat;                                         //再发送数据
    //调用 SPI API 写寄存器,NRF 模块会返回状态
    spi_mosi(NRF_SPI, NRF_CS, buff, buff, 2);      //发送 buff 里数据,并采集到 buff 里
    /*返回状态寄存器的值*/
    return buff[0];
}
/*!
 * @brief      NRF24L01+ 读寄存器
 * @param  reg        寄存器
 * @param  dat        需要读取的数据的存放地址
 * @return NRF24L01+ 状态
 * @since   v5.0
 * Sample usage:
 *              uint8 data;
 *              nrf_readreg(STATUS,&data);
 */
uint8 nrf_readreg(uint8 reg, uint8 * dat)
{
    uint8 buff[2];
    buff[0] = reg;                                         //先发送寄存器
    //调用 SPI API 读寄存器,并返回 NRF 状态寄存器
    spi_mosi(NRF_SPI, NRF_CS, buff, buff, 2);      //发送 buff 数据,并保存到 buff 里
    * dat = buff[1];                                       //提取第二个数据
    /*返回状态寄存器的值*/
    return buff[0];
}
/*!
 * @brief      NRF24L01+ 写寄存器一串数据
 * @param  reg        寄存器
 * @param  pBuf       需要写入的数据缓冲区
 * @param  len        需要写入数据长度
 * @return NRF24L01+ 状态
 * @since   v5.0
 * Sample usage:   nrf_writebuf(NRF_WRITE_REG + TX_ADDR,TX_ADDRESS,TX_ADR_WIDTH);
 *                                                            //写 TX 节点地址
 */
```

```c
uint8 nrf_writebuf(uint8 reg, uint8 * pBuf, uint32 len)
{
    spi_mosi_cmd(NRF_SPI, NRF_CS, &reg, NULL, pBuf, NULL, 1, len);
                                            //发送 reg,pBuf 内容,不接收
    //通过带命令收发的 SPI API 接口可以轻松实现写入发送缓冲区数据
    return reg;                             //返回 NRF24L01 的状态
}
/*!
 * @brief      NRF24L01+读寄存器一串数据
 * @param      reg          寄存器
 * @param      dat          需要读取的数据的存放地址
 * @param      len          需要读取的数据长度
 * @return     NRF24L01+状态
 * @since      v5.0
 * Sample usage:
                    uint8 data;
                    nrf_readreg(STATUS,&data);
*/
uint8 nrf_readbuf(uint8 reg, uint8 * pBuf, uint32 len)
{
spi_mosi_cmd(NRF_SPI, NRF_CS, &reg, NULL, NULL, pBuf, 1, len);
                                            //发送 reg,接收到 buff
    return reg;                             //返回 NRF24L01 的状态
}
/*!
 * @brief      检测 NRF24L01+与 MCU 是否正常连接
 * @return     NRF24L01+的通信状态,0 表示通信不正常,1 表示正常
 * @since      v5.0
*/
uint8 nrf_link_check(void)
{
#define NRF_CHECH_DATA    0xC2          //此值为校验数据时使用,可修改为其他值
    uint8 reg;
    uint8 buff[5] = {NRF_CHECH_DATA, NRF_CHECH_DATA, NRF_CHECH_DATA, NRF_CHECH_DATA, NRF_CHECH_DATA};
    uint8 i;
    reg = NRF_WRITE_REG + TX_ADDR;
    spi_mosi_cmd(NRF_SPI, NRF_CS, &reg, NULL, buff, NULL, 1, 5);   //写入校验数据
    reg = TX_ADDR;
    spi_mosi_cmd(NRF_SPI, NRF_CS, &reg, NULL, NULL, buff, 1, 5);   //读取校验数据
    //把数据写入寄存器,再读取寄存器,判断值是否与事先设定的相同,从而验证 MCU 连接
    //了模块
    /*比较*/
    for(i = 0; i<5; i++)
    {
        if(buff[i] != NRF_CHECH_DATA)
        {
            return 0 ;                       //MCU 与 NRF 不正常连接
        }
```

```c
    return 1;                                       //MCU 与 NRF 成功连接
}
/*!
 *  @brief       NRF24L01+ 进入接收模式
 *  @since       v5.0
 */
void nrf_rx_mode(void)
{
    NRF_CE_LOW();
    //根据 NRF24L01+ 的手册来配置寄存器,进入接收状态
    nrf_writereg(NRF_WRITE_REG + EN_AA, 0x01);         //使能通道 0 的自动应答
    nrf_writereg(NRF_WRITE_REG + EN_RXADDR, 0x01);     //使能通道 0 的接收地址
    nrf_writebuf(NRF_WRITE_REG + RX_ADDR_P0, RX_ADDRESS, RX_ADR_WIDTH);
                                                       //写 RX 节点地址
    nrf_writereg(NRF_WRITE_REG + CONFIG, 0x0B | (IS_CRC16<<2));
                    //配置基本工作模式的参数;PWR_UP,EN_CRC,16BIT_CRC,接收模式
    /* 清除中断标志 */
    nrf_writereg(NRF_WRITE_REG + STATUS, 0xff);
    nrf_writereg(FLUSH_RX, NOP);                       //清除 RX FIFO 寄存器
    /* CE 拉高,进入接收模式 */
    NRF_CE_HIGH();
    nrf_mode = RX_MODE;
}
/*!
 *  @brief       NRF24L01+ 进入发送模式
 *  @since       v5.0
 */
void nrf_tx_mode(void)
{
    volatile uint32 i;
    //根据 NRF24L01+ 的手册来配置寄存器,进入发送状态
    NRF_CE_LOW();
    nrf_writebuf(NRF_WRITE_REG + TX_ADDR, TX_ADDRESS, TX_ADR_WIDTH);
                                                       //写 TX 节点地址
    nrf_writebuf(NRF_WRITE_REG + RX_ADDR_P0, RX_ADDRESS, RX_ADR_WIDTH);
                                               //设置 RX 节点地址,主要为了使能 ACK
    nrf_writereg(NRF_WRITE_REG + CONFIG, 0x0A | (IS_CRC16<<2));
    //配置基本工作模式的参数;PWR_UP,EN_CRC,16BIT_CRC,发射模式,开启所有中断
    /* CE 拉高,进入发送模式 */
    NRF_CE_HIGH();
    nrf_mode = TX_MODE;
    i = 0x0fff;
    while(i--);                                        //CE 要拉高一段时间才进入发送模式
}
//查询接收数据,用户 API 接口。此函数通过出队方式来获取接收缓冲区的数据
uint32   nrf_rx(uint8 * rxbuf, uint32 len)
{
    uint32 tmplen = 0;
    uint8 tmp;
    //一个个包通过 while 循环出队,直到达到用户需要接收的数目,或者队列已空
```

```c
    while( (nrf_rx_flag != QUEUE_EMPTY) && (len != 0) )
    {
        if(len<DATA_PACKET)
        {                    //用户接收的数据长度不一定是整数包,因此需要对剩下的数据进行处理
            fire_cpy(rxbuf, (uint8 *)&(NRF_ISR_RX_FIFO[nrf_rx_front]), len);
            NRF_CE_LOW();                           //进入待机状态
            nrf_rx_front ++ ;                       //由于非空,所以可以直接出队列
            if(nrf_rx_front >= RX_FIFO_PACKET_NUM)
            {
                nrf_rx_front = 0;                   //重头开始
            }
            tmp = nrf_rx_rear;
            if(nrf_rx_front == tmp)                 //接收队列空
            {
                nrf_rx_flag = QUEUE_EMPTY;
            }
            NRF_CE_HIGH();                          //进入接收模式
            tmplen + = len;
            return tmplen;
        }
        //从缓冲区里出队一个数据包
        fire_cpy(rxbuf, (uint8 *)&(NRF_ISR_RX_FIFO[nrf_rx_front]), DATA_PACKET);
        rxbuf    + = DATA_PACKET;
        len      - = DATA_PACKET;
        tmplen   + = DATA_PACKET;
        NRF_CE_LOW();                               //进入待机状态
        nrf_rx_front ++ ;                           //由于非空,所以可以直接出队列
        if(nrf_rx_front >= RX_FIFO_PACKET_NUM)
        {
            nrf_rx_front = 0;                       //重头开始
        }
        tmp  = nrf_rx_rear;
        if(nrf_rx_front == tmp)                     //接收队列空
        {
            nrf_rx_flag = QUEUE_EMPTY;
        }
        else
        {
            nrf_rx_flag = QUEUE_NORMAL;
        }
        NRF_CE_HIGH();                              //进入接收模式
    }
    return tmplen;
}
uint8    nrf_tx(uint8 * txbuf, uint32 len)
{
    nrf_irq_tx_flag = 0;                            //复位标志位
    if((txbuf == 0 ) || (len == 0))    //中断里的指示发送地址为0,表示已经发送完了
                                       //数据,可以继续发送其他数据
    {
```

```c
        return 0;
    }
    if(nrf_irq_tx_addr == 0 )
    {
        //把需要发送的数据地址和包的数量保存到中断中用的指示地址和指示剩余包数量里
        //
        nrf_irq_tx_pnum = (len - 1) / DATA_PACKET;
//即(len + DATA_PACKET - 1)/DATA_PACKET - 1,len 需要加(DATA_PACKET - 1)的目的是向上
//取整,求得包的数目,整除后再减 1 求得剩余包的数目
        nrf_irq_tx_addr = txbuf;
        if( nrf_mode != TX_MODE)
        {
            nrf_tx_mode();
        }
        //需要先发送一次数据包后才能中断发送
        /* ce 为低,进入待机模式 1 */
        NRF_CE_LOW();
        /* 写数据到 TX BUF 最大 32 个字节 */
        nrf_writebuf(WR_TX_PLOAD, txbuf, DATA_PACKET);
                                        //先发送第一个包,后面的包由中断函数发送
        /* CE 为高,txbuf 非空,发送数据包 */
        NRF_CE_HIGH();
        return 1;
    }
    else
    {
        return 0;
    }
}
nrf_tx_state_e nrf_tx_state ()                      //查询发送状态
{
    //如果需要发送缓冲区的地址为 0,且包数目为 0,说明没有数据发送,即发送完成
    if((nrf_irq_tx_addr == 0) && (nrf_irq_tx_pnum == 0))
    {
        //发送完成,nrf_irq_tx_flag 为 0 表示成功 ,1 表示发送失败
        if(nrf_irq_tx_flag)
        {
            return NRF_TX_ERROR;
        }
        else
        {
            return NRF_TX_OK;
        }
    }
    else
    {
        return NRF_TXING;
    }
}
void nrf_handler(void)
```

```c
    {
        uint8 state;
        uint8 tmp;
        /*读取 status 寄存器的值,根据状态寄存器判断是否接收到数据,是否发送完数据,是
否发送超时*/
        nrf_readreg(STATUS, &state);
        /*清除中断标志*/
        nrf_writereg(NRF_WRITE_REG + STATUS, state);
        if(state & RX_DR)                                    //接收到数据
        {
            NRF_CE_LOW();
            if(nrf_rx_flag != QUEUE_FULL)
            {
                //还没满,则继续接收
                //printf(" + ");
                nrf_readbuf(RD_RX_PLOAD, (uint8 *)&(NRF_ISR_RX_FIFO[nrf_rx_rear]), RX_PLOAD_WIDTH);              //读取数据
                nrf_rx_rear ++ ;
                if(nrf_rx_rear >= RX_FIFO_PACKET_NUM)
                {
                    nrf_rx_rear = 0;                         //重头开始
                }
                tmp = nrf_rx_front;
                if(nrf_rx_rear == tmp)                       //满了
                {
                    nrf_rx_flag = QUEUE_FULL;
                }
                else
                {
                    nrf_rx_flag = QUEUE_NORMAL;
                }
            }
            else
            {
                nrf_writereg(FLUSH_RX, NOP);                 //清除 RX FIFO 寄存器
            }
            NRF_CE_HIGH();                                   //进入接收模式
        }
        if(state & TX_DS)        //发送完一个数据包,还需要检测是否还有数据包需要发送
        {
            if(nrf_irq_tx_pnum == 0)
            {
                nrf_irq_tx_addr = 0;
                //注意: nrf_irq_tx_pnum == 0 表示数据已经全部发送到 FIFO
                //nrf_irq_tx_addr == 0 才是全部发送完了,没数据需要发送,则发送完成,
                //进入接收状态
                //发送完成后,默认进入接收模式
    #if 1
                if( nrf_mode != RX_MODE)
                {
```

```c
                nrf_rx_mode();
            }
#endif
            //nrf_writereg(FLUSH_TX, NOP);                //清除 TX FIFO 寄存器
        }
        else
        {
            if( nrf_mode != TX_MODE)
            {
                nrf_tx_mode();
            }
            //还没发送完成,就继续发送
            nrf_irq_tx_addr + = DATA_PACKET;              //指向下一个地址
            nrf_irq_tx_pnum -- ;                          //包数目减少
            /* ce 为低,进入待机模式 1 */
            NRF_CE_LOW();
            /* 写数据到 TX BUF 最大 32 个字节 */
            nrf_writebuf(WR_TX_PLOAD, (uint8 *)nrf_irq_tx_addr, DATA_PACKET);
            /* CE 为高,txbuf 非空,发送数据包 */
            NRF_CE_HIGH();
        }
    }
    if(state & MAX_RT)      //发送超时则放弃当前发送任务,并进入接收状态。用户查询到
                            //发送失败后可自行选择是否重新发送
    {
        nrf_irq_tx_flag = 1;                              //标记发送失败
        nrf_writereg(FLUSH_TX, NOP);                      //清除 TX FIFO 寄存器
        //有可能是 对方也处于 发送状态
        //放弃本次发送
        nrf_irq_tx_addr = 0;
        nrf_irq_tx_pnum = 0;
        nrf_rx_mode();                                    //进入接收状态
        //printf("\nMAX_RT");
    }
    if(state & TX_FULL)                                   //TX FIFO 满
    {
        //printf("\nTX_FULL");
    }
}
```

NRF24L01+的驱动代码比较长,寄存器配置比较多,而且这里采用了中断收发和消息机制缓存数据,因此代码量比较大。本例程中需要用两个带 NRF24L01+无线模块的 K60 开发板,一个作为发送,一个作为接收,如图 3-52 所示。

如图 3-52 所示,收发端 K60 开发板都需要把 USB 转 TTL 接口接入计算机用于串口通信,需要插入无线模块进行无线发送。发送方采用 sprintf 函数修改每次发送的数据,每次发送的数据都带编号。接收方接收到数据后把数据打印处理,可以根据编号来判断是否有漏接数据、多接数据或者没有接收到数据。先看发送端的代码:

图 3-52 带 NRF24L01+模块的 K60 开发板

```
/*!
 *  @brief      PORTE 中断服务函数
 *  @since      v5.0
 */
void PORTE_IRQHandler()
{
    uint8   n;                          //引脚号
    uint32 flag;
    flag = PORTE_ISFR;
    PORTE_ISFR  = ~0;                   //清中断标志位
    n = 27;
    if(flag & (1<<n))                   //PTE27 触发中断
    {
        nrf_handler();  //NRF 模块的中断处理仅需要在 IRQ 引脚触发的 I/O 中断里加入
                        //已经提供好的中断处理 API 接口即可
    }
}
/*!
 *  @brief      main 函数
 *  @since      v5.0
 *  @note       SPI 驱动 NRF24L01+
 */
void main(void)
{
    uint32 i = 0;
    uint8 buff[DATA_PACKET];
    uint8 * str = "欢迎使用野火 K60 开发板!";
    printf("\n\n\n************ 无线模块 NRF24L01+ 测试 ************");
    while(! nrf_init())                 //初始化 NRF24L01+,等待初始化成功为止
    {
        printf("\n  NRF 与 MCU 连接失败,请重新检查接线。\n");
    }
    set_vector_handler(PORTE_VECTORn,PORTE_IRQHandler);
                            //设置 PORTE 的中断复位函数为 PORTE_VECTORn
    enable_irq(PORTE_IRQn);
```

```c
        printf("\n          NRF 与 MCU 连接成功！\n");
        while(1)
        {
            sprintf((char *)buff,"%s%d",str,i);
                                    //把 str 和 i 合并成一个字符串到 buff 里,再进行发送
            nrf_tx(buff,DATA_PACKET);      //发送一个数据包：buff(包为 32 字节)
            //发送长度可以直接改为 sprintf 的返回值
            //等待发送过程中,此处可以加入其他处理任务
            while(nrf_tx_state() == NRF_TXING);   //等待发送完成(包含成功和失败)后才可
                                                  //以对缓冲区进行操作
            if( NRF_TX_OK == nrf_tx_state () )
            {
                printf("\n 发送成功：%d",i);
                i ++;                    //发送成功则加 1,可验证是否漏包
            }
            else
            {
                printf("\n 发送失败：%d",i);
            }
            DELAY_MS(10);   //如果发送方发送过快,接收方来不及处理,就有可能出现接收
                            //方接收到数据但丢弃的情况
        }
}
```

再看接收端的代码：

```c
/*!
 *  @brief        PORTE 中断服务函数
 *  @since        v5.0
 */
void PORTE_IRQHandler()
{
    uint8  n;                       //引脚号
    uint32 flag;
    flag = PORTE_ISFR;   //与发送端一样。NRF 模块的中断处理仅需要在 IRQ 引脚触发的
                         //I/O 中断里加入已经提供好的中断处理 API 接口即可
    PORTE_ISFR    = ~0;                  //清中断标志位
    n = 27;
    if(flag & (1<<n))                    //PTE27 触发中断
    {
        nrf_handler();
    }
}
/*!
 *  @brief        main 函数
 *  @since        v5.0
 *  @note         SPI 驱动 NRF24L01 +
 */
void main(void)
{
    uint8 buff[DATA_PACKET];           //定义接收缓冲区
    uint8 relen;
```

```
printf("\n\n\n************ 无线模块 NRF24L01+ 测试 *************");
while(! nrf_init())                    //初始化 NRF24L01+,等待初始化成功为止
{
    printf("\n  NRF 与 MCU 连接失败,请重新检查接线。\n");
}
//配置中断复位函数
set_vector_handler(PORTE_VECTORn,PORTE_IRQHandler);
                                //设置 PORTE 的中断复位函数为 PORTE_VECTORn
enable_irq(PORTE_IRQn);
printf("\n  NRF 与 MCU 连接成功! \n");
while(1)
{
    relen = nrf_rx(buff,DATA_PACKET);   //等待接收一个数据包,数据存储在 buff 里
    if(relen != 0)
    {
        printf("\n 接收到数据:% s",buff);                //打印接收到的数据
    }
}
}
```

烧录程序时,先烧录接收端,以便发送端发送的数据能够接收到。分别编译下载程序到收发两个 K60 开发板后,就可以在接收端的串口助手里看到如图 3-53 的结果。由于采用 spritf 函数来对字符串结尾进行编号,根据字符串结尾的编号就可以看到数据包没并有丢失。

发送端在串口助手里的显示结果如图 3-54 所示,发送端同样是一直提示发送成功,并没有提示发送失败,而且发送的编号是连续的,没有断开的。

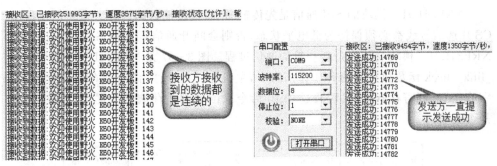

图 3-53 NRF 接收端接收到的数据   图 3-54 NRF 发送端提示的发送结果

如果把接收端关闭,那么由于没有了接收端进行应答,发送端就会检测到发送失败,在串口里显示发送失败,结果如图 3-55 所示。

由于采用消息机制来缓存接收到的数据,因此接收端如果来不及处理接收数据,那么就有可能把缓冲区塞满了而导致丢失部分的数据包。例如上述的例程里,把发送端 while 循环里的延时 DELAY_MS(10)注释掉,那么由于发送端串口发送的数据比接收端的要少很多,而串口发送的波特率为 115 200(14 KB/s),比 NRF24L01+的 2 Mb/s 模式(实际测得的速度约为 37 KB/s)的速度还要慢,因此就会出现接收端来

不及接收数据,缓冲区满了,丢失部分数据的情况,结果如图 3-56 所示。当然,由于采用中断接收,即使缓冲区满了,也会读取 NRF24L01＋的接收数据,清空状态标志位,NRF24L01＋继续保持接收应答模式,因此发送端看到的结果是一直提示发送成功的。

图 3-55 无接收端情况下发送端的结果

图 3-56 发送端连续发送时接收端的结果

本例程发送数据的长度在一个数据包内,读者可自行测试一次发送超过一个包的情况。另外,本例程提供的 API 接口已经实现了对用户的透明传输,读者可自行修改既发送又接收的例程。配套资料提供的例程里就是利用 NRF24L01＋模块,采用例程里的 API 接口实现无线调试,即无线收发图像,无线收发修改变量,适合读者用于学习程序架构和程序思想。

NRF24L01＋模块的 SPI 通信是先传输命令,再传输数据。在一个通信过程里,CS 片选信号线都必须保持为低电平状态,否则会断开通信,下次 CS 片选线拉低时,NRF24L01＋模块会认为是新一轮的通信过程。图 3-57 是 NRF24L01＋模块的 nrf_link_check 函数执行时的 SPI 通信时序,主机先发送 0x30 命令来存储后续的 5 个字节 0xC2 到寄存器里,然后通过 0x10 命令来读取刚才存储的数据,从而校验数据是否正确。

图 3-57 nrf_link_check 函数执行时的逻辑分析仪捕捉时序

第 4 章　时钟模块

4.1　MCG 系统时钟模块

4.1.1　MCG 系统时钟模块简介

如图 4-1 所示,多功能时钟产生器 MCG 由锁频环 FLL 和锁相环 PLL 组成,用于为微控器 MCU 提供多种时钟电源选项。FLL 可由内部或外部参考时钟控制,而 PLL 仅由外部参考时钟控制。MCG 模块可以在 FLL、PLL、内部参考时钟或外部参考时钟之间选择一个时钟源作为 MCU 时钟,如图 4-1 时钟框图中的 MCGOUT-CLK。从图 4-1 时钟框图可以看到,MCU 时钟可分为内核/系统时钟、Bus 时钟、FlexBus 时钟、Flash 时钟等各种时钟,各时钟的描述如表 4-1 所列。

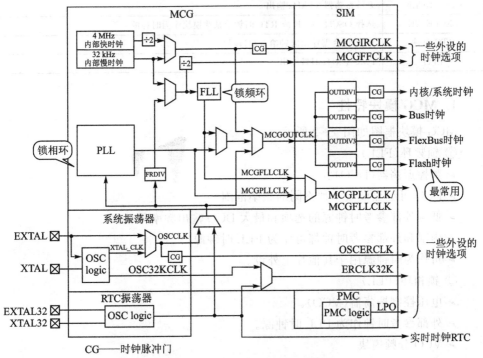

图 4-1　K60DUS12Z 的时钟框图

表 4-1 MCU 时钟用途

时钟名	描 述
内核时钟	ARM Cortex-M4 内核的时钟，由 MCGOUTCLK 被 OUTDIV1 分频所得
系统时钟	纵横开关和总线主设备连接到纵横的时钟，由 MCGOUTCLK 被 OUTDIV1 分频所得。该时钟被用在 UART0 和 UART1 上
总线 bus 时钟	总线从设备和外设的时钟，由 MCGOUTCLK 被 OUTDIV2 分频得到
FlexBus 时钟	外部 FlexBus 接口的时钟，由 MCGOUTCLK 被 OUTDIV3 分频所得到
Flash 时钟	Flash 内存的时钟，由 MCGOUTCLK 被 OUTDIV4 分频得到
MCGIRCLK	MCG 输出的内部快慢时钟
MCGFFCLK	MCG 输出的内部慢时钟或分频的 MCG 外部参考时钟 MCGFFCLK 在 MCG 模块输出前被 2 分频
MCGOUTCLK	MCGOUTCLK 从 IRC，MCGFLLCLK，MCGPLLCLK，或者 MCG 外部参考时钟中的得到，分频给内核、系统、总线 bus、外部总线 FlexBus 和 Flash 时钟，也可选择给调试跟踪时钟
MCGFLLCLK	MCG 输出的 FLL 时钟。MCGFLLCLK 或 MCGPLLCLK 可为某些模块提供时钟
MCGPLLCLK	MCG 输出的 PLL 时钟。MCGFLLCLK 或 MCGPLLCLK 可为某些模块提供时钟
MCG 外部参考时钟	通过系统振荡器(OSCCLK)或 RTC 振荡器 给 MCG 做输入时钟源
OSCCLK	内部振荡器或 EXTAL 引脚输入时钟源的系统振荡器输出
OSCERCLK	OSCCLK 作为时钟源的系统振荡器输出，可用在某些片上模块
OSC32KCLK	系统振荡器 32 kHz 输出
ERCLK32K	选择 OSC32KCLK 或 RTC 时钟给某些模块作为时钟源
RTC 时钟	RTC 振荡器输出时钟给 RTC 模块
LPO	PMC 1 kHz 时钟输出

1. MCG 模块特性

MCG 模块框图如图 4-2 所示。

① 锁频环(FLL)

➢ 数控振荡器(DCO)。

➢ DCO 可编程设置 4 种不同的频率范围。

➢ 低频外部参考时钟源的选项和最大 DCO 输出频率可编程。

➢ 内部和外部参考时钟都可作为 FLL 时钟源。

➢ 可作为时钟源用于其他片上外设。

② 锁相环(PLL)

➢ 电压控制振荡器(VCO)。

➢ 外部参考时钟作为 PLL 时钟源。

➢ VCO 分频模块。

➢ 鉴频/鉴相器。

时钟模块 4

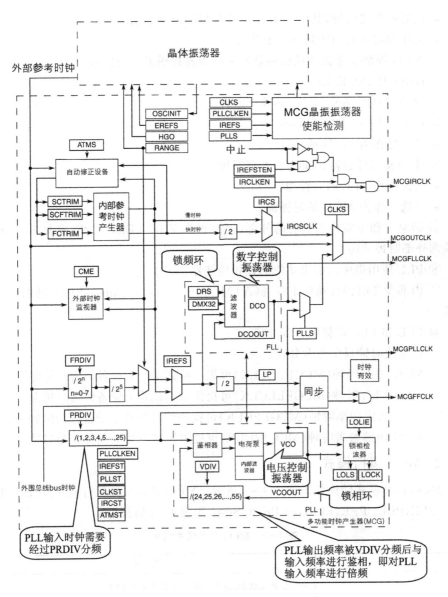

图 4-2 MCG 模块框图

- 集成回路过滤器。
- 可作为时钟源用于其他片上外设。

③ 内部参考时钟产生器。

- 慢时钟精度为 9 个微调位。
- 快时钟精度为 4 个微调位。
- 可用作 FLL 的时钟源。FEI 模式下,只有慢内部参考时钟(IRC)用作 FLL 时钟源。

➢ 快时钟和慢时钟,其中一个可以用于 MCU 的时钟源。
➢ 可作为时钟源用于其他片上外设。

④ MCG 外部参考低功耗振荡器时钟产生器提供的控制信号。
➢ HGO,RANGE,EREF。

⑤ 来自晶体振荡器(晶振)的外部时钟。
➢ 可用作 FLL 和 PLL 的时钟源。
➢ 可选择作为 MCU 的时钟源。

⑥ 来自实时计数器(RTC)的外部时钟。
➢ 只能用作 FLL 的时钟源。
➢ 可选择作为 MCU 的时钟源。

⑦ 带复位和中断请求功能的外部时钟,可在 FBE,PEE,BLPE 或者 FEE 模式下检测外部时钟故障。

⑧ PLL 使用带中断请求功能的锁相检波器。

⑨ 内部参考时钟自动修正设备(ATM,Auto Trim Machine)使用外部时钟作为参考。

⑩ FLL 和 PLL 都提供参考分频。

⑪ 内部快时钟提供参考分频。

⑫ MCG PLL 时钟(MCGPLLCLK)可提供给其他片上设备作为时钟源。

⑬ MCG FLL 时钟(MCGFLLCLK)可提供给其他片上设备作为时钟源。

⑭ MCG 固定频率时钟(MCGFFCLK)可提供给其他片上设备作为时钟源。

⑮ MCG 内部参考时钟(MCGIRCLK)可提供给其他片上设备作为时钟源。

2. MCG 运行模式

MCG 运行模式转换状态如图 4-3 所示。MCG 共有 9 种运行模式:FEI,FEE,FBI,FBE,PBE,PEE,BLPI,BLPE 和 Stop,如表 4-2 所列。

表 4-2 MCG 运行模式描述

模式	描述
启用 FLL 且采用内部时钟源模式 (FEI,FLL Engaged Internal)	FEI 是默认状态,应当满足以下条件进入 FEI: ➢ C1[CLKS] 位写入 00,即系统时钟源选择 FLL 或 PLL; ➢ C1[IREFS] 位写入 1,即选择内部参考慢时钟作为时钟源; ➢ C6[PLLS] 位写入 0,即禁止 PLL,选择 FLL 在 FEI 模式下,MCGOUTCLK 从 FLL 时钟(DCOCLK)获得,且由 32 kHz 内部参考时钟(IRC)控制。FLL 环将会根据 C4[DRST_DRS] 和 C4[DMX32] 的选择把 DCO 频率锁存到 FLL 因子,并乘以内部参考频率。更多细节请参考 C4[DMX32] 描述 在 FEI 模式下,PLL 被禁用并处于低功耗状态,直到 C5[PLLCLKEN] 被置 1

续表 4-2

模式	描述
启用 FLL 且采样外部时钟源模式 (FEE, FLL Engaged External)	当满足以下条件进入 FEE： ➤ C1[CLKS] 位写入 00，即系统时钟源选择 FLL 或 PLL； ➤ C1[IREFS] 位写入 0，即选择外部参考时钟作为时钟源； ➤ C1[FRDIV] 分频系数必须使得外部参考时钟在 31.25～39.0625 kHz 之间； ➤ C6[PLLS] 位写入 0，即禁止 PLL，选择 FLL FEE 需要分频，而 FEI 不需要分频，这是因为 FEI 采样 32 kHz 的内部参考时钟源，频率在 31.25～39.0625 kHz 之间，不需要分频 在 FEE 模式下，MCGOUTCLK 从 FLL 时钟 (DCOCLK) 获得，且由外部参考时钟 (IRC) 控制。FLL 环将会根据 C4[DRST_DRS] 和 C4[DMX32] 的选择把 DCO 频率锁存到 FLL 因子，并乘以由 C1[FRDIV] 和 C2[RANGE] 指定的外部参考频率。更多细节请参考 C4[DMX32] 描述 在 FEE 模式下，PLL 被禁用并处于低功耗状态，直到 C5[PLLCLKEN] 被置 1
旁路 FLL 且采用内部时钟源模式 (FBI, FLL Bypassed Internal)	当满足以下条件进入 FBI： ➤ C1[CLKS] 位写入 01，即选择内部参考时钟； ➤ C1[IREFS] 位写入 1，即选择内部参考慢时钟作为时钟源； ➤ C6[PLLS] 位写入 0，即禁止 PLL，选择 FLL； ➤ C2[LP] 位写入 0，旁路模式不禁用 FLL 在 FBI 模式下，MCGOUTCLK 从 FLL 时钟 (DCOCLK) 获得，且由内部参考慢时钟 (32 kHz IRC) 或内部参考快时钟 (32 kHz IRC) 控制。FLL 是运行的，但微控制器并没有把它的时钟输出作为时钟源。该模式的用途是：MCGOUT 由 C2[IRCS] 选择的内部参考时钟驱动，允许 FLL 获得它的目标频率。FLL 时钟 (DCOCLK) 受慢速内部参考时钟控制，DCO 时钟频率锁存到由 C4[DRST_DRS] 和 C4[DMX32] 位选择的乘积因子乘以内部参考频率。更多细节请参考 C4[DMX32] 描述 在 FBI 模式下，PLL 被禁用并处于低功耗状态，直到 C5[PLLCLKEN] 被置 1
旁路 FLL 且采用外部时钟源模式 (FBE, FLL Bypassed External)	当满足以下条件进入 FBE： ➤ C1[CLKS] 位写入 10，即选择外部参考时钟； ➤ C1[IREFS] 位写入 0，即选择外部参考时钟； ➤ C1[FRDIV] 推荐配置的分频系数使得外部参考时钟范围在 31.25～39.0625 kHz 之间； ➤ C6[PLLS] 位写入 0，即禁止 PLL，选择 FLL； ➤ C2[LP] 位写入 0，旁路模式不禁用 FLL 在 FBE 模式下，MCGOUTCLK 从作为时钟源 OSCSEL 外部参考时钟获得。FLL 是运行的，但微控制器并没有把它的时钟输出作为时钟源。该模式的用途是：MCGOUT 由外部参考时钟驱动时允许 FLL 获得它的目标频率。FLL 时钟 (DCOCLK) 受外部参考时钟控制，DCO 时钟频率锁存到由 C4[DRST_DRS] 和 C4[DMX32] 位选择的乘积因子乘以外部参考频率。更多细节请参考 C4[DMX32] 描述 在 FBI 模式下，PLL 被禁用并处于低功耗状态，直到 C5[PLLCLKEN] 被置 1

续表 4-2

模式	描述
启用 PLL 且采用外部时钟源模式 最常用的一种模式 (PEE, PLL Engaged External)	当满足以下条件进入 PEE： ➢ C1[CLKS] 位写入 00，即系统时钟源选择 FLL 或 PLL； ➢ C1[IREFS] 位写入 0，即选择外部参考时钟； ➢ C6[PLLS] 位写入 1，即选择 PLL，禁止 FLL 在 PEE 模式下，MCGOUTCLK 从 PLL 时钟获得，且由外部参考时钟控制。PLL 时钟频率锁存到由 C6[VDIV] 选择的乘积因子乘以由 C5[PRDIV] 选择的外部参考频率。PLL 可编程的参考分频器必须配置产生一个有效的 PLL 参考时钟 在 PEE 模式下，FLL 被禁用并处于低功耗状态
旁路 PLL 且采用外部时钟源模式 (PBE, PLL Bypassed External)	当满足以下条件进入 PBE： ➢ C1[CLKS] 位写入 10，即选择外部参考时钟； ➢ C1[IREFS] 位写入 0，即选择外部参考时钟； ➢ C6[PLLS] 位写入 1，即选择 PLL，禁止 FLL； ➢ C2[LP] 位写入 0，旁路模式不禁用 PLL 在 PBE 模式下，MCGOUTCLK 从 OSCSEL 外部参考时钟获得。PLL 是运行的，但微控制器并没有把它的时钟输出作为时钟源。该模式的用途是：MCGOUT 由外部参考时钟驱动而允许 PLL 获得它的目标频率。PLL 时钟频率锁存到由 C6[VDIV] 选择的乘积因子乘以由 C5[PRDIV] 选择的外部参考频率。在准备转换为 PEE 模式下，PLL 可编程的参考分频器必须配置产生一个有效的 PLL 参考时钟 在 PEE 模式下，FLL 被禁用并处于低功耗状态
旁路低功耗内部时钟源 (BLPI, Bypassed Low Power Internal)	当满足以下条件进入 BLPI： ➢ C1[CLKS] 位写入 01，即选择内部参考时钟； ➢ C1[IREFS] 位写入 1，即选择内部参考慢时钟作为时钟源； ➢ C6[PLLS] 位写入 0，即禁止 PLL，选择 FLL； ➢ C2[LP] 位写入 1，即旁路模式禁用 FLL 和 PLL(低功耗) 在 BLPI 模式，MCGOUT 由内部参考时钟获得。FLL 和 PLL 都被禁用，即使 C5[PLLCLKEN] 置 1 了
旁路低功耗外部时钟源 (BLPE, Bypassed Low Power External)	当满足以下条件进入 BLPE： ➢ C1[CLKS] 位写入 10，即选择外部参考时钟； ➢ C1[IREFS] 位写入 0，即选择外部参考时钟； ➢ C2[LP] 位写入 1，即旁路模式禁用 FLL 和 PLL(低功耗) 在 BLPI 模式，MCGOUT 由 OSCSEL 外部参考时钟获得。FLL 和 PLL 都被禁用，即使 C5[PLLCLKEN] 置 1 了

续表 4-2

模式	描述
停止 (Stop)	MCU 任何一种状态都可以进入 Stop 模式。功耗模式由芯片决定。进入 Stop 模式，FLL 是禁用的，所有的 MCG 时钟信号都是静态的，除了下面的情况： 当 PLLSTEN=1，在标准 Stop 模式下 MCGPLLCLK 是激活的。 当 C1[IRCLKEN]=1，C1[IREFSTEN]=1 都成立，在 Stop 模式下 MCGIRCLK 是激活的 注意： 当从 PEE 模式进入低功耗 Stop 模式(LLS 或 VLPS)，退出时 MCG 时钟模式被迫运行在 PBE 时钟模式下。C1[CLKS] 和 S[CLKST] 会被配置为 2'b10，没有设置 S[LOLS] 的情况下 S[LOCK] 会被清 0； 当从 PEE 模式进入标准 Stop 模式，如果 C5[PLLSTEN]=0，退出时 MCG 时钟模式被迫运行在 PBE 时钟模式下。C1[CLKS] 和 S[CLKST] 会被配置为 2'b10，没有设置 S[LOLS] 的情况下 S[LOCK] 会被清 0； 如果 C5[PLLSTEN]=1，S[LOCK] 位不会被清 0，退出时 MCG 时钟模式继续运行在 PEE 时钟模式下

MCG 的运行模式不是随意转换的，而是根据如图 4-3 所示的 MCG 运行模式转换状态图的关系来转换的。

注意：
- 当 MCG 运行在 PEE 模式时，从 LLS（低功耗模式）和 VLPS（低功耗停止模式）退出，MCG 会复位到 PBF 模式，C1[CLKS] 和 S[CLKST] 自动设为 2'b10。
- 当 MCG 运行在 PEE 模式，且 C5[PLLSTEN]=0 时，如果进入正常的停止模式，MCG 会复位到 PBE 模式，C1[CLKS] 和 S[CLKST] 自动设为 2'b10。

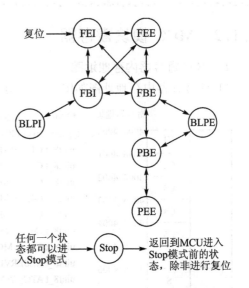

图 4-3 MCG 运行模式转换状态图

> **小提示**
>
> 2'b10,是一种数字表示方法,在 Verilog 语言里,基本语法结构为:
>
> <位宽>'<数制的符号><数值>
>
> 位宽,是指数据的二进制数位的位数加上占位所用 0 的位数,该位数需要使用十进制来表示。位宽是可选项,如果没有指明位宽,则默认的数据位宽与仿真器有关。
>
> 数制需要用字母来表示,h 对应十六进制,d 对应十进制,o 对应八进制,b 对应二进制。如果没有指明数制,则默认数据为十进制数。
>
> 例如:
>
> ➢ 12'h123:十六进制数 123(使用 12 位)。
> ➢ 20'd44:十进制数 44(使用 20 位,高位自动使用 0 填充)。
> ➢ 4'b1010:二进制数 1010(使用 4 位)。
> ➢ 6'o77:八进制数 77(使用 6 位)。
>
> 如果某个数的最高位为 x 或 z,那么系统会自动使用 x 或 z 来填充没有占据的更高位。如果最高位为其他情况,系统会自动使用 0 来填充没有占据的更高位。

4.1.2 MCG 模块寄存器

1. MCG 寄存器内存地址图

MCG 寄存器内存地址图如图 4-4 所示。

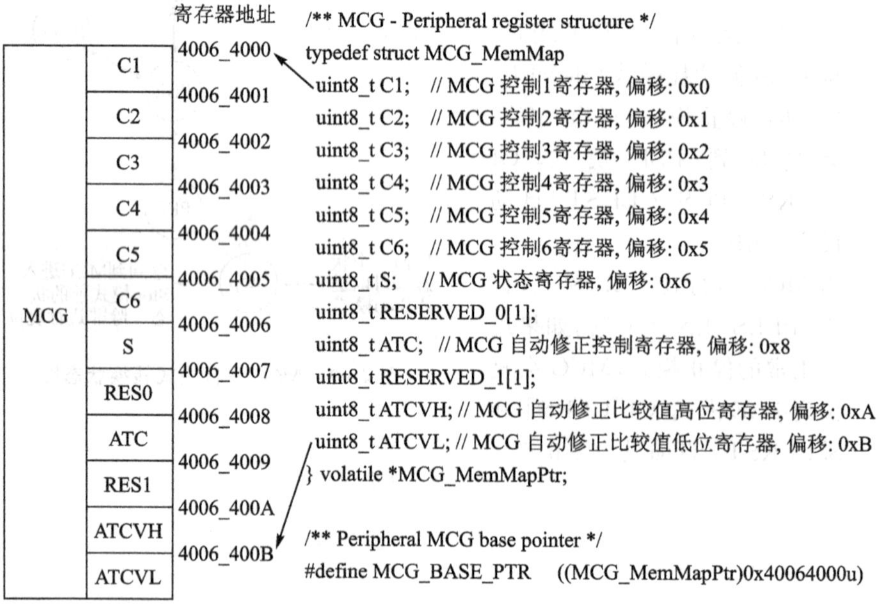

寄存器地址		/** MCG - Peripheral register structure */

```
                              /** MCG - Peripheral register structure */
         ┌──────┐  4006_4000  typedef struct MCG_MemMap
         │  C1  │             uint8_t C1;   // MCG 控制1寄存器, 偏移: 0x0
         ├──────┤  4006_4001
         │  C2  │             uint8_t C2;   // MCG 控制2寄存器, 偏移: 0x1
         ├──────┤  4006_4002
         │  C3  │             uint8_t C3;   // MCG 控制3寄存器, 偏移: 0x2
         ├──────┤  4006_4003
         │  C4  │             uint8_t C4;   // MCG 控制4寄存器, 偏移: 0x3
         ├──────┤  4006_4004
         │  C5  │             uint8_t C5;   // MCG 控制5寄存器, 偏移: 0x4
         ├──────┤  4006_4005
         │  C6  │             uint8_t C6;   // MCG 控制6寄存器, 偏移: 0x5
  MCG    ├──────┤  4006_4006
         │  S   │             uint8_t S;    // MCG 状态寄存器, 偏移: 0x6
         ├──────┤  4006_4007  uint8_t RESERVED_0[1];
         │ RES0 │             uint8_t ATC;  // MCG 自动修正控制寄存器, 偏移: 0x8
         ├──────┤  4006_4008
         │ ATC  │             uint8_t RESERVED_1[1];
         ├──────┤  4006_4009  uint8_t ATCVH; // MCG 自动修正比较值高位寄存器, 偏移: 0xA
         │ RES1 │             uint8_t ATCVL; // MCG 自动修正比较值低位寄存器, 偏移: 0xB
         ├──────┤  4006_400A
         │ ATCVH│             } volatile *MCG_MemMapPtr;
         ├──────┤  4006_400B
         │ ATCVL│             /** Peripheral MCG base pointer */
         └──────┘             #define MCG_BASE_PTR    ((MCG_MemMapPtr)0x40064000u)
```

图 4-4 MCG 寄存器内存地址图

2. MCG 寄存器详解

(1) MCG 控制寄存器 1(MCG_C1)

位	7	6	5	4	3	2	1	0
读写	CLKS		FRDIV			IREFS	IRCLKEN	IREFSTEN
复位	0	0	0	0	0	1	0	0

MCG_C1 各位说明如表 4-3 所列。

表 4-3 MCG_C1 说明

域	描述
7~6 CLKS	时钟源选择 选择 MCGOUTCLK 时钟源 00 编码 0：选择 FLL 或者 PLL 的输出(由 PLLS 控制位决定)； 01 编码 1：选择内部参考时钟； 10 编码 2：选择外部参考时钟； 11 编码 3：保留
5~3 FRDIV	FLL 外部参考分频 为 FLL 选择一个外部参考时钟的分频系数。分频后的频率必须在 31.25~39.062 5 kHz 之间(这是用 FLL/DCO 作为 MCGOUTCLK 的时钟源所要求的。在 FBE 模式下，不要求满足这一条件，但当试图从 FBE 进入到 FLL 模式的时候，建议使用) 000：如果 RANGE 0=0 或者 OSCSEL=1,分频系数是 1；其他所有的 RANGE 0 值,分频系数是 32； 001：如果 RANGE 0=0 或者 OSCSEL=1,分频系数是 2；其他所有的 RANGE 0 值,分频系数是 64； 010：如果 RANGE 0=0 或者 OSCSEL=1,分频系数是 4；其他所有的 RANGE 0 值,分频系数是 128； 011：如果 RANGE 0=0 或者 OSCSEL=1,分频系数是 8；其他所有的 RANGE 0 值,分频系数是 256； 100：如果 RANGE 0=0 或者 OSCSEL=1,分频系数是 16；其他所有的 RANGE 0 值,分频系数是 512； 101：如果 RANGE 0=0 或者 OSCSEL=1,分频系数是 32；其他所有的 RANGE 0 值,分频系数是 1 024； 110：如果 RANGE 0=0 或者 OSCSEL=1,分频系数是 64；其他所有的 RANGE 0 值,分频系数是保留的； 111：如果 RANGE 0=0 或者 OSCSEL=1,分频系数是 128；其他所有的 RANGE 0 值,分频系数是保留的
2 IREFS	内部参考时钟选择 给 FLL 选择参考时钟源 0：选择外部参考时钟；1：选择内部低频参考时钟

续表 4-3

域	描述
1 IRCLKEN	内部参考时钟使能 使内部参考时钟作为 MCGIRCLK 使用 0：MCGIRCLK 不激活；1：MCGIRCLK 激活
0 IREFSTEN	内部参考终止使能 当 MCG 进入终止模式的时候，控制是否保留内部参考时钟 0：在终止模式下不允许内部参考时钟；1：在进入终止模式之前，如果设定了 IRCLKEN，或者 MCG 是在 FEI,FBI 或者 BLPI 模式下，允许内部参考时钟

(2) MCG 控制寄存器 2(MCG_C2)

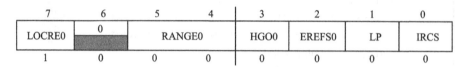

MCG_C2 各位说明如表 4-4 所列。

表 4-4　MCG_C2 说明

域	描述
7 LOCRE0	时钟损耗重置使能 决定在 OSC0 外部参考时钟损耗之后，是否会产生一个中断或者是一个重置请求。LOCRE0 只在 CME0 设置之后才生效 0：在 OSC0 外部参考时钟损耗之后，产生一个中断请求； 1：在 OSC0 外部参考时钟损耗之后，产生一个重置请求
6 保留	保留 读为 0，写无效
5～4 RANGE0	频率范围的选择 给晶体振荡器或者外部时钟源选择频率范围。详细内容见振荡器(OSC)的章节和频率使用范围的设备数据表 00 编码 0：给晶体振荡器选择低频率范围(32～40 kHz)； 01 编码 1：给晶体振荡器选择高频率范围(1～8 MHz)； 1X 编码 2：给晶体振荡器选择非常高的频率范围(8～32 MHz)
3 HGO0	高增益振荡器选择 控制晶体振荡器的操作模式，详细内容见介绍振荡器(OSC)的章节 0：设置晶体振荡器为低电源操作模式；1：设置晶体振荡器为高增益操作模式
2 EREFS0	外部参考选择 给外部参考时钟选择时钟源。详细内容见介绍振荡器(OSC)的章节 0：外部参考时钟请求；1：振荡器请求

续表 4-4

域	描述
1 LP	低功率的选择 控制在 BLPI 和 BLPE 模式下，FLL 或者 PLL 是否有效。在 FBE 或者 PBE 模式下，把该位设置成 1 可以将 MCG 切换到 BLPI 模式；在其他 MCG 模式下，LP 位是无效的 0：FLL 或者 PLL 在旁路模式下是允许的；1：FLL 或者 PLL 在旁路模式下（低功率）是禁止的
0 IRCS	内部参考时钟选择 选择快速或者缓慢的内部参考时钟源： 0：选择缓慢的内部参考时钟；1：选择快速的内部参考时钟

(3) MCG 控制寄存器 3(MCG_C3)

位	7	6	5	4	3	2	1	0
读写				SCTRIM				
复位	X	x	x	x	x	x	x	x

X 表示没定义

MCG_C3 各位说明如表 4-5 所列。

表 4-5 MCG_C3 说明

域	描述
7~0 SCTRIM	缓慢内部参考时钟的微调设置 SCTRIM[1] 通过控制缓慢的内部参考时钟周期来控制缓慢内部参考时钟的频率。SCTRIM 是二进制加权值，也就是第 1 位的调整值相当于第 0 位调整值的两倍。增加二进制的值可以增大周期，而减少这个值就会缩小周期 在 C4 寄存器中有一个额外的可用的精细调整位 SCTRIM 位。在重置的时候，该位就会装载一个调整系数。如果 SCTRIM 的值存储在非易失存储器中，则需要把这个值在非易失存储器中复制到寄存器中

(4) MCG 控制寄存器 4(MCG_C4)

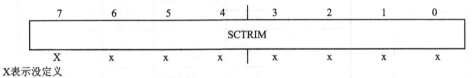

位	7	6	5	4	3	2	1	0
读写	DMX32	DRST_DRS			FCTRIM			SCFTRIM
复位	0	0	0	0	0	0	0	0

MCG_C4 各位说明如表 4-6 所列。

表 4-6 MCG_C4 说明

域	描 述
7 DMX32	带 32.768 kHz 参考的数控振荡器(DCO)最大频率 DMX32 位控制 DCO 的频率范围是否接近它的最大参考频率 32.768 kHz 下表是 DCO 频率范围的设置说明 注：由此源得来的系统时钟不应该超过它们指定的最大值 | DRST_DRS	DMX32	参考范围	FLL 因子	DCO 范围
---	---	---	---	---
00	0	31.25～39.0625 kHz	640	20～25 MHz
	1	32.768 kHz	732	24 MHz
01	0	31.25～39.0625 kHz	1 280	40～50 MHz
	1	32.768 kHz	1 464	48 MHz
10	0	31.25～39.0625 kHz	1 920	60～75 MHz
	1	32.768 kHz	2 197	72 MHz
11	0	31.25～39.0625 kHz	2 560	80～100 MHz
	1	32.768 kHz	2929	96 MHz	 0：DCO 有一个 25% 的默认范围； 1：以参考频率为 32.768 kHz 来微调 DCO 的最大频率
6～5 DRST_DRS	DCO 范围的选择 DRS 位为 FLL 输出，DCOOUT 的选择频率范围。当 LP 置位，DRS 位的写入被忽略。DRST 的读字段指示当前 DCOOUT 的频率范围。在 DRS 字段由于内部时钟域内的同步被写入之后，DRST 字段不会马上更新。详细内容见 DCO 频率范围表。 00 编码 0：低范围(复位默认)；01 编码 1：中等范围；10 编码 2：中高范围；11 编码 3：高范围
4～1 FCTRIM	快速内部参考时钟微调设置 FCTRIM[1] 通过控制内部参考时钟的周期来控制快速内部参考时钟的频率。FCTRIM 位是二进制加权值，即第 1 位的调整值相当于第 0 位的值的两倍。增加二进制的值会增加它的周期，而减少这个值就会减少周期 如果一个存储在非易失存储器中的 FCTRIM[3:0] 值要被使用，则需要把这个值从非易失存储器中复制到寄存器中
0 SCFTRIM	缓慢内部参考时钟的精细微调 SCFTRIM[2] 控制缓慢内部参考时钟频率的最小调整。SCFTRIM 置位和清零会以最小的可调整幅度来增加或者减少周期 如果一个存储在非易失存储器中的 SCFTRIM 值要被使用，则需要把这个值从非易失存储器中复制到寄存器中

注：1. 复位时 FCTRIM 值会从工厂编程区加载； 2. 复位时 SCFTRIM 值会从工厂编程区加载。

(5) MCG 控制 5 寄存器(MCG_C5)

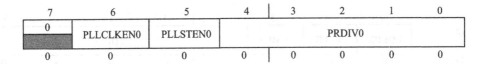

MCG_C5 各位说明如表 4-7 所列。

表 4-7 MCG_C5 说明

域	描 述
7 Reserved	保留
6 PLLCLKEN0	PLL 时钟使能 使能独立于 PLLS 的 PLL 和使能用做 MCGPLLCLK 的 PLL 时钟(PRDIV0 需要被编程去纠正分频,产生一个范围在 2~4 MHz 的 PLL 参考时钟,优先设置 PLLCLKEN0 位)。PLL-CLKEN0 置位将使能还没有使能的外部振荡器。不管 PLL 是否通过 PLLCLKEN0 位被使能,外部振荡器是否被用做参考时钟,OSCINIT0 位都应该确保被设定 0: MCGPLLCLK 没有激活;1: MCGPLLCLK 激活
5 PLLSTEN0	PLL 停止使能 在正常停止模式下使能 PLL 时钟。在低功率停止模式下,即使 PLLSTEN0=1,PLL 时钟也不可用。其他所有的功率模式,PLLSTEN0 没有影响,如果 PLLSTEN0 写入 1 则不使能 PLL 时钟运行 0: MCGPLLCLK 在任何停止模式下禁止; 1: MCGPLLCLK 在系统处于正常停止模式下使能
4~0 PRDIV0	PLL 外部参考分频器 给 PLL 选择一个外部参考时钟的分频系数。分频后的频率必须在 2~4 MHz。在 PLL 使能之后(通过设置 PLLCLKEN0 或者 PLLS),如果 LOCK0 是 0,则 PRDIV0 的值不能改变,PLL 外部参考分频因子如下表所列 PLL 外部参考分频因子 | PRDIV	分频因子	PRDIV	分频因子	PRDIV	分频因子	PRDIV	分频因子
---	---	---	---	---	---	---	---
00000	1	01000	9	10000	17	11000	25
00001	2	01001	10	10001	18	1100	保留
00010	3	01010	11	10010	19	11010	保留
00011	4	01011	12	10011	0	11011	保留
00100	5	01100	13	10100	21	11100	保留
00101	6	01101	14	10101	22	11101	保留
00110	7	01110	15	10110	23	11110	保留
00111	8	01111	16	10111	24	11111	保留	

(6) MCG 的控制寄存器 6(MCG_C6)

位	7	6	5	4	3	2	1	0
读写	LOLIE0	PLLS	CME0	\multicolumn{5}{c}{VDIV0}				
复位	0	0	0	0	0	0	0	0

MCG_C6 各位说明如表 4-8 所列。

表 4-8 MCG_C6 说明

域	描述
7 LOLIE0	失锁中断使能 在有失锁迹象的时候,决定是否发出一个中断请求。这一位仅仅当 LOLS0 被设置了才有效 0：失锁无中断请求；1：失锁有中断请求
6 PLLS	PLL 选择 在 CKLS[1:0]=00 的时候,控制 PLL 或者 FLL 输出是否被选择为 MCG 源。如果 PLLS 位被清零而且 PLLCLKEN0 没设置,则 PLL 在所有模式下不可用。如果 PLLS 被设置,FLL 在所有模式下不可用 0：选择 FLL；1：选择 PLL(PRDIV0 需要编程调整分频,在设置 PLLS 位之前就产生一个范围在 2~4 MHz 的 PLL 参考时钟)
5 CME0	时钟监控使能 使能 OSC0 的外部参考多路复用选择的失锁监控电路。LOCRE0 位决定了在 OSC0 有丢失迹象时是否有中断或者复位请求发出。MCG 在使用外部时钟(FEE、FBE、PEE、PBE,或者 BLPE)的工作模式下,CME0 位只能被设为逻辑 1。每当 CME0 位被设为逻辑 1,C2 寄存器中的 RANGE0 位的值不可变。在 MCG 进入任何停止模式之前,CME0 位应该被设为逻辑 0。否则,在停止模式下可能产生一个复位请求。如果 MCG 在 BLPE 模式下,在进入 VLPR 或者 VLPW 功率模式之前,CME0 位也应该被设为逻辑 0 0：OSC0 禁止外部时钟监控；1：OSC0 允许外部时钟监控
4~0 VDIV0	VCO0 分频 给 PLL 的 VCO 输出选择一个分频系数。VDIV0 位决定应用于参考时钟频率的倍增系数(M)。PLL 使能之后(通过设置 PLLCLKEN0 或者 PLLS),当 LOCK0 是 0 的时候,VDIV0 的值必须不可变,PLL VCO 的分频因子如下表所列 PLL VCO 分频因子 | VDIV | 乘积因子 | VDIV | 乘积因子 | VDIV | 乘积因子 | VDIV | 乘积因子 | VDIV | 乘积因子 | |---|---|---|---|---|---|---|---|---|---| | 00000 | 24 | 01000 | 32 | 10000 | 40 | 11000 | 48 | | | | 00001 | 25 | 01001 | 33 | 10001 | 41 | 11001 | 49 | | | | 00010 | 26 | 01010 | 34 | 10010 | 42 | 11010 | 50 | | | | 00011 | 27 | 01011 | 35 | 10011 | 43 | 11011 | 51 | | | | 00100 | 28 | 01100 | 36 | 10100 | 44 | 11100 | 52 | | | | 00101 | 29 | 01101 | 37 | 10101 | 45 | 11101 | 53 | | | | 00110 | 30 | 01110 | 38 | 10110 | 46 | 1 110 | 54 | | | | 00111 | 31 | 01111 | 39 | 10111 | 47 | 11111 | 55 | | |

(7) MCG 状态寄存器(MCG_S)

位	7	6	5	4	3	2	1	0
读写	LOLS	LOCK0	PLLST	IREFST	CLKST		OSCINIT0	IRCST
复位	0	0	1	0	0	0	0	0

MCG_S 各位说明如表 4-9 所列。

表 4-9 MCG_S 说明

域	描 述
7 LOLS	失锁状态 这是表示 PLL 锁存的状态位。如果捕获到锁,LOLS 就置位,PLL 输出频率已经下降到退出锁状态所允许频率误差范围 D_{unl} 之外。LOLIE 决定当 LOLS 被置位时,是否产生一个中断请求。通过复位或者写入逻辑 1,该位即可清零。写入逻辑 0 到该位是无效的 0:从 LOLS0 位上一次被清零后,PLL 没有失锁; 1:从 LOLS0 位上一次被清零后,PLL 有失锁
6 LOCK0	锁存状态 该位表示 PLL 是否已经锁定指定频率。当系统不是在 PBE 或者 PEE 模式下工作时,锁存检测是禁止的;除非 PLLCLKEN=1,而且 MCG 没被配置为 BLPI 或者 BLPE 模式。当 PLL 时钟锁定了要求的频率时,MCG 的 PLL 时钟(MCGPLLCLK)就会被关闭直到 LOCK 位发生断言(置 1)。如果锁存的状态位被置位,改变 C5 寄存器中的 PRDIV0[4:0]的值或者 C6 寄存器中 VDIV0[4:0]的值,就会导致锁存状态位清零并且保持清零状态直到 PLL 锁存指定频率。PLL1 参考时钟的丢失也会引起 LOCK 位清零,直到 PLL 锁存指定的频率。进入 LLS、VLPS,周期 Stop 模式且 PLLSTEN=0 也会引起锁存状态位清零,并且保持清零状态直到退出 Stop 模式且 PLL 锁定指定频率。任何 PLL 使能和 LOCK 位清零,MCGPLLCKL 通过组合逻辑 Cate 电路被关闭,直到 LOCK 位发生断言。 0:PLL 当前没锁存;1:PLL 当前锁存
5 PLLST	PLL 选择状态 该位表示 PLLS 选择的时钟源。由于内部同步时钟范围,写入 PLLS 位之后,PLLST 位不会马上更新 0:PLLS 时钟源是 FLL 时钟;1:PLLS 时钟源是 PLL 输出时钟
4 IREFST	内部参考状态 该位表示 FLL 的当前参考时钟源。由于内部同步时钟范围,写入 IREFS 位之后,IREFST 位不会马上更新 0:FLL 参考时钟源是外部参考时钟;1:FLL 参考时钟源是内部参考时钟
3~2 CLKST	时钟模式状态 这些位表示当前的时钟模式。由于内部同步时钟范围,写入 CLKS 位之后,CLKST 位不会马上更新 00 编码 0:选择 FLL 输出(复位默认);01 编码 1:选择内部参考时钟; 10 编码 2:选择外部参考时钟;11 编码 3:选择 PLL 输出

续表 4-9

域	描述
1 OSCINIT0	OSC 初始化 此位复位为 0,在晶体振荡器时钟的初始化循环完成后被设置为 1。被设置以后,如果之后 OSC 被禁用了,此位就会被清零。详细内容见 OSC 模块的具体描述
0 IRCST	内部参考时钟状态 IRCST 位表示当前内部参考时钟选择的时钟源(IRCSCLK)。由于内部同步时钟范围,写入 IRCS 位之后,IRCST 位不会马上更新 IRCST 位只会在内部参考时钟使能的时候被更新,可以通过设置 MCG 处于一个使用 IRC 的模式下,或者设置 C1[IRCLKEN]位 0:内部参照时钟源是缓慢时钟(32 kHz IRC);0:内部参照时钟源是快速时钟(4 MHz IRC)

4.1.3 MCG 编程要点

对于同一款 MCU,频率与功耗是成正比的,频率越高,功耗越高。MCG 模块一共有 9 种运行模式,按功耗高低顺序为:PEE、FEE、FEI、PBE、FBE、FBI、BLPE、BLPI、stop。

考虑到使用 PLL 可以获得更高的频率,以进入 PEE 为例设置 MCG 输出频率:外部输入 50 MHz 有源晶振,MCG 输出 100 MHz,分频给内核时钟、总线 bus 时钟、外部总线 flexbus 时钟、Flash 时钟的频率分别为 100 MHz、50 MHz、10 MHz、25 MHz。

1. MCG 频率设置

PEE,即启用 PLL 且采用外部时钟源模式。由图 4-2 所示的 MCG 模块框图可以看到 PLL 以外部参考时钟为时钟源,经过 PRDIV 分频后,输入 PLL 模块,输出频率经过 VDIV 分频后与输入频率进行鉴相,形成锁相环。换句话说,PLL 模块的输出频率是由 PRDIV 分频和 VDIV 倍频得到的。

参考 VDIV 和 PRDIV 的寄存器说明,可以得到频率计算公式为:

$$MCGOUTCLK = (外部输入时钟频率/(PRDIV+1)) \times (VDIV+24)$$

其中,外部输入时钟/(PRDIV+1) 的取值范围是 2~4 MHz。由此可得使用 50 MHz 外部输入时钟,MCG 输出 100 MHz 的配置如表 4-10 所列。

由图 4-1 所示的时钟框图可以看到 MCGOUTCLK 经过 SIM 的 OUTDIV1、OUTDIV2、OUTDIV3、OUTDIV4 寄存器分别分频到内核/系统时钟、Bus 时钟、FlexBus 时钟、Flash 时钟。

由 SIM 的寄存器说明可得公式如下:

$$内核/系统时钟频率 = MCGOUTCLK/(OUTDIV1+1)$$
$$Bus 时钟频率 = MCGOUTCLK/(OUTDIV2+1)$$
$$FlexBus 时钟频率 = MCGOUTCLK/(OUTDIV3+1)$$
$$Flash 时钟频率 = MCGOUTCLK/(OUTDIV4+1)$$

表 4-10 外部输入时钟 50 MHz MCG 输出 100 MHz 的配置表

外部输入时钟/MHz	PRDIV	VDIV	MCGOUTCLK/MHz	外部输入时钟/MHz	PRDIV	VDIV	MCGOUTCLK/MHz
50	11	0	100	50	18	14	100
50	12	2	100	50	19	16	100
50	13	4	100	50	20	18	100
50	14	6	100	50	21	20	100
50	15	8	100	50	22	22	100
50	16	10	100	50	23	24	100
50	17	12	100	50	24	26	100

由以上公式可得 MCG 输出 100 MHz,分频给内核时钟、总线 Bus 时钟、外部总线 Flexbus 时钟、Flash 时钟的频率分别为 100 MHz、50 MHz、10 MHz、25 MHz,对应需要配置的寄存器 OUTDIV1、OUTDIV2、OUTDIV3、OUTDIV4 的值为:0、1、9、3。

2. MCG 运行模式的转换设置

MCG 模块的运行模式是按一定的顺序进行转换的,如图 4-5 上电复位后进入 PEE 的转换图所示,复位后,MCG 的模式转换顺序为:FEI→FBE→PBE→PEE。

① 从 FEI 转换为 FBE,参考表 4-2 MCG 运行模式描述中的 FBI 描述,可知进入 FBI 的条件如下:

- C1[CLKS] 位写入 2′10,即选择外部参考时钟。
- C1[IREFS] 位写入 0,即选择外部参考时钟。
- C1[FRDIV] 推荐分频系数使得外部参考时钟范围是 31.25~39.0625 kHz。
- C6[PLLS] 位写入 0,即禁止 PLL,选择 FLL。
- C2[LP] 位写入 0,旁路模式不禁用 FLL。

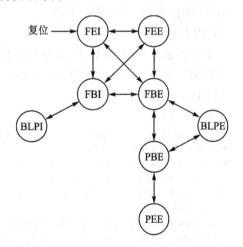

图 4-5 上电复位后进入 PEE 的转换图

上电复位后默认进入 FEI 状态,即满足以下条件:
- C1[CLKS] 位写入 2′00,即系统时钟源选择 FLL 或 PLL。
- C1[IREFS] 位写入 1,即选择内部参考慢时钟作为时钟源。
- C6[PLLS] 位写入 0,即禁止 PLL,选择 FLL。

因此，在这一步，需要配置：
C1[CLKS]=2'01,C1[IREFS]=0,C2[LP]=0。

C1[FRDIV] 分频设置，推荐分频系数使得外部参考时钟范围是 31.25 ~ 39.0625 kHz，因此设置最大的分频系数：C1[FRDIV]=2'111,C2[RANGE]=1（非 0 即可）。

```
//FEI -> FBE
MCG_C2 &= ~MCG_C2_LP_MASK;
MCG_C2 |= MCG_C2_RANGE(1);
MCG_C1 = MCG_C1_CLKS(2) | MCG_C1_FRDIV(7);
while (MCG_S & MCG_S_IREFST_MASK) {}; //等待参考时钟为外部参考时钟(S[IREFST]=0,
                                      //表示使用外部参考时钟)
while (((MCG_S & MCG_S_CLKST_MASK) >> MCG_S_CLKST_SHIFT) != 0x2) {};
                                      //等待时钟源选择外部参考时钟
//现在已经进入了 FBE 模式
```

② 从 FBE 转换为 PBE，参考表 4-2 MCG 运行模式描述中的 PBE 描述，可知进入 PBE 的条件如下：

- C1[CLKS] 位写入 2'10，即选择外部参考时钟。
- C1[IREFS] 位写入 0，即选择外部参考时钟。
- C6[PLLS] 位写入 1，即选择 PLL，禁止 FLL。
- C2[LP] 位写入 0，旁路模式不禁用 PLL。

对比 FBE，在这一步，需要配置：
C6[PLLS]=1。

还需要设置好 PLL 的频率，及分频系数：
C5[PRDIV]=11,C5[VDIV]=0,OUTDIV1=0,OUTDIV2=1,OUTDIV3=9,OUTDIV4=3。

```
//FBE -> PBE
set_sys_dividers(0,1, 9, 3);           //此函数配置 OUTDIV1、OUTDIV2、OUTDIV3、OUTDIV4 的值
MCG_C5 = MCG_C5_PRDIV(11);             //分频,50/(PRDIV + 1) = 4 MHz
MCG_C6 = MCG_C6_PLLS_MASK | MCG_C6_VDIV(0);  //倍频,4 MHz × (VDIV + 24) = 100 MHz
while (! (MCG_S & MCG_S_PLLST_MASK)) {};     //等待时钟源选择 PLL
while (! (MCG_S & MCG_S_LOCK_MASK)) {};      //等待 PLL 锁了(锁相环)
//现在已经进入了 PBE 模式
//set_sys_dividers 函数是飞思卡尔公司提供例程里自带的函数,用于设置分频系数
__RAMFUN void set_sys_dividers(uint32 outdiv1, uint32 outdiv2, uint32 outdiv3, uint32 outdiv4)
{
    /*
     * This routine must be placed in RAM. It is a workaround for errata e2448.
     * Flash prefetch must be disabled when the flash clock divider is changed.
     * This cannot be performed while executing out of flash.
     * There must be a short delay after the clock dividers are changed before prefetch
     * can be re-enabled.
     */
```

```c
uint32 temp_reg;
uint8 i;
temp_reg = FMC_PFAPR; //store present value of FMC_PFAPR
//set M0PFD through M7PFD to 1 to disable prefetch
FMC_PFAPR |= FMC_PFAPR_M7PFD_MASK | FMC_PFAPR_M6PFD_MASK | FMC_PFAPR_M5PFD_MASK
           | FMC_PFAPR_M4PFD_MASK | FMC_PFAPR_M3PFD_MASK | FMC_PFAPR_M2PFD_MASK
           | FMC_PFAPR_M1PFD_MASK | FMC_PFAPR_M0PFD_MASK;
//set clock dividers to desired value
SIM_CLKDIV1 = SIM_CLKDIV1_OUTDIV1(outdiv1) | SIM_CLKDIV1_OUTDIV2(outdiv2)
            | SIM_CLKDIV1_OUTDIV3(outdiv3) | SIM_CLKDIV1_OUTDIV4(outdiv4);
//wait for dividers to change
for (i = 0 ; i<outdiv4 ; i++)
    {}
FMC_PFAPR = temp_reg; //re-store original value of FMC_PFAPR
return;
} //set_sys_dividers
```

③ 从 PBE 转换为 PEE,参考表 4-2 MCG 运行模式描述中的 PEE 描述,可知进入 PEE 的条件如下:

> C1[CLKS] 位写入 00,即系统时钟源选择 FLL 或 PLL。
> C1[IREFS] 位写入 0,即选择外部参考时钟。
> C6[PLLS] 位写入 1,即选择 PLL,禁止 FLL。

对比 PBE,在这一步,需要配置:C1[CLKS]=2'00。

```c
//PBE -> PEE
MCG_C1 &= ~MCG_C1_CLKS_MASK;
while (((MCG_S & MCG_S_CLKST_MASK) >> MCG_S_CLKST_SHIFT) != 0x3) {};
                                                //等待选择输出 PLL
//现在已经进入了 PEE 模式
```

完整代码如下:

```c
void pll_100M_init(void)
{
    //上电复位后,微控制器会自动进入 FEI 模式,使用内部参考时钟
    //FEI -> FBE
    MCG_C2 &= ~MCG_C2_LP_MASK;
    MCG_C2 |= MCG_C2_RANGE(1);
    MCG_C1 = MCG_C1_CLKS(2) | MCG_C1_FRDIV(7);
    while (MCG_S & MCG_S_IREFST_MASK) {}; //等待 FLL 参考时钟为外部参考时钟
                                          //(S[IREFST]=0,表示使用外部参考时钟,)
    while (((MCG_S & MCG_S_CLKST_MASK) >> MCG_S_CLKST_SHIFT) != 0x2) {};
                                          //等待选择外部参考时钟
    //现在已经进入了 FBE 模式
    //FBE -> PBE
    set_sys_dividers(0, 1, 9, 3);              //设置系统分频因子选项
    MCG_C5 = MCG_C5_PRDIV(11);                 //分频,50/(PRDIV+1) = 4 MHz
    MCG_C6 = MCG_C6_PLLS_MASK | MCG_C6_VDIV(0); //倍频,4 MHz × (VDIV+24) = 100 MHz
    while (!(MCG_S & MCG_S_PLLST_MASK)) {};    //等待时钟源选择 PLL
    while (!(MCG_S & MCG_S_LOCK_MASK)) {};     //等待 PLL 锁了(锁相环)
```

```
//现在已经进入了 PBE 模式
//PBE -> PEE
MCG_C1 &= ~MCG_C1_CLKS_MASK;
while ((((MCG_S & MCG_S_CLKST_MASK) >> MCG_S_CLKST_SHIFT) != 0x3) {};
//等待选择输出 PLL
//现在已经进入了 PEE 模式
} //pll_init
```

下面进行时钟频率验证，kinetis 微控制器可直接输出时钟频率的引脚有 RTC_CLKOUT(PTE26)、TRACE_CLKOUT(PTA6)、FB_CLKOUT(PTC3)。

要验证 MCG 输出频率是否正确，可利用 TRACE_CLKOUT 或者 FB_CLKOUT 测出来。

TRACE_CLKOUT 为调试用的跟踪时钟，可通过 SIM_SOPT2_TRACECLKSEL 选择时钟源为 MCGOUTCLK 或者 Core/system clock，再经过 TPIU 二分频，如图 4-6 所示。

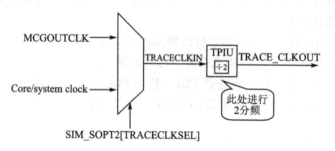

图 4-6 TRACE_CLKOUT 框图

调用如下代码即可配置 PTA6 输出 TRACE_CLKOUT：

```
//-----------------------------------------------------*
//函数名：trace_clk_init                                *
//功  能：跟踪时钟初始化                                *
//参  数：无                                           *
//返  回：无                                           *
//说  明：用于调试                                     *
//-----------------------------------------------------*
void trace_clk_init(void)
{
    /* Set the trace clock to the core clock frequency */
    SIM_SOPT2 |= SIM_SOPT2_TRACECLKSEL_MASK;
    /* Enable the TRACE_CLKOUT pin function on PTA6 (alt7 function) */
    PORTA_PCR6 = ( PORT_PCR_MUX(0x7));
}
```

示波器看到的效果如图 4-7 所示：

FB_Clock 为 FlexBus clock 外部总线的时钟，如图 4-1 所示的时钟框图，FlexBus 时钟频率＝MCGOUTCLK/(OUTDIV3＋1)。调用如下代码即可配置 PTC3

输出 FB_CLKOUT：

```
//---------------------------------------------------*
//函数名：fb_clk_init                                  *
//功    能：FlexBus 时钟初始化                          *
//参    数：无                                         *
//返    回：无                                         *
//说    明：                                           *
//---------------------------------------------------*
void fb_clk_init(void)
{
    /* Enable the clock to the FlexBus module */
    SIM_SCGC7 |= SIM_SCGC7_FLEXBUS_MASK;
    /* Enable the FB_CLKOUT function on PTC3 (alt5 function) */
    PORTC_PCR3 = ( PORT_PCR_MUX(0x5));
}
```

示波器看到的效果如图 4-8 所示：

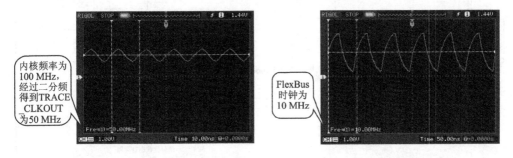

图 4-7 示波器效果图   图 4-8 示波器效果图

此外，还可以利用串口波特率的特点来间接验证系统时钟是否正确（串口 0 和 1 的波特率是由系统时钟经过分频得来，分频系数可在 UART 寄存器里配置）。感兴趣的读者可自行测试。

4.2　WDOG 看门狗定时器

4.2.1　看门狗定时器简介

看门狗定时器，初始化时配置喂狗时间，每隔一段时间就要进行喂狗操作，超过喂狗时间不进行喂狗操作，单片机就会复位，其模块框图如图 4-9 所示。

假如微控制器程序跑飞了，或者陷入未知死循环状态时，此时就会没法及时喂狗，超过喂狗时间不喂狗，看门狗就会对单片机进行复位，把系统从一个未知的状态带到一个可知的初始化状态，从而提高系统的安全性。

为了避免看门狗超时复位，在设计程序的时候要及时进行喂狗操作，即对看门狗

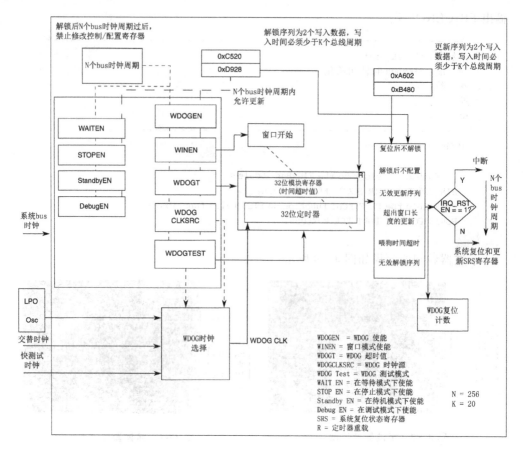

图 4-9 K60 WDOG 模块框图

计时时间进行复位操作。

4.2.2 WDOG 编程要点

看门狗 WDOG 的主要功能是超时喂狗会导致系统复位，从而把系统切换到已知的初始化环境下。在编写看门狗 WDOG 程序的时候，需要确保能及时进行喂狗，否则会出现不及时喂狗而导致复位，而并非由于程序跑飞导致系统运行异常。

看门狗 WDOG 的初始化步骤如下：

① 解锁看门狗。
② 时钟源及分频系数选择。
③ 设置超时喂狗时间限定。
④ 使能看门狗。

(1) 解锁看门狗要点

➢ 20 个 bus 周期连续向 WDOG_UNLOCK 寄存器写入 0xC520、0xD928 即可

解锁。
- 为了确保在 20 个 bus 时钟内写入解锁序列,因而需要先关闭总中断,避免由于中断打断了写入解锁序列的过程,从而解锁失败。

(2) 喂狗看门狗要点
- 20 个 bus 周期连续向 WDOG_REFRESH 寄存器写入 0xA602、0xB480 即可喂狗成功,看门狗重新开始计时。
- 为了确保在 20 个 bus 时钟内写入更新(喂狗)序列,因而需要先关闭总中断,避免由于中断打断了写入更新序列过程,从而更新(喂狗)失败。

(3) 看门狗初始化参考代码

```
/*!
*   @brief      初始化看门狗,设置喂狗时间
*   @param      cnt         喂狗时间(单位为 ms)
*   @since      v5.0
*/
void wdog_init_ms(uint32 ms)
{
    ASSERT(ms> = 4);        //断言,计数时间最小为 4 个时钟周期(WDOG_TOVALL 里说明)
    wdog_unlock();          //解锁看门狗,这样才能配置看门狗
    WDOG_PRESC = WDOG_PRESC_PRESCVAL(0);
                            //设置分频系数 = PRESCVAL + 1(PRESCVAL 取值范围为 0~7)
    WDOG_TOVALH = ms>>16;   //设置喂狗时间
    WDOG_TOVALL = (uint16)ms;
    WDOG_STCTRLH = ( 0
                    | WDOG_STCTRLH_WDOGEN_MASK      //WDOGEN 置位,使能看门狗
                    //| WDOG_STCTRLH_CLKSRC_MASK
//看门狗时钟选择(0 为 LDO,1 为 bus 时钟),bus 时钟太快,设置的时间较短,因此本代码
//直接用 LDO 做时钟源
                    | WDOG_STCTRLH_ALLOWUPDATE_MASK
                    | WDOG_STCTRLH_STOPEN_MASK
                    | WDOG_STCTRLH_WAITEN_MASK
                    | WDOG_STCTRLH_STNDBYEN_MASK
//实际编程中发现 WDOG_STCTRLH 寄存器进行一次读/写操作后,需要隔一段时间才可以进行
//第二次写操作,否则写无效
                    );
}
```

(4) 看门狗解锁参考代码

```
/*!
*   @brief      解锁看门狗
*   @since      v5.0
*/
void wdog_unlock(void)
{
    //此函数不能单步执行
    //WDOG_UNLOCK 寄存器里描述,连续向此寄存器写入 0xC520、0xD928 即可解锁,中间不得
    //超过 20 个时钟周期,因此需要先关总中断
```

```
        uint8 tmp = __get_BASEPRI();        //获取中断状态,1表示关中断,0表示开中断
    //CMSIS库提供的接口(在IAR编译器提供的cmsis_iar.h文件里实现)
    //关闭总中断,否则有可能没法在20个周期内连续写入WDOG_UNLOCK
    DisableInterrupts;
    //解锁 看门狗
    WDOG_UNLOCK = 0xC520;
    WDOG_UNLOCK = 0xD928;
    if(tmp == 0)
    {
        EnableInterrupts;
    }
}
```

(5) 看门狗喂狗参考代码

```
/*!
 *   @brief       喂狗
 *   @since       v5.0
 */
void wdog_feed(void)
{
    //此函数不能单步执行
    //WDOG_REFRESH 寄存器里描述,连续向此寄存器写入0xA602、0xB480即可解锁,中间不
    //得超过20个时钟周期,因此需要先关总中断
    uint8 tmp = __get_BASEPRI();        //用于返回寄存器PRIMASK的值(1bit)
                                        //1表示关中断,0表示开中断
    //关闭总中断,否则有可能没法在20个周期内连续写入WDOG_UNLOCK
    DisableInterrupts;
    //更新 看门狗(喂狗)
    WDOG_REFRESH = 0xA602;
    WDOG_REFRESH = 0xB480;
    if(tmp == 0)
    {
        EnableInterrupts;
    }
}
```

4.2.3 看门狗 WDOG 应用实例

1. WDOG 模块 API 的设计

根据软件分层的思想,设计的看门狗 WDOG 模块的 API 包含看门狗初始化、喂狗、使能看门狗和禁用看门狗等功能,如图 4-10 所示。

WDOG 模块的 API 接口如下:

```
extern void wdog_init_ms(uint32 ms);    //初始化看门狗,设置喂狗时间 ms
extern void wdog_feed(void);            //喂狗
extern void wdog_disable(void);         //禁用看门狗
extern void wdog_enable(void);          //启用看门狗
```

前面已经有了 wdog_init_ms 函数、wdog_feed 函数、和 wdog_unlock 函数的实现代码,此处仅提供 wdog_disable 函数和 wdog_enable 函数的代码。

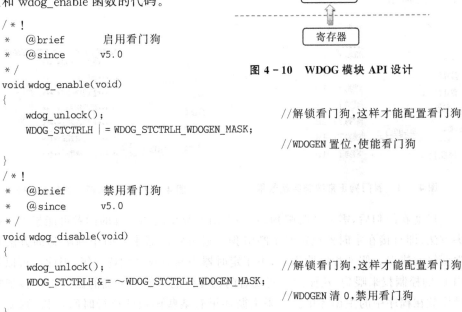

图 4-10　WDOG 模块 API 设计

```
/*!
 *  @brief      启用看门狗
 *  @since      v5.0
 */
void wdog_enable(void)
{
    wdog_unlock();                                        //解锁看门狗,这样才能配置看门狗
    WDOG_STCTRLH |= WDOG_STCTRLH_WDOGEN_MASK;             //WDOGEN 置位,使能看门狗
}
/*!
 *  @brief      禁用看门狗
 *  @since      v5.0
 */
void wdog_disable(void)
{
    wdog_unlock();                                        //解锁看门狗,这样才能配置看门狗
    WDOG_STCTRLH &= ~WDOG_STCTRLH_WDOGEN_MASK;            //WDOGEN 清 0,禁用看门狗
}
```

2. WDOG 模块的测试例程

WDOG 看门狗的用法比较简单,初始化设定喂狗超时时间后,需要在规定的时间内喂狗。

```
/*!
 *  @brief      main 函数
 *  @since      v5.0
 *  @note       看门狗测试代码
 */
void main(void)
{
    printf("\n***** 看门狗测试 *****\n");
    wdog_init_ms(1000);
    //初始化看门狗,调整这里的时间,看每次复位的时间是否与设定的相同(如果时间
    //太短,复位时初始化时间比较长,误差比较大)
    while(1)
    {
        DELAY_MS(500);
        wdog_feed();                  //如果注释掉此句,则可以通过串口助手看是否复位
        printf("喂狗了,汪汪~~\n\n");
    }
}
```

编译下载后,可以通过串口助手里看到不停地提示喂狗,如图 4-11 所示。

如果把上述代码的喂狗时间改成 500 ms 超时时间,那么编译下载后,由于有 500 ms 的延时,因此导致无法来得及喂狗,从而会导致微控制器不停得复位,如图 4-12 所示。

图 4-11　看门狗正常喂狗实验效果　　　图 4-12　看门狗超时喂狗实验效果

启动看门狗后,需要及时喂狗,否则会出现复位问题。有的读者可能想到一种解决方法,即直接在定时器里定时中断喂狗。通过定时器来定时中断喂狗的方法是非常低级的错误。假如程序跑飞了,由于定时器中断有较高的优先级,因此它可以获得 CPU 的控制权来喂狗,从而没法实现看门狗复位的功能。正确的做法是应该把喂狗操作放在程序中的主循环里。如果主循环里有某些函数的执行时间过长,则要考虑加长超时喂狗时间,或者在函数内部添加喂狗操作,确保在超时喂狗时间到来前及时喂狗。

4.3　Flex 定时器 FTM

4.3.1　FTM 简介

FTM 的全称是 FlexTimer Module,意思是灵活易用的定时器。FTM 模块是一个 16 位多功能定时器模块,有 2~8 个通道,可用于实现输入捕捉、输出比较、PWM 输出、正交解码等功能。FTM 模块是从飞思卡尔 HCS08 系列上的 TPM 模块拓展而来的,增加了带符号加法计数器、故障控制输入等功能。

1. FTM 特性

① FTM 时钟源可选择。
- 时钟源可选:系统时钟、固定频率时钟、外部时钟。
- 固定频率时钟是一个额外的、允许选择片内除系统时钟外的其他时钟源作为输入的时钟。

➢ 选择外部时钟连接 FTM 到芯片级输入引脚，因此允许同步 FTM 计数器的外部时钟源。
② 分频系数可选：1、2、4、8、16、32、64、128。
③ 16 位计数器。
➢ 可以是一个自由运行或一个带初值和终值的计数器。
➢ 计数方向可以是向上或向下。
④ 每个通道都可以设置为输入捕捉、输出比较、或边沿对齐 PWM 模式。
⑤ 在输入捕捉模式下：
➢ 可捕捉上升沿、下降沿或跳变沿。
➢ 有些通道可选择输入滤波器。
⑥ 在输出比较模式下，比较成功时可配置输出信号置位、清零、反转。
⑦ 全部通道都可配置为中心对齐 PWM 输出模式。
⑧ 每对通道都可以级联来产生 PWM 信号。
⑨ FTM 通道可成对运行在相同输出或互补输出，也可各通道独立输出。
⑩ 每对互补通道的空载时间插入是有效的。
⑪ 可产生匹配触发。
⑫ 软件控制 PWM 输出。
⑬ 多达 4 个全局故障控制的故障输入端。
⑭ 每个通道的极性都可配置。
⑮ 每个通道都可产生中断。
⑯ 计数器上溢时产生中断。
⑰ 侦测到故障条件发生时产生中断。
⑱ 同步加载写缓冲区的 FTM 寄存器。
⑲ 关键的寄存器有写保护。
⑳ 向后兼容 TPM。
㉑ 可输入捕捉测试维持在 0 和 1 的信号。
㉒ 双边捕捉可用于测量脉冲和周期信号的宽度。
㉓ 正交解码带输入滤波器、相对位置计数、计数中断或外部事件捕捉计数。

2. FTM 框架

从图 4-13 所示的 FTM 框架图可以看出，FTM 模块可选择多个时钟源：Bus 时钟、MCGFFCLK 时钟、外部时钟以及正交解码输入。输入的时钟信号需要经过预分频器进行时钟分频，然后直接接入 FTM 计数器进行计数。FTM 计数器计数值从 CNTIN 初值开始计数，计数值计到 MOD 终值时计数器溢出，可产生计数器溢出中断。

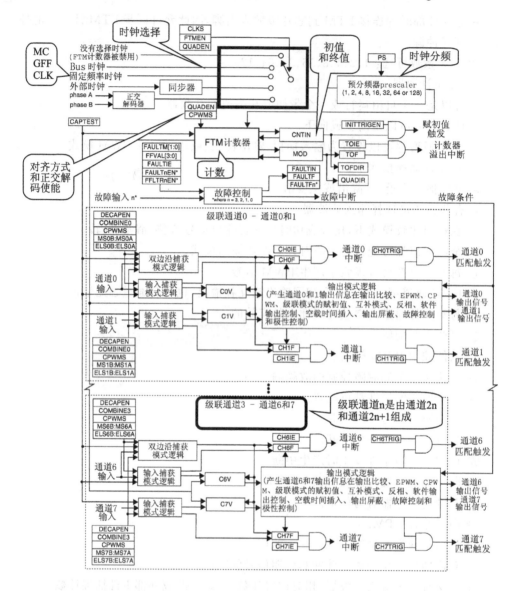

图 4-13 FTM 框架图

4.3.2 FTM 模块寄存器

1. FTM 寄存器内存地址图

FTM 寄存器内存地址图如图 4-14 所示。

图 4-14 FTM 寄存器内存地址图

2. FTM 寄存器详解

(1) 数据低位寄存器 (FTMx_SC)

SC 包含了溢出状态标志和用于配置中断使能的控制位，FTM 配置，时钟源，和预分频因子。这些控制涉及该模块中所有的通道，其各位说明如表 4-11 所列。

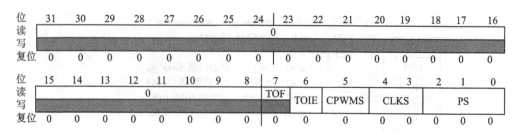

表 4-11 FTMx_SC 说明

域	描述
31~8 Reserved	保留 读为 0,写无效
7 TOF	定时器溢出标志 当 FTM 计数器达到 MOD 寄存器中设定的值时,此位被硬件置位。当 TOF 被置位后,写入 0 到 TOF 位,通过读取 SC 寄存器,TOF 位就会被清零。写入 1 到 TOF 无效 如果另一个 FTM 溢出发生在读写操作期间,写操作无效;因此,TOF 位保持置位意味着已经有一个溢出发生。在这种情况下,TOF 中断请求不会因为前一个 TOF 的清零序列而丢失 0:FTM 计数器未溢出;1:FTM 计数器溢出
6 TOIE	计时器溢出中断使能 使能 FTM 溢出中断 0:禁止 TOF 中断。使用软件轮询;1:使能 TOF 中断。当 TOF 等于 1 的时候,中断产生
5 CPWMS	中心对齐 PWM 的选择 选择 CPWM 模式。此模块配置 FTM 在先增后减计数模式下工作。此位是写保护的,只有当 MODE[WPDIS]=1 时才可被写入 0:FTM 计数器在增计数模式下工作;1:FTM 计数器在先增后减计数模式下工作
4~3 CLKS	时钟源的选择 选择 3 个 FTM 计数器时钟源中的一个 此位是写保护的,只有当 MODE[WPDIS]=1 时才可被写入 00:未选择时钟。实际上就是禁止 FTM 计数器;01:系统时钟;10:固定频率时钟;11:外部时钟。FTM 有两个外部时钟源:FTM_CLKIN0(PTA18)和 FTM_CLKIN1(PTA19)
2~0 PS	预分频因子的选择,预分频比=2 的 PS 次方 通过 CLKS 为时钟源选择 8 个分频因子中的一个。在更新到寄存器位之后,新选择的预分频因子下一个系统时钟循环时影响时钟源 此位是写保护的,只有当 MODE[WPDIS]=1 时才可被写入 000:1 分频;001:2 分频;010:4 分频;011:8 分频;100:16 分频;101:32 分频;110:64 分频;111:128 分频

(2) 计数器(FTMx_CNT)

CNT 寄存器包含了 FTM 计数器的值,其各位含义如表 4-12 所列。复位时清零 CNT 寄存器。向 COUNT 写入任何值将会把该计数器变回初始设定值,CNTIN。在 BDM 模式下,FTM 计数器被冻结。此值就是可能被读取的值。

位	31 30 29 28 27 26 25 24 23 22 21 20 19 18 17 16	15 14 13 12 11 10 9 8 7 6 5 4 3 2 1 0
读写	0	COUNT
复位	0 0 0 0 0 0 0 0 0 0 0 0 0 0 0 0	0 0 0 0 0 0 0 0 0 0 0 0 0 0 0 0

表 4-12　FTMx_CNT 说明

域	描述	域	描述
31~16 Reserved	保留 读为 0,写无效	15~0 COUNT	计数器的值

(3) 模数寄存器(FTMx_MOD)

模数寄存器保存 FTM 计数器的模数值。在 FTM 计数器达到模数值之后,溢出标志位(TOF)就会在下一个时钟到达时置位,FTM 计数器的下一个值取决于所选择的计数方式,其各位说明如表 4-13 所列。对 MOD 寄存器进行写入操作会把值锁存到缓冲区里。MOD 寄存器会根据以下条件来更新写缓冲区的值:

① 如果(CLKS[1:0]=0:0),当 MOD 寄存器被写入时,MOD 寄存器的值就会更新。如果(CLKS[1:0]≠0:0 且 FTMEN=0),MOD 寄存器会根据 CPWMS 位来更新它的值:

- 如果没有选择 CPWM 模式,那么 MOD 寄存器会在 MOD 寄存器被写入,且 FTM 计数器的计数值从 MOD 变成 CNTIN 时被更新。如果 FTM 计数器是在自由计数模式,那么 MOD 寄存器会在 FTM 计数器的计数值从 0xFFFF 变成 0x0000 时被更新。
- 如果选择 CPWM 模式,那么 MOD 寄存器会在 MOD 寄存器被写入,且 FTM 计数器的计数值从 MOD 变成(MOD-0x0001)时被更新。

② 如果(CLKS[1:0]≠0:0 且 FTMEN=1),那么 MOD 寄存器会根据 SYNCMODE 位来更新它的值。

如果 FTMEN=0,不管 BDM 是否有效,这一写入附着机制位都可能通过写入 SC 寄存器而被手动复位。通过写入 CNT 来初始化 FTM 计数器,为了避免当第一个计数器溢出的时候发生混淆,在写入 MOD 寄存器之前就要写入 CNT。

位	31 30 29 28 27 26 25 24 23 22 21 20 19 18 17 16	15 14 13 12 11 10 9 8 7 6 5 4 3 2 1 0
读写	Reserved	MOD
复位	0 0 0 0 0 0 0 0 0 0 0 0 0 0 0 0	0 0 0 0 0 0 0 0 0 0 0 0 0 0 0 0

表 4-13　FTMx_MOD 说明

域	描述	域	描述
31~16 Reserved	保留 读为 0,写无效	15~0 MOD	模数值

(4) 通道 n 状态及控制寄存器(FTMx_CnSC)

CnSC 包含了通道中断状态标志位和用于配置中断使能、选择通道和引脚功能的控制位，其各位说明如表 4 – 16 所列。

表 4 – 14 模式、边沿和电平选择

DECAPEN	DECAPEN	CPWMS	MSnB：MSnA	ELSnB：ELSnA	模式	配置
X	X	X	XX	0		FTM 引脚没用——恢复通道引脚为通用 I/O 或其他外围控制
0	0	0	0	1	输入捕捉	只捕捉上升沿
				10		只捕捉下降沿
				11		捕捉跳变沿
			1	1	输出比较	比较成功则输出反转
				10		比较成功则输出清 0
				11		比较成功则输出置 1
		1	1X	10	边沿对齐 PWM	先高后低电平
				X1		先低后高电平
	1	0	XX	X0	级联 PWM	通道 n 比较成功高，通道 n+1 比较成功低
				X1		通道 n 比较成功低，通道 n+1 比较成功高
1	0	0	X0	看表 4 – 15	双边沿捕捉	单次捕捉
			X1			连续捕捉

表 4 – 15 双边沿捕捉模式——边沿极性选择

ELSnB	ELSnA	通道端口使能	边缘检测
0	0	禁止	无效
0	1	使能	上升沿
1	0	使能	下降沿
1	1	使能	双边沿

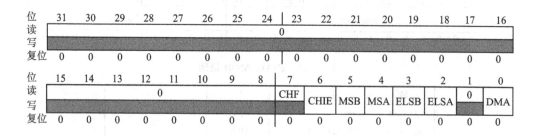

表 4-16　FTMx_CnSC 说明

域	描述
31～8 Reserved	保留 读为 0,写无效
7 CHF	通道标志 当通道事件发生时,硬件置位。当 CHnF 置位时,向 CHF 位写入 0 就可清零 CHF。向 CHF 写入 1 无效 如果另一个事件发生在读写操作期间,写操作无效;因此,CHF 保持置位意味着已经有一个事件发生。在这种情况下,CHF 中断请求不会因为前一个 CHF 的清零序列而丢失 0:没有通道事件发生;1:有通道事件发生
6 CHIE	通道中断使能 0:晶振通道使能,使用软件轮询;1:使能通道中断
5 MSB	通道模式选择 用于更细化选择通道的电平逻辑。它的功能是依赖于通道模式。如表 4-15 所列 此字段是写保护,只有在 MODE[WPDIS]=1 的时候可写
4 MSA	通道模式选择 用于更细化选择通道的电平逻辑。它的功能是根据通道模式而定的,如表 4-15 所列 此字段是写保护,只有在 MODE[WPDIS]=1 的时候可写
3 ELSB	边沿或电平选择 ELSB 和 ELSA 的功能是根据通道模式而定的,如表 4-15 所列 此字段是写保护,只有在 MODE[WPDIS]=1 的时候可写
2 ELSA	边沿或电平选择 ELSB 和 ELSA 的功能是根据通道模式而定的,如表 4-15 所列 此字段是写保护,只有在 MODE[WPDIS]=1 的时候可写
1 Reserved	保留 读为 0,写无效
0 DMA	DMA 使能 使能通道的 DMA 传输 0:禁止 DMA 传输;1:使能 DMA 传输

(5) 通道 n 计数值寄存器(FTMx_CnV)

这些寄存器保存着输入模式下捕获的 FTM 计数器的值或者输出模式下的匹配值,其各位含义如表 4-17 所列。在输入捕获,捕获测试,和双边缘捕获模式下,对 CnV 的任何写操作都会被忽略。在输出模式下,对一个 CnV 寄存器进行写入操作会把值锁存到缓冲区里。一个 CnV 寄存器会根据从写缓冲区更新的寄存器,用它自己的写缓冲区的值来更新。如果 FTMEN=0,不管 BDM 是否有效,通过写入 CnSC 寄存器,可以手动复位 CnV 寄存器。

位	31 30 29 28 27 26 25 24 23 22 21 20 19 18 17 16	15 14 13 12 11 10 9 8 7 6 5 4 3 2 1 0
读写	0	VAL
复位	0 0 0 0 0 0 0 0 0 0 0 0 0 0 0 0	0 0 0 0 0 0 0 0 0 0 0 0 0 0 0 0

表 4-17 FTMx_CnV 说明

域	描述
31~16 Reserved	保留 读为0,写无效
15~0 VAL	通道值 输入捕捉模式下捕捉FTM计数值或者输出比较模式下匹配值

(6) 计数器初值寄存器(FTMx_CNTIN)

计数器初值寄存器保存FTM计数器的初始值。

对CNTIN寄存器进行写入操作会把值锁存到缓冲区里。CNTIN寄存器会根据以下条件更新写缓冲区的值:

➤ 如果(CLKS[1:0]=0:0),当CNTIN寄存器被写入时,CNTIN寄存器的值就会更新。

➤ 如果(FTMEN=0)或(CNTINC=0),在CNTIN寄存器被写入的下一个系统时钟后,CNTIN寄存器的值就会更新。

➤ 如果(FTMEN=1),(SYNCMODE=1)和(CNTINC=1),CNTIN寄存器更新它的时间与MOD寄存器一致。

当FTM时钟一开始就通过写入一个非零值到CLKS位被选定,FTM计数器就会从0x0000开始计数。为了避免这种情况,在选择FTM时钟的第一次写操作之前,要先把新的值写到CNTIN寄存器并且通过写入任意值到CNT寄存器来初始化FTM计数器,其各位说明如表4-18所列。

位	31 30 29 28 27 26 25 24 23 22 21 20 19 18 17 16	15 14 13 12 11 10 9 8 7 6 5 4 3 2 1 0
读写	Reserved	INIT
复位	0 0 0 0 0 0 0 0 0 0 0 0 0 0 0 0	0 0 0 0 0 0 0 0 0 0 0 0 0 0 0 0

表 4-18 FTMx_CNTIN 说明

域	描述
31~16 保留	此字段为保留
15~0 INIT	FTM计数器初值

(7) 特性模式选择寄存器(FTMx_MODE)

该寄存器保存 FTM 特性的全局使能位和用于配置的控制位,其各位说明如表 4-19 所列:

- 故障控制模式和中断。
- 捕捉测试模式。
- PWM 同步。
- 写保护。
- 通道输出初始化。

这些控制都与此模块内所有通道有关联。

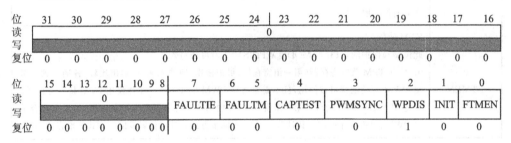

表 4-19 FTMx_MODE 说明

域	描述
31~8 Reserved	保留 读为 0,写无效
7 FAULTIE	错误中断使能 当 FTM 检测到错误并且 FTM 错误控制使能时,允许产生一个中断 0:错误中断禁止;1:错误中断使能
6~5 FAULTM	错误控制模式 定义 FTM 错误控制模式 此位是写保护的,只有当 MODE[WPDIS]=1 时可写 00:禁止所有通道的错误控制; 01:仅使能偶数通道错误控制(0,2,4,6 通道),手动清除错误; 10:使能通道错误控制,手动清除错误;11:使能通道错误控制,自动清除错误
4 CAPTEST	捕捉测试模式使能 此位是写保护的,只有当 MODE[WPDIS]=1 时可写 0:捕捉测试模式禁止;1:捕捉测试模式使能
3 PWMSYNC	PWM 同步模式 选择 MOD,CnV,OUTMASK 和 FTM 计数器同步时使用的触发器。详见 PWM 同步。当 SYNCMODE=0 时,PWMSYNC 位进行同步配置 0:无限制,软件和硬件触发器都可用于 MOD,CnV,OUTMASK 和 FTM 计数器同步; 1:MOD 和 CnV 同步只能用软件触发,OUTMASK 和 FTM 计数器同步只能用硬件触发

续表 4-19

域	描述
2 WPDIS	写保护禁止 当写保护使能(WPDIS=0)时,写保护位不可被写入。当写保护位禁止(WPDIS=1)时,写保护位可以被写入。WPDIS 位和 WPEN 位相反。当写入 1 到 WPEN 时,WPDIS 被清零。当 WPEN 位被读取为 1 时,WPDIS 就会被写入 1 置位。写入 0 到 WPDIS 无效 0:写保护使能;1:写保护禁止
1 INIT	初始化通道输出 当对 INIT 位写入 1 时,通道输出就会根据它们在 OUTINIT 寄存器中相应的位的状态,被初始化。写入 0 到 INIT 位无效 任何时候读取该位都是 0
0 FTMEN	FTM 使能 此位是写保护的,只有当 MODE[WPDIS]=1 时可被写入 0:只有 TPM 兼容寄存器(第一组寄存器)可被使用,即输入捕捉、输出比较、各通道独立输出 PWM 等功能都可被使用,且不需要选择 PWM 同步方式。不能使用 FTM 特定寄存器; 1:包括 FTM 特定寄存器(第二组寄存器)在内的所有寄存器都无限制使用,如通道联合输出 PWM、双边沿捕捉、AB 相计数器、PWM 同步方式和软硬件触发同步方式等增强的功能

(8) 捕捉和比较状态寄存器(FTMx_STATUS)

为了方便软件操作,STATUS 寄存器保存着每个 FTM 通道的 CnSC 中的状态标志 CHnf 位的副本,其各位说明如表 4-20 所列。

STATUS 中的每个 CHnf 位都是 CnSC 中 CHnf 位的一个映像。所有的 CHnF 位都可以通过读取 STATUS 被检测到。所有的 CHnF 位都可以通过向 STATUS 写入 0x00 而被清零。当一个通道事件发生时,硬件置位相应的独立通道标志位。当 CHnF 被置位,写入 0 到 CHnF 位,通过读取 STATUS 就可以清零 CHnF。

如果另一个事件发生在读写操作期间,写操作无效;因此 CHnF 保持置位意味着已经有一个事件发生。在这种情况下,一个 CHnF 中断请求不会因为前一个 CHnF 的清零序列而丢失。注意,STATUS 寄存器只能在复合模式下使用。

位	31	30	29	28	27	26	25	24	23	22	21	20	19	18	17	16
读	\multicolumn{16}{c}{0}														
写																
复位	0	0	0	0	0	0	0	0	0	0	0	0	0	0	0	0

位	15	14	13	12	11	10	9	8	7	6	5	4	3	2	1	0
读	0								CH7F	CH6F	CH5F	CH4F	CH3F	CH2F	CH1F	CH0F
写																
复位	0	0	0	0	0	0	0	0	0	0	0	0	0	0	0	0

表 4-20　FTMx_STATUS 说明

域	描述
31~8 Reserved	保留 读为 0，写无效
n(n=0~7) CHnF	通道 n 标记位 0：通道事件没发生；1：通道事件发生了

(9) 空载时间插入控制寄存器(FTMx_DEADTIME)

该寄存器选择空载时间预分频因子和空载时间值。所有 FTM 通道的空载时间插入都使用此时钟预分频和空载时间值，其各位说明如表 4-21 所列。只有双通道联合互补输出时，且对应的 DTENn=1 时，设置的死区值才有效。

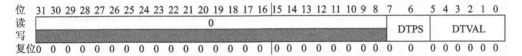

表 4-21　FTMx_DEADTIME 说明

域	描述
31~8 Reserved	保留 读为 0，写无效
7~6 DTPS	空载时间分频设置 选择系统时钟的除数因子。此分频时钟用于空载时间计数器。此位是写保护的，只有当 MODE[WPDIS]=1 才可写 0x：系统时钟除数因子是 1；10：系统时钟除数因子是 4；11：系统时钟除数因子是 16
5~0 DTVAL	空载时间值 选择空载时间计数器的空载插入时间值。空载时间计数器是系统时钟比例的时钟控制。 空载插入时间值=(DTPS × DTVAL) DTVAL 选择空载插入时间计数数目如下： 当 DTVAL=0 时，没有计数时间被插入； 当 DTVAL=1 时，1 个计数时间被插入； 当 DTVAL=2 时，2 个计数时间被插入。 此部分可多达 63 个计数时间 此位是写保护的，只有当 MODE[WPDIS]=1 才可写 空载插入的时间=DTPS×DTVAL×总线时钟周期

(10) 正交解码控制和状态寄存器(FTMx_QDCTRL)

此寄存器是正交解码模式的状态控制位其各位说明如表 4-22 所列。正交解码常用于正反向脉冲计数，根据旋转编码器输出的 A 相、B 相脉冲来测量脉冲值。

位	31	30	29	28	27	26	25	24	23	22	21	20	19	18	17	16
读写								0								
复位	0	0	0	0	0	0	0	0	0	0	0	0	0	0	0	0

位	15	14	13	12	11	10	9	8	7	6	5	4	3	2	1	0
读写			0						PHAFLTREN	PHBFLTREN	PHAPOL	PHBPOL	QUADMODE	QUADIR	TOFDIR	QUADEN
复位	0	0	0	0	0	0	0	0	0	0	0	0	0	0	0	0

表 4-22　FTMx_QDCTRL 说明

域	描 述
31～8 保留	保留 读为 0，写无效
7 PHAFLTREN	A 相输入滤波器使能 使能正交解码器 A 相输入的滤波器。A 相输入的滤波器的值由 FILTER 中的 CH0FVAL 定义。当 CH0FVAL 等于 0 时，A 相滤波器也会被禁用 0：A 相输入滤波器禁用；1：A 相输入滤波器使能
6 PHBFLTREN	B 相输入滤波器使能 使能正交解码器 B 相输入的滤波器。B 相输入的滤波器的值由 FILTER 中的 CH1FVAL 定义。当 CH1FVAL 等于 0 的时候，B 相滤波器也会被禁用 0：B 相输入滤波器禁用；1：B 相输入滤波器使能
5 PHAPOL	A 相输入极性 选择正交解码器 A 相输入的极性 0：正向极性。在识别到信号的上升沿和下降沿之前，A 相输入信号不会变频； 1：反向极性。在识别到信号的上升沿和下降沿之前，A 相输入信号已变频
4 PHBPOL	B 相输入极性 选择正交解码器 B 相输入的极性 0：正向极性。在识别到信号的上升沿和下降沿之前，B 相输入信号不会变频； 1：反向极性。在识别到信号的上升沿和下降沿之前，B 相输入信号已变频
3 QUADMODE	正交解码模式 选择用于正交解码模式的编码模式。 0：A 相和 B 相编码模式。计数方向由 A 相和 B 相之间的关系决定，计数频率则由 A 相和 B 相的输入信号决定。当 A 相或 B 相的信号出现跳变，即可触发 FTM 计数器改变； 1：计数和方向编码模式。A 相输入信号用于计数，B 相输入信号用于指示计数方向。B 相电平决定了 FTM 计数器在 A 相输入每个上升沿进行累加或递减计数

续表 4-22

域	描述
2 QUADIR	正交解码模式的定时器溢出方向 表示 TOF 位是在计数到顶部还是底部的时候置位 0：在计数到底部时溢出，TOF 位置位。FTM 计数器为递减，并且 FTM 计数器从它的最大值（CNTIN 寄存器）变化到最大值（MOD 寄存器）； 1：在计数到顶部时溢出，TOF 位置位。FTM 计数器为递增，并且 FTM 计数器从它的最大值（MOD 寄存器）变化到最小值（CNTIN 寄存器）
0 QUADEN	正交解码模式使能 使能正交解码模式。在此模式下，A 相和 B 相的输入信号控制 FTM 计数器的计数方向。正交解码模式拥有优于其他模式的功能。此位是写保护的。只有当 MODE[WPDIS]=1 时，才可被写入 0：正交解码模式禁用；1：正交解码模式使能

(11) 设置寄存器(FTMx_CONF)

该寄存器选择在 TOF 位被置位之前，FTM 计数器发生溢出的次数、BDM 模式下的 FTM 行为、外部全局时间基准的使用、全局时间基准信号的产生，其各位说明如表 4-23 所列。

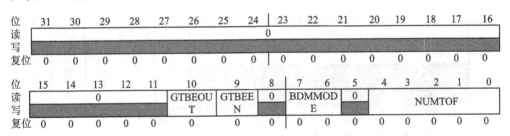

表 4-23 FTMx_CONF 说明

域	描述
31~11 Reserved	保留 读为 0，写无效
10 GTBEOUT	全局时间的基准输出。使能发送全局时间基准信号给其他的 FTM 0：A 全局时间基准信号发送禁用；1：A 全局时间基准信号发送使能
9 GTBEEN	全局时间基准使能 配置 FTM 使用一个由其他 FTM 发送出来的外部全局时间基准信号 0：禁用外部全局时间基准；1：使能外部全局时间基准
8 Reserved	保留 读为 0，写无效
7~6 BDMMODE	BDM 模式 选择 BDM 模式下的 FTM 行为

续表 4-23

域	描述
5 Reserved	保留 读为 0,写无效
4~0 NUMTOF	TOF 频率 设置计数器溢出的数值和 TOF 被置位所需的溢出次数之间的比值 0：在每溢出 1 次的时候,TOF 位被置位；1：在每溢出 2 次的时候,TOF 位被置位； 2：在每溢出 3 次的时候,TOF 位被置位；3：在每溢出 4 次的时候,TOF 位被置位； ⋮ n：在每溢出 n+1 次的时候,TOF 位被置位； ⋮ 31：在每溢出 32 次的时候,TOF 位被置位 如此类推,该数值最大值可设置为 31

(12) 同步设置寄存器(FTMx_SYNCONF)

该寄存器选择 PWM 的同步配置,SWOCTRL、INVCTRL 和 CNTIN 寄存器的同步,设置当检测到硬件触发器 j(j=0,1,2)时,FTM 是否清零了 TRIGj 位,其各位说明如表 4-24 所列。

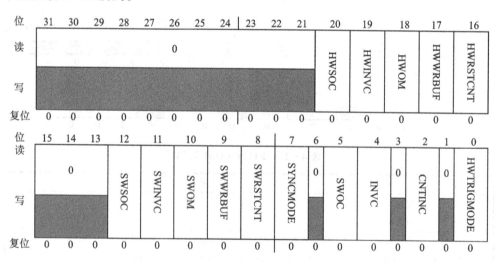

表 4-24　FTMx_SYNCONF 说明

域	描述
31~21 Reserved	保留 读为 0,写无效
20 HWSOC	软件输出控制的同步是否由硬件触发 0：SWOCTRL 寄存器的同步不由硬件触发；1：SWOCTRL 寄存器的同步由硬件触发

续表 4-24

域	描 述
19 HWINVC	反向控制(INVCTRL 寄存器)的同步是否由硬件触发 0：INVCTRL 寄存器的同步不由硬件触发；1：INVCTRL 寄存器的同步由硬件触发
18 HWOM	输出屏蔽(OUTMASK 寄存器)的同步是否由硬件触发 0：OUTMASK 寄存器的同步不由硬件触发；1：OUTMASK 寄存器的同步由硬件触发
17 HWWRBUF	MOD,CNTIN 和 CV 寄存器的同步是否由硬件触发 0：MOD,CNTIN 和 CV 寄存器的同步不由硬件触发； 1：MOD,CNTIN 和 CV 寄存器的同步由硬件触发
16 HWRSTCNT	FTM 计数器的同步是否由硬件触发 0：FTM 计数器的同步不由硬件触发； 1：FTM 计数器的同步由硬件触发
15~13 Reserved	保留 读为 0,写无效
12 SWSOC	软件输出控制(SWOCTRL 寄存器)的同步是否由软件触发 0：SWOCTRL 寄存器的同步不由软件触发；1：SWOCTRL 寄存器的同步由软件触发
11 SWINVC	反向控制(INVCTRL 寄存器)的同步是否由软件触发 0：INVCTRL 寄存器的同步不由软件触发；1：INVCTRL 寄存器的同步由软件触发
10 SWOM	输出屏蔽(OUTMASK 寄存器)的同步是否由软件触发 0：OUTMASK 寄存器的同步不由软件触发；1：OUTMASK 寄存器的同步由软件触发
9 SWWRBUF	MOD,CNTIN 和 CV 寄存器的同步是否由软件触发 0：MOD,CNTIN 和 CV 寄存器的同步不由软件触发； 1：MOD,CNTIN 和 CV 寄存器的同步由软件触发
8 SWRSTCNT	FTM 计数器的同步是否由软件触发 0：FTM 计数器的同步不由软件触发；1：FTM 计数器的同步由软件触发
7 SYNCMODE	同步模式 选择 PWM 的同步模式 0：选择传统的 PWM 同步模式；1：选择增强型 PWM 同步模式
6 Reserved	保留 读为 0,写无效
5 SWOC	SWOCTRL 寄存器同步 0：SWOCTRL 寄存器在系统时钟上升沿时更新； 1：SWOCTRL 寄存器在 PWM 同步时更新
4 INVC	INVCTRL 寄存器同步 0：INVCTRL 寄存器在系统时钟上升沿时更新； 1：INVCTRL 寄存器在 PWM 同步时更新
3 Reserved	保留 读为 0,写无效

续表 4-24

域	描 述
2 CNTINC	CNTIN 寄存器同步 0：CNTIN 寄存器在系统时钟上升沿时更新；1：CNTIN 寄存器在 PWM 同步时更新
1 Reserved	保留 读为 0，写无效
0 HWTRIGMODE	硬件触发模式 0：检测到硬件触发器 j(j=0,1,2)，FTM 就会清零 TRIGj 位； 1：检测到硬件触发器 j(j=0,1,2)，FTM 不会清零 TRIGj 位

4.3.3 FTM 编程要点

根据图 4-13 FTM 框架图和 FTM 寄存器详解说明，我们可以大致了解到 FTM 的编程要点。

1. 时钟源的选择

FTM 计数器的时钟源选择由状态控制寄存器 FTMx_SC 的 CLK[1：0]位选择，可选择的时钟源有：bus 时钟、固定频率时钟 MCGFFCLK、外部输入 FTM_CLKINx。注：如果不了解 MCGFFCLK 时钟，可参见图 4-1 所示的时钟框图。

2. 分频系数的选择

FTM 计数器的时钟源需要经过分频器分频后再接入 FTM 计数器，分频因子由状态控制寄存器 FTMx_SC 的 PS[2：0]位选择，可选的分频系数有：1、2、4、8、16、32。

3. FTM 计数模式

FTM 有一个 16 位计数器，可被输入或输出通道使用。计数器的计数模式有：累加加模式、增减模式、正交解码模式。不管是哪种模式，FTM 的计数值都是在寄存器 CNTIN 至 MOD 寄存器之间变化。CNTIN 寄存器定义了计数器的初始化值。MOD 寄存器定义了计数器的终止值。FTM 的累加模式和增减模式的差异如表 4-25 所列。原理如图 4-15 和图 4-16 所示。

表 4-25 累加模式和增减模式比较

计数模式	累加模式	增减模式
条件	QUADEN=0 CPWMS=0	QUADEN=0 CPWMS=1

续表 4-25

计数模式	累加模式	增减模式
模式说明	CNTIN 的值加载到 FTM 计数器,计数器一直进行累加,直到计数值到 MOD 的值为止,接着重新加载 CNTIN 的值继续计数,如此循环。当计数值由 MOD 变为 CNTIN 时,TOF 置位	CNTIN 的值加载到 FTM 计数器,计数器一直进行累加,直到计数值到 MOD 的值为止,接着计数值进行递减,直到计数值到 CNTIN 为止,然后继续进行累加计数,如此循环。当计数值由 MOD 变为 MOD-1 时,TOF 置位
计数周期	(MOD-CNTIN+1)×FTM 计数器周期	2×(MOD-CNTIN)×FTM 计数器周期

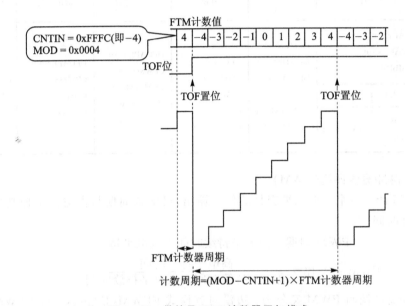

图 4-15 带符号 FTM 计数器累加模式

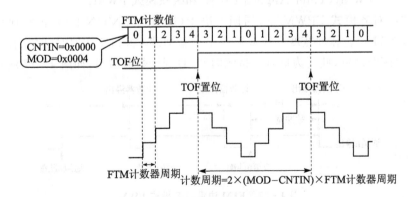

图 4-16 FTM 计数器增减模式

在累加模式中,当 CNTIN=0x0000 且 MOD=0xFFFF,FTM 计数器是一个自

由运行的计数器,计数值从 0x0000 到 0xFFFF 计数。当计数值从 0xFFFF 变为 0x0000 时,TOF 置位。

4. FTM 的工作模式

FTM 是一个高级定时器,具有多个工作模式:脉冲宽度调制(PWM)、级联模式、互补模式、输入捕捉模式、输出比较模式、正交解码模式等,各模式的条件如表 4-26 所列。

表 4-26 FTM 的工作模式产生条件

工作模式	PWM		级联模式 PWM	互补模式	输入捕捉	输出比较	正交解码
条件	QUADEN=0 DECAPEN=0 COMBINE=0		FTMEN=1 QUADEN=0 DECAPEN=0 COMBINE=1 CPWMS=0	FTMEN=1 QUADEN=0 DECAPEN=0 COMBINE=1 CPWMS=0 COMP=1 (COMP=0 为同相模式)	DECAPEN=0 CPWMS=0 COMBINE=0 MSnB:MSnA=0:0 ELSnB:ELSnA≠0:0	DECAPEN=0 CPWMS=0 COMBINE=0 MSnB:MSnA=0:1	FTMEN=1 QUADEN=1
	EPWM	CPWM					
	CPWMS=0 MSnB=1	CPWMS=1					

(1) 脉冲宽度调制(PWM)

PWM 产生一个高低电平交替的信号输出,可配置周期与占空比来控制高低电平的脉冲时间。

$$PWM 周期 = 高电平持续时间 + 低电平持续时间$$

$$PWM 占空比 = \frac{高电平持续时间}{高电平持续时间 + 低电平持续时间} \times 100\%$$

脉冲宽度调制 PWM 又分为:边沿对齐模式 EPWM(Edge-Aligned PWM)、居中对齐模式 CPWM(Center-Aligned PWM)和级联模式 PWM。

在边沿对齐模式 EPWM 下,周期取决于(MOD-CNTIN+1),占空比取决于(CnV-CNTIN)。脉冲宽度在计数器溢出重新加载 CNTIN 初值时开始,在计数值与 CnV 匹配时结束,此后为低电平持续时间,直到计数器溢出,如图 4-17 所示。

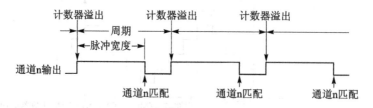

图 4-17 FTM 边沿对齐模式 PWM

在居中对齐模式 CPWM 下,周期取决于 2×(MOD-CNTIN),占空比取决于 2

×(CnV−CNTIN),FTM 计数器为增减计数模式。计数器溢出时 TOF 置位,计数器进行递减计数,直到计数值为 CnV 时与通道 n 匹配,开始输出脉冲,接着计数值减到 CNTIN 时改为进行累加计数,直到计数值为 CnV 时与通道 n 匹配,结束输出脉冲,然后计数溢出,如此循环,如图 4-18 所示。

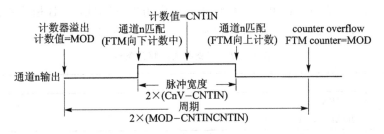

图 4-18　FTM 居中对齐模式 PWM

在级联模式下,通道 n(n 为偶数)和通道 n+1(n+1 为奇数)级联到通道 n 输出一路 PWM,周期取决于(MOD−CNTIN+0x0001),占空比取决于($|C_{n+1}V-C_{(n)}V|$),如图 4-19 所示。

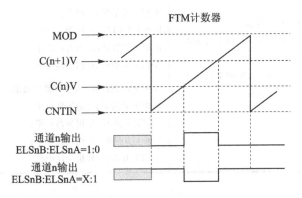

图 4-19　FTM 级联模式 PWM

当通道 n 匹配(FTM 计数值=$C_{(n)}$V)时,CHnF 位和产生通道 n 中断(如果 CHnIE=1)。当通道 n+1 匹配(FTM 计数值=$C_{(n+1)}$V)时,CH(n+1)F 位和产生通道 n+1 中断(如果 CH(n+1)IE=1)。

(2) 输入捕捉

输入捕捉对边沿敏感,由 FTMx_CSC 寄存器 ELSnB∶ELSnA 控制位指定敏感的跳变边沿是上升沿或者下降沿。当输入通道捕捉到指定的边沿时,FTM 计数器会把当前计数值锁存到通道寄存器 CnV,置位 CHnF。如果开启了中断(CHnIE=1),则触发输入捕捉中断请求。利用输入捕捉会自动锁存当前计数值的特点,就可以用输入捕捉来捕捉脉冲的宽度或者周期。

(3) 输出比较

输出比较模式下,FTM 可编程生成指定位置、极性、持续时间和周期的定时脉冲。当计数器的值与CnV寄存器的值相匹配的时候,输出比较通道n输出信号可以置1、清0或翻转切换。与此同时,CHnF置位,如果开启了中断CHnIE=1),则触发输出比较中断请求。

(4) 正交解码

正交解码,一般用于转角位置和转速测量应用中,可根据A、B相的相位来控制计数器的增减,从而确定转角位置或转速,如表4-27所列。

表4-27 正交模式的解码条件

计数模式	正交模式	
进入模式条件	FTMEN=1 QUADEN=1	
模式	正交解码模式	AB相模式
条件	QUADMODE=1	QUADMODE=0
计数器 增减条件	如图4-20所示 B相为高电平,A相上升沿时, 计数器计数值加1; B相为低电平,A相上升沿时, 计数器计数值减1	如图4-21所示 如果PHAPOL=0和PHBPOL=0,那么下面条件发生时,计数器计数值加1: A相上升沿时,B相为低电平; B相上升沿时,A相为高电平; A相下降沿时,B相为低电平; B相下降沿时,A相为高电平 如果下面条件发生,计数器计数值减1: A相下降沿时,B相为低电平; B相下降沿时,A相为高电平; B相上升沿时,A相为低电平; A相上升沿时,B相为高电平

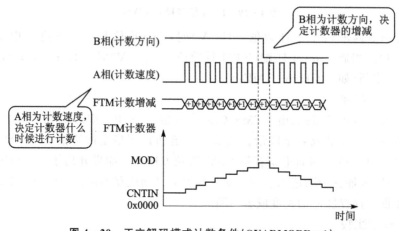

图4-20 正交解码模式计数条件(QUADMODE=1)

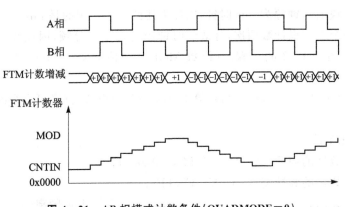

图 4-21 AB 相模式计数条件（QUADMODE=0）

4.3.4 FTM 应用实例

FTM 是一个多功能的计数器，下面以其中的 PWM、输入捕捉、正交解码模式为例，讲解 FTM 的编程细节。一个 FTM 模块同一时刻，只有一个频率，只能实现其中一种功能。

1. PWM——驱动电机

根据软件分层的思想，先设计 FTM_PWM 初始化、设置频率和占空比相关的 API 接口，如图 4-22 所示。

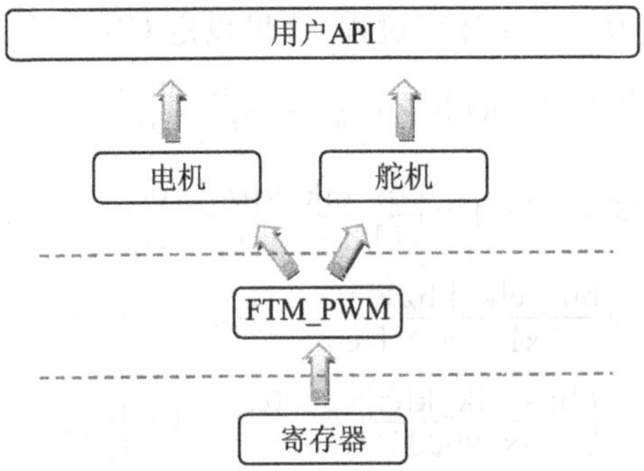

```
void FTM_PWM_init(FTMn_e, FTM_CHn
_e, uint32 freq, uint32 duty);
```

图 4-22 PWM 的 API 接口设计

```
//初始化 FTM 的 PWM 功能并设置频率、占空比。设置通道输出占空比。同一个 FTM，各通道的
//PWM 频率是一样的，共 3 个 FTM
void FTM_PWM_Duty(FTMn_e, FTM_CHn_e, uint32 duty);
//设置通道占空比，占空比为（duty * 精度）%，如果 FTM_PRECISON 定义为 1000，
//duty=100，则占空比 100 * 0.1% = 10%
void FTM_PWM_freq(FTMn_e, uint32 freq);//设置 FTM 的频率（改频率后，需要重新配置占空比）
```

为了让函数接口更加方便，因此传递进指定的频率后，代码需要自动计算分频系数，从而让 FTM 输出指定的频率。

若 CPWMS=1，即双边捕捉脉冲，则有：

$$\text{PWM 频率} = \frac{\frac{\text{bus 频率}}{2}}{2^{\text{预分频因子}} \times (\text{模数 MOD} - \text{初值 CNTIN} + 1)}$$

若 CPWMS=0，即单边捕捉脉冲，则有：

$$\text{PWM 频率} = \frac{\text{bus 频率}}{2^{\text{预分频因子}} \times (\text{模数 MOD} - \text{初值 CNTIN} + 1)}$$

FTM 模块的时钟源为 bus 时钟,因此上述两个公式用的是 bus 频率。如果是双边沿捕捉,一个周期里计数两次,等效于时钟源进行了二分频,因此双边沿捕捉比单边沿捕捉多了个除以 2 的步骤。(模数 MOD－初值 CNTIN＋1)是计数器的计数周期。

下面以单边沿捕捉为例,分析计算 PWM 的分频设置(读者可自行改成双边沿捕捉):

(1) 已知条件

FTM 计数器的周期:MOD－CNTIN＋0x0001;

FTM 计数器的脉冲宽度:CnV－CNTIN;

FTM 计数器的频率:PWM 频率 $=\dfrac{bus\ 频率}{2^{预分频因子} \times (模数\ MOD - 初值\ CNTIN + 1)}$

模数 MOD 满足:$0 \leqslant MOD \leqslant 0xFFFF$

预分频因子 PS 满足:$0 \leqslant PS \leqslant 0x7$

(2) 推理过程

为了简化计算过程,这里设定 CNTIN 为 0。由频率计算公式可得:

模数 $MOD + 1 = \dfrac{bus\ 频率}{2^{预分频因子 PS} \times PWM\ 频率} \leqslant 0x10000$

即 $mod + 1 = \dfrac{bus\_clk\_khz \times 1000}{(1 << ps) \times freq} \leqslant 0x10000$

$\Rightarrow \dfrac{bus\_clk\_khz \times 1000}{0x10000 \times freq} \leqslant (1 << PS)$

$\Rightarrow \left(\dfrac{bus\_clk\_khz \times 1000}{0x10000 \times freq} >> PS\right) \leqslant 1$

由于预分频因子 PS 越小时,模数 MOD 就越大,计数就越精准,PWM 输出更为准确。因此,需要在代码中寻找 PS 的最小值。

```
clk_hz = (bus_clk_khz * 1000);        //bus 频率
tmp = (clk_hz >> 16 )/freq;            //clk_hz>>16 等效于 clk_hz /0x10000
ps = 0;
while((tmp >> ps) > 1)        //等(tmp>>ps)<=1 才退出 while 循环,即求 PS 的最小值
{
    ps ++;
}
//断言进行安全检测,帮助程序员及时发现错误
ASSERT(ps< = 0x07);                //断言,PS 最大为 0x07,超过此值
                                   //则 PWM 频率设置过低,或 Bus 频率过高,没法设置此频率
```

预分频因子 ps 的值确定了,那么 mod 的值也确定了:

```
mod = (clk_hz >> ps) / freq - 1;      //求 MOD 的值
```

PWM 的周期确定了,根据设定的占空比,也可求得 CnV:

```
switch(ftmn)
```

```
        //初值 CNTIN 设为 0,脉冲宽度:CnV - CNTIN,即 CnV 就是脉冲宽度
    {
        //EPWM 的周期:MOD - CNTIN + 0x0001 == MOD - 0 + 1
        //则 CnV = (MOD - 0 + 1) * 占空比 = (MOD - 0 + 1) * duty/ FTM_PRECISON
    case FTM0:
        cv = (duty * (mod - 0 + 1)) / FTM0_PRECISON;
        break;
    case FTM1:
        cv = (duty * (mod - 0 + 1)) / FTM1_PRECISON;
        break;
    case FTM2:
        cv = (duty * (mod - 0 + 1)) / FTM2_PRECISON;
        break;
    default:
        break;
    }
```

(3) 具体的实现代码

```
/*!
 *  @brief          初始化 FTM 的 PWM 功能
 *  @param          FTMn_e          模块号(FTM0、 FTM1、 FTM2)
 *  @param          FTM_CHn_e       通道号(CH0~CH7)
 *  @param          freq            频率(单位为 Hz)
 *  @param          duty            占空比分子,占空比 = duty / FTMn_PRECISON
 *  @since          v5.0
 *  @note           同一个 FTM,PWM 频率是必须一样的,但占空比可不一样。共 3 个 FTM,即
 *                  可以输出 3 个不同频率 PWM
 *  Sample usage:           FTM_PWM_init(FTM0, FTM_CH6,200, 10);
 *                          //初始化 FTM0_CH6 为 频率 200 Hz 的 PWM,占空比为 10/FTM0_PRECISON
 */
void FTM_PWM_init(FTMn_e ftmn, FTM_CHn_e ch, uint32 freq, uint32 duty)
{
    uint32 clk_hz ;
    uint16 mod;
    uint16 tmp;
    uint8  ps;
    uint16 cv;
    ASSERT ( (ftmn == FTM0) ||
            ( (ftmn == FTM1 || ftmn == FTM2 ) && (ch< = FTM_CH1))   );
                                                //检查传递进来的通道是否正确
    /****************** 开启时钟和复用 I/O 口 *******************/
    FTM_port_mux(ftmn,ch);
    /*          计算频率设置            */
    //若 CPWMS = 1,即双边捕捉脉冲,则 PMW 频率 = bus 频率/2/(2^预分频因子)/模数
    //若 CPWMS = 0,即单边捕捉脉冲,则 PMW 频率 = bus 频率/(2^预分频因子)/模数
    //EPWM 的周期:MOD - CNTIN + 0x0001(CNTIN 设为 0)
    //脉冲宽度:CnV - CNTIN
    //模数 MOD<0x10000
    //预分频因子 PS< = 0x07
    //预分频因子 PS 越小时,模数 mod 就越大,计数就越精准,PWM 输出更为准确
```

```c
//MOD = clk_hz/(freq*(1<<PS))<0x10000 ==>clk_hz/(freq*0x10000)<(1<<
//PS) ==>(clk_hz/(freq*0x10000))>>PS)<1
//即 (((clk_hz/0x10000)/freq)>>PS)<1
//以 CPWMS=0,即单边捕捉脉冲为例
clk_hz = (bus_clk_khz * 1000);        //bus 频率
tmp = (clk_hz >> 16)/freq;
ps = 0;
while((tmp >> ps) > 1)//等(tmp>>ps)<=1才退出while循环,即求 ps 的最小值
{
    ps ++;
}
ASSERT(ps<= 0x07);                    //断言,PS 最大为 0x07,超过此值,则 PWM 频率
                                      //设置过低,或 Bus 频率过高
mod = (clk_hz >> ps)/freq-1;          //求 MOD 的值

switch(ftmn)
//初值 CNTIN 设为 0,脉冲宽度：CnV - CNTIN,即 CnV 就是脉冲宽度
{
    //EPWM 的周期：MOD - CNTIN + 0x0001 == MOD - 0 + 1
    //则 CnV = (MOD - 0 + 1) * 占空比 = (MOD - 0 + 1) * duty/ FTM_PRECISON
    case FTM0:
        cv = (duty * (mod - 0 + 1))/ FTM0_PRECISON;
        break;
    case FTM1:
        cv = (duty * (mod - 0 + 1))/ FTM1_PRECISON;
        break;
    case FTM2:
        cv = (duty * (mod - 0 + 1))/ FTM2_PRECISON;
        break;
    default:
        break;
}
/***************** 选择输出模式为 边沿对齐 PWM ***************/
//通道状态控制,根据模式来选择 边沿或电平
FTM_CnSC_REG(FTMN[ftmn], ch) &= ~FTM_CnSC_ELSA_MASK;
FTM_CnSC_REG(FTMN[ftmn], ch) = FTM_CnSC_MSB_MASK
                             | FTM_CnSC_ELSB_MASK;
//MSnB:MSnA = 1x         边沿对齐 PWM
//ELSnB:ELSnA = 10       先高后低
//ELSnB:ELSnA = 11       先低后高
/******************** 配置时钟和分频 *******************/
FTM_SC_REG(FTMN[ftmn])    = ( 0
                    //| FTM_SC_CPWMS_MASK
  //0:上升沿计数模式,1:跳变沿计数模式选择（注释了表示 0）
                    | FTM_SC_PS(ps)              //分频因子,分频系数=2^PS
                    | FTM_SC_CLKS(1)    //时钟选择,0:没有选择时钟,禁用;1:bus 时
//钟;2:MCGFFCLK;3:EXTCLK( 由 SIM_SOPT4 选择输入引脚 FTM_CLKINx)
                    //| FTM_SC_TOIE_MASK  //溢出中断使能(注释了表示 禁止溢出中断)
                    );
FTM_MOD_REG(FTMN[ftmn]) = mod;        //模数,EPWM 的周期为：MOD - CNTIN + 0x0001
```

```c
    FTM_CNTIN_REG(FTMN[ftmn]) = 0;
                                   //计数器初始化值。设置脉冲宽度：(CnV - CNTIN)
    FTM_CnV_REG(FTMN[ftmn], ch) = cv;
    FTM_CNT_REG(FTMN[ftmn])     = 0;
                //计数器。只有低 16 位可用(写任何值到此寄存器,都会加载 CNTIN 的值)
}
/*!
 * @brief        设置 FTM 的 PWM 通道占空比
 * @param        FTMn_e       模块号(FTM0、 FTM1、 FTM2)
 * @param        FTM_CHn_e    通道号(CH0~CH7)
 * @param        duty         占空比分子,占空比 = duty / FTMn_PRECISON
 * @since        v5.0
 * @note         同一个 FTM,PWM 频率是必须一样的,但占空比可不一样。共 3 个 FTM,即
 *               可以输出 3 个不同频率 PWM
 * Sample usage:        FTM_PWM_Duty(FTM0, FTM_CH6, 10);    //设置 FTM0_CH6 占空比
                                                            //为 10/FTM0_PRECISON
 */
void FTM_PWM_Duty(FTMn_e ftmn, FTM_CHn_e ch, uint32 duty)
{
    uint32 cv;
    uint32 mod = 0;
ASSERT( (ftmn == FTM0)
        || ( (ftmn == FTM1 || ftmn == FTM2 ) && (ch <= FTM_CH1)));
                                        //检查传递进来的通道是否正确
    switch(ftmn)
    {
    case FTM0:
        ASSERT(duty <= FTM0_PRECISON);      //用断言检测占空比是否合理
        break;
    case FTM1:
        ASSERT(duty <= FTM1_PRECISON);      //用断言检测占空比是否合理
        break;
    case FTM2:
        ASSERT(duty <= FTM2_PRECISON);      //用断言检测占空比是否合理
        break;
    default:
        break;
    }
    //占空比 = (CnV - CNTIN)/(MOD - CNTIN + 1)
    do
    {
        mod = FTM_MOD_REG(FTMN[ftmn]);      //读取 MOD 的值,MOD 寄存器有可能读为 0,
                                            //需要多读几次
    } while(mod == 0);
    switch(ftmn)
    {
    case FTM0:
        cv = (duty * (mod - 0 + 1)) / FTM0_PRECISON;
                                        //计算过程与前面的初始化过程类似
        break;
```

```c
        case FTM1:
            cv = (duty * (mod - 0 + 1)) / FTM1_PRECISON;
            break;
        case FTM2:
            cv = (duty * (mod - 0 + 1)) / FTM2_PRECISON;
            break;
        default:
            break;
    }
    //配置 FTM 通道值
    FTM_CnV_REG(FTMN[ftmn], ch) = cv;
}
/*!
 *  @brief      设置 FTM 的频率
 *  @param      freq     频率(单位为 Hz)
 *  @since      v5.0
 *  @note       修改 PWM 频率后,必须调用 FTM_PWM_Duty 重新配置占空比。同一个模
                块,PWM 频率必须相同。
 *  Sample usage:       FTM_PWM_freq(FTM0,200);      //设置 FTM0 的频率为 200 Hz
 */
void FTM_PWM_freq(FTMn_e ftmn, uint32 freq)          //设置 FTM 的频率
{
    uint32 clk_hz = (bus_clk_khz * 1000) >> 1;        //bus 频率/2
    uint16 mod;
    uint16 tmp;
    uint8 ps;
    /*          计算频率设置             */
    //以 CPWMS = 0,即单边捕捉脉冲为例
    clk_hz = (bus_clk_khz * 1000);       //bus 频率
    tmp = (clk_hz >> 16 ) / freq ;        //临时用 mod 缓存一下
    ps = 0;
    while((tmp >> ps) > 1)              //等(mod>>ps)<=1 才退出 while 循环,即求
                                        //PS 的最小值
    {
        ps ++ ;
    }
    ASSERT(ps <= 0x07);                  //断言,PS 最大为 0x07,超过此值,则 PWM 频率
                                        //设置过低,或 bus 频率过高
    mod = (clk_hz >> ps) / freq;         //求 MOD 的值
    /******************** 配置时钟和分频 ********************/
    FTM_SC_REG(FTMN[ftmn])    = ( 0
                //| FTM_SC_CPWMS_MASK   //0:上升沿计数模式,1:跳变沿计数模式
                                        //选择(注释了表示 0)
                | FTM_SC_PS(ps)         //分频因子,分频系数 = 2^PS
                | FTM_SC_CLKS(1)        //时钟选择,0:没选择时钟,禁用;1: bus
//时钟;2: MCGFFCLK; 3: EXTCLK( 由 SIM_SOPT4 选择输入引脚 FTM_CLKINx)
                //| FTM_SC_TOIE_MASK    //溢出中断使能(注释了表示 禁止溢出中断)
                );
    FTM_CNTIN_REG(FTMN[ftmn]) = 0;       //计数器初始化值。设置脉冲宽度:(CnV - CNTIN)
    FTM_MOD_REG(FTMN[ftmn]) = mod;       //模数, EPWM 的周期为 : MOD - CNTIN + 0x0001
```

```
FTM_CNT_REG(FTMN[ftmn]) = 0;      //计数器。只有低 16 位可用(写任何值到此寄存
                                  //器,都会加载 CNTIN 的值)
}
```

PWM 的 API 接口就设计完毕,但 PWM 信号不能直接接入电机里,需要通过电机驱动芯片来驱动电机。这里,采用 BTN7971B 电机驱动芯片搭建一个半桥驱动电路,实现电机的转速控制。

如图 4-23 所示,INH 为使能端,输入为高电平时进入正常工作模式,输入为低电平时进入睡眠模式;IN 为 PWM 输入引脚,控制输出端输出电平。

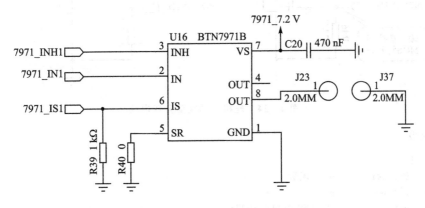

图 4-23   BTN7971B 电机驱动半桥电路

考虑到电机驱动模块在极端情况下(电机堵塞等异常情况)会产生反冲电流灌入微控制器,从而导致微控制器烧掉,因此微控制器的 I/O 口不能直接接入到电机驱动模块上,而要通过隔离电路进行隔离控制。另外,K60 PWM 提供的电压为 3.3 V,而一般的电机驱动模块需要 5 V 的 PWM,因此需要电平转换。常见的隔离、电平转换电路有:三极管放大电路、MOS 管开关控制电路、光耦电路、74LS244 三态缓冲器、74LS04 反相器等。还有,隔离电路有一个重要的参数就是转换速率。电机驱动使用的 PWM 频率为 20 kHz,如果隔离电路的转换速率太低,会导致隔离电路输出的 PWM 变形,达不到 20 kHz。

如图 4-24 所示,采用 MOS 管(型号:SI2302)进行开关控制,即可以实现对电机驱动的隔离,也可以实现输出 5 V PWM。另外,此电路的转换速率与上拉电阻有关,电阻越小,转换速率就越快。需要注意的地方是,此 MOS 管进行开关控制电路,输入信号和输出信号是反相的,输入为 0 则输出为 1。

电机驱动电路就介绍到这里,接着,需要把电机驱动电路接入到 K60 上。把 INH 使能端引脚接入 PTD15(普通 I/O 口),IN 控制端引脚接入 PTA6(复用为 FTM0_CH3 功能),这样就组成一个半桥电路。一个半桥电路可以控制电机一个方向的转动速度。

如下代码就是控制占空比来调节电机转速,编译下载后,可以看到电机的转速不

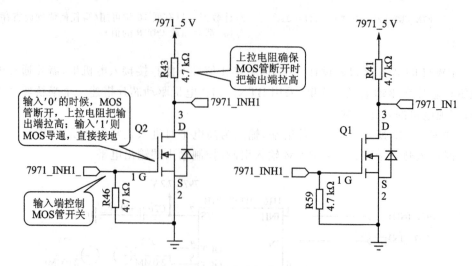

图 4-24 电机驱动隔离升压电路

停地改变。

```
/*!
 *  @brief      main 函数
 *  @since      v5.0
 *  @note       FTM PWM 电机驱动测试
 */
void main(void)
{
    uint8 i = 0;
    printf("\n****FTM PWM 电机测试****\n");
    FTM_PWM_init(FTM0,FTM_CH3,200*1000,100);
                            //初始化 FTM PWM,使用 FTM0_CH3,
                            //频率为 200 kHz,占空比为 100 / FTM0_PRECISON
                            //FTM0_PRECISON 配置 为 100,即占空比 为 100 %
                            //port_cfg.h 里 配置 FTM0_CH3 对应为 PTA6
    gpio_init(PTD15,GPO,0);  //使能端输入为 0
    //野火的电机驱动模块,经过 MOS 管反相隔离
    //K60 输出 PWM 为 100 %,实际接入电机驱动就是 0 %
    //K60 输出使能端为低电平,实际接入电机驱动使能端就是高电平
    while(1)
    {
        for(i = 0;i<= 100;i+= 10)
        {
            FTM_PWM_Duty(FTM0,FTM_CH3,i);             //电机转速会不停地变化
            //改变占空比,K60 输出 PWM 占空比逐渐增大,电机逐渐降速
            DELAY_MS(500);
        }
    }
}
```

2. 输入捕捉——捕捉信号频率

前面已经介绍了输入捕捉的要点。输入捕捉对边沿敏感,事件发生时会把当前计数值锁存在通道寄存器 CnV,利用这个特点,可以实现捕捉信号的频率。

FTM 输入捕捉的 API 接口仅有初始化接口:

void FTM_Input_init
(FTMn_e ftmn, FTM_CHn_e ch, FTM_Input_cfg cfg, FTM_PS_e ps)

相关的代码如下:

```
//分频系数
typedef enum
{
    FTM_PS_1,
    FTM_PS_2,
    FTM_PS_4,
    FTM_PS_8,
    FTM_PS_16,
    FTM_PS_32,
    FTM_PS_64,
    FTM_PS_128,         //FTM 输入捕捉的频率分频系数
    FTM_PS_MAX,
}FTM_PS_e;              //分频值 =(1<<FTM_PS_e),
                        //例如 FTM_PS_2 对应的分频值 =(1<<FTM_PS_2)=(1<<1)= 2
//FTM 输入捕捉配置
typedef enum
{
    FTM_Rising,                     //上升沿捕捉
    FTM_Falling,                    //下降沿捕捉
    FTM_Rising_or_Falling           //跳变沿捕捉
} FTM_Input_cfg;
/*!
 * @brief       输入捕捉初始化函数
 * @param   FTMn_e          模块号(FTM0、 FTM1、 FTM2)
 * @param   FTM_CHn_e       通道号(CH0~CH7)
 * @param   Input_cfg       输入捕捉配置(Rising,Falling,Rising_or_Falling)
 *                          上升沿捕捉、下降沿捕捉、跳变沿捕捉
 * @param   FTM_PS_e        选择时钟源的预分频系数
 * @since   v5.0
 * @note    CH0~CH3 可以使用过滤器,未添加这功能
 */
void FTM_Input_init(FTMn_e ftmn, FTM_CHn_e ch, FTM_Input_cfg cfg,FTM_PS_e ps)
{
    ASSERT( (ftmn == FTM0)
        || ( (ftmn == FTM1 || ftmn == FTM2 ) && (ch< = FTM_CH1)));
                                            //检查传递进来的通道是否正确
    /***************** 开启时钟和复用 I/O 口 *******************/
    FTM_port_mux(ftmn,ch);
    /****************** 设置为输入捕捉功能 *******************/
```

```
switch(cfg)
{
    //输入捕捉模式下：DECAPEN = 0, DECAPEN = 0,CPWMS = 0, MSnB:MSnA = 0
    //ELSnB:ELSnA         01            10           11
    //配置                上升沿        下降沿       跳变沿
    case FTM_Rising:                              //上升沿触发
    //根据寄存器里的描述配置触发事件
        FTM_CnSC_REG(FTMN[ftmn], ch) |=
                    ( FTM_CnSC_ELSA_MASK | FTM_CnSC_CHIE_MASK );           //置1
        FTM_CnSC_REG(FTMN[ftmn], ch) &=
       ~( FTM_CnSC_ELSB_MASK | FTM_CnSC_MSB_MASK | FTM_CnSC_MSA_MASK);
                                                                           //清0
        break;
    case FTM_Falling:                             //下降沿触发
        FTM_CnSC_REG(FTMN[ftmn], ch) |=
                    (FTM_CnSC_ELSB_MASK | FTM_CnSC_CHIE_MASK );            //置1
        FTM_CnSC_REG(FTMN[ftmn], ch) &=
       ~( FTM_CnSC_ELSA_MASK | FTM_CnSC_MSB_MASK | FTM_CnSC_MSA_MASK);     //清0
        break;
    case FTM_Rising_or_Falling:                   //上升沿、下降沿都触发
        FTM_CnSC_REG(FTMN[ftmn], ch) |=
      ( FTM_CnSC_ELSB_MASK | FTM_CnSC_ELSA_MASK | FTM_CnSC_CHIE_MASK );
                                                                           //置1
        FTM_CnSC_REG(FTMN[ftmn], ch) &=
                    ~( FTM_CnSC_MSB_MASK | FTM_CnSC_MSA_MASK);             //清0
        break;
}
FTM_SC_REG(FTMN[ftmn]) = ( 0
                    | FTM_SC_CLKS(0x1)            //选择bus时钟
                    | FTM_SC_PS(ps)               //选择分频系数
                    );
FTM_MODE_REG(FTMN[ftmn])|= FTM_MODE_WPDIS_MASK;   //禁止写保护
FTM_COMBINE_REG(FTMN[ftmn]) = 0;
FTM_MODE_REG(FTMN[ftmn])&= ~FTM_MODE_FTMEN_MASK;  //使能FTM
FTM_CNTIN_REG(FTMN[ftmn]) = 0;
FTM_STATUS_REG(FTMN[ftmn]) = 0x00;                //清中断标志位
//开启输入捕捉中断
//enable_irq(FTM0_IRQn + ftmn);
}
```

本例程利用 FTM0_CH6（PTD6）作为输入捕捉口，捕捉由 FTM1_CH1（PTA13)产生 10 kHz 的 PWM 信号,因此需要短接 PTD6 和 PTA13。如图 4-25 所示,需要在开发板右下角短接 PTD6 和 PTA13。

```
volatile uint32 cnvtime = 0;                       //输入捕捉值
void FTM0_INPUT_IRQHandler(void)
{
    uint8 s = FTM0_STATUS;                         //读取中断标志位
uint8 CHn;
FTM0_STATUS = 0x00;                                //清中断标志位
```

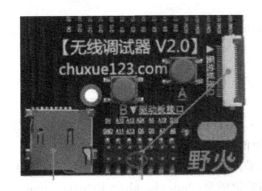

图 4-25 开发板右下角短接 PTD6 和 PTA13

```
        CHn = 6;                                    //FTM0 的通道 6
        if( s & (1<<CHn) )
        {
            /*      用户任务,获取计数器的时间        */
            cnvtime = FTM0_CnV(CHn);                //保存计数值
            FTM0_CNT = 0;                           //清计数器计数值
            /*********************/
        }
    }
    /*!
     *  @brief        main 函数
     *  @since        v5.0
     *  @note         FTM 输入捕捉 测试
     */
    void main()
    {
        FTM_Input_init(FTM0,FTM_CH6,FTM_Falling,FTM_PS_1);
                            //初始化 FTM 输入捕捉模式,下降沿捕捉(FTM0_CH6 为 PTD6)
        set_vector_handler(FTM0_VECTORn,FTM0_INPUT_IRQHandler);
                                    //设置 FTM0 的中断服务函数为 FTM0_INPUT_IRQHandler
        enable_irq (FTM0_IRQn);                              //使能 FTM0 中断
        FTM_PWM_init(FTM1,FTM_CH1,10 * 1000,50);
        while(1)
        {
            if(cnvtime != 0)
            {
                //捕捉频率 = bus 时钟 /(分频系数) / cnvtime
                //分频系数由初始化时传递进去的分频因子 FTM_PS_e 决定
                //分频系数 = 1<<FTM_PS_e
                //最大支持频率为 bus 时钟 1/4
                printf("\n 捕捉到频率为: % d",bus_clk_khz * 1000/(1<<FTM_PS_1)/cnvtime);
            }
            else
            {
                printf("\n 没有捕捉到频率");
```

```
        }
        DELAY_MS(500);          //这里的延时,仅仅是避免过于频繁打印数据到串口
    }
}
```

上述代码配置为下降沿触发中断,中断里存储寄存器 CnV 的值,清零了计数器的值,此时计数器重新开始计数。等第二次触发中断的时候,重新存储 CnV 的值到 cnvtime 变量里,此时 CnV 的值就是计数器从 0 开始计时,直到下降沿触发中断的值,即两次中断的计数值。

FTM 输入捕捉,采用 bus 时钟作为时钟源,初始化的时候配置为 FTM_PS_1,不分配。因此采集到的频率为:bus_clk_khz×1000/cnvtime。如图 4-26 所示为串口助手显示的实验效果,第一次触发中断时,获取到的频率是不准确的,后续捕捉到的频率为 10 056,与实际的 10 000 Hz 略有误差。读者可自行修改 FTM1_CH1 输出的 PWM 频率,从而验证输入捕捉捕捉到的频率是否正确。

关于预分频系数的设置,只要保证分频后的频率大于捕捉频率的 1/4 即可。例如上述代码,两个 FTM_PS_1 都换成 FTM_PS_2,那么就得到,如图 4-27 所示的结果,与不分频时结果略有误差。

图 4-26 FTM 输入捕捉的实验结果　　　图 4-27 FTM 输入捕捉二分频实验结果

3. 正交解码——编码器脉冲计数

正交解码,一般用于转角位置和转速测量应用中,根据 A 相进行计数,根据 B 相决定方向。这里提供的 API 接口包括正交解码初始化、获取脉冲计数值、清空脉冲计数值等功能。

```
extern void FTM_QUAD_Init(FTMn_e ftmn);      //初始化 FTM 的正交解码功能
extern int16 FTM_QUAD_get(FTMn_e ftmn);      //获取 FTM 正交解码的脉冲数(负数表示反方向)
extern void FTM_QUAD_clean(FTMn_e ftmn);     //清 FTM 正交解码的脉冲数
```

根据编程要点里面列举的进入正交解码模式的条件,很容易就写出相应的代码。具体代码如下:

```c
/*!
 * @brief       初始化 FTM 的正交解码 功能
 * @param       FTMn_e      模块号( FTM1、 FTM2)
 * @since       v5.0
 * Sample usage:            FTM_QUAD_Init(FTM1);     //初始化 FTM1 为正交解码模式
 */
void FTM_QUAD_Init(FTMn_e ftmn)
{
    ASSERT( (ftmn == FTM1) || (ftmn == FTM2 ) );     //检查传递进来的通道是否正确
    FTM_QUAD_port_mux(ftmn);                         //配置引脚复用
    FTM_MODE_REG(FTMN[ftmn])   |=    (0
                    | FTM_MODE_WPDIS_MASK            //写保护禁止
                    //| FTM_MODE_FTMEN_MASK          //使能 FTM
                    );
    FTM_QDCTRL_REG(FTMN[ftmn]) |=    (0
                    | FTM_QDCTRL_QUADMODE_MASK
                    );
    FTM_CNTIN_REG(FTMN[ftmn])     = 0;
    FTM_MOD_REG(FTMN[ftmn])       = FTM_MOD_MOD_MASK;
    FTM_QDCTRL_REG(FTMN[ftmn]) |=    (0
                    | FTM_QDCTRL_QUADEN_MASK
                    );
    FTM_MODE_REG(FTMN[ftmn])   | = FTM_QDCTRL_QUADEN_MASK;
    FTM_CNT_REG(FTMN[ftmn])       = 0;
            //计数器。只有低 16 位可用(写任何值到此寄存器,都会加载 CNTIN 的值)
}
/*!
 * @brief       获取 FTM 正交解码 的脉冲数
 * @param       FTMn_e      模块号( FTM1、 FTM2)
 * @since       v5.0
 * Sample usage:            int16 count = FTM_QUAD_get(FTM1);  //获取 FTM1 交解码的脉冲数
 */
int16 FTM_QUAD_get(FTMn_e ftmn)
{
    int16 val;
    ASSERT( (ftmn == FTM1) || (ftmn == FTM2 ) );     //检查传递进来的通道是否正确
    val = FTM_CNT_REG(FTMN[ftmn]);
    return val;
}
/*!
 * @brief       清 FTM 正交解码 的脉冲数
 * @param       FTMn_e      模块号( FTM1、 FTM2)
 * @since       v5.0
 * Sample usage:            FTM_QUAD_clean(FTM1);    //复位 FTM1 正交解码 的脉冲数
 */
void FTM_QUAD_clean(FTMn_e ftmn)
{
    ASSERT( (ftmn == FTM1) || (ftmn == FTM2 ) );     //检查传递进来的通道是否正确
    FTM_CNT_REG(FTMN[ftmn])       = 0;               //计数器。只有低 16 位可用(写任何
                                                     //值到此寄存器,都会加载 CNTIN 的值)
}
```

编码器一般都是开漏输出,因此需要接上拉电阻

图 4-28 欧姆龙的 AB 相光电编码器

这里采用欧姆龙的 AB 相光电编码器来测试 K60 的正交解码功能如图 4-28 所示。编码器的 A 相、B 相引脚分别接入 K60 FTM1 正交解码的 A 相(PTA12)、B 相(PTA13)引脚。如果使用单相编码器,则可以把 B 相接高电平,即只能测量一个方向(B 相高电平为正转,B 相接低电平表示反转)。

注意,欧姆龙的 AB 相光电编码器供电电压范围为 5~24 V,A、B 相信号为开漏输出,因此可以采用 5 V 供电给光电编码器,A、B 相都接入上拉电阻。如果没有上拉电阻,那么编码器输出的数据几乎为 0,K60 没法对其数据进行计数。

```
/*!
 *  @brief      PIT0 中断服务函数
 *  @since      v5.0
 */
void PIT0_IRQHandler(void)
{
    int16 val;                        //需要用 16 位整型来存储结果
    val = FTM_QUAD_get(FTM1);         //获取 FTM 正交解码的脉冲数(负数表示反方向)
    FTM_QUAD_clean(FTM1);
    if(val >= 0)
    {
        printf("\n 正转: %d",val);
    }
    else
    {
        printf("\n 反转: %d",-val);
    }
    PIT_Flag_Clear(PIT0);             //清中断标志位
}
/*!
 *  @brief      main 函数
 *  @since      v5.0
 *  @note       FTM 正交解码 测试
 */
void main(void)
{
    printf("\n*****FTM 正交解码 测试*****\n");
    FTM_QUAD_Init(FTM1);              //FTM1 正交解码初始化(所用的引脚可查 port_cfg.h)
    pit_init_ms(PIT0, 500);           //初始化 PIT0,定时时间为 1 000 ms
    set_vector_handler(PIT0_VECTORn,PIT0_IRQHandler);
                                      //设置 PIT0 的中断复位函数为 PIT0_IRQHandler
```

```
        enable_irq(PIT0_IRQn);
                        //使能PIT0中断
        while(1);
}
```

编译下载后,可以用手来转动编码器,通过串口调试助手来看实验结果。如图4-29所示,手动转动编码器,那么编码器就会产生脉冲,从而通过串口助手来显示脉冲计数值,如果反向转动编码器,那么串口助手里就会提示反转方向。

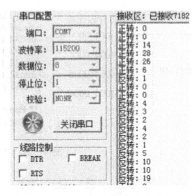

图4-29　FTM正交解码实验结果

4.4　LPTMR 低功耗定时器

4.4.1　LPTMR 简介

LPTMR(Low Power Timer),低功耗定时器,在所有的运行模式中都可配置成定时计时器(带可选预分频)或脉冲计数器(带可选干扰滤波器),包括低泄漏模式。K60 LPTMR 具有如下特性:
① 带比较功能的 16 位计时器或脉冲计数器。
➢ 在任何低功耗模式下,可选的中断可产生异步唤醒。
➢ 硬件触发输出。
➢ 计数器支持自由运行模式(自由运行模式,计数值溢出清 0;比较复位模式,计数值等于比较值时复位清 0)或比较复位模式。
② 可配置时钟源的预分频器/干扰过滤器。
③ 可配置脉冲计数器输入源。
➢ 可配置上升沿或下降沿计数。

4.4.2　LPTMR 模块寄存器

1. LPTMR 寄存器内存地址图

LPTMR 寄存器内存地址图如图 4-30 所示。

2. LPTMR 寄存器详解

(1) 低功耗定时器控制状态寄存器 n(LPTMRx_CSR,Low Power Timer Control Status Register)

LPTMRx_CSR 寄存器各位说明如表 4-28 所列。

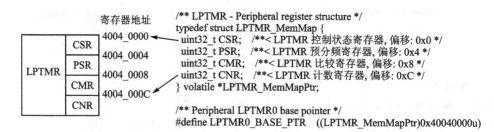

图4-30 LPTMR寄存器内存地址图

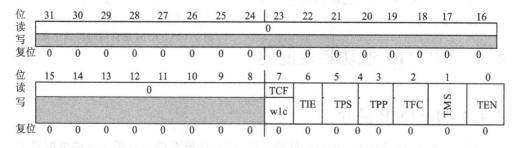

表4-28 LPTMRx_CSR说明

域	描述
31~8 Reserved	保留 读为0,写无效
7 TCF	定时器比较标志 当使能LPTMR,LPTMR计数寄存器等于LPTMR比较寄存器,并且在增加计数时,定时器比较标志被置位。禁用LPTMR或者逻辑1被写入定时器比较标志位时,比较标志位被清零 0:在增加计数时,LPTMR计数器寄存器不等于LPTMR比较寄存器; 1:在增加计数时,LPTMR计数器寄存器等于LPTMR比较寄存器
6 TIE	定时器中断使能 定时器中断使能被置位时,定时器比较标志置位会产生一个LPTMR中断 0:禁用定时器中断;1:开启定时器中断
5~4 TPS	定时器引脚选择 定时器引脚选择配置用于给脉冲计数模式作为输入源。定时器引脚选择只有在LPTMR禁用下才可被更改 00:选择脉冲计数输入0(CMP0输出);01:选择脉冲计数输入1(LPTMR_ALT1) 10:选择脉冲计数输入2(LPTMR_ALT2);11:选择脉冲计数输入3(保留)
3 TPP	定时器引脚极性 定时器引脚极性的配置用于脉冲计数模式的输入源。只有LPTMR被禁用下,定时器引脚配置才可被改变 0:脉冲计数输入源高电平有效,LPTMR计数寄存器在上升沿时累加; 1:脉冲计数输入源低电平有效,LPTMR计数寄存器在下降沿时累加

续表 4-28

域	描 述
2 TFC	定时器自由运行计数器 定时器自由运行定时器配置清零时,每当定时器比较标志置位,LPTMR 计数寄存器会复位。置位时,每当定时器自由运行定时器溢出时,LPTMR 计数寄存器复位。只有 LPTMR 禁用下,定时器自由运行定时器配置才可被改变 0:每当定时器比较标志置位,LPTMR 计数寄存器会复位； 1:每当定时器自由运行定时器溢出时,LPTMR 计数寄存器复位
1 TMS	定时器模式选择 定时器模式选择配置 LPTMR 的模式。只有在 LPTMR 禁用时,定时器模式选择才能改变 0:计时模式;1:脉冲计数模式
0 TEN	定时器使能 当定时器使能位被清零时,将会复位 LPTMR 内部逻辑(包括 LPTMR 计数器寄存器和定时器比较标志)。当定时器使能位被置位后,使能 LPTMR。当写入 1 到此位后,LPTMR_CSR[5:1]不能修改 0:LPTMR 禁用并且复位内部逻辑;1:LPTMR 使能

(2) 低功耗定时器预分频寄存器(LPTMRx_PSR,Low Power Timer Prescale Register)

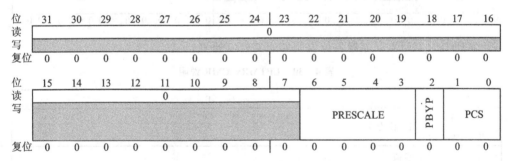

LPTMRx_PSR 寄存器各位说明如表 4-29 所列。

表 4-29 LPTMRx_PSR 说明

域	描 述
31~7 Reserved	保留 保留,读为 0
6~3 PRESCALE	预分频值 预分频寄存器字段配置预分频的大小(计时模式)和脉冲滤波的宽度(脉冲计数模式)。只有在 LPTMR 禁用时,预分频值才能改变 n:预分频系数为 2^{n+1}(计时模式),脉冲滤波在输入引脚 2^n 个上升沿改变(n 的范围为 0~15)

续表 4-29

域	描述
2 PBYP	预分频旁路 当预分频旁路被置位后,选择的预分频时钟(计时模式)或者选择的输入源(脉冲计数模式)直接测定计数值到 LPTMR 计数器寄存器。当预分频旁路被清零后,LPTMR 计数器寄存器通过预分频器/脉冲滤波器输出测定计数。只有在 LPTMR 禁用时,预分频旁路才能改变 0:预分频/脉冲滤波器使能;1:预分频/脉冲滤波器旁路
1~0 PCS	预分频器时钟选择 预分频器时钟选择的时钟供 LPTMR 预分频器/干扰滤波器使用。预分频器时钟选择只有在 LPTMR 禁用时才能改变 00:时钟 0,MCGIRCLK 内部参考时钟(在低泄漏功耗模式不可用); 01:时钟 1,LPO 1 kHz 时钟;10:时钟 2,ERCLK32K 时钟; 11:时钟 3,OSCERCLK 时钟

(3) 低功耗定时器比较寄存器(LPTMRx_CMR,Low Power Timer Compare Register)

位	31 30 29 28 27 26 25 24 23 22 21 20 19 18 17 16	15 14 13 12 11 10 9 8 7 6 5 4 3 2 1 0
读写	0	COMPARE
复位	0 0 0 0 0 0 0 0 0 0 0 0 0 0 0 0	0 0 0 0 0 0 0 0 0 0 0 0 0 0 0 0

LPMRx_CMR 寄存器各位说明如表 4-30 所列。

表 4-30 LPTMRx_CMR 说明

域	描述
31~16 Reserved	保留,读为 0
15~0 COMPARE	比较值 当 LPTMR 使能,且 LPTMR 计数寄存器的值等于 LPTMR 比较寄存器的值并累加时,定时器比较标志位置位,硬件触发断言,直到下一次 LPTMR 累加。如果 LPTMR 比较寄存器值为 0,那么硬件触发器将保持断言,直到 LPTMR 被禁用。如果使能 LPTMR,只有在定时器比较标志被置位后,LPTMR 比较寄存器才能修改

(4) 低功耗定时器计数寄存器(LPTMRx_CNR,Low Power Timer Counter Register)

位	31 30 29 28 27 26 25 24 23 22 21 20 19 18 17 16	15 14 13 12 11 10 9 8 7 6 5 4 3 2 1 0
读写	0	COUNTER
复位	0 0 0 0 0 0 0 0 0 0 0 0 0 0 0 0	0 0 0 0 0 0 0 0 0 0 0 0 0 0 0 0

LPTMRx_CNR 寄存器各位说明如表 4-31 所列。

表 4-31　LPTMRx_CNR 说明

域	描述
31~16 Reserved	保留，读为 0
15~0 COUNTER	计数值 LPTMR 计数寄存器返回当前 LPTMR 计数值。实际使用中发现，正常的 K60 芯片直接读取此值，但部分 K60 型号芯片需要写入 0 到此寄存器才可返回写入 0 时的计数值

3. LPTMR 编程要点

LPTMR 低功耗计时器，作为一个计时器，它本身可实现延时、定时、计时等功能。与此同时，LPTMR 低功耗计时器也可实现脉冲计数功能。

(1) LPTMR 定时器模式选择

LPTMR 由 LPTMRx_CSR[TMS]来选择计时模式或者计数模式。在计时模式下，可用延时、定时、计时等功能。在计数模式下，可进行脉冲计数功能。

(2) LPTMR 时钟源选择

LPTMR 的输入时钟可选为 MCGIRCLK、LPO、ERCLK32K、OSCERCLK，由寄存器 LPTMRx_PSR[PCS]来选择，经过预分频/干扰滤波器，作为 LPTMR 的时钟，如图 4-31 所示。关于这 4 个时钟的由来，可参见图 4-1 所示的时钟框图。最常见的是 LPO，频率固定为 1 kHz。OSCERCLK 是外部主晶振产生的频率，频率与外部主晶振频率相同，例如本书配套的 K60 开发板所用的频率为 50 MHz，即 OSCERCLK 为 50 MHz。

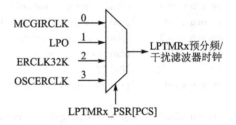

图 4-31　LPTMR 输入时钟源

(3) LPTMR 预分频/干扰滤波器

LPTMR 预分频器和干扰滤波器使用相同的逻辑，LPTMR 在计时模式下作为预分频器，LPTMR 在计数模式下作为干扰滤波器。使能 LPTMR 后就不能修改预分频/干扰滤波器的配置。

(4) LPTMR 比较功能

当 LPTMR 计数值(LPTMRx_CNR)等于 LPTMR 比较值(LPTMRx_CMR)，而且进行计数加数时，会有以下事情发生：

➢ 定时器比较标志位(LPTMRx_CSR[TCF])置 1。
➢ 如果使能定时器中断(LPTMRx_CSR[TIE]=1)，那么会产生 LPTMR 中断。

- 产生 LPTMR 硬件触发。
- 如果自由运行计数位（LPTMRx_CSR[TFC]=0)清 0,那么 LPTMR 计数值清 0。

(5) LPTMR 中断

当 CSR[TIE] 和 CSR[TCF]置 1 时,LPTMR 产生中断。当禁用 LPTMR 或者写入逻辑 1 时清空 CSR[TCF]。使能 LPTMR 期间,CSR[TIE]可被修改,CSR[TCF]可被清 0。

4.4.3 LPTMR 应用实例

LPMTR 是一个低功耗定时器,可实现延时、定时中断、计时、脉冲计数等功能（一个模块同一个时刻只能实现一个功能)。为了便于顶层的调用,这里提供如下 API 接口：

```
/*          用于延时         */
extern void      lptmr_delay_ms(uint16 ms);      //延时(ms)
extern void      lptmr_delay_us(uint16 us);      //延时(us)
/*          用于定时         */
extern void      lptmr_timing_ms(uint16 ms);     //定时(ms)
extern void      lptmr_timing_us(uint16 ms);     //定时(us)
/*          用于计时         */
extern void      lptmr_time_start_ms(void);      //开始计时(ms)
extern uint32    lptmr_time_get_ms(void);        //获取计时时间
extern void      lptmr_time_start_us(void);      //开始计时(ns)
extern uint32    lptmr_time_get_us(void);        //获取计时时间
extern void      lptmr_time_close();             //关闭计时器
/*          用于脉冲计数     */
extern void      lptmr_pulse_init   (LPT0_ALTn, uint16 count, LPT_CFG);
                                                 //计数器初始化设置
extern uint16    lptmr_pulse_get    (void);      //获取计数值
extern void      lptmr_pulse_clean (void);       //清空计数值
```

出于篇幅考虑,本书以 LPTMR 定时中断和脉冲累加计数为例,讲解 LPMTR 的配置方法。其他几个功能都差别不大,读者可自行研究。

1. LPMTR 定时中断闪烁 LED

LPTMR 定时中断功能,可供选择的时钟源有 4 个,由寄存器 LPTMRx_PSR[PCS] 来选择。定时函数 lptmr_timing_ms,采用 LPO 1 kHz 作为时钟源,不进行分频,即 LPTMR 的计数值单位就是 ms(千分之一秒)。第 2 章的 GPIO 按键定时扫描,就是用 LPTMR 定时中断。根据定时时间来配置比较值 LPTMRx_CMR,使能中断,那么 LPTMR 的计数值到达比较值时,即时间到了,就会产生中断请求。定时函数 lptmr_timing_ms 的具体代码如下：

```c
/*!
 *  @brief      LPTMR 定时函数(ms)
 *  @param      ms          LPTMR 定时时间(0～65 535)
 *  @since      v5.0
 *  Sample usage:
 *                  lptmr_timing_ms(32);        //LPTMR 定时 32 ms
 *                  set_vector_handler(LPTimer_VECTORn,lptmr_hander);
 *                                              //设置中断复位函数到中断向量表里
 *                  enable_irq(LPTimer_IRQn);   //使能 LPTMR 中断
 */
void lptmr_timing_ms(uint16 ms)
{
    if(ms == 0)
    {
        return;
    }
    SIM_SCGC5 |= SIM_SCGC5_LPTIMER_MASK;        //使能 LPT 模块时钟
    LPTMR0_CSR = 0x00;                          //先关了 LPT,自动清计数器的值
    LPTMR0_CMR = ms;    //设置比较值,即延时时间,其时间单位由时钟源经过预分频后决定
    //选择时钟源
    LPTMR0_PSR = ( 0
                    | LPTMR_PSR_PCS(1)
                                //选择时钟源：0 为 MCGIRCLK,1 为 LPO(1 kHz),
                                //2 为 ERCLK32K,3 为 OSCERCLK
                    | LPTMR_PSR_PBYP_MASK
                                //旁路预分频/干扰滤波器,即不用预分频/干扰滤波器
                                //(注释了表示使用预分频/干扰滤波器)
                    //| LPTMR_PSR_PRESCALE(1)   //预分频值 = 2^(n+1),n = 0～0xF
                 );
    //使能 LPT
    LPTMR0_CSR = (0
                    //| LPTMR_CSR_TPS(1)        //选择输入引脚选择
                    //| LPTMR_CSR_TMS_MASK
                                //选择脉冲计数(注释了表示时间计数模式)
                    //| ( cfg == LPT_Falling ?    LPTMR_CSR_TPP_MASK :    0 )
                                //脉冲计数器触发方式选择：0 为高电平有效,上升沿加 1
                    | LPTMR_CSR_TEN_MASK        //使能 LPT(注释了表示禁用)
                    | LPTMR_CSR_TIE_MASK        //中断使能
                    //| LPTMR_CSR_TFC_MASK
                                //0：计数值等于比较值就复位;1：溢出复位(注释表示 0)
                 );
    return;
}
```

本例程使用 LPTMR 定时器来定时 1 000 ms 产生一次中断,中断里闪烁 LED0。本例程的代码相对简单,定时 1 000 ms 产生中断,然后配置中断向量表和使能中断,在中断里闪烁 LED0,清状态标志位即可。

具体代码如下：

```
/*!
 *  @brief      LPTMR 中断服务函数
 *  @since      v5.0
 */
void LPTMR_IRQHandler(void)
{
    led_turn(LED0);                         //闪烁 LED0
    LPTMR_Flag_Clear();                     //清中断标志位
}
/*!
 *  @brief      main 函数
 *  @since      v5.0
 *  @note       野火 LPTMR 定时中断实验
 */
void main()
{
    led_init(LED0);                         //初始化 LED0,LPTMR 中断用到 LED0

    lptmr_timing_ms(1000);                  //初始化 LPTMR,定时时间为:1 000 ms
    set_vector_handler(LPTMR_VECTORn,LPTMR_IRQHandler);
                                            //设置 LPTMR 的中断服务函数为 LPTMR_IRQHandler
    enable_irq (LPTMR_IRQn);                //使能 LPTMR 中断
    while(1)
    {
        //这里不需要执行任务,等待中断来闪烁 LED0
    }
}
```

运行上面的例程,就可以看到 LED0 的闪烁周期为 2 s(每隔 1 s 翻转一次)。这个是毫秒级别的定时中断,而实际应用中,有的读者可能需要微秒级别的定时中断,那该怎么做呢?

LPTMR 定时器的时钟源是可选的,在上面的例程中选择了 LPO 1 kHz 的时钟源。假如需要实现微秒级别的定时中断,那么可以选择其他频率更高的时钟源,例如 OSCERCLK 时钟源提供 50 MHz 频率,最低定时单位为 20 ns(1/50 MHz=20 ns),这部分的内容留给读者自行研究。

2. LPTMR 脉冲累加计数应用

脉冲计数的用途很多,例如编码器转速测量、生产线自动计数、电容值测量(555 定时器输出脉冲信号频率与 RC 值有关)等功能。

先来了解一下 LPTMR 的 API 接口:LPTMR 初始化、获取脉冲计数值、清空脉冲计数值。

```
void   lptmr_pulse_init (LPT0_ALTn, uint16 count, LPT_CFG);   //计数器初始化设置
uint16 lptmr_pulse_get (void);                                //获取计数值
void   lptmr_pulse_clean (void);                              //清空计数值
```

本书提供的代码支持 FX15 和 DNZ10 两款 K60 系列不同芯片,两者芯片驱动代

码略有差异。本例程利用宏条件编译来区分不同系列的代码。具体代码如下：

```c
/*!
 *  @brief      LPTMR 脉冲计数初始化
 *  @param      LPT0_ALTn       LPTMR 脉冲计数引脚
 *  @param      count           LPTMR 脉冲比较值
 *  @param      LPT_CFG         LPTMR 脉冲计数方式：上升沿计数或下降沿计数
 *  @since      v5.0
 *  Sample usage：lptmr_pulse_init(LPT0_ALT1,0xFFFF,LPT_Rising);
//LPTMR 脉冲捕捉,捕捉 0xFFFF 后触发中断请求(需要开中断才执行中断复位函数),上升沿捕捉
 */
void lptmr_pulse_init(LPT0_ALTn altn, uint16 count, LPT_CFG cfg)
{
#if defined(MK60F15)
//经过测试发现,FX15 需要使用 OSCERCLK 时钟,DNZ10 则不能使用 OSCERCLK 时钟而是使用
//LPO 时钟,这样才能正常进行脉冲计数
    OSC0_CR |= OSC_CR_ERCLKEN_MASK;             //使能 OSCERCLK
#endif
    //开启模块时钟
    SIM_SCGC5 |= SIM_SCGC5_LPTIMER_MASK;        //使能 LPT 模块时钟

    //设置输入引脚
    if(altn == LPT0_ALT1)
    {
        port_init(PTA19, ALT6 );                //在 PTA19 上使用 ALT6
    }
    else if(altn == LPT0_ALT2)
    {
        port_init(PTC5, ALT4 );                 //在 PTC5 上使用 ALT4
    }
    else                                        //不可能发生事件
    {
        ASSERT(0);                              //设置引脚有误？
    }
    //清状态寄存器
    LPTMR0_CSR = 0x00;      //先关了 LPT,这样才能设置时钟分频,清空计数值等
#if defined(MK60DZ10)
    //选择时钟源,不同的时钟源,配置有所不同
    LPTMR0_PSR = ( 0
                    | LPTMR_PSR_PCS(1)
                        //选择时钟源：0 为 MCGIRCLK,1 为 LPO(1 kHz),
                        //2 为 ERCLK32K,3 为 OSCERCLK
                    | LPTMR_PSR_PBYP_MASK
                        //旁路 预分频/干扰滤波器,即不用 预分频/干扰滤波器
                        //(注释了表示使用预分频/干扰滤波器)
                    //| LPTMR_PSR_PRESCALE(1)   //预分频值 = 2^(n+1),n = 0～ 0xF
                 );
#elif defined(MK60F15)
    //选择时钟源
    LPTMR0_PSR = ( 0
```

```
                            | LPTMR_PSR_PCS(3)
                                   //选择时钟源：0 为 MCGIRCLK,1 为 LPO(1 kHz),
                                   //2 为 ERCLK32K,3 为 OSCERCLK
                            //| LPTMR_PSR_PBYP_MASK
                                   //旁路预分频/干扰滤波器,即不用预分频/干扰滤波器
                                   //(注释了表示使用预分频/干扰滤波器)
                            | LPTMR_PSR_PRESCALE(4)  //预分频值 = 2^(n+1),n = 0～0xF
                           );
#endif
    //设置累加计数值
    LPTMR0_CMR = LPTMR_CMR_COMPARE(count);    //设置比较值
    //引脚设置、使能中断
    LPTMR0_CSR = (0
                            | LPTMR_CSR_TPS(altn)   //选择输入引脚选择
                            | LPTMR_CSR_TMS_MASK    //选择脉冲计数(注释了表示时间计数模式)
                            | ( cfg == LPT_Falling ?   LPTMR_CSR_TPP_MASK :    0  )
                                   //脉冲计数器触发方式选择：0 为高电平有效,上升沿加 1
                            | LPTMR_CSR_TEN_MASK    //使能 LPT(注释了表示禁用)
                            | LPTMR_CSR_TIE_MASK    //中断使能
                            //| LPTMR_CSR_TFC_MASK
                                   //0：计数值等于比较值就复位；1：溢出复位(注释表示 0)
                           );
}
/*!
 *  @brief         获取 LPTMR 脉冲计数值
 *  @return        脉冲计数值
 *  @since         v5.0
 *  Sample usage:        uint16 data = lptmr_pulse_get();   //获取脉冲计数值
 */
uint16 lptmr_pulse_get(void)
{
    uint16 data;
    if(LPTMR0_CSR & LPTMR_CSR_TCF_MASK)         //已经溢出了
    {
        data = ~0;                              //返回 0xffffffff 表示错误
    }
    else
    {
#if defined(MK60F15)
        LPTMR0_CNR = 0;
#endif
        data = LPTMR0_CNR;
    }
    return data;
}
/*!
 *  @brief         清空 LPTMR 脉冲计数
 *  @since         v5.0
 *  Sample usage:        lptmr_counter_clean();   //清空 LPTMR 脉冲计数
 */
```

```c
void lptmr_pulse_clean(void)
{
LPTMR0_CSR  & = ~LPTMR_CSR_TEN_MASK;       //禁用 LPT 的时候就会自动清计数器的值

    LPTMR0_CSR   | = LPTMR_CSR_TEN_MASK;
}
```

本例程利用 FTM 模块 FTM0_CH4(引脚复用里配置为 PTA7)引脚产生 PWM 脉冲,利用上述的 LPTMR 模块 LPT0_ALT1 (PTA19)引脚进行脉冲计数。如图 4 - 32 所示,需要在开发板右下角短接 PTA7 和 PTA19。

编程步骤如下:

① 初始化 FTM0_CH4 的 PWM 输出频率。

② 初始化 LPT0_ALT1 进行脉冲计数。

③ 进入 while 死循环:

➢ 清除脉冲计数值。

➢ 延时一段时间(程序里配置为 1 s)。

➢ 获取脉冲值。

➢ 显示脉冲值(printf 函数在进入 main 前已经初始化)。

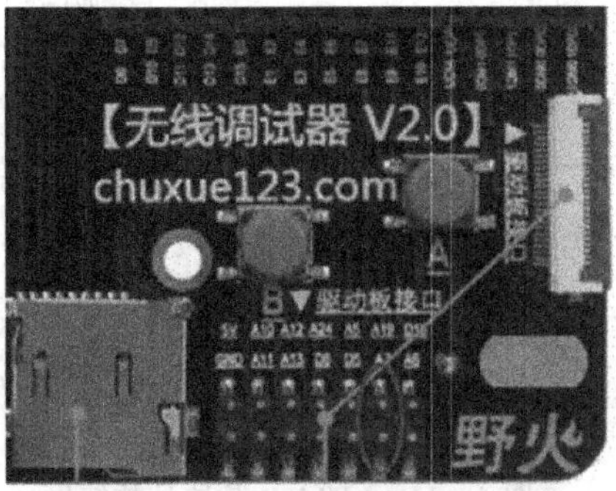

图 4 - 32 LPTMR 脉冲累加实验需要短接配套开发板右下角的排针

具体代码如下:

```c
/*!
*  @brief       main 函数
*  @since       v5.0
*  @note        野火 LPTMR 脉冲计数实验,需要短接 PTA7 和 PTA19
*/
void  main(void)
{
#define INT_COUNT 0xFFFF        //LPT 产生中断的计数次数,LPTMR 溢出值,最大为 0xFFFF
    uint16 count;
    FTM_PWM_init(FTM0, FTM_CH4, 10000, 50);
            //FTM 模块产生 PWM,用 FTM0_CH4,即 PTA7,频率为 100,占空比 50%
                //修改频率,验证不同 PWM 下计数值是多少
    lptmr_pulse_init(LPT0_ALT1, INT_COUNT, LPT_Rising);
    //初始化脉冲计数器,用 LPT0_ALT1,即 PTA19 输入,每隔 INT_COUNT 产生中断(需要开
    //中断才能产生中断),上升沿触发
    while(1)
    {
        lptmr_pulse_clean();
                    //清空脉冲计数器计算值(马上清空,这样才能保证计数值准确)
        pit_delay_ms(PIT0,1000);
                    //利用 PIT 延时时间,LPTMR 模块进行 计算,累加 FTM 产生的 PWM 脉冲
```

```
            count            =  lptmr_pulse_get();              //保存脉冲计数器计算值
            printf("LPTMR 脉冲计数为：%d\n", count);              //打印计数值
    }
}
```

LPTMR 脉冲计数初始化，这里配置为下降沿进行脉冲计数，最大脉冲计数值为 INT_COUNT(0xFFFF)，如果使能了 LPTMR IRQ 中断，那么脉冲计数值达到设定最大脉冲计数值时就会触发 LPTMR 中断。

FTM PWM 脉冲信号输出，这里配置为 10 000 Hz 脉冲波，读者可自行修改成不同的频率从而验证 LPTMR 脉冲计数值是否准确。把程序烧录到目标开发板，通过串口助手，可以看到如图 4-33 所示的实验结果。

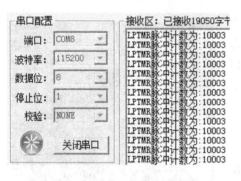

图 4-33　LPTMR 脉冲计数结果

4.5　PIT 周期中断定时器

4.5.1　PIT 简介

PIT(Periodic Interrupt Timer)，周期中断定时器，用于产生中断或触发 DMA 通道传输，如图 4-34 所示的 PIT 模块框图。

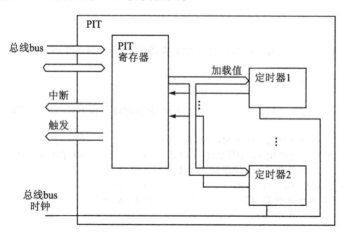

图 4-34　PIT 模块框图

与 LPTMR 定功耗定时器相比，PIT 定时器强调的是周期中断，可周期定时中断或触发 DMA 传输。PIT 定时器和 LPTMR 定时器，两者都是定时器，都可实现定

时、计时、延时等功能。两者的差异在于：LPTMR 定时器可实现脉冲计数、低功耗状态下定时唤醒等功能，而 PIT 定时器则可实现周期触发 DMA 中断功能。K60 PIT 的特性如下：

> 定时器可产生 DMA 触发脉冲。
> 定时器可产生中断。
> 所有的中断都可屏蔽。
> 每个定时器都有独立的超时周期。

4.5.2 PIT 模块寄存器

1. PIT 寄存器结构体定义

```
/* * PIT - Peripheral register structure * /
typedef struct PIT_MemMap {
    uint32_t MCR;                //PIT 模块控制寄存器，偏移：0x0
    uint8_t RESERVED_0[252];
    struct {                     //数组偏移：0x100,数组步进：0x10
        uint32_t LDVAL;          //计时加载值寄存器，数组偏移：0x100
        uint32_t CVAL;           //当前计时值寄存器，数组偏移：0x104
        uint32_t TCTRL;          //计数控制寄存器，数组偏移：0x108
        uint32_t TFLG;           //计数标志寄存器，数组偏移：0x10C
    } CHANNEL[4];
} volatile * PIT_MemMapPtr;
/* * Peripheral PIT base pointer * /
#define PIT_BASE_PTR                      ((PIT_MemMapPtr)0x40037000u)
```

2. PIT 寄存器详解

(1) PIT 模块控制寄存器(PIT_MCR, PIT Module Control Register)

这个寄存器用于控制定时器时钟是否使能和定时器是否运行在调试模式，其各位说明如表 4-32 所列。

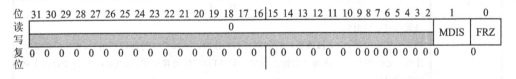

表 4-32 PIT_MCR 说明

域	描 述
31～2 Reserved	保留 读为 0, 写无效
1 MDIS	模块禁用 这是用来禁用模块时钟的。在其他设置完成前,此位必须使能 0：PIT 定时器时钟使能；1：PIT 定时器时钟禁用

续表 4-32

域	描述
0 FRZ	冻结 允许设备进入调试模式时,停止定时器 0：在调试模式下定时器继续运行；1：在调试模式下定时器停止

(2) 定时器加载值寄存器(PIT_LDVALn, Timer Load Value Register)

此寄存器用于选择定时中断的超时时间，其各位说明如表 4-33 所列。

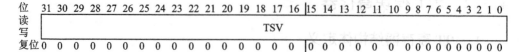

表 4-33 PIT_LDVALn 说明

域	描述
31~0 TSV	定时器初值 此字段为定时器初值,定时器会递减计时,直到为 0,然后产生中断并重新加载此值。向此字段写入新值时需要等到当前计时器计数为 0 时才加载新值,而不是马上重启定时器加载新值。如果需要新值马上生效,那么就得先禁用定时器再使能

(3) 当前定时器值寄存器 (PIT_CVALn, Current Timer Value Register)

此寄存器用于表示当前计时值，其各位说明如表 4-34 所列。

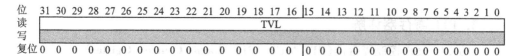

表 4-34 PIT_CVALn 说明

域	描述
31~0 TVL	当前定时器计时值 如果使能定时器,该字段就表示当前定时器的计时值。如果定时器被禁用了,该字段就无效 注意：定时器是一个递减计数器。如果 MCF[FRZ]位被置位了,那么定时器的计数值在调试模式时被冻结

(4) 定时器控制寄存器 (PIT_TCTRLn, Timer Control Register)

此寄存器包含每个定时器的控制位，其各位说明如表 4-35 所列。

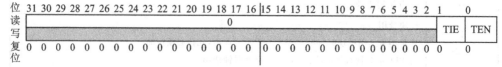

表 4-35 PIT_TCTRLn 说明

域	描 述
31~2 Reserved	保留,读为 0
1 TIE	定时器中断使能 当中断挂起(TIF 置位)时,使能中断会马上触发中断时间。为了避免此问题,应该在使能中断前清中断标志位 TIF 0:禁用定时器 n 的中断请求;1:使能定时器 n 的中断请求
0 TEN	定时器使能位 该位是使能或禁用定时器 0:禁用定时器 n;1:使能定时器 n

(5) 定时器标记寄存器(PIT_TFLGn,Timer Flag Register)

这寄存器用于记录 PIT 中断标志位,其各位说明如表 4-36 所列。

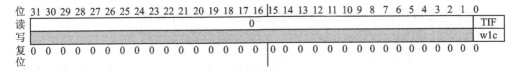

表 4-36 PIT_TFLGn 说明

域	描 述
31~1 Reserved	保留,读为 0
0 TIF	定时器中断标志 TIF 在定时器计数周期结束时置位。写 1 清零此位,写 0 是无效的。如果使能中断(TIE),TIF 会产生一个中断请求 0:超时没发生;1:超时发生,即 PIT 中断产生

3. PIT 编程要点

(1) PIT 工作原理

PIT 定时器用于周期性触发中断或产生触发脉冲。PIT 定时器是一个递减计时定时器,首先加载初始化值(PIT_LDVALn)到 PIT 计时器(PIT_CVALn),当 PIT 计时器(PIT_CVALn)由初值递减到 0 时,PIT 的中断标志位(PIT_TCTRLn[TIE])置位,若开启使能了 PIT 中断(PIT_TCTRL[TIE]置 1 且使能 PIT IRQ 中断)则产生 PIT 定时中断。

通过设置寄存器 PIT_TCTRL[TIE],可以配置开启或关闭所有 PIT 的中断。只有清空了中断标志位,新的 PIT 中断才可以产生。PIT 计数值可通过读取寄存器

PIT_CVALn 获得。如果需要重启 PIT 定时器,则可先关闭 PIT 定时器,再置位 PIT_TCTRLn[TEN]来实现。PIT 定时器采用 BUS 总线,不经过任何分频,即计时值的最小单位为 1/BUS 总线频率。

(2) PIT 触发 DMA

PIT 可配置为产生触发事件,可用于触发 DMA 请求。PIT0～3 分别对应 DMA 通道的 0～3。DMA 通道总共有 16 个,但只有 DMA 通道 0～3 才可配置为 PIT 触发。

(3) PIT 中断

全部的 PIT 都支持中断,由 PIT_TCTRL[TIE]置位使能中断。PIT 的中断标志位 PIT_TFLGn[TIF]可通过写入 1 来清 0。

4.5.3　PIT 应用实例

PIT 定时器和 LPTMR 定时器都可实现定时中断、计时、延时等功能,因此两者的用法很相似。

为了方便应用程序的开发,需要为底层设计一套 API 接口:

```
/**************** PIT 中断 ************************/
void        pit_init(PITn, uint32 cnt);
                                        //初始化 PITn,并设置定时时间(单位为 bus 时钟周期)
//ms、us、ns 为单位的定时可利用上面的代码通过宏定义实现
#define pit_init_ms(PITn,ms) pit_init(PITn,ms * bus_clk_khz);
                                        //初始化 PITn,并设置定时时间(单位为 ms)
#define pit_init_us(PITn,us) pit_init(PITn,us * bus_clk_khz/1000);
                                        //初始化 PITn,并设置定时时间(单位为 us)
#define pit_init_ns(PITn,ns) pit_init(PITn,ns * bus_clk_khz/1000000);
                                        //初始化 PITn,并设置定时时间(单位为 ns)
/***************** PIT 延时 ***************/
//注意,延时函数不需要初始化,可直接调用
void pit_delay(PITn pitn, uint32 cnt);   //PIT 延时(不需要初始化)
#define pit_delay_ms(PITn,ms) pit_delay(PITn,ms * bus_clk_khz);
                                        //PIT 延时 ms
#define pit_delay_us(PITn,us) pit_delay(PITn,us * bus_clk_khz/1000);
                                        //PIT 延时 us
#define pit_delay_ns(PITn,ns) pit_delay(PITn,ns * bus_clk_khz/1000000);
                                        //PIT 延时 ns
/**************** PIT 计时 ******************/
void pit_time_start (PITn pitn);        //PIT 开始计时
uint32 pit_time_get (PITn pitn);
                                        //获取 PITn 计时时间(超时时会关闭 定时器)
                                        //(单位为 bus 时钟)(若值为 0xFFFFFFFF,则表示溢出)
void pit_time_close (PITn pitn);        //关闭 PIT 计时
#define pit_time_get_ms(pitn) (pit_time_get(pitn)/bus_clk_khz)
                                        //获取计时时间(单位为 ms)
#define pit_time_get_us(pitn) (pit_time_get(pitn)/(bus_clk_khz/1000))
                                        //获取计时时间(单位为 us)
```

下面来分析一下 PIT 底层驱动代码。

```c
/*!
 *  @brief      PITn 定时中断
 *  @param      PITn        模块号(PIT0～PIT3)
 *  @param      cnt         定时中断时间(单位为 bus 时钟周期)
 *  @since      v5.0
 *  Sample usage：
 *                  pit_init(PIT0, 1000);                   //定时 1 000 个 bus 时钟后中断
 *                  set_vector_handler(PIT0_VECTORn,pit_hander);
 *                                                          //设置中断复位函数到中断向量表里
 *                  enable_irq(PIT0_IRQn);                  //使能 LPTMR 中断
 */
void pit_init(PITn pitn, uint32 cnt)
{
    //PIT 用的是 Bus Clock 总线频率
    //溢出计数 = 总线频率 × 时间
    ASSERT( cnt > 0 );                                      //用断言检测时间必须不能为 0
    SIM_SCGC6 |= SIM_SCGC6_PIT_MASK;                        //使能 PIT 时钟
    PIT_MCR = (0
                //| PIT_MCR_MDIS_MASK
                    //禁用 PIT 定时器时钟选择(0 表示使能 PIT,1 表示禁用 PIT)
                //| PIT_MCR_FRZ_MASK
                    //调试模式下停止运行(0 表示继续运行,1 表示停止运行)
                );
    PIT_LDVAL(pitn) = cnt - 1 ;                             //设置溢出中断时间
    PIT_Flag_Clear(pitn);                                   //清中断标志位
    PIT_TCTRL(pitn) &= ~ PIT_TCTRL_TEN_MASK;
                                                            //禁用 PITn 定时器(用于清空计数值)
    PIT_TCTRL(pitn) = ( 0
                        | PIT_TCTRL_TEN_MASK                //使能 PITn 定时器
                        | PIT_TCTRL_TIE_MASK                //开 PITn 中断
                        );
    //enable_irq((int)pitn + PIT0_IRQn);                    //开中断
}
/*!
 *  @brief      PITn 延时
 *  @param      PITn        模块号(PIT0～PIT3)
 *  @param      cnt         延时时间(单位为 bus 时钟周期)
 *  @since      v5.0
 *  Sample usage：
 *                  pit_delay(PIT0, 1000);                  //延时 1 000 个 bus 时钟
 */
void pit_delay(PITn pitn, uint32 cnt)
{
    //PIT 用的是 Bus Clock 总线频率
    //溢出计数 = 总线频率 × 时间
    ASSERT( cnt > 0 );                                      //用断言检测时间不能为 0
    SIM_SCGC6 |= SIM_SCGC6_PIT_MASK;                        //使能 PIT 时钟
    PIT_MCR &= ~(PIT_MCR_MDIS_MASK | PIT_MCR_FRZ_MASK );
```

```c
    PIT_TCTRL(pitn) &= ~( PIT_TCTRL_TEN_MASK );
                                              //使能 PIT 定时器时钟,调试模式下继续运行
                                              //禁用 PIT,以便设置加载值生效
    PIT_LDVAL(pitn) = cnt - 1;                //设置溢出中断时间
    PIT_Flag_Clear(pitn);                     //清中断标志位
    PIT_TCTRL(pitn) &= ~ PIT_TCTRL_TEN_MASK;
                                              //禁用 PITn 定时器(用于清空计数值)
    PIT_TCTRL(pitn) = ( 0
                       | PIT_TCTRL_TEN_MASK   //使能 PITn 定时器
                      //| PIT_TCTRL_TIE_MASK  //开 PITn 中断
                     );
    while( ! (PIT_TFLG(pitn)& PIT_TFLG_TIF_MASK));
    PIT_Flag_Clear(pitn);                     //清中断标志位
}
/*!
 *  @brief      PITn 计时开始
 *  @param      PITn        模块号(PIT0~PIT3)
 *  @since      v5.0
 *  Sample usage:
 *                  pit_time_start(PIT0);     //PIT0 计时开始
 */
void pit_time_start(PITn pitn)
{
    //PIT 用的是 Bus Clock 总线频率
    //溢出计数 = 总线频率 × 时间
    SIM_SCGC6 |= SIM_SCGC6_PIT_MASK;          //使能 PIT 时钟
PIT_MCR &= ~(PIT_MCR_MDIS_MASK | PIT_MCR_FRZ_MASK );
                                              //使能 PIT 定时器时钟,调试模式下继续运行
    PIT_TCTRL(pitn) &= ~( PIT_TCTRL_TEN_MASK );
                                              //禁用 PIT,以便设置加载值生效
    PIT_LDVAL(pitn) = ~0;                     //设置溢出中断时间
    PIT_Flag_Clear(pitn);                     //清中断标志位
    PIT_TCTRL(pitn) &= ~ PIT_TCTRL_TEN_MASK;
                                              //禁用 PITn 定时器(用于清空计数值)
    PIT_TCTRL(pitn) = ( 0
                       | PIT_TCTRL_TEN_MASK   //使能 PITn 定时器
                      //| PIT_TCTRL_TIE_MASK  //开 PITn 中断
                     );
}
/*!
 *  @brief      获取 PITn 计时时间(超时时会关闭 定时器)
 *  @param      PITn        模块号(PIT0~PIT3)
 *  @since      v5.0
 *  Sample usage:
 *                  pit_time_get(PIT0);       //获取 PITn 计时时间
 */
uint32 pit_time_get(PITn pitn)
{
    uint32 val;
    val = (~0) - PIT_CVAL(pitn);
```

```c
    if(PIT_TFLG(pitn)& PIT_TFLG_TIF_MASK)              //判断是否超时
    {
        PIT_Flag_Clear(pitn);                          //清中断标志位
        PIT_TCTRL(pitn) &= ~ PIT_TCTRL_TEN_MASK;
                                                       //禁用PITn定时器(用于清空计数值)
        return ~0;
    }
    if(val == (~0))
    {
        val -- ;                                       //确保不等于0
    }
    return val;
}
/*!
 *  @brief       关闭pit计时
 *  @param       PITn          模块号(PIT0~PIT3)
 *  @since       v5.0
 *  Sample usage:
 *                       pit_time_get(PIT0);           //获取PITn计时时间
 */
void pit_time_close(PITn pitn)
{
    PIT_Flag_Clear(pitn);                              //清中断标志位
PIT_TCTRL(pitn) &= ~ PIT_TCTRL_TEN_MASK;
                                                       //禁用PITn定时器(用于清空计数值)
}
```

有了 PIT 底层的 API 和 LED 底层的 API 接口,那么实现 PIT 定时中断,中断里闪烁 LED 就变得简单多了。本例程设置 PIT 定时时间为 1 000 ms,定时中断里执行 LED 反转闪烁。

```c
/*!
 *  @brief       PIT0 中断服务函数
 *  @since       v5.0
 */
void PIT0_IRQHandler(void)
{
    led_turn(LED0);                    //闪烁 LED0
    PIT_Flag_Clear(PIT0);              //清中断标志位
}
/*!
 *  @brief       main 函数
 *  @since       v5.0
 *  @note        野火 PIT 定时中断实验,与 LPTMR 的定时中断几乎相同
 */
void main()
{
    led_init(LED0);                    //初始化 LED0,PIT0 中断用到 LED0

    pit_init_ms(PIT0, 1000);           //初始化 PIT0,定时时间为: 1 000 ms
```

```
set_vector_handler(PIT0_VECTORn,PIT0_IRQHandler);
                                    //设置 PIT0 的中断服务函数为 PIT0_IRQHandler
    enable_irq (PIT0_IRQn);         //使能 PIT0 中断
    while(1)
    {
        //这里不需要执行任务,等待中断来闪烁 LED0
    }
}
```

烧录程序,下载到开发板上,可以看到核心板上的 LED0 每隔 1 s 翻转一次,周期为 2 s 闪烁。PIT 定时的功能比较简单,与 LPTMR 的定时功能相差不大,读者可自行比较两者的区别。

4.6 RTC 实时时钟计数器

4.6.1 RTC 简介

RTC(Real Time Clock),实时时钟,是一个独立的定时器,用于提供一个可靠的系统时间。通过软件配置,可以实现时钟、日历、闹钟、1 Hz 频率输出等功能。RTC 模块可分为直接提供时间日期和提供秒计数两种类型。K60 就是提供秒计数,RTC 通过晶振分频后得到 1 Hz 频率,然后通过秒计时器,累加秒计数,用户根据秒计数和自行确定的计时元年转换为确定的时间和日期。

K60 的 RTC 模块是一个 32 位的秒计时器,可计时时间为 2 的 32 次方秒,即约为 136 年。由秒计时和计时元年计算秒计时所对应的时间和日期,这个计算需要用到高斯算法,需要考虑闰年的因素,因此计算过程比较复杂。Linux 系统是一个开放源代码的免费系统,其源代码已经实现了由秒计时转为对应的时间日期,因此可以使用这部分代码。UNIX 诞生于 1970 年,因而其计时元年是 1970 年,Linux 系统思想源自于 UNIX 系统,因而其计时元年也为 1970 年。

典型的 RTC 外围辅助电路包括后备电源和 32.768 kHz 晶体振荡器,以及电阻电容等。在有后备电源(VBAT)的情况下,即使在系统处于掉电关机状态,RTC 模块仍然继续正常工作,以确保时间的可靠性。野火 K60 核心板上的 RTC 晶振电路如图 4-35 所示,由于采用贴片封装,因此晶振是 4 个引脚,与常见的直插 2 个引脚的晶振封装有所不同。

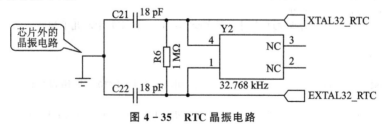

图 4-35　RTC 晶振电路

如图4-35所示,与无源晶振Y2并联的R6电阻有何作用?负载电容C21和C22有何用途?为什么晶振频率是32.768 kHz?

并联电阻的作用如下:

① 配合IC内部电路组成负反馈、移相,使放大器工作在线性区。
② 限流防止谐振器被过驱。
③ 并联降低谐振阻抗,使谐振器易启动。
④ 电阻取值影响波形的脉宽。

负载电容的作用是晶振的匹配电容,用于微调振荡频率,电容的大小会影响晶振的谐振频率和输出幅度。

32.768 kHz晶振的由来:RTC一般都是通过秒计数来确定时间和日期。32 768等于2的15次方,32.768 kHz的晶振产生的振荡信号经过石英钟内部分频器进行15次分频后得到1 Hz信号,即秒针每秒走一下,从而达到秒计数的目的。为什么是15次分频?处在这个频率范围的晶体振荡器制作成本较低、分频成本低、低频晶振功耗低。

K60 RTC的特性如下:

① 独立的电源供电、POR(上电复位)和32 kHz晶体振荡器。
② 32位秒计时器,带翻转保护(溢出后不再增加,读为0)和32位的闹钟。
③ 带补偿功能的16位预分频器,可修正0.12~3 906 ppm(微调负载电容)的错误。
④ 寄存器写保护。
> 锁寄存器需要通过VBAT上电复位或软件复位来使能写访问。
> 访问控制寄存器需要通过系统复位来使能读/写访问。
⑤ 1 Hz方波输出。

K60的RTC模块框图如图4-36所示。

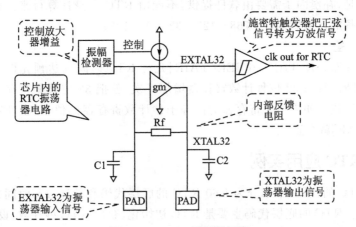

图4-36 RTC振荡器框图

K60 的 RTC 模块是一个独立的供电模块,在芯片掉电时可由备用电池(VBAT)供电,保证 RTC 定时器继续工作。K60 RTC 的外部时钟源仅支持 32.768 kHz。当 RTC 上电时,其自身的模拟 POR 就会产生一个上电复位信号,初始化 RTC 寄存器为默认状态。也可以通过配置软件复位位实现初始化全部 RTC 寄存器。

4.6.2 RTC 编程要点

RTC 的寄存器的相关内容并没有添加到本书上,感兴趣的读者可自行阅读官方提供的寄存器手册。

(1) 计　时

RTC 计时器由 32 位秒计数器和 16 位预分频寄存器组成,秒计数器每秒增加一次计数,预分频寄存器每隔 32.768 kHz 时钟周期增加一次计数。秒计数器和预分频寄存器只有在 SR[TCE]清 0 的情况下才能写。一般先写入预分频寄存器,再写如秒计数寄存器,因为秒计数寄存器会在预分频计时器位 14 产生下降沿时计数一次(即 15 分频)。

如果 SR[TCE]=1,SR[TIF]=0,SR[TOF]=0,且提供 32.768 kHz 时钟源,那么预分频寄存器开始计数。使能 RTC 振荡器后,需要等待振荡器启动后才置位 SR[TCE],这样可以使得振荡器时钟输出稳定。

如果秒计时器溢出,那么 SR[TOF]会置 1,预分频寄存器停止增加。通过初始化秒计数寄存器把 SR[TOF]清 0。如果 SR[TOF]=0,那么秒计数寄存器和预分频寄存器读恒为 0。VBAT POR 或者软件复位,SR[TIF]会置 1。初始化秒计数寄存器,SR[TIF]会清 0。如果 SR[TIF]=1,那么秒计数寄存器和预分频寄存器读恒为 0。

(2) 补　偿

补偿逻辑能提供一个精准且宽广的补偿范围,纠错范围为 0.12~3 906 ppm。需要注意的是,补偿因子需要由软件提供,不能由 RTC 本身计算得来。补偿功能用于改变预分频的计数周期(32 768－127~32 768＋128)。

(3) 报　警

报警寄存器,SR[TAF] 和 IER[TAIE]允许 RTC 时间到达预先设定的报警时间时产生中断。每当 32 位秒计数寄存器增加一次,就把 32 位报警寄存器与秒计数寄存器进行比较。如果报警寄存器的值等于秒计数寄存器的值,且秒计数寄存器在递增,SR[TAF]就会置 1。

4.6.3 RTC 应用实例

对于 RTC 的代码,本书分为 K60 RTC 的底层代码和秒计数与时间日期转换的应用层代码。RTC 的底层代码主要是 RTC 初始化、获取 RTC 秒计数、设置 RTC 秒计数、设定报警时间、关闭报警。API 接口如下:

```c
void rtc_init(void);                                //初始化
void rtc_set_time(uint32 seconds);                  //设置时间
uint32 rtc_get_time(void);                          //获取时间
uint8 rtc_set_alarm(uint32 alarm);                  //设置闹钟
void rtc_close_alarm(void);                         //关闭闹钟
```

具体的代码如下：

```c
/*!
 *  @brief         RTC 初始化
 *  @since         v5.0
 *  Sample usage:           rtc_init();             //RTC 初始化
 */
void rtc_init(void)
{
    volatile uint32 delay;
    SIM_SCGC6 |= SIM_SCGC6_RTC_MASK;                //开启 RTC 时钟
    RTC_CR = RTC_CR_SWR_MASK;
                                                    //复位 RTC 寄存器(除 SWR,RTC_WAR,RTC_RAR )
    RTC_CR &= ~RTC_CR_SWR_MASK;                     //清空复位标志位
    RTC_CR = (0
              | RTC_CR_OSCE_MASK                    //32.768 kHz 晶振 使能
              //| RTC_CR_SC2P_MASK                  //加入 2 pF 电容
              //| RTC_CR_SC4P_MASK                  //加入 4 pF 电容
              //| RTC_CR_SC8P_MASK                  //加入 8 pF 电容
              | RTC_CR_SC16P_MASK                   //加入 16 pF 电容
              | RTC_CR_CLKO_MASK
              //RTC_CLKOUT 输出 32 kHz 使能(0 表示输出,1 表示禁用)
             );
    delay = 0x600000;
    while(delay--);             //等待 32 kHz 晶振稳定(起振时间需要看晶振手册)
    //设置时间补偿
    RTC_TCR = (0
               | RTC_TCR_CIR(0)
               //补偿间隔(可以从 1 s(0X0)~256(0xFF)的范围内),8 bit
               | RTC_TCR_TCR(0)
               //补偿值的范围从 32×1024 Hz - 127 的周期到 32×1024 Hz + 128
               //周期,即 TCR 范围为 (int8)-127 ~ (int8)128
              );
    RTC_SR &= ~RTC_SR_TCE_MASK;
                                //禁用 RTC 计数器,便于后续设置寄存器 TSR 和 TPR
    //时间和闹钟设置
    RTC_TSR = 0;                                    //当前时间
    RTC_TAR = 0;                                    //闹钟时间
    //中断配置
    RTC_IER = (0
               //| RTC_IER_TAIE_MASK   //闹钟中断使能(0 表示禁用,1 表示使能)
               //| RTC_IER_TOIE_MASK   //溢出中断使能(0 表示禁用,1 表示使能)
               //| RTC_IER_TIIE_MASK   //无效时间中断使能(0 表示禁用,1 表示使能)
              );
    RTC_SR |= RTC_SR_TCE_MASK;                      //使能 RTC 计数器
```

```c
}
/*!
 *  @brief      设置当前时间
 *  @since      v5.0
 */
void rtc_set_time(uint32 seconds)
{
    RTC_SR &= ~RTC_SR_TCE_MASK;                 //禁用 RTC 计数器,便于后续设置寄存器 TSR 和 TPR
    RTC_TSR = seconds;                          //当前时间
    RTC_SR |= RTC_SR_TCE_MASK;                  //使能 RTC 计数器
}
/*!
 *  @brief      获取当前时间
 *  @since      v5.0
 */
uint32 rtc_get_time(void)
{
    return RTC_TSR;
}
/*!
 *  @brief      设置 RTC 闹钟时间,使能闹钟中断
 *  @param      alarm       闹钟时间
 *  @return     设置闹钟结果(0 表示失败,1 表示成功)
 *  @since      v5.0
 *  Sample usage:       if( rtc_set_alarm(sec) == 0 )      //设置闹钟时间为 sec
                        {
                            printf("\n 设置闹钟失败,不能设置过去的时间为闹钟时间!");
                        }
 */
uint8 rtc_set_alarm(uint32 alarm)
{
    if(alarm<RTC_TSR)                                       //闹钟时间不能为过去时间
    {
        return 0;
    }
    RTC_SR &= ~RTC_SR_TCE_MASK;                 //禁用 RTC 计数器,便于后续设置寄存器 TSR 和 TPR
    RTC_TAR = alarm;                            //闹钟时间
    RTC_SR |= RTC_SR_TCE_MASK;                  //使能 RTC 计数器
    RTC_IER |= RTC_IER_TAIE_MASK;               //使能闹钟中断
    return 1;
}
/*!
 *  @brief      关闭闹钟中断
 *  @since      v5.0
 */
void rtc_close_alarm()
{
    RTC_IER &= ~RTC_IER_TAIE_MASK;              //禁用闹钟中断
}
```

在 RTC 底层代码里,获取到的时间是秒计数,因而需要转换更为直观的年月日时分秒的时间。首先,需要定义一种时间类型 time_s,内部成员包含年月日时分秒。

```
typedef struct
{
    uint16   year;                    //年
    uint8    mon;                     //月
    uint8    day;                     //日
    uint8    hour;                    //时
    uint8    min;                     //分
    uint8    sec;                     //秒
    uint8    invalid;                 //时间无效检查(0 表示时间有效,1 表示时间无效)
} time_s;
```

这里,提供了几个常用的时间转换函数:

```
uint8 Is_LeapYear(uint32 year);
            //判断是否为闰年(是则返回 1,否则返回 0)
uint32 year2day(uint32 year);                    //求指定年份的天数
uint32 time2sec(time_s time);
            //年月日时分秒格式时间转为以 1970 - 01 - 01 为起点的秒数
void sec2time(uint32 sec, time_s * time);
            //以 1970 - 01 - 01 为起点的秒数转为年月日时分秒格式时间
```

值得注意的是,闰年的年份是 4 的倍数,但并非所有能被 4 整除的年份都是闰年。如果年份能被 100 整除,但不能被 400 整除,那么此年不是闰年。很多读者误以为 2100 年是闰年,实际上 2100 能被 100 整除而不能被 400 整除,那么 2100 年就不是闰年。

秒计数和时间的转换代码比较长,而且计算过程比较复杂(本身所用的 RTC 计算代码是从 Linux 内核代码中提取出来的),也不是本书的主要内容,这部分的代码留给读者自行研究。

有了前面的 RTC 功能函数和时间转换函数,那么要实现设定时间和查询时间就变得非常简单了。本例程设定 RTC 的时间为 2013 年 9 月 1 日 0 时 0 分 0 秒,然后每隔 1 s 查询一次 RTC 时间,并把时间通过串口打印出来。由于 RTC 模块并不能识别 2013 年 9 月 1 日 0 时 0 分 0 秒这样的时间格式,更不能直接打印这样的时间格式,因此本例程也需要用到时间转换相关的函数。

```
/*!
 *  @brief      main 函数
 *  @since      v5.0
 *  @note       野火 RTC 实验
 */
void main()
{
    time_s time = {2013,9,1,0,0,0}; //2013 - 09 - 01 00 时 00 分 00 秒,设置时间,然后
                                    //隔一段时间读一次时间
    uint32 sec;
```

```
rtc_init();                          //RTC 初始化
sec = time2sec( time );              //将年月日时分秒格式转换成秒总数
rtc_set_time(sec);                   //设置 RTC 时钟
while(1)
{
    sec = rtc_get_time();            //获取时间
    sec2time(sec,& time);            //转换数据类型为年月日时分秒类型
    printf("\n现在时间是：%d-%02d-%02d %02d:%02d:%02d",
                    time.year,time.mon,time.day,time.hour,time.min,time.sec);
                                     //通过串口打印时间
    DELAY_MS( 1000);                 //延时：1 000 ms
}
```

例程比较简单,通过代码注释,读者应该比较容易理解编程的主要思想。编译程序,烧录程序到微控制器上,可通过串口看到时间结果。

RTC 模块除了实现设定时间和查询时间外,还可以设定报警时间(闹钟时间),然后时间到了触发报警中断,中断里处理报警任务。本书附带的代码里已经提供了 RTC 参考中断服务函数 rtc_test_handler,读者可根据参考中断服务函数来实现 RTC 报警中断的功能。

第 5 章

模数转换

自然界中存在的物理量绝大部分都是以模拟量的方式存在的,如温度、湿度、音量、电压、电流等。计算机和微控制器都是数字系统,没法直接对模拟量进行处理,必须先把模拟量转换为数字量再进行运算处理,处理后可能还需要把数字信号转为模拟信号来驱动其他设备,如图 5-1 所示。

在本章里,我们就来学习 k60 内部集成的 ADC 模块和 DAC 模块。

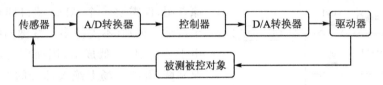

图 5-1 典型的数字控制系统

5.1 ADC

5.1.1 ADC 简介

ADC(Analog-to-Digital Converter),即模数转换器,用于把模拟信号转换为数字信号。由于输入的模拟信号在时间上是连续的,输出的数字信号却是离散的,因此需要均隔时间来对输入信号进行取样、保持,再进行量化和编码,如图 5-2 所示。

1. ADC 常见的应用

(1) 传感器的测量

由于存在的物理量绝大部分都是以模拟量的方式存在,因而很多传感器都是模拟量输出信号。即使是数字量输出信号的传感器,传感器内部也是集成 ADC 模块,把模拟量转为数字量输出。常见的传感器有温度感应器(PT100 等热电阻)、光敏电阻(GL5528)、重力加速计(MMA7260、ADXL335)、角速度(ENC-03)等。

(2) 按键扫描

本书在第 2 章 GPIO 应用实例里已经介绍了 ADC 扫描的原理:通过电阻分压,按键选择不同的测量电压点,从而获得不同的电压值,程序中根据不同的电压值来判

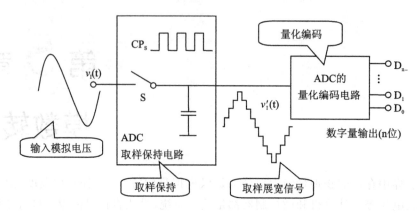

图 5-2 ADC 工作原理

断按下的按键。

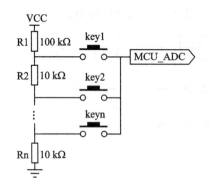

图 5-3 ADC 按键原理

如图 5-3 所示为 ADC 按键扫描方法原理图,仅需要一个 ADC 端口即可实现多个按键的识别(不支持多个按键同时按下)。由于节省引脚、低成本,因而广泛应用在商业领域,例如市场上绝大部分的 MP3、MP4 都采用此方法。

(3) 图像采集

由于并行传输图像数据需要 8 个 I/O 口,不利于布线,也增加成本(引脚越多,一般芯片成本越高,不良率也高),而图像数据允许有一定的误差(人的眼睛区分不出细微的差异),因而可以改成用模拟信号来传输,仅需要一个 ADC 口即可采集数据。常见的模拟图像采集设备有:线性 CCD(TSL1401 等)、模拟摄像头(OV7620、OV5116 等)。

如图 5-4 所示,线性 CCD TSL1401 仅需要两个控制信号线和一个模拟输出数据线即可实现图像数据的传输。

2. ADC 常见的几种类型

(1) 积分型

积分型 A/D 工作原理是将输入电压转换成时间(脉冲宽度信号)或频率(脉冲频率),然后由定时器/计数器获得数字值,如图 5-5 所示。

(2) 逐次比较型

逐次比较型 A/D 由一个比较器和 D/A 转换器通过逐次比较逻辑构成,从 MSB 开始,顺序地对每一位将输入电压与内置 D/A 转换器输出进行比较,经 n 次比较输出数字值,如图 5-6 所示。其电路规模属于中等。

模数转换 5

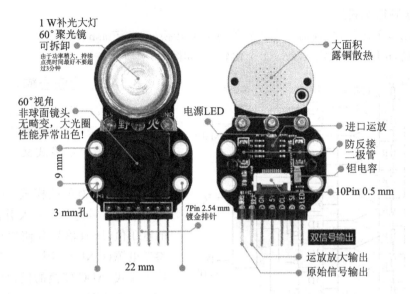

图 5-4 线性 CCD 模块

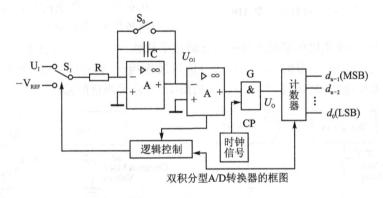

双积分型 A/D 转换器的框图

图 5-5 积分型 ADC

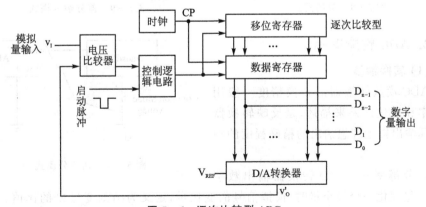

图 5-6 逐次比较型 ADC

(3) 并行比较型

采用多个比较器,仅需一次比较即可完成转换,又称 Flash(快速)型。由于转换速率极高,n 位的转换需要 2n－1 个比较器,如图 5-7 所示。

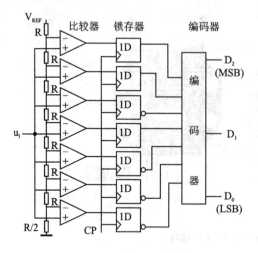

图 5-7 并行比较型 ADC

3. ADC 的信号输入模型

ADC 转换器的信号输入模式可分为单端模式、差分模式和伪差分模式,其中单端模式又分为反向和非反向。

图 5-8 为单端模式,ADC 转换的模拟信号为单端输入引脚对地的电压值,所有信号源使用相同的参考电源(GND)。图 5-9 为差分输入模式,ADC 转换的模拟信号为 AIN＋与 AIN－两个引脚的差值。在噪声干扰严重的情况下,差分的两条信号线会同时受到影响,而电压差变化不大,因此比单端模式具有更好的抗干扰性。图 5-10 为伪差分模式,信号与输入的正极连接,信号的参考地与信号的负极连接。伪差分输入减少了信号源与设备的参考地电位(地环流)不同所造成的影响,提高了测量的精度。

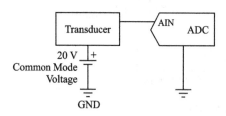

图 5-8 单端模式

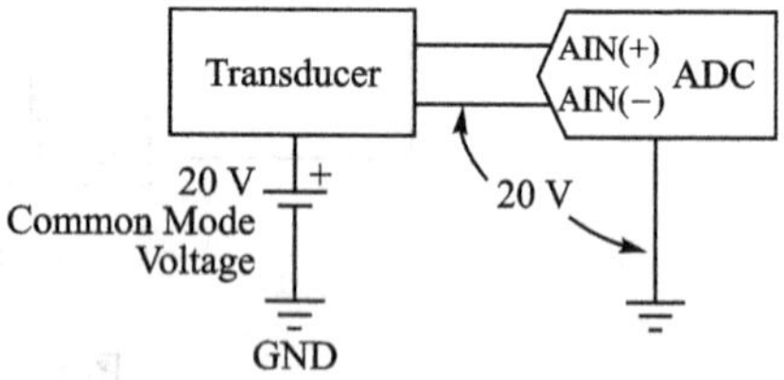

图 5-9 差分输入模式

4. ADC 性能指标

(1) 转换精度

ADC 模数转换器的转换精度一般用分辨率和量化误差来描述,是反映转换器的实际输出接近理想输出的精确程度的物理量。

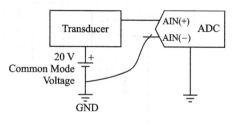

图 5-10 伪差分模式

➢ 分辨率——A/D 转换器输出数字量变化一个最小量时,模拟信号的变化量,定义为满刻度与 2^n 的比值。分辨率又称精度,通常以数字信号的位数来表示。假设满刻度为 3.3 V,ADC 的输出数字量位数 n 是 8 bit,则即分辨率为 3.3/28,又称精度为 8 位。一般把 8 位以下的 A/D 转换器称为低分辨率 ADC,9~12 位称为中分辨率 ADC,13 位以上为高分辨率 ADC。A/D 器件的位数越高,分辨率越高,量化误差越小,能达到的精度越高。

➢ 量化误差——由 A/D 转换器的有限分辨率而引起的误差。即有限分辨率 A/D 的阶梯状转移特性曲线与无限分辨率 A/D(理想 A/D)的转移特性曲线(直线)之间的最大偏差。通常是 1 个或半个最小数字量的模拟变化量,表示为 1LSB、1/2LSB。

➢ INL 值和 DNL 值。

INL,积分非线性(Integral Nonlinearity),表示 ADC 器件在所有的数值点上对应的模拟值和真实值之间误差最大的那一点的误差值,也就是输出数值偏离线性最大的距离(单位是 LSB)。例如:一个 12 bit 的 ADC,INL 值为 1LSB,对应基准 4.095 V,测某电压得到的转换结果是 1 000 b,那么,真实电压值可能分布在 0.999~1.001 V。

DNL,微分非线性(Differential Nonlinearity),表示实际量化台阶(步距)与对应于 1LSB 的理想值之间的差异。例如:一个 12 bit 的 ADC,INL=8LSB,DNL=3LSB(性能比较差),基准为 4.095 V,测 A 电压值为 1 000 mV,测 B 电压值为 1 200 mV,则可判断 B 点电压比 A 点高 197~203 mV,而不是准确的 200 mV。

(2) 转换速度

转换时间是指 ADC 转换器完成一次转换所需的时间,即从转换开始到输出端出现稳定的数字信号所需要的时间。转换时间越小,转换速度越高。不同类型的 ADC 转换器,其转换速度不尽相同。转换速度快慢的顺序是:并联比较型(约几十纳秒)>逐次逼近型(约几十微米)>双积分型(约几十毫秒)。

5. K60 自带 ADC 简介

K60 片内自带两个 16 位逐次逼近 ADC 模块:ADC0 和 ADC1,可选时钟最高频率为 bus 总线时钟,至少需要 4 个周期,即最大采样频率为 bus 总线的 1/4(可编程)。ADC 模块支持 4 路差分输入和 24 路单端输入两种模式。差分模式下可编程选择精度 16 位、13 位、11 位或 9 位。单端模式下可编程选择 16 位、12 位、10 位或 8 位。

在差分模式下,ADC 的转换值为 DP 端减去 DM 端。如果 DP 端电压高于 DM 端,那么采集回来的值为正数,反之 DP 端电压比 DM 端电压低则为负数,具体结果如表 5-3 所列。

(1) K60 的 ADC 特性

K60 的 ADC 模块特性如下:

➢ 采用 16 位分辨率的线性逐次逼近算法。

- 具有 4 对差分和 24 个单端的外部模拟输入通道。
- 输出模式：16 位、13 位、11 位以及 9 位的差分模式，单端 16 位、12 位、10 位以及 8 位的单端模式。
- 差分模式下，输出结果格式为拓展的 16 位有符号补码形式。
- 单端模式下，输出结果格式为右对齐无符号形式。
- 单次或连续转换模式（单次转换后自动转换为空闲模式）。
- 可配置采样时间和转换速度/电压。
- 有转换完成和硬件均值完成的标志和中断。
- 有 4 路时钟源可选择。
- 在低功耗模式下低噪声工作。
- 可选择硬件触发和硬件触发通道。
- 可进行大于、等于、小于、范围内或范围外的可编程值的自动比较中断处理。
- 带温度传感器。
- 硬件均值功能。
- 可选参考电压：外部电压或内部备用电压。
- 支持自动校准模式。
- 可达 64 倍增益的可编程的增益放大器（PGA）。

(2) K60 ADC 框架图

K60 的 ADC 框图如图 5-11 所示，ADC 输入通道经过逐次逼近转换器的 ADC 转换后输出 ADC 值。

(3) K60 ADC 信号描述

K60 有两个 ADC 模块，每个 ADC 模块都有差分输入通道和单端输入通道。外部参考电压由 VREFH 和 VREFL 电压差决定，ADC 信号描述如表 5-1 所列。

表 5-1 ADC 信号描述

芯片引脚名	模块信号名	描述	I/O
ADCn_DP3, PGAn_DP, ADCn_DP[1:0]	DADP[3:0]	差分模拟通道输入	I
ADCn_DM3, PGAn_DM, ADCn_DM[1:0]	DADM[3:0]	差分模拟通道输入	I
ADCn_SE[18:4]	AD[23:4]	单端模拟通道输入	I
VREFH	V_{REFSH}	高位参考电压选择	I
VREFL	V_{REFSL}	低位参考电压选择	I
VDDA	V_{DDA}	模拟电源	I
VSSA	V_{SSA}	模拟地	I

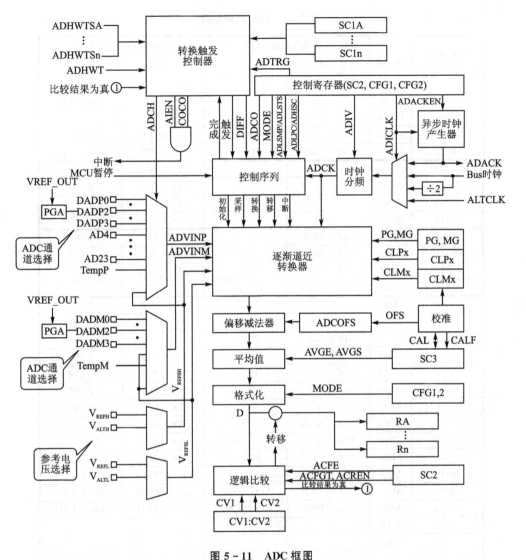

图 5-11 ADC 框图

本节内容主要以 ADC 单端通道采集为主,ADC 单端通道如表 5-2 所列。

- AD4～AD7 分成 a 和 b 通道,通道号的值相同,由 ADCx_CFG2[MUXSEL] 区分 a 和 b 通道。
- Bandgap(带隙)是 PMC Bandgap 1 V 参考电压,而不是 VREF 模块的 1.2 V 参考电压。需要通过设置 PMC_REGSC[BGBE]位使能 Bandgap,这样才能读 Bandgap ADC 通道。
- 可通过读取温度传感器 ADC 通道获取 K60 芯片的温度。

表5-2 ADC单端通道

ADC通道 (SC1n[ADCH])	通道	单端ADC0输入信号 (SC1n[DIFF]=0)		单端ADC1输入信号 (SC1n[DIFF]=0)	
		ADC通道信号	芯片对应引脚	ADC通道信号	芯片对应引脚
00000	DAD0	ADC0_DP0	ADC0_DP0	ADC1_DP0	ADC1_DP0
00001	DAD1	ADC0_DP1	ADC0_DP1	ADC1_DP1	ADC1_DP1
00010	DAD2	PGA0_DP	PGA0_DP	PGA1_DP	PGA1_DP
00011	DAD3	ADC0_DP3	ADC0_DP3	ADC1_DP3	ADC1_DP3
00100	AD4a			ADC1_SE4a	PTE0
00101	AD5a			ADC1_SE5a	PTE1
00110	AD6a			ADC1_SE6a	PTE2
00111	AD7a			ADC1_SE7a	PTE3
00100	AD4b	ADC0_SE4b	PTC2	ADC1_SE4b	PTC8
00101	AD5b	ADC0_SE5b	PTD1	ADC1_SE5b	PTC9
00110	AD6b	ADC0_SE6b	PTD5	ADC1_SE6b	PTC10
00111	AD7b	ADC0_SE7b	PTD6	ADC1_SE7b	PTC11
01000	AD8	ADC0_SE8	PTB0	ADC1_SE8	PTB0
01001	AD9	ADC0_SE9	PTB1	ADC1_SE9	PTB1
01010	AD10	ADC0_SE10	PTA7	ADC1_SE10	PTB4
01011	AD11	ADC0_SE11	PTA8	ADC1_SE11	PTB5
01100	AD12	ADC0_SE12	PTB2	ADC1_SE12	PTB6
01101	AD13	ADC0_SE13	PTB3	ADC1_SE13	PTB7
01110	AD14	ADC0_SE14	PTC0	ADC1_SE14	PTB10
01111	AD15	ADC0_SE15	PTC1	ADC1_SE15	PTB11
10000	AD16	ADC0_SE16	ADC0_SE16	ADC1_SE16	ADC1_SE16
10001	AD17	ADC0_SE17	PTE24	ADC1_SE17	PTA17
10010	AD18	ADC0_SE18	PTE25	VREF Output	VREF_OUT
10011	AD19	ADC0_DM0	ADC0_DM0	ADC1_DM0	ADC1_DM0
10100	AD20	ADC0_DM1	ADC0_DM1	ADC1_DM1	ADC1_DM1
10101	AD21				
10110	AD22				
10111	AD23	12位DAC0输出	DAC0_OUT	12位DAC1输出	DAC1_OUT
11000	AD24				
11001	AD25				
11010	AD26	温度传感器	无	温度传感器	无
11011	AD27	Bandgap(带隙)	无	Bandgap(带隙)	无
11100	AD28				
11101	AD29	VREFH	VREFH	VREFH	VREFH
11110	AD30	VREFL	VREFL	VREFL	VREFL
11111	AD31	禁用模块	无	禁用模块	禁用模块

5.1.2 ADC 模块寄存器

1. ADC 寄存器内存地址图

ADC 寄存器内存地址图如图 5-12 所示。

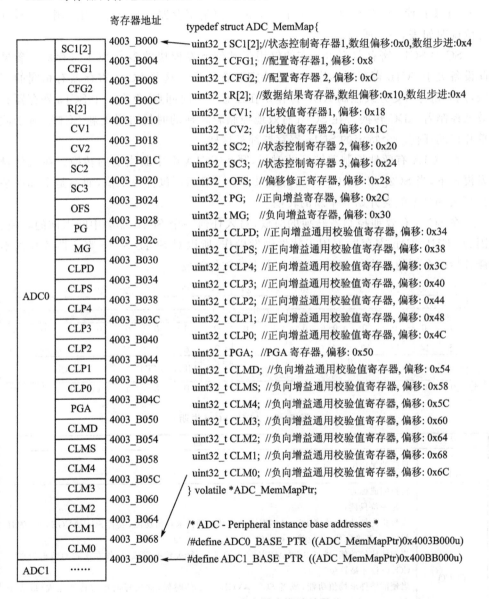

图 5-12 ADC 寄存器内存地址图

2. ADC 寄存器详解

(1) 状态控制寄存器 ADCx_SC1n（n 的意思包含 ADCx_SC1A 和 ADCx_SC1B 两个寄存器）

SC1A 用于操作模式中的硬件和软件触发。为了允许被内部外设触发产生 ADC 连续转换，ADC 允许拥有不止一个状态控制寄存器：每个转换用其中一个，其各位说明如表 5-3 所列。

SC1B-SC1n 寄存器表示潜在的仅用于硬件触发模块的多个 SC1 寄存器。参见此设备关于 SC1n 寄存器芯片数量的特定配置信息。这些 SC1n 寄存器有相同的字段，用 ping-pong 方式控制 ADC 操作。在任意一个时间点，仅有一个 SC1n 寄存器有效地控制着 ADC 转换。在 SC1n 有效地控制着转换的时候可以更新 SC1A，对于此单片机的任何一个特定的 SC1n 寄存器都是这样。

在 SC1A 有效地控制着转换的时候，写入 SC1A 会中断当前的转换。在软件触发模式下，当 SC2[ADTRG]=0 时，如果 SC1[ADCH]包含一个值，而不是全部都是 1，写入 SC1A 就会开始一个新的转换。

在 SC1n 有效地控制着转换的时候，写入任何一个 SC1n 都会中断当前的转换。因为 SC1B-SC1n 寄存器不用于软件触发操作，所以对 SC1B-SC1n 寄存器的写入不能开始一个新的转换。ADCx_SC1B 不支持软件触发。

位	31	30	29	28	27	26	25	24	23	22	21	20	19	18	17	16
读写								0								
复位	0	0	0	0	0	0	0	0	0	0	0	0	0	0	0	0
位	15	14	13	12	11	10	9	8	7	6	5	4	3	2	1	0
读写				0					COCO	AIEN	DIFF			ADCH		
复位	0	0	0	0	0	0	0	0	0	0	0	1	1	1	1	1

表 5-3 ADCx_SC1n 说明

域	描述
31~8 保留	只读的保留位，值为 0
7 COCO	转换完成标志 这是一位只读位 当禁止比较功能，或者 SC2[ACFE]=0 且禁止硬件求均值功能，或者 SC3[AVGE]=0 的时候，每次转换完成，此位就会被置位 当使能比较功能，或者 SC2[ACFE]=1 的时候，每次转换完成时，仅在比较的结果为真时 COCO 位才被置位 当使能硬件求均值功能，或者 SC3[AVGE]=1 的时候，被选择的数值转换完成（取决于 AVGS），COCO 位就会被置位 SC1A 的 COCO 位也会在一个校准序列完成时被置位 当各自的 SC1n 寄存器有写操作，或者各自的 Rn 寄存器有读操作的时候，COCO 位被清零 0：转换未完成；1：转换已完成

续表 5-3

域	描述
6 AIEN	中断使能 使能转换完成中断。当COCO在各自的AIEN为高电平的时候被置位,就会产生一个中断 0:转换完成中断禁止;1:转换完成中断使能
5 DIFF	差分模式使能 在差分模式下配置ADC进行操作。当差分使能,此模式自动选择差分通道,并改变转换的算法和完成一个转换的循环次数 0:选择单端转换和输入通道;1:选择差分转换和输入通道
4~0 ADCH	输入通道选择 选择一个输入通道。输入通道的译码取决于DIFF的值。DAD0~DAD3与输入引脚对DADPx和DADMx有关系。 注:在位字段设置说明中有些输入通道选项可能不能在设备上使用。 当通道选择位都置位,即ADCH=11111的时候,逐次逼近转换子系统就会被关闭。这一特性允许明确地禁止ADC并且把输入通道从所有源中隔离开,以这种方式终止连续转换可以防止有额外的单个转换执行。当连续转换禁止的时候,没有必要把ADCH全部设为1使ADC处于一个低功耗状态,因为模块完成一次转换后自动进入低功耗状态 00000:当DIFF=0时,选择DADP0作为输入;当DIFF=1时,选择DAD0作为输入 00001:当DIFF=0时,选择DADP1作为输入;当DIFF=1时,选择DAD1作为输入 00010:当DIFF=0时,选择DADP2作为输入;当DIFF=1时,选择DAD2作为输入 00011:当DIFF=0时,选择DADP3作为输入;当DIFF=1时,选择DAD3作为输入 00100:当DIFF=0时,选择AD4作为输入;当DIFF=1时,保留 00101:当DIFF=0时,选择AD5作为输入;当DIFF=1时,保留 00110:当DIFF=0时,选择AD6作为输入;当DIFF=1时,保留 00111:当DIFF=0时,选择AD7作为输入;当DIFF=1时,保留 01000:当DIFF=0时,选择AD8作为输入;当DIFF=1时,保留 01001:当DIFF=0时,选择AD9作为输入;当DIFF=1时,保留 01010:当DIFF=0时,选择AD10作为输入;当DIFF=1时,保留 01011:当DIFF=0时,选择AD11作为输入;当DIFF=1时,保留 01100:当DIFF=0时,选择AD12作为输入;当DIFF=1时,保留 01101:当DIFF=0时,选择AD13作为输入;当DIFF=1时,保留 01110:当DIFF=0时,选择AD14作为输入;当DIFF=1时,保留 01111:当DIFF=0时,选择AD15作为输入;当DIFF=1时,保留 10000:当DIFF=0时,选择AD16作为输入;当DIFF=1时,保留 10001:当DIFF=0时,选择AD17作为输入;当DIFF=1时,保留 10010:当DIFF=0时,选择AD18作为输入;当DIFF=1时,保留 10011:当DIFF=0时,选择AD19作为输入;当DIFF=1时,保留 10100:当DIFF=0时,选择AD20作为输入;当DIFF=1时,保留 10101:当DIFF=0时,选择AD21作为输入;当DIFF=1时,保留 10110:当DIFF=0时,选择AD22作为输入;当DIFF=1时,保留 10111:当DIFF=0时,选择AD23作为输入;当DIFF=1时,保留 11000:保留 11001:保留

续表 5-3

域	描述
	11010：当 DIFF=0 时，选择温度传感器（单端型）作为输入； 　　　当 DIFF=1 时，选择温度传感器（差分型）作为输入； 11011：当 DIFF=0 时，选择能带隙（单端型）作为输入； 　　　当 DIFF=1 时，选择能带隙（差分型）作为输入 11100：保留 11101：当 DIFF=0 时，选择 VREFSH 作为输入； 　　　当 DIFF=1 时，选择-VREFSH（差分型）作为输入。电压参考值的选择取决于 SC2 　　　[REFSEL] 11110：当 DIFF=0 时，选择 VREFSL 作为输入； 　　　当 DIFF=1 时，默认。电压参考值的选择取决于 SC2[REFSEL] 11111：模块是禁止的

（2）配置寄存器寄存器 ADCx_CFG1

配置寄存器 1(CFG1)用于选择操作模式，时钟源，时钟分频、低功耗或者长抽样时间的配置，其各位说明如表 5-4 所列。

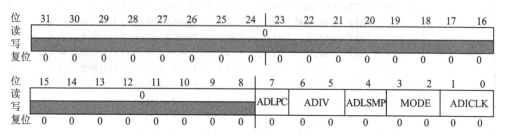

表 5-4　ADCx_CFG1 说明

域	描述
31～8 保留	只读的保留位，值为 0
7 ADLPC	低功耗配置 控制逐次逼近转换器的功耗配置。当没必要高频率采样的时候，这一配置就会优化功率的消耗 0：正常功耗配置；1：低功耗配置。以降低最大时钟频率为代价来降低功耗。需要高频率采样的时候，就不能配置低功耗
6～5 ADIV	时钟分频选择 ADIV 选择 ADC 用于产生内部时钟 ADCK 使用的分频系数 00：分频系数是 1，时钟频率是输入时钟； 01：分频系数是 2，时钟频率是输入时钟的 1/2； 10：分频系数是 4，时钟频率是输入时钟的 1/4； 11：分频系数是 8，时钟频率是输入时钟的 1/8

续表 5-4

域	描 述
4 ADLSMP	采样时间配置 ADLSMP 根据选择的转换模式选择不同的采样次数。此位可调整采样周期使得高阻抗输入能被准确地采样或者最大化低阻抗输入的转换速率。如果允许持续转换并且不要求高转换速率,用更长的采样时间也可降低总功率的消耗。当 ADLSMP=1,长采样时间选择位(ADLSTS[1:0]),可以选择长采样时间的范围 0:短采样时间;1:长采样时间
3~2 MODE	转换模式的选择 选择 ADC 的工作模式 00:当 DIFF=0 时,选择 8 位单端转换; 　　当 DIFF=1 时,选择带有 2 进制补码输出的 9 位差分转换 01:当 DIFF=0 时,选择 12 位单端转换; 　　当 DIFF=1 时,选择带有 2 进制补码输出的 13 位差分转换 10:当 DIFF=0 时,选择 10 位单端转换; 　　当 DIFF=1 时,选择带有 2 进制补码输出的 11 位差分转换 11:当 DIFF=0 时,选择 16 位单端转换; 　　当 DIFF=1 时,选择带有 2 进制补码输出的 16 位差分转换
1~0 ADICLK	输入时钟选择 选择输入时钟源来产生内部时钟 ADCK。注意,当 ADACK 被选择作为时钟源的时候,没必要提前开始转换。如果选择了 ADACK 并且没有提前开始转换,当 CFG2[ADACKEN]=0 时,异步时钟在转换开始时被激活,并在转换结束时失效。在这种情况下,每当时钟源再次被激活,就会有一个相关的时钟启动延时 00:总线时钟;01:总线时钟/2;10:交替时钟(ALTCLK);11:异步时钟(ADACK)

(3) 配置寄存器寄存器 ADCx_CFG2

配置寄存器 2(CFG2)为高速转换选择特定的高速配置,在长采样模式下选择长采样持续时间,其各位说明如表 5-5 所列。

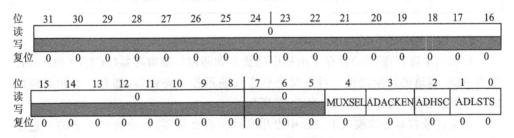

表 5-5 ADCx_CFG2 说明

域	描 述
31~5 保留	只读的保留位,值为 0
4 MUXSEL	ADC 复用选择 可以改变 ADC 复用设置,在交替的通道集中进行选择 0:选择 ADxxa 通道;1:选择 ADxxb 通道
3 ADACKEN	异步时钟输出使能 可以使能异步时钟源,并且时钟源输出与转换和 CFG1[ADICLK]的状态无关。根据 MCU 的配置,异步时钟可能用于其他的模块。详见芯片配置信息。即使 ADC 在空闲或者在不同的时钟源下运行着的时候,置位此位都可以让时钟可用。而且,开始一个单次转换或者选择了异步时钟的继续一个转换,会因为 ADACK 时钟已经运行着而减少延时 0:异步时钟输出禁止;异步时钟只在被 ADICLK 选择了并且在一个有效的转换中才使能; 1:不管 ADC 是什么状态,异步时钟和时钟输出都使能
2 ADHSC	高速配置 配置 ADC 的高速操作。通过 2 个被加进转换时间的 ADCK 循环改变转换序列,从而允许更高速的转换时钟 0:选择正常转换序列; 1:选择高速转换序列,带有 2 个增加总转换时间的 ADCK 循环
1~0 ADLSTS	长采样时间选择 当选择了长采样时间,即 CFG1[ADLSMP]=1 时,在扩展的采样时间中选择一个。这就使得高阻抗输入能被精确地采样或者最大化低阻抗输入的转换速率。在允许连续转换的时候,如果不要求高转换速率,更长的采样时间也可用于降低总功率的消耗。 00:默认最长的采样时间;20 个额外的 ADCK 循环;共 24 个 ADCK 循环; 01:12 个额外的 ADCK 循环;共 16 个 ADCK 循环; 02:6 个额外的 ADCK 循环;共 10 个 ADCK 循环; 03:2 个额外的 ADCK 循环;共 6 个 ADCK 循环 如果用在采集模拟摄像头这类需要高速的场合,则需要更短的采样时间,但功耗会更高

(4) 数据结果寄存器 ADCx_Rn

数据结果寄存器(Rn)保存了由相应的状态和通道控制寄存器(SC1A:SC1n)选择的 ADC 通道的转换结果。对于每个状态和通道控制寄存器,都有一个相对应的数据结果寄存器,其各位说明如表 5-7 所列。

在无符号右对齐的模式下,Rn 中没用到的位会被清零,在有符号扩展的 2 进制补码模式下,会带上符号位(MSB)。例如,当被配置成 10 位单端模式时,D[15:10]就会被清零。当被配置成 11 位差分模式时,D[15:10]就存储符号位。

表 5-6 描述了数据结果寄存器在差分操作模式下的表现。

表 5-6 数据结果寄存器描述

转换模式	D15	D14	D13	D12	D11	D10	D9	D8	D7	D6	D5	D4	D3	D2	D1	D0	格式
16 位差分	S	D	D	D	D	D	D	D	D	D	D	D	D	D	D	D	有符号的2进制补码
16 位单端	D	D	D	D	D	D	D	D	D	D	D	D	D	D	D	D	无符号右对齐调整
13 位差分	S	S	S	S	D	D	D	D	D	D	D	D	D	D	D	D	有符号拓展的2进制补码
12 位单端	0	0	0	0	D	D	D	D	D	D	D	D	D	D	D	D	无符号右对齐调整
11 位差分	S	S	S	S	S	S	D	D	D	D	D	D	D	D	D	D	有符号拓展的2进制补码
10 为单端	0	0	0	0	0	0	D	D	D	D	D	D	D	D	D	D	无符号右对齐调整
9 位差分	S	S	S	S	S	S	S	S	D	D	D	D	D	D	D	D	有符号拓展的2进制补码
8 位单端	0	0	0	0	0	0	0	0	D	D	D	D	D	D	D	D	无符号右对齐调整

注:
S：有符号位或有符号拓展。
D：数据,如果有说明,为二进制补码数据。

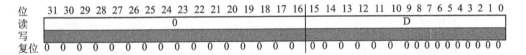

表 5-7 ADCx_Rn 说明

域	描述	域	描述
31~16 保留	只读的保留位,值为 0	15~0 D	数据结果

3. ADC 编程要点

(1) ADC 参考电压的选择

ADC 参考电压可由寄存器 ADCx_SC2[REFSEL]选择,0 为默认的参考电压(外部引脚 VREFH 和 VREFL),1 为复用选择(VALTH 和 VALTL,K60 复用链接到 1.2 V VREF_OUT 上)。

(2) ADC 的转换控制
- 差分模式与单端模式的选择由 SC1n[DIFF]位决定。
- 转换精度由 CFG1[MODE]位决定。
- 软件触发与硬件触发的选择由 SC2[ADTRG]位决定。
- 在软件触发模式下(SC2[ADTRG]=0)，对 SC1A 寄存器进行写入操作来启动新一轮 ADC 转换。

5.1.3 ADC 应用实例

本节以 K60 ADC 单端输入模式的软件触发为例，实现 ADC 初始化、进行一次采集转换、停止 ADC 转换。

(1) API 接口

```
void adc_init (ADCn_Ch_e);                          //ADC 初始化
uint16 adc_once (ADCn_Ch_e, ADC_nbit);              //采集一次一路模拟量的 A/D 值
void adc_stop (ADCn_e);                             //停止 ADC 转换
```

需要注意的是，这里的函数都是软件触发，adc_init 和 adc_once 传递进去的通道不支持 B 通道(如表 5-2 所列)。由于 A 通道和 B 通道的通道值是相同的(可见代码 ADCn_Ch_e 的定义和表 5-2)，因此传递 B 通道的通道值进去，本书提供的代码会把 B 通道当作 A 通道进行处理。

(2) 具体的代码

在 MK60_adc.c 文件里的代码如下：

```
ADC_MemMapPtr ADCN[2] = {ADC0_BASE_PTR, ADC1_BASE_PTR};
                                             //定义两个指针数组保存 ADCN 的地址
static void     adc_start    (ADCn_Ch_e, ADC_nbit);   //开始 adc 转换
/*!
 *  @brief     ADC 初始化
 *  @param     ADCn_Ch_e      ADC 通道
 *  @since     v5.0
 *  @note      此初始化仅支持软件触发，不是每个通道都支持 ADC 软件触发，
               具体说明见 ADCn_Ch_e 的注释说明
 *  Sample usage:     adc_init (ADC0_SE10 );   //初始化 ADC0_SE10,使用 PTA7 引脚
 */
void adc_init(ADCn_Ch_e adcn_ch)
{
    uint8 adcn = adcn_ch >> 5 ;
    //uint8 ch = adcn_ch & 0x1F;
    switch(adcn)
    {                                                 //使能时钟
    case ADC0:          /*    ADC0    */
        SIM_SCGC6 |= (SIM_SCGC6_ADC0_MASK );           //开启 ADC0 时钟
        SIM_SOPT7 &= ~(SIM_SOPT7_ADC0ALTTRGEN_MASK | SIM_SOPT7_ADC0PRETRGSEL_MASK);
        SIM_SOPT7 |= SIM_SOPT7_ADC0TRGSEL(0);
        break;
        ……                                            //省略 ADC1 使能时钟代码
    default:
```

```c
            ASSERT(0);
        }
        switch(adcn_ch)                          //不同的通道需要进行不同的复用配置
        {
        case ADC0_SE8:                           //PTB0
            port_init(PTB0, ALT0);
            break;
            ……                                   //省略其他通道的复用配置
        default:
            ASSERT(0);        //断言,传递的引脚不支持 ADC 单端软件触发,请换其他引脚
            break;
        }
}
/*!
 * @brief      获取 ADC 采样值(不支持 B 通道)
 * @param      ADCn_Ch_e     ADC 通道
 * @param      ADC_nbit      ADC 精度( ADC_8bit,ADC_12bit, ADC_10bit, ADC_16bit )
 * @return     采样值
 * @since      v5.0
 * Sample usage:         uint16 var = adc_once(ADC0_SE10, ADC_8bit);
 */
uint16 adc_once(ADCn_Ch_e adcn_ch, ADC_nbit bit)    //采集某路模拟量的 A/D 值
{
    ADCn_e adcn = (ADCn_e)(adcn_ch >> 5);
    uint16 result = 0;
    adc_start(adcn_ch, bit);                     //启动 ADC 转换
    while ((ADC_SC1_REG(ADCN[adcn], 0) & ADC_SC1_COCO_MASK )
                        != ADC_SC1_COCO_MASK);   //只支持 A 通道
    result = ADC_R_REG(ADCN[adcn], 0);
    ADC_SC1_REG(ADCN[adcn], 0) &= ~ADC_SC1_COCO_MASK;
    return result;
}
/*!
 * @brief      启动 ADC 软件采样(不支持 B 通道)
 * @param      ADCn_Ch_e     ADC 通道
 * @param      ADC_nbit      ADC 精度( ADC_8bit,ADC_12bit, ADC_10bit, ADC_16bit )
 * @since      v5.0
 * @note       此函数内部调用,启动后即可等待数据采集完成
 * Sample usage:         adc_start(ADC0_SE10, ADC_8bit);
 */
void adc_start(ADCn_Ch_e adcn_ch, ADC_nbit bit)
{
    ADCn_e adcn = (ADCn_e)(adcn_ch >> 5);
    uint8 ch = (uint8)(adcn_ch & 0x1F);
    //初始化 ADC 默认配置
    ADC_CFG1_REG(ADCN[adcn]) = (0
                    //| ADC_CFG1_ADLPC_MASK
                                      //ADC 功耗配置,0 为正常功耗,1 为低功耗
                    | ADC_CFG1_ADIV(2)
                //时钟分频选择,分频系数为 $2^n$,2 bit,如果时钟过快,那么采样就会不稳定
```

```
                    | ADC_CFG1_ADLSMP_MASK
                                //采样时间配置,0 为短采样时间,1 为长采样时间
                    | ADC_CFG1_MODE(bit)
                    | ADC_CFG1_ADICLK(0)
                                //0 为总线时钟,1 为总线时钟/2,2 为交替时钟(ALTCLK),
                                //3 为 异步时钟(ADACK)
                    );
    ADC_CFG2_REG(ADCN[adcn]) = (0
                    //| ADC_CFG2_MUXSEL_MASK
                                //ADC 复用选择,0 为 a 通道,1 为 b 通道
                    //| ADC_CFG2_ADACKEN_MASK
                                //异步时钟输出使能,0 为禁止,1 为使能
                    | ADC_CFG2_ADHSC_MASK
                                //高速配置,0 为正常转换序列,1 为高速转换序列
                    | ADC_CFG2_ADLSTS(0)
                                //长采样时间选择,ADCK 为 4 + n 个额外循环,
                                //额外循环,0 为 20,1 为 12,2 为 6,3 为 2
                    );
    //写入 SC1A 启动转换
    ADC_SC1_REG(ADCN[adcn], 0) = (0
                    | ADC_SC1_AIEN_MASK
                                //转换完成中断,0 为禁止,1 为使能
                    //| ADC_SC1_DIFF_MASK
                                //差分模式使能,0 为单端,1 为差分
                    | ADC_SC1_ADCH( ch )
                    );
}
/*!
 *  @brief       停止 ADC 软件采样
 *  @param       ADCn_e        ADC 模块号( ADC0、ADC1)
 *  @since       v5.0
 *  Sample usage:      adc_stop(ADC0);
 */
void adc_stop(ADCn_e adcn)
{
    ADC_SC1_REG(ADCN[adcn], 0) = (0
                    | ADC_SC1_AIEN_MASK
                                //转换完成中断,0 为禁止,1 为使能
                    //| ADC_SC1_DIFF_MASK
                                //差分模式使能,0 为单端,1 为差分
                    | ADC_SC1_ADCH(Module0_Dis)
                                //输入通道选择,此处选择禁止通道
                    );
}
```

1. ADC 测量电压

本例程,根据上面提供的 ADC API 接口实现电压的测量。如图 5 - 13 所示,转动滑动变阻器,利用电阻分压原理产生不同的电压值,短接滑动变阻器引脚和 ADC1

_SE16,由 ADC1_SE16 通道引脚来获取 ADC 值。ADC1_SE16 和滑动变阻器的接口在野火 K60 开发板左边的接口里,如图 5-14 所示。

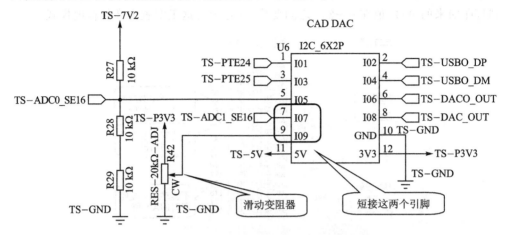

图 5-13 滑动变阻器相应的排针接口

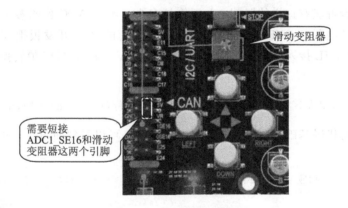

图 5-14 滑动变阻器实物图

```
/*!
 *  @brief       main 函数
 *  @since       v5.0
 *  @note        野火 ADC 实验
 */
void main()
{
    uint16 var;
    adc_init(ADC1_SE16);            //ADC 初始化
    while(1)
    {
        var = adc_once   (ADC1_SE16, ADC_8bit);
        printf("\nADC 采样结果为:%d",var);
        DELAY_MS(500);
    }
}
```

在例程里,配置为单端模式,8位精度,直接把采集回来的A/D值通过串口打印出来,在串口助手里可以看到实验结果。如图5-15所示,转动滑动变阻器,可以看到打印回来的A/D值在0~255之间变化,这是因为这里配置为8位精度模式。

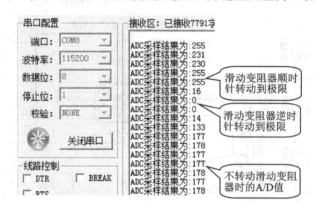

图5-15 ADC测量电压实验结果

部分读者可能有这样的疑问:电压值是多少?本书ADC代码参考电压默认选择为外部参考电压(VREFH和VREFL),本书配套的K60开发板把VREFH接入3.3 V,而VREFL接入模拟地,即参考电压为3.3 V。那么ADC值转换为相应电压的公式为:

$$电压值 = 3.3\ \text{V} \times \frac{\text{A/D值}}{2^n - 1} = 3\ 300\ \text{mV} \times \text{A/D值}/((1<<n) - 1), n 为精度位数。$$

在上面的代码基础上,加入如下一行转换代码,可以看到如图5-16所示的实验效果。

```
printf("    相应电压值为%dmV",(3300*var)/((1<<8)-1));
```

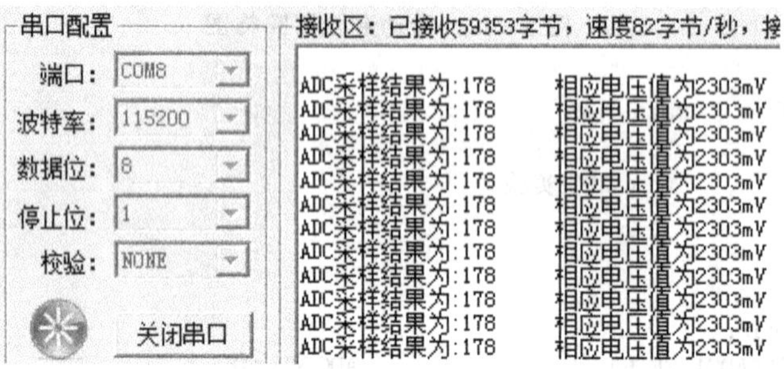

图5-16 ADC采集电压值

5.2 DAC

5.2.1 DAC 简介

DAC(Digital-to-Analog Converter),数模转换器,用于把数字信号转换为模拟信号。常见的 DAC 模块原理图和 K60 的 DAC 框图如图 5-17 和图 5-18 所示。

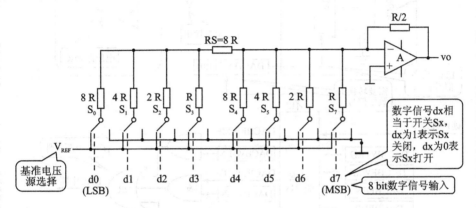

图 5-17 常见的 DAC 模块原理图

1. DAC 性能指标

DAC 数模转换器有如下几个参数:

(1) 转换精度

DAC 数模转换器的转换精度一般用分辨率和转换误差来描述。

> 分辨率——D/A 转换器模拟输出电压可能被分离的等级数。输入数字量位数越多,分辨率越高。在实际应用中常用数字量的位数来表示 D/A 转换器的分辨率。此外,也可用 D/A 转换器的最小输出电压(数字量:1)与最大输出电压(数字量:2^n-1)之比来表示分辨率。N 位 D/A 转换器的分辨率可表示为 $1/(2^n-1)$。

> 转换误差——比例系数误差、失调误差、非线性误差等。由于 DAC 数模转换器中元件参数存在误差、基准电压不稳定、运算放大器存在零漂等各种因素,使得 DAC 数模转换器实际精度与一些转换误差有关,例如比例系数误差、失调误差和非线性误差等如图 5-19 和图 5-20 所示。

(2) 转换速度

凡是电子器件都存在速度限制,DAC 数模转换器的转换速度通常用建立时间(t_{set})和转换速率两个参数(SR)来描述。

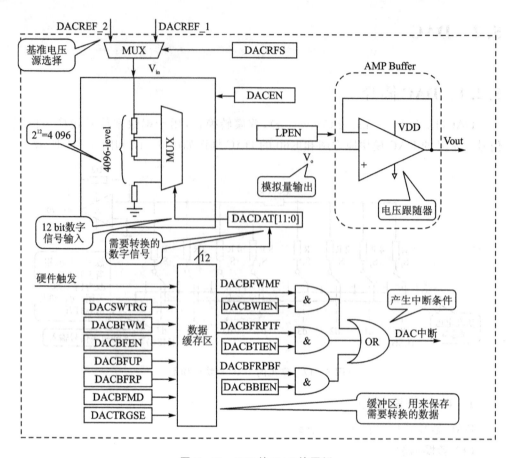

图 5-18 K60 的 DAC 块图解

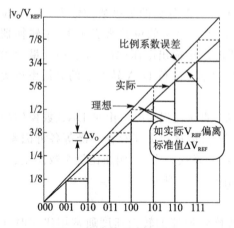

图 5-19 比例系数误差

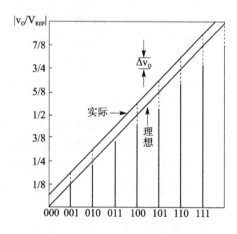

图 5-20 失调误差

> 建立时间——从数字量的输入到模拟量的稳定输出到相应电压值所需要的时间。
> 转换速率——大信号工作状态下（输入信号由全 1 到全 0 或由全 0 到全 1）模拟电压的变化率。

(3) 温度系数

在输入不变的情况下，输出模拟电压随温度变化产生的变化量。一般用满刻度输出条件下温度每升高 1℃，输出电压变化的百分数作为温度系数。

2. K60 自带 DAC 简介

K60 片内自带两个 12 位低功耗 DAC 模块：DAC0 和 DAC1。DAC 模块转换后的模拟量可通过外部引脚输出，或连接到比较器、放大器、ADC 和其他外围设备模块的输入引脚上。K60 的 DAC 模块特性如下：

> 片内可编程信号发生器输出（电压输出范围为 1/4096 Vin 到 Vin，步进为 1/4096 Vin）。
> 基准电压 Vin 可选择两个参考源：DACREF_1（VREF 模块的输出，1.2 V）和 DACREF_2（VDDA，3.3 V）。
> 16 个双字节数据缓存区，支持配置水位标志（watermark flag）和多种操作模式。
> 支持 DMA 传输。

5.2.2 DAC 模块寄存器

1. DAC 寄存器内存地址图

DAC 寄存器内存地址图如图 5-21 所示。

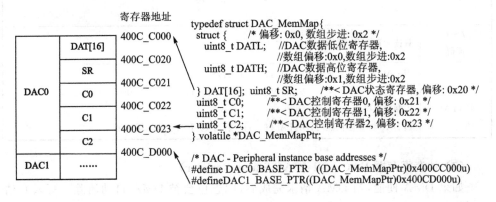

图 5-21　DAC 寄存器内存地址图

2. DAC 寄存器详解

(1) 数据低位寄存器 DACx_DATL (DAC Data Low Register)

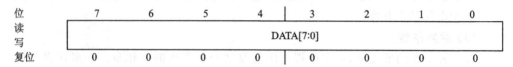

DACx_DATL 各位说明如表 5-8 所列。

表 5-8 DACx_DATL 说明

域	描述
7~0 DATA[7:0]	当 DAC 缓冲区禁止时,DATA[11:0]根据公式: $V_{out} = V_{in} \times (1 + DACDAT0[11:0])/4096$ 控制输出电压 当 DAC 缓冲区使能时,DATA 被映射到 16 个双字节的缓冲区

(2) 数据高位寄存器 DACx_DATH (DAC Data High Register)

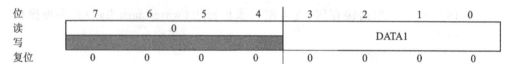

DACx_DATH 各位说明如表 5-9 所列。

表 5-9 DACx_DATH 说明

域	描述
7~4 预留	只读的预留位,值为 0
3~0 DATA1	当 DAC 缓冲区禁止时,DATA[11:0]根据公式: $V_{out} = V_{in} \times (1 + DACDAT0[11:0])/4096$ 控制输出电压 当 DAC 缓冲区使能时,DATA[11:0]映射到 16 个双字节的缓冲区

(3) 状态寄存器 DACx_SR (DAC Status Register)

如果 DMA 使能,当 DMA 请求完成后,标志位会被 DMA 自动清除。写入 0 清除,写入 1 无效。复位后,DACBFRPTF 置位且可被软件清零。标志位只在数据缓冲区状态被改变的时候置位,DACx_SR 各位说明如表 5-10 所列。其中位 1 复位为 1,写 0 清除,写 1 无效。

位	7	6	5	4	3	2	1	0
读写				0		DACBFWMF	DACBFRPTF	DACBFRPBF
复位	0	0	0	0	0	0	1	0

表 5 – 10　DACx_SR 说明

域	描　述
7～3 预留	只读的预留位,值为 0
2 DACBFWMF	DAC 缓冲区水印标志 0：DAC 缓冲区读指针没到达水印标志位,即缓冲区数据还没有转换完； 1：DAC 缓冲区读指针到达水印标志位,即缓冲区数据转换完成
1 DACBFRPTF	DAC 缓冲区读指针到顶部位置标志 0：DAC 缓冲区读指针非零,即没有到顶部；1：DAC 缓冲区读指针为零,即到达顶部
0 DACBFRPBF	DAC 缓冲区读指针到底部位置标志 0：DAC 缓冲区读指针不等于 C2[DACBFUP],即没到底部；1：DAC 缓冲区读指针等于 C2[DACBFUP],即到达底部

(4) 控制寄存器 0：DACx_C0

位	7	6	5	4	3	2	1	0
读写	DACEN	DACRFS	DACTRGSEL	0 DACSWTRG	LPEN	DACBWIEN	DACBTIEN	DACBBIEN
复位	0	0	0	0	0	0	0	0

DACx_C0 各位说明如表 5 – 11 所列。

表 5 – 11　DACx_C0 说明

域	描　述
7 DACEN	DAC 使能 启动可编程的参考发生器操作 0：DAC 系统禁止；1：DAC 系统使能
6 DACRFS	DAC 参考选择 0：DAC 选择 DACREF_1 作为参考电压；1：DAC 选择 DACREF_2 作为参考电压
5 DACTRGSEL	DAC 触发选择 0：选择 DAC 硬件触发；1：选择 DAC 软件触发
4 DACSWTRG	DAC 软件触发 高电平触发。只读位,值为 0。如果选择 DAC 软件触发且缓冲区使能,则写入 1 会使缓冲区读指针前进 1 位 0：DAC 软件触发不可用；1：DAC 软件触发可用

续表 5-11

域	描述
3 LPEN	DAC 低功耗控制 0：高功耗模式；1：低功耗模式
2 DACBWIEN	DAC 缓冲区水印中断使能 0：DAC 缓冲区水印中断禁止；1：DAC 缓冲区水印中断使能
1 DACBTIEN	DAC 缓冲区读指针到顶标记中断使能 0：DAC 缓冲区读指针到顶标记中断禁止；1：DAC 缓冲区读指针到顶标志中断使能
0 DACBBIEN	DAC 缓冲区读指针到底标记中断使能 0：DAC 缓冲区读指针读到底标志中断禁止；1：DAC 缓冲区读指针读到底标志中断使能

(5) 控制寄存器 1：DACx_C1

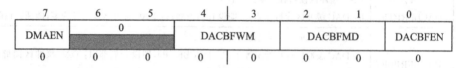

DACx_C1 各位说明如表 5-12 所列。

表 5-12 DACx_C1 说明

域	描述
7 DMAEN	DMA 使能选择 0：DMA 禁止； 1：DMA 使能。当 DMA 使能时，DMA 请求会通过原始的中断产生。与此同时，此模块将不会发生中断
6～5 预留	只读的预留位，值为 0
4～3 DACBFWM	DAC 缓冲区水印选择 控制 SR[DACBFWMF]在何时被置位。当 DAC 缓冲区读指针达到此位定义的一个低于上限值的 1～4 个字的数值时，SR[DACBFWMF]将被置位。此位允许用户设置水印中断。 00：1 个双字节；01：2 个双字节；10：3 个双字节；11：4 个双字节 可以在缓存区快空前，提前触发中断，以便继续把新的数据写入缓冲区
2～1 DACBFMD	DAC 缓冲区工作模式选择 00：正常模式；01：摆动模式；10：单次扫描模式；11：预留
0 DACBFEN	DAC 缓冲区使能 0：缓冲区读指针禁止。转换的数据总是缓冲区的第一个双字节； 1：缓冲区读指针使能。转换的数据总是读指针指向的那个双字节，这意味着转换的数据可能来自缓冲区的任何一个字

(6) 控制寄存器 2：DACx_C2

位	7	6	5	4	3	2	1	0
读写	\multicolumn{4}{c}{DACBFRP}				DACBFUP	
复位	0	0	0	0	1	1	1	1

默认缓存区大小为 16，即上限为 15。DACx_C2 各位说明如表 5-13 所列。

表 5-13 DACx_C2 说明

域	描述
7~4 DACBFRP	DAC 缓冲区读指针 保存当前缓冲区读指针的值
3~0 DACBFUP	DAC 缓冲区上限 选择 DAC 缓冲区的上限。缓冲区读指针不能超越此上限

3. DAC 编程要点

(1) DAC 转换公式

由图 5-18 可知 K60 的 DAC 模块的工作原理：把数据放入 DAC 的数据寄存器，即 DACx_DAT 中的 DACDATA[11:0]位，DAC 模块就可以把数字量转换为模拟电压。输出模拟电压 $V_{out}=V_{in}\times(1+DACDAT0[11:0])/4096$，其中 V_{in} 为参考电压。

(2) DAC 电压参考源选择

DAC 的电压参考源可由 DACx_C0[DACRFS]选择，可选 DACREF_1 和 DACREF_2，分别接到 1.2 V VREF_OUT 和 3.3 V VDDA。

(3) DAC 数据缓冲区

DAC 模块可由 DACx_C1[DACBFEN]选择是否使能数据缓冲区。在禁用数据缓冲区时，DAC 模块总是从 DAT0 读取数字量转换为模拟量。在使能数据缓冲区时，DAC 模块读取数据缓冲区中读指针指向的数据转换为模拟量，每转换一次，读指针移动到下一个双字节。

数据缓冲区可配置 3 个操作模式：正常模式、摆动模式、一次扫描模式。改变数据缓冲区的操作模式时，读指针不会发生改变。读指针存储在 C2[DACBFRP]寄存器，可写入 0~C2[DACBFUP]内的值。

➢ 正常模式（默认），把缓冲区作为循环缓冲区来读取。每触发一次 DAC 转换，读指针加 1。每当读指针到顶部时，返回底部重新往上读。

➢ 摆动模式，把缓冲区作为来回缓冲区来读取。开始时从底部往顶部移动，每触发一次 DAC 转换，读指针加 1，直到读指针指向顶部，此后从顶部往底部移动，每触发一次 DAC 转换，读指针减 1，直到读指针指向底部，如此循环。

➢ 一次扫描模式，每触发一次 DAC 转换，读指针加 1。当读指针到顶部时，就停止转换,读指针保持不变。如果读指针被赋值低于顶部的值时,那么读指针继续增加,直到指向顶部为止。

(4) DAC 数据缓冲区中断

读指针 DACBFRP 复位时为 0,顶部指针 DACBFUP 复位时为 15,底部指针固定为 0。转换时,读指针指向正在转换的数据,即可以通过访问读指针查询当前正在转换的数据。

当 DAC 缓冲区读指针到达缓冲区上限(DACBFRP=DACBFUP),DAC 读指针底部位置标志置 1(DACBFRPBF 置 1)。如果使能 DAC 缓冲区读指针底部中断(DACBBIEN=1),则产生 DAC 中断,如图 5-22 所示。

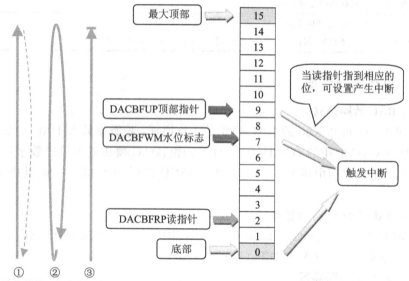

读指针的工作方式:①正常模式;②摆动模式;③一次扫描模式

图 5-22 DAC 缓冲区中断

当 DAC 缓冲区读指针等于开始位置(DACBFRP=0),DAC 读指针顶部位置标志置 1(DACBFRPTF 置 1)。如果使能 DAC 缓冲区读指针顶部中断(DACBTIEN=1),则产生 DAC 中断。

读指针从底部到顶部读取,在中间可以设置水位标志位(DAC buffer watermark)作为预警作用,水位标志位选择范围为离顶部 1~4 个双字节。当读指针指向水位标志位时,DACBFWMF 置 1,可设置产生 DAC 中断请求(DACBWIEN=1)。

例如:当 DACBFUP 顶部指针为 9,DACBFWM 水位标志为 2,DACBFRP 读指针指向 2 时,DACBBIEN、DACBTIEN、DACBWIEN 都置 1,即对应为允许缓冲区置底中断、允许缓冲区置顶中断、允许水位标志中断。

5.2.3 DAC 应用实例

本节内容以 K60 DAC 不使用数据缓冲区软件触发为例,实现 DAC 初始化、进行一次输出转换。

(1) API 接口

```
void dac_init(DACn_e);                    //DAC 一次转换初始化
void dac_out(DACn_e, uint16 val);         //DAC 一次转换操作
```

(2) 具体的代码

```
DAC_MemMapPtr DACN[2] = {DAC0_BASE_PTR, DAC1_BASE_PTR};
                                          //定义两个指针数组保存 DACN 的地址
/*!
 * @brief        DAC 初始化
 * @param        DACn_e        DAC 模块号
 * @since        v5.0
 * Sample usage:        dac_init(DAC1);         //初始化 DAC1
 */
void dac_init(DACn_e dacn)
{
    /*使能时钟*/
    SIM_SCGC2 |= (SIM_SCGC2_DAC0_MASK<<dacn);    //使能 DAC 模块
    /*  配置 DAC 寄存器   */
    //配置 DAC_C0 寄存器
    DAC_C0_REG(DACN[dacn]) = ( 0
                    | DAC_C0_DACTRGSEL_MASK       //选择软件触发
                    | DAC_C0_DACRFS_MASK          //选择参考 VDD 电压(3.3 V)
                    | DAC_C0_DACEN_MASK           //使能 DAC 模块
                    );
    //配置 DAC_C1 寄存器
    DAC_C1_REG(DACN[dacn]) = ( 0  );
    //配置 DAC_C2 寄存器
    DAC_C2_REG(DACN[dacn]) = ( 0
                    | DAC_C2_DACBFRP(0)           //设置缓冲区读指针指向 0
                    );
    DAC_DATH_REG(DACN[dacn], 0) = 0;              //默认输出最低电压
    DAC_DATL_REG(DACN[dacn], 0) = 0;
}
/*!
 * @brief        DAC 输出
 * @param        DACn_e        DAC 模块号
 * @param        val           输出模拟量所对应的数字量(12 bit)
 * @since        v5.0
 * Sample usage:        dac_out (DAC1,0x100);    //初始化 DAC1 输出 0x100 数字
 */                                               //量对应的模拟量
void dac_out(DACn_e dacn, uint16 val)
{
    ASSERT(val<0x1000);                           //val 为 12 bit
    DAC_DATH_REG(DACN[dacn], 0) = (val >> 8);     //输出电压,直接写入转换值到
```

```
                                                  //寄存器里即可
        DAC_DATL_REG(DACN[dacn], 0) = (val & 0xFF);
}
```

(3) DAC 输出正弦波

本例程根据上面提供的 DAC API 接口实现正弦波的输出,如图 5-23 所示。如图 5-24 所示,需要把示波器表笔接到 DAC1_OUT 引脚,程序中控制 DAC1 输出正弦波。

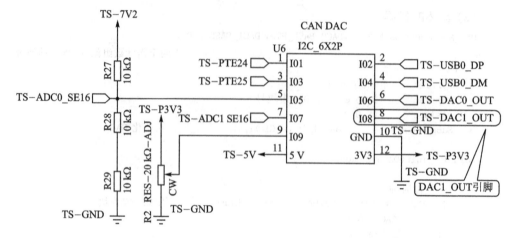

图 5-23 DAC1_OUT 排针接口

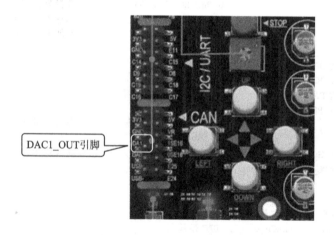

图 5-24 DAC1_OUT 引脚实物图

```
/*!
 *   @brief       main 函数
 *   @since       v5.0
 *   @note        野火 DAC 输出正弦波实验
 */
void main()
```

```
{
    float val = 0;
    uint16 result;
    dac_init(DAC1);
    while(1)
    {
        result = (uint16) (                         //利用数学函数来求得正弦值
                    ((sin(val) + 1.0)/2.0 )         //sin 的取值范围是 -1～1,加 1 后变成 0～
                                                    //2,再除以 2 确保范围在 0～1 之间
                    * ((1<<12) - 1)                 //DAC 是 12 bit
                 );
        dac_out(DAC1, result);                      //输出 DAC,可通过示波器看到正弦波
        val + = 0.1;
    }
}
```

编译下载后,把示波器表笔接入到 DAC1_OUT 引脚,在示波器上可以看到正旋波信号,如图 5-25 所示。

在示波器上放大时间轴,可以看到正弦波信号并非圆滑的,而是一个个小阶梯形成的,这是因为代码是通过 0.1 为步进来求正弦值,不可能平滑生成正弦波,如图 5-26 所示。

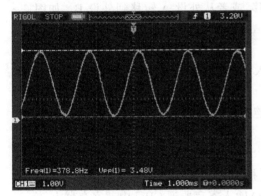

图 5-25　DAC 输出正旋波

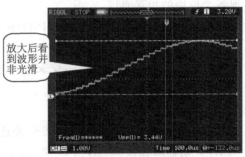

图 5-26　DAC 输出变化

第 6 章

DMA 直接内存访问

6.1 DMA 简介

　　DMA(Direct Memory Access)，即直接内存访问，无须 CPU 干预情况下即可直接由 DMA 模块硬件实现数据的快速传输。由于 DMA 传输方式不需要 CPU 参与，没有取指令、取数据等 CPU 操作，因而传输数据更快。早在 8086 的应用中就已经有了 Intel 的 8237 这种典型的 DMA 控制器，而 K60 的 DMA 模块也是以类似的外设形式添加到 Cortex – M4 内核外。

　　微控制器的硬件系统一般都是由 CPU(内核)、外设、内存(SRAM)、总线等模块组成，数据通常需要在内存和外设之间转移，或者从外设 A 转移到外设 B。如图 6 – 1 所示，K60 的各个模块通过交叉开关(Crossbar Switch，简称 AXBS)互连起来，实现各个模块的相互通信。

　　例如：当 CPU 需要处理由 GPIO 输入引脚采集回来的数据时，要经过如下几个过程：

　　① CPU 进行取指令操作，交叉开关连接 ARM 内核代码总线所在接口 M0 和 Flash 控制器所在接口 S0。

　　② CPU 进行译指操作。

　　③ CPU 执行指令操作，交叉开关连接 ARM 内核系统总线所在接口 M1 和 GPIO 控制器所在接口 S3，CPU 读取 GPIO 输入寄存器到 CPU 内部寄存器上。

　　④ 如果需要把数据存储在内存中，那么还需要执行取指令、译指、执行指令 3 个步骤，交叉开关连接 ARM 内核系统总线所在接口 M1 和 SRAM 控制器所在接口 S1，把寄存器的值存储到内存中(变量)。

　　从上面几个步骤可以看到，由 CPU 进行数据转移，占用了 CPU 宝贵的时间，而且需要取指、译指、执行指令等操作，降低了效率。我们希望的是 CPU 可以更多地处理运算或者响应中断，而把数据转移的工作交由 DMA 等其他模块完成，以提高效率。

　　下面简要介绍 K60 DMA。

　　K60 的 DMA 模块由多通道复用管理器 DMAMUX 和直接内存访问控制器 eDMA 组成。DMAMUX 用于配置请求源来控制 DMA 通道的传输。eDMA 用于配置

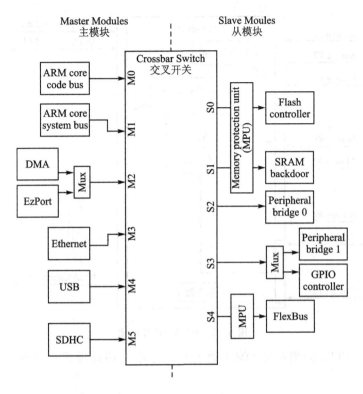

图 6-1　K60 交叉开关

数据源地址、数据目的地址、一次传输的数据位数和源地址目的地址的增量、循环传输的次数、循环结束后是否触发中断等各种功能。

简单来说,什么时候利用哪个 DMA 通道传输由 DMAMUX 决定,从什么地方传输什么数据到什么地方由 eDMA 决定。

1. 多通道复用管理器 DMAMUX

DMA MUX 用途是把 63 个 DAM 请求源,如表 6-1 所列,(称为槽,即请求 DMA 传输一次的请求源)映射到 16 个 DMA 通道上,如图 6-2 所示。

DMA MUX 有 3 个工作模式:

① 禁用模式。在这种模式下,DMA 通道是禁用的。使能和禁用 DMA 通道都通过修改 DMA 配置寄存器(DMAMUX_CHCFGn[ENBL])完成。该模式主要用于把 DMAMUX 的相应 DMA 通道处于复位状态,也可用于重新配置系统时暂停 DMA 通道(例如改变 DMA 触发器的周期)。

② 正常模式。在这种模式下,DMA 通道需要指定一个 DMA 请求源(例如 DSPI 传输或 DSPI 接收)。DMA MUX 在这种模式下对系统是完全透明的。

③ 周期触发模式。在这种模式下,DMA 请求源只能周期性地请求一次 DMA 传输(例如当发送缓冲区变空或者接收缓冲区已满)。周期地配置通过 PIT 寄存器

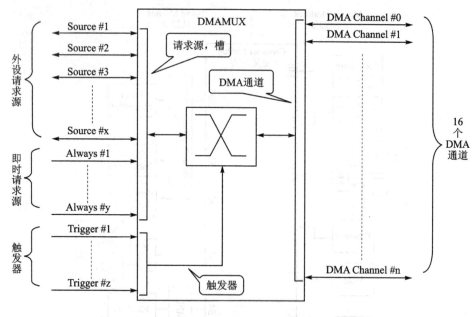

图 6-2 DMA MUX 框图

完成，PIT0~PIT3 分别对应 DMA 通道 0~通道 3，即此模式仅对通道 0~通道 3 有效。

表 6-1 DMA 请求源列表源编号

源模块	源描述		源模块	源描述	
0		禁用通道	16	SPI0	接收
1	保留	没用	17	SPI0	发送
2	URAT0	接收	18	SPI1	接收
3	UART0	发送	19	SPI1	发送
4	UART1	接收	20	保留	没用
5	UART1	发送	21	保留	没用
6	UART2	接收	22	I^2C0	—
7	UART2	发送	23	I^2C1	—
8	UART3	接收	24	FTM0	通道 0
9	UART3	发送	25	FTM0	通道 1
10	UART4	接收	26	FTM0	通道 2
11	UART4	发送	27	FTM0	通道 3
12	UART5	接收	28	FTM0	通道 4
13	UART5	发送	29	FTM0	通道 5
14	I^2S0	接收	30	FTM0	通道 6
15	I^2S0	发送	31	FTM0	通道 7

续表 6-1

源模块	源描述		源模块	源描述	
32	FTM1	通道 0	48	PDB	—
33	FTM1	通道 1	49	PORT	PORTA
34	FTM2	通道 0	50	PORT	PORTB
35	FTM2	通道 1	51	PORT	PORTC
36	FTM3	通道 0	52	PORT	PORTD
37	FTM3	通道 1	53	PORT	PORTE
38	FTM3	通道 2	54	FTM3	通道 4
39	FTM1	通道 3	55	FTM3	通道 5
40	ADC0	—	56	FTM3	通道 6
41	ADC1	—	57	FTM3	通道 7
42	CMP0	—	58	DMA MUX	即时使能
43	CMP1	—	59	DMA MUX	即时使能
44	CMP2	—	60	DMA MUX	即时使能
45	DAC0	—	61	DMA MUX	即时使能
46	DAC1	—	62	DMA MUX	即时使能
47	CMT	—	63	DMA MUX	即时使能

注：配置 DMA 通道请求源为 0 或者保留，表示禁用该 DMA 通道。

2. 直接内存访问控制器 eDMA

eDMA 模块划分为两个主要模块：eDMA 引擎和传输控制描述符。eDMA 引擎又进一步划分成 4 个子模块：地址路径、数据路径、可编程模型/通道仲裁、控制。传输控制描述符又进一步划分为：内存控制器和内存数组，如图 6-3 所示。

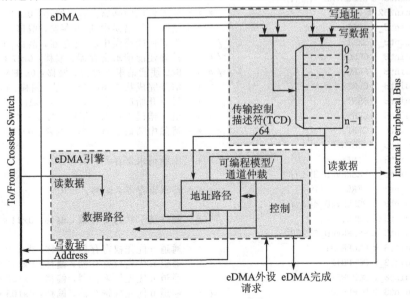

图 6-3 eDMA 框图

eDMA 是一个优化的高度可编程的数据传输引擎,把对 CPU 的影响降到最小。eDMA 传输的数据要求数据大小是静态可知的,且数据大小不在数据包本身定义。

6.2 DMA 模块寄存器

1. DMAMUX 寄存器结构体

```
/** DMAMUX - Peripheral register structure */
typedef struct DMAMUX_MemMap {
    uint8_t CHCFG[16];        /**< 通道配置寄存器,数组偏移:0x0,数组步进:0x1 */
} volatile * DMAMUX_MemMapPtr;
/* DMAMUX - Peripheral instance base addresses */
/** Peripheral DMAMUX base pointer */
#define DMAMUX_BASE_PTR                  ((DMAMUX_MemMapPtr)0x40021000u)
```

2. DMA 寄存器结构体

```
/**
 * @addtogroup DMA_Peripheral DMA
 * @{
 */
/** DMA - Peripheral register structure */
typedef struct DMA_MemMap {
    uint32_t CR;                         /**< 控制寄存器,偏移:0x0 */
    uint32_t ES;                         /**< 错误状态寄存器,偏移:0x4 */
    uint8_t RESERVED_0[4];
    uint32_t ERQ;                        /**< 使能请求寄存器,偏移:0xC */
    uint8_t RESERVED_1[4];
    uint32_t EEI;                        /**< 使能错误中断寄存器,偏移:0x14 */
    uint8_t CEEI;                        /**< 清除使能错误中断 寄存器,偏移:0x18 */
    uint8_t SEEI;                        /**< 设置使能错误中断 寄存器,偏移:0x19 */
    uint8_t CERQ;                        /**< 清除使能请求寄存器,偏移:0x1A */
    uint8_t SERQ;                        /**< Set 使能请求寄存器,偏移:0x1B */
    uint8_t CDNE;                        /**< 清除完成状态 Bit 寄存器,偏移:0x1C */
    uint8_t SSRT;                        /**< 设置开始位寄存器,偏移:0x1D */
    uint8_t CERR;                        /**< 清除错误寄存器,偏移:0x1E */
    uint8_t CINT;                        /**< 清除中断请求寄存器,偏移:0x1F */
    uint8_t RESERVED_2[4];
    uint32_t INT;                        /**< 中断请求寄存器,偏移:0x24 */
    uint8_t RESERVED_3[4];
    uint32_t ERR;                        /**< 错误寄存器,偏移:0x2C */
    uint8_t RESERVED_4[4];
    uint32_t HRS;                        /**< 硬件请求状态寄存器,偏移:0x34 */
    uint8_t RESERVED_5[200];
    uint8_t DCHPRI3;                     /**< 通道 n 优先权寄存器,偏移:0x100 */
    uint8_t DCHPRI2;                     /**< 通道 n 优先权寄存器,偏移:0x101 */
    uint8_t DCHPRI1;                     /**< 通道 n 优先权寄存器,偏移:0x102 */
    uint8_t DCHPRI0;                     /**< 通道 n 优先权寄存器,偏移:0x103 */
    uint8_t DCHPRI7;                     /**< 通道 n 优先权寄存器,偏移:0x104 */
```

```c
    uint8_t DCHPRI6;              /* *<通道n优先权寄存器,偏移:0x105*/
    uint8_t DCHPRI5;              /* *<通道n优先权寄存器,偏移:0x106*/
    uint8_t DCHPRI4;              /* *<通道n优先权寄存器,偏移:0x107*/
    uint8_t DCHPRI11;             /* *<通道n优先权寄存器,偏移:0x108*/
    uint8_t DCHPRI10;             /* *<通道n优先权寄存器,偏移:0x109*/
    uint8_t DCHPRI9;              /* *<通道n优先权寄存器,偏移:0x10A*/
    uint8_t DCHPRI8;              /* *<通道n优先权寄存器,偏移:0x10B*/
    uint8_t DCHPRI15;             /* *<通道n优先权寄存器,偏移:0x10C*/
    uint8_t DCHPRI14;             /* *<通道n优先权寄存器,偏移:0x10D*/
    uint8_t DCHPRI13;             /* *<通道n优先权寄存器,偏移:0x10E*/
    uint8_t DCHPRI12;             /* *<通道n优先权寄存器,偏移:0x10F*/
    uint8_t RESERVED_6[3824];
    struct {                       /*偏移:0x1000,数组步进:0x20*/
        uint32_t SADDR;           //TCD源地址,数组偏移:0x1000,数组步进:0x20
        uint16_t SOFF;            //TCD带符号源地址偏移,数组偏移:0x1004,数组步进:0x20
        uint16_t ATTR;            //TCD传输属性,数组偏移:0x1006,数组步进:0x20
        union {                   /*偏移:0x1008,数组步进:0x20*/
            uint32_t NBYTES_MLNO;
                                  //TCD副字节计数(副循环禁止),数组偏移:0x1008,数组步进:0x20
            uint32_t NBYTES_MLOFFNO;
                                  //TCD带符号副循环偏移(副循环使能,偏移禁止),
                                  //数组偏移:0x1008,数组步进:0x20*/
            uint32_t NBYTES_MLOFFYES;
                                  //TCD带符号副循环偏移(副循环和偏移使能),
                                  //数组偏移:0x1008,数组步进:0x20
        };
        uint32_t SLAST;           //TCD结尾源地址调整,数组偏移:0x100C,数组步进:0x20
        uint32_t DADDR;           //TCD目标地址,数组偏移:0x1010,数组步进:0x20
        uint16_t DOFF;            //TCD带符号目标地址偏移,数组偏移:0x1014,数组步进:0x20
        union {                   /*偏移:0x1016,数组步进:0x20*/
            uint16_t CITER_ELINKYES;  //TCD当前副循环连接,主循环计数(通道连接使能),
                                  //数组偏移:0x1016,数组步进:0x20
            uint16_t CITER_ELINKNO;   //TCD当前副循环连接,主循环计数(通道连接禁止),
                                  //数组偏移:0x1016,数组步进:0x20
        };
        uint32_t DLAST_SGA;       //TCD结尾目标地址校准/分散收集地址,
                                  //数组偏移:0x1018,数组步进:0x20
        uint16_t CSR;             //TCD控制状态,数组偏移:0x101C,数组步进:0x20
        union {                   /*偏移:0x101E,数组步进:0x20*/
            uint16_t BITER_ELINKNO;
                                  //TCD开始副循环连接,主循环计数(通道连接禁止),
                                  //数组 偏移:0x101E,数组步进:0x20
            uint16_t BITER_ELINKYES;
                                  //TCD开始副循环连接,主循环计数(通道连接使能),
                                  //数组偏移:0x101E,数组步进:0x20
        };
    } TCD[16];
} volatile * DMA_MemMapPtr;
/* DMA - Peripheral instance base addresses */
/** Peripheral DMA base pointer */
#define DMA_BASE_PTR              ((DMA_MemMapPtr)0x40008000u)
```

读者需要注意上述的结构体内有3个联合体,联合体的作用就是共用相同的内存空间。

第1个联合体就是 NBYTES_MLNO、NBYTES_MLOFFNO、NBYTES_MLOFFYES 这3个寄存器。当副循环禁止,NBYTES_MLNO 寄存器有效;当副循环使能,偏移禁止时,NBYTES_MLOFFNO 寄存器有效;当副循环和偏移使能时,NBYTES_MLOFFYES 有效。第2个联合体就是 CITER_ELINKYES 和 CITER_ELINKNO 这两个寄存器。当通道连接使能时,CITER_ELINKYES 寄存器有效;当通道连接禁止时,CITER_ELINKNO 寄存器有效。第3个联合体就是 BITER_ELINKNO 和 BITER_ELINKYES 这两个寄存器。当通道连接使能时,BITER_ELINKYES 寄存器有效;当通道连接禁止时,BITER_ELINKNO 寄存器有效。

所谓的主循环和副循环,是 DMA 模块传输数据的循环。DMA 模块可以设置一次传输多个字节的数据,而多个字节不是同一时刻全部传输完毕,而是通过副循环来逐个传输。DMA 模块可以设置多次传输,多次传输完成后可产生中断请求,多次传输就是通过主循环控制进行逐次传输。

下面具体介绍 DMA 寄存器。

(1) 通道配置寄存器(DMAMUX_CHCFGn,Channel Configuration Register)

每个 DMA 通道都是独立使能或禁用,关联到一个 DMA 槽(触发源)DMAMUX_CHCFGn 各位说明如表 6-2 所列。注意:设置相同的触发源到多个 DMA 通道会产生不可知的结果。改变通道触发源和触发器前,需要通过 CHCFGn[ENBL]位来禁用 DMA 通道。

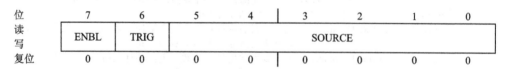

表 6-2　DMAMUX_CHCFGn 说明

域	描述
7 ENBL	DMA 通道使能 使能 DMA 通道 0:DMA 通道被禁止。该模式主要用于配置 DMA 多路复用器; 1:DMA 通道使能
6 TRIG	DMA 通道触发器使能 使能 PIT 周期性触发 DMA 通道 0:禁用触发。如果触发被禁用,且 ENBL 置位,那么只需指定 DMA 通道的触发源(正常模式); 1:使能触发。如果触发被使能,且 ENBL 置位,则 PIT 定时器周期性触发 DMA 请求
5~0 SOURCE	DMA 通道触发源(槽) 触发源如表 6-1 所列

(2) 控制寄存器(DMA_CR, Control Register)

CR 寄存器定义了基本的 DMA 操作配置其各位说明如表 6-3 所列。
DMA 通道的优先级可通过优先级寄存器 DCHPRIn 配置。
需要注意:只要 DMA 通道处于不活跃状态,即 TCDn_CSR[ACTIVE]位清零时,CR 寄存器才可写入。

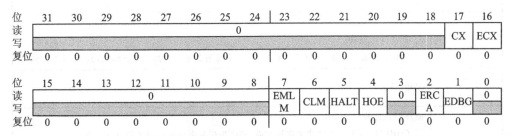

表 6-3 DMA_CR 说明

域	描述
31~18 Reserved	保留,读为 0
17 CX	取消传输 0: 正常操作; 1: 取消剩余的数据传输。停止执行通道且强制完成副循环。此位在取消操作完成后自动清 0
16 ECX	错误取消传输 0: 正常操作; 1: 和 CX 位功能相同,取消剩余的数据传输。停止执行通道且强制完成副循环。此位在取消操作完成后自动清 0 除了取消传输,ECX 将取消一个错误条件,更新 ES 寄存器,并产生一个操作错误中断
15~8 Reserved	保留,读为 0
7 EMLM	使能副循环映射 0: 禁止。TCDn.word2 被定义为 32-bit NBYTES 字段; 1: 使能。TCDn.word2 重新定义为包含独立使能字段、偏移字段和 NBYTES 字段。独立使能字段允许副循环偏移应用于源地址、目的地址或者两者都有。当任意一个偏移被使能,NBYTES 字段会减少
6 CLM	持续连接模式 0: 当副循环结束后,重新激活前,还必须通过通道仲裁; 1: 当副循环结束后,重新激活前,不需要通过通道仲裁

续表 6-3

域	描述
5 HALT	停止 DMA 运行 0：正常运行模式； 1：停止任何新的通道启动，当前执行的通道可以运行到结束为止。直到该位为 0，各通道才可正常恢复运行
4 HOE	错误停止 0：正常运行模式； 1：任何错误都会引起 HALT 置位。其后，全部的服务请求都会被忽略，直到 HALT 位清零
3 Reserved	保留，读为 0
2 ERCA	循环模式仲裁通道使能 0：使用固定的优先级仲裁来选择通道，即优先权取决与通道的优先级寄存器； 1：循环模式仲裁用于选择通道
1 EDBG	使能调试 0：在调试模式下，DMA 继续运行； 1：在调试模式下，DMA 停止新通道的启动。正在运行的通道可执行到结束为止。各通道在系统退出调试状态或 DEBUG 位被清零时恢复
0 Reserved	保留，读为 0

(3) 使能请求寄存器(DMA_ERQ, Enable Request Register)

ERQ 寄存器用于使能 DMA 请求的 16 个通道，其各位说明如表 6-4 所列。

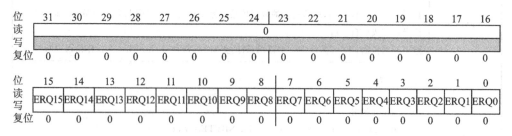

表 6-4 DMA_ERQ 说明

域	描述
31～16 Reserved	保留，读为 0
n(n=0,1,…,15) ERQn	使能通道 n 的 DMA 请求 0：禁止通道 n 的 DMA 请求；1：使能通道 n 的 DMA 请求

其中，DMA_ERQ 用于使能通道是否请求传输数据，DMA_INT 用于使能通道

是否传输完毕后中断。

(4) 中断请求寄存器（DMA_INT, Interrupt Request Register）

INT 寄存器提供了 16 个通道的中断请求位，用于使能 DMA 通道的中断，其各位说明如表 6-5 所列。

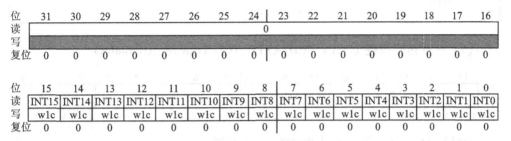

表 6-5 DMA_INT 说明

域	描 述
31~16 Reserved	保留，读为 0
n(n=0,1,…,15) INTn	中断请求 n 0：禁止相应通道的中断；1：使能相应通道的中断

(5) TCD 源地址寄存器（DMA_TCD_SADDR, TCD Source Address）

位	31 30 29 28 27 26 25 24 23 22 21 20 19 18 17 16	15 14 13 12 11 10 9 8 7 6 5 4 3 2 1 0
读写	SADDR	
复位	x x x x x x x x x x x x x x x x	x x x x x x x x x x x x x x x x

DMA_TCD_SADDR 各位说明如表 6-6 所列。

表 6-6 DMA_TCD_SADDR 说明

域	描 述
31~0 SADDR	数据源地址 指向数据源的内存地址

(6) TCD 有符号源地址偏移(DMA_TCD_SOFF, TCD Signed Source Address Offset)

位	31 30 29 28 27 26 25 24 23 22 21 20 19 18 17 16	15 14 13 12 11 10 9 8 7 6 5 4 3 2 1 0
读写	SOFF	
复位	x x x x x x x x x x x x x x x x	x x x x x x x x x x x x x x x x

DMA_TCD_SOFF 各位说明如表 6-7 所列。

表 6-7 DMA_TCD_SOFF 说明

域	描述
15~0 SOFF	带符号数据源地址偏移 完成一次 DMA 数据传输后,下一个数据源地址相对于当前数据源地址的偏移。 值为 0 时表示数据源地址一直不变

(7) TCD 传输属性(DMA_TCD_ATTR,TCD Transfer Attributes)

位	15	14	13	12	11	10	9	8	7	6	5	4	3	2	1	0
读写			SMOD				SSIZE				DMOD				DSIZE	
复位	x	x	x	x	x	x	x	x	x	x	x	x	x	x	x	x

DMA_TCD_ATTD 各位说明如表 6-8 所列。

表 6-8 DMA_TCD_ATTR 说明

域	描述
15~11 SMOD	源地址模值 0:禁用源地址模功能; ≠0:该值用于定义一个特殊的地址范围,范围大小为 2^{SMOD}。该功能最常用于实现循环队列(大小必须是 2 的次方),DMA 模块每传输一次,源地址会偏移 SOFF,当这个地址达到 SMOD 指定的地址范围后,源地址又从原来的地址开始
10~8 SSIZE	源地址传输数据大小 000: 8-bit;001: 16-bit;010: 32-bit;011: Reserved; 100: 16-byte;101: Reserved;110: Reserved;111: Reserved
7~3 DMOD	目标地址模值 参考 SMOD 描述
2~0 DSIZE	目标地址传输数据大小 参考 SSIZE 描述

(8) TCD Last Source Address Adjustment (DMA_TCD_SLAST)

位	31	30	29	28	27	26	25	24	23	22	21	20	19	18	17	16	15	14	13	12	11	10	9	8	7	6	5	4	3	2	1	0
读写																	SLAST															
复位	x	x	x	x	x	x	x	x	x	x	x	x	x	x	x	x	x	x	x	x	x	x	x	x	x	x	x	x	x	x	x	x

DMA_TCD_SLAST 各位说明如表 6-9 所列。

表 6-9 DMA_TCD_SLAST 说明

域	描述
31~0 SLAST	结尾源地址调整 当主循环传输完成后,最终源地址的调整偏移。这是带符号值,用于调整传输后 SADDR 的值

(9) TCD Destination Address（DMA_TCD_DADDR）

位	31	30	29	28	27	26	25	24	23	22	21	20	19	18	17	16	15	14	13	12	11	10	9	8	7	6	5	4	3	2	1	0
读写																DADDR																
复位	x	x	x	x	x	x	x	x	x	x	x	x	x	x	x	x	x	x	x	x	x	x	x	x	x	x	x	x	x	x	x	x

DMA_TCD_DADDR 各位说明如表 6-10 所列。

表 6-10 DMA_TCD_DADDR 说明

域	描述
31~0 DADDR	数据目标地址 指向目标数据存储的内存地址

(10) TCD Signed Destination Address Offset（DMA_TCD_DOFF）

位	15	14	13	12	11	10	9	8	7	6	5	4	3	2	1	0
读写								DOFF								
复位	x	x	x	x	x	x	x	x	x	x	x	x	x	x	x	x

DMA_TCD_DOFF 各位说明如表 6-11 所列。

表 6-11 DMA_TCD_DOFF 说明

域	描述
15~0 DOFF	带符号数据目标地址偏移 完成一次 DMA 数据传输后，下一个数据目标地址相对于当前数据目标地址的偏移。值为 0 时表示数据目标地址一直不变

(11) TCD Control and Status（DMA_TCD_CSR）

位	15	14	13	12	11	10	9	8
读写	BWC		0		MAJORLINKCH			
复位	x	x	x	x	x	x	x	x

位	7	6	5	4	3	2	1	0
读写	DONE	ACTIVE	MAJORELINK	ESG	DREQ	INTHALF	INTMAJOR	START
复位	x	x	x	x	x	x	x	x

其中，MAJORLINKCH 位的长度在 FX15 和 DNZ10 上不同。FX15：8~12。DNZ10：8~11。

DMA_TCD_CSR 各位说明如表 6-12 所列。

表 6-12 DMA_TCD_CSR 说明

域	描 述
15~14 BWC	宽度控制 用于控制 DMA 模块对 bus 总线宽度的占用。一般来说,在 DMA 副循环里,它会不停地进行读写操作,直到副循环结束。这个字段就是控制 DMA 完成每个读/写操作后释放纵横开关的延时。这样的好处是减少启动 DMA 传输后带来的副作用 00:不使用 eDMA 引擎宽度控制;01:保留; 10:每次读/写操作后,eDMA 引擎延时 4 个周期;11:每次读/写操作后,eDMA 引擎延时 8 个周期
13~12 Reserved	保留,读为 0
11~8 MAJORLINKCH	链路通道数
7 DONE	通道完成标志位 该标志位用于表明 eDMA 已经完成主循环。CITER 计数为 0 时,eDMA 引擎把此位置位。可以用软件清除此位,或者激活通道时由硬件清除 注意:此位必须清零才可写 MAJORELINK 和 ESG 位。复位时此位为 0
6 ACTIVE	激活通道标志位 该标志位用于表明当前通道正在运行中。当通道服务开始时,此位会置位。副循环完成时或者检测到任何错误发生时,eDMA 会清零此位
5 MAJORELINK	使能通道到通道的连接 在主循环完成后,该标志可以连接到有 MAJORLINKCH 定义的另外一个通道 0:禁止通道到通道的连接;1:使能通道到通道的连接
4 ESG	使能分散/聚集处理
3 DREQ	禁止请求 如果此标志位置位,eDMA 硬件自动清空相应的 ERQ 位,当前主循环计数到达 0 0:对通道的 ERQ 位没影响;1:当主循环往后,通道的 ERQ 位被清零
2 INTHALF	当主循环完成一半时使能中断 0:禁止完成一半时产生中断;1:使能完成一半时产生中断
1 INTMAJOR	使能主循环完成后中断 0:禁止主循环结束后产生中断;1:使能主循环接收后产生中断
0 START	通道启动 如果此位置位,表示启动该通道。通道启动执行后,eDMA 硬件自动清零该位 0:没有启动通道; 1:通道显式地通过软件发起的服务请求开始

6.3 DMA 应用实例

DMA 模块的编程方法比较简单,只需设置好传输参数,即可轻松实现数据的自动传输。本节内容以 GPIO 口传输到内存数据为例,讲解 DMA 的编程思路。本书提供的例程,仅仅只有一个 DMA 初始化函数,以及几个常用寄存器操作的宏定义。

```
#define DMA_IRQ_EN(DMA_CHn)    \
    enable_irq((IRQn_t)((IRQn_t)DMA_CHn + DMA0_IRQn))
                                //允许 DMA 通道传输完成中断
#define DMA_IRQ_DIS(DMA_CHn)    \
    disable_irq((IRQn_t)((IRQn_t)DMA_CHn + DMA0_IRQn))
                                //禁止 DMA 通道传输完成中断
#define DMA_IRQ_CLEAN(DMA_CHn) \
    DMA_INT | = (DMA_INT_INT0_MASK<<DMA_CHn)
                                //清除通道传输中断标志位
#define DMA_EN(DMA_CHn)    \
    DMA_ERQ | = (DMA_ERQ_ERQ0_MASK<<(DMA_CHn))
                                //使能通道硬件 DMA 请求
#define DMA_DIS(DMA_CHn)    \
    DMA_ERQ & = ~(DMA_ERQ_ERQ0_MASK<<(DMA_CHn))
                                //禁止通道硬件 DMA 请求
#define DMA_CHn_DIS(DMA_CHn)    \
    DMAMUX_CHCFG_REG(DMAMUX_BASE_PTR,DMA_CHn) \
    & = DMAMUX_CHCFG_SOURCE(Channel_Disabled)
                                //禁用通道
//初始化 DMA,使得 PORT 端口数据通过 DMA 传输到 BUFF 缓冲区
extern void dma_portx2buff_init(DMA_CHn, void * SADDR, void * DADDR, PTXn_e, DMA_BYTEn, uint32 count, uint32 cfg);
```

dma_portx2buff_init 函数是初始化 DMA 模块,由 I/O 口请求传输输入端口的数据到内存。为了调用简单,需要在该函数里实现传输的全部初始化,包括 GPIO 口初始化等。

首先来看看源地址 SADDR,从这个地址获取到 GPIO 的读取数据,即这里传递进去的是 GPIO 的输入寄存器,可传递 &PTx_Bn_IN 或 &PTx_Wn_IN 或 &PTx_IN 的值(上述 3 个变量是在 MK60_gpio_cfg.h 里宏定义实现,x 需要换成 A~E,n 换成 0~3;& 是 C 语言里的取地址),或者可直接指定输入寄存器的地址。程序里根据 GPIO 的输入寄存器地址和传输的字节数来初始化 GPIO 对应端口为输入端口。

```
static void dma_gpio_input_init(void * SADDR,uint8 BYTEs)
{
    uint8 n, tmp;
    uint8 ptxn;
    //SADDR 实际上就是 GPIO 的 输入寄存器 PDIR 的地址
    //GPIOA、GPIOB、GPIOC、GPIOD、GPIOE 的地址分别是 0x400FF000u、0x400FF040u、
    //0x400FF080u、0x400FF0C0u、0x400FF100u
```

```
        //sizeof(GPIO_MemMap) = 0x18
        //每个 GPIO 地址 &0x1C0 后,得到 0x000,0x040,0x080,0x0C0,0x100
        //再/0x40 后得到 0、1、2、3、4,刚好就是 PTA、PTB、PTC、PTD、PTE
        //再 * 32 就等于 PTA0、PTB0、PTC0、PTD0、PTE0
        uint8 ptx0 = ((((uint32)SADDR) & 0x1C0) / 0x40 ) * 32;
        //每个 GPIO 对应的寄存器地址, &0x 3F 后得到的值都相同
        //PTA_B0_IN 即 GPIOA 的输入寄存器 PDIR 的地址
        //(SADDR & 0x3f - PTA_B0_IN & 0x3f)等效于 (SADDR - PTA_B0_IN) & 0x3f
        //假设需要采集的位为 0~7,8~15,16~23,24~31,则上面式子对应的值为 0、1、2、3
//刚好是 0~7,8~15,16~23,24~31 位的地址偏移,再 * 8 就变成 0,8,16,24
        n = (uint8)(((uint32)SADDR - ((uint32)(&PTA_B0_IN))) & 0x3f) * 8;
                                            //最小的引脚号
        ptxn = ptx0 + n;
        tmp = ptxn + (BYTEs * 8 ) - 1;       //最大的引脚号
        while(ptxn <= tmp)
        {
            //这里加入 GPIO 初始化为输入
            gpio_init((PTXn_e )ptxn, GPI, 0); //设置为输入
            port_init((PTXn_e )ptxn, ALT1 | PULLDOWN );
                                    //输入源默认配置为下拉,默认读取到的是 0
            ptxn ++ ;                //逐个 I/O 口初始化
        }
    }
```

目的地址 DADD 就是内存地址,传递进去的参数可以是数组地址或者申请的内存空间(用 malloc 申请的内存空间)。请求源 ptxn,这里直接传递 I/O 端口(PTXn_e 的成员),在 dma_portx2buff_init 函数里配置为 DMA 请求即可。

```
        //配置触发源(默认是上升沿触发)
        port_init(ptxn, ALT1 | DMA_RISING);
```

每次传输的字节数 DMA_BYTEn 是一个枚举类型,可选 1、2、4、16 个字节。这个是由 DMA 模块的寄存器配置决定的。传输次数 count,最大值为 0xFFFF,传输次数完毕后停止硬件请求 DMA,可配置触发中断。DMA 传输配置 cfg,用于配置传输完毕后目的地址是否需要恢复。

dma_portx2buff_init 函数的具体代码如下:

```
    /*!
     *  @brief      DMA 初始化,由 I/O 口请求传输输入端口的数据到内存
     *  @param      DMA_CHn             通道号(DMA_CH0 ~ DMA_CH15)
     *  @param      SADDR               源地址((void * )&PTx_Bn_IN 或 (void * )&PTx_Wn_
IN 或 (void * )&PTA_IN   )
     *  @param      DADDR               目的地址
     *  @param      PTxn                触发端口
     *  @param      DMA_BYTEn           每次 DMA 传输字节数
     *  @param      count               一个主循环传输字节数
     *  @param      cfg                 DMA 传输配置,从 DMA_cfg 里选择
     *  @since      v5.0
     *  @note       DMA PTxn 触发源默认上升沿触发传输,若需修改,则初始化后调用 port_
```

DMA 直接内存访问

```c
    init 配置 DMA 触发方式
                        初始化后,需要调用 DMA_EN 来实现
    * Sample usage:    uint8 buff[10];
                       dma_portx2buff_init(DMA_CH0, PTB_B0_IN, buff, PTA7, DMA_BYTE1, 10,
DADDR_RECOVER);
                       //DMA 初始化,源地址:PTB_B0_IN,目的地址:buff,PTA7 触发(默认上升
                       //沿),每次传输 1 字节,共传输 10 次,传输结束后恢复地址
                       port_init(PTA7,ALT1 | DMA_FALLING);  //默认触发源是上升沿,此处改为下
                                                            //降沿触发
                       DMA_EN(DMA_CH0);                     //需要使能 DMA 后才能传输数据
*/
void dma_portx2buff_init(DMA_CHn CHn, void * SADDR, void * DADDR, PTXn_e ptxn, DMA_
BYTEn byten, uint32 count, uint32 cfg)
{
    uint8 BYTEs = (byten == DMA_BYTE1 ? 1 : (byten == DMA_BYTE2 ? 2 : (byten == DMA_BYTE4
? 4 : 16 )));                                           //计算传输字节数
    //断言,检测传递进来参数是否正确
    ASSERT(                             //用断言检测源地址和每次传输字节数是否正确
        (   (byten == DMA_BYTE1)                  //传输一个字节
            && ( (SADDR > = &PTA_B0_IN) && (SADDR < = ( &PTE_B3_IN )))
        )
        || (   (byten == DMA_BYTE2)               //传输两个字节(注意,不能跨端口)
            && ( (SADDR > = &PTA_B0_IN)
                && (SADDR < = ( &PTE_W1_IN ))
                && (((uint32)SADDR & 0x03) != 0x03))    //保证不跨端口
        )
        || (   (byten == DMA_BYTE4)               //传输 4 个字节
            && ((SADDR > = &PTA_B0_IN) && (SADDR < = ( &PTE_B0_IN )))
            && (((uint32)SADDR & 0x03) == 0x00)        //保证不跨端口
        )
    );
    ASSERT(count < 0x8000);                     //断言,最大只支持 0x7FFF
    //DMA 寄存器 配置
    /* 开启时钟 */
    SIM_SCGC7 | = SIM_SCGC7_DMA_MASK;           //打开 DMA 模块时钟
#if defined(MK60DZ10)
    SIM_SCGC6 | = SIM_SCGC6_DMAMUX_MASK;        //打开 DMA 多路复用器时钟
#elif defined(MK60F15)
    SIM_SCGC6 | = SIM_SCGC6_DMAMUX0_MASK;       //打开 DMA 多路复用器时钟
#endif
    //配置 DMA 传输控制块
    /* 配置 DMA 通道 的 传输控制块 TCD ( Transfer Control Descriptor ) */
    DMA_SADDR(CHn) =    (uint32)SADDR;          //设置源地址
    DMA_DADDR(CHn) =    (uint32)DADDR;          //设置目的地址
    DMA_SOFF(CHn)  =    0x00u;                  //设置源地址偏移 = 0x0, 即不变
    DMA_DOFF(CHn)  =    BYTEs;                  //每次传输后,目的地址加 BYTEs
    DMA_ATTR(CHn)  =    (0
                        | DMA_ATTR_SMOD(0x0)
                        //源地址模数禁止 Source address modulo feature is disabled
                        | DMA_ATTR_SSIZE(byten) //源数据位宽 : DMA_BYTEn。SSIZE = 0 - >
```

```c
                                              //8-bit,SSIZE=1->16-bit,SSIZE=
                                              //2->32-bit,SSIZE=4->16-byte
              | DMA_ATTR_DMOD(0x0)            //目标地址模数禁止
              | DMA_ATTR_DSIZE(byten) //目标数据位宽：DMA_BYTEn。设置参考 SSIZE
              );
    DMA_CITER_ELINKNO(CHn) = DMA_CITER_ELINKNO_CITER(count);
                                              //当前主循环次数
    DMA_BITER_ELINKNO(CHn) = DMA_BITER_ELINKNO_BITER(count);
                                              //起始主循环次数
    DMA_CR &= ~DMA_CR_EMLM_MASK;              //CR[EMLM] = 0
    //当 CR[EMLM] = 0 时：
    DMA_NBYTES_MLNO(CHn) = DMA_NBYTES_MLNO_NBYTES(BYTEs); //通道每次传输字节数,这
//里设置为 BYTEs 个字节。注：值为 0 表示传输 4 GB
    /*配置 DMA 传输结束后的操作*/
    DMA_SLAST(CHn) = 0;           //调整源地址的附加值,主循环结束后恢复源地址
    DMA_DLAST_SGA(CHn) = (uint32)( ( cfg & DADDR_KEEPON ) == 0 ? (-count)   : 0 );
                    //调整目的地址的附加值,主循环结束后恢复目的地址或者保持地址
    DMA_CSR(CHn)      =     (0
              | DMA_CSR_BWC(3)
                        //带宽控制,每读一次,eDMA 引擎停止 8 个周期
                        //(0 不停止;1 保留;2 停止 4 周期;3 停止 8 周期)
              | DMA_CSR_DREQ_MASK             //主循环结束后停止硬件请求
              | DMA_CSR_INTMAJOR_MASK         //主循环结束后产生中断
              );
    /*配置 DMA 触发源*/
#if defined(MK60DZ10)
    DMAMUX_CHCFG_REG(DMAMUX_BASE_PTR, CHn) = (0
#elif defined(MK60F15)                                //不同的芯片,命名规则有所不同
    DMAMUX_CHCFG_REG(DMAMUX0_BASE_PTR, CHn) = (0
#endif
              | DMAMUX_CHCFG_ENBL_MASK        /* Enable routing of DMA request */
              //| DMAMUX_CHCFG_TRIG_MASK      /* Trigger Mode：PeriodicPIT 周期触发
传输模式通道 1 对应 PIT1,必须使能 PIT1,且配置相应的 PIT 定时触发
*/
              | DMAMUX_CHCFG_SOURCE( PTX(ptxn) + DMA_PORTA) /*通道触发传输源：*/
                    );
    //配置触发源(默认是 上升沿触发)
    port_init(ptxn, ALT1 | DMA_RISING);
    /*   配置输入源      */
    dma_gpio_input_init(SADDR,BYTEs);
    DMA_DIS(CHn);                                     //使能通道 CHn 硬件请求
    DMA_IRQ_CLEAN(CHn);
    /*开启中断*/
    //DMA_EN(CHn);                                    //使能通道 CHn 硬件请求
    //DMA_IRQ_EN(CHn);                                //允许 DMA 通道传输
}
```

下面具体介绍 GPIO 到内存的 DMA 传输。根据上面提供的 API 接口实现采集 GPIO 口数据到内存数组里。本例程采用 PTA7 作为 DMA 的请求源,上升沿触发 DMA 请求(默认)把 PTB0~PTB7 共 8 位数据传输到数组 BUFF 里。为了方便可

控输入脉冲到PTA7端口,因而本例程采用串口来控制PTA6输出脉冲,需要短接PTA6和PTA7,如图6-4所示。另外,PTB0~PTB7是浮空的,通过I/O口内部下拉,因而默认采集回来的值为0,实验时可把PTB0~PTB7引脚接到VCC和GND来控制输入数据,如图6-5所示。具体代码如下:

图6-4 开发板右下角PTA6和PTA7位置　　　　图6-5 开发板右上角PTB0~PTB7位置

```c
#define DMA_COUNT    10
uint8 BUFF[DMA_COUNT + 1];                    //缓存数组
/*!
 *  @brief       main 函数
 *  @since       v5.0
 *  @note        野火 DMA 实验,需要短接 PTA6 和 PTA7,串口助手发送数据控制传输
 */
void main(void)
{
    uint8 i;
    char command;
    gpio_init (PTA6, GPO, LOW);               //初始化 PTA6 为输出低电平
    dma_portx2buff_init (DMA_CH0, (void *)&PTB_B0_IN, BUFF, PTA7, DMA_BYTE1, DMA_COUNT, DADDR_RECOVER);
                                              //初始化 DMA 模块
            //DMA 初始化,源地址:PTB_B0_IN,目的地址:buff,PTA7 触发(默认上升沿),
            //每次传输 1 字节,共传输 DMA_COUNT 次,传输结束后恢复地址
    port_init_NoALT(PTA7,DMA_FALLING);//修改为下降沿触发 DMA 传输
    DMA_EN(DMA_CH0);                          //使能 DMA 硬件请求
    while(1)
    {
        uart_getchar(FIRE_PORT,&command);
                //等待串口接收数据,通过串口来控制 PTA6 的输出,即 PTA7 的输入
    //PTA6 产生脉冲,由于短接 PTA6 和 PTA7,即触发 DMA 传输一次
        PTA6_T = 1;                           //取反
        DELAY_MS(1);
        PTA6_T = 1;                           //取反
    //打印 BUFF 的缓冲区数据(便于用户看到数组内容的变化)
        printf("\nDMA 触发后 BUFF[ % d] = {",DMA_COUNT);
        for(i = 0;i<DMA_COUNT ; i ++ )
        {
            printf(" % d,",BUFF[i]);          //打印数据到串口里显示,方便查看实验结果
```

```
        }
        printf("%d;",BUFF[DMA_COUNT]);
    }
}
```

编译烧录程序后,打开串口助手,串口助手里每发送任何一个字符即可产生一个 PTA6 脉冲。由于 PTA6 和 PTA7 短接了,从而触发 PTA7 产生 DMA 请求,产生一次 DMA 传输,然后通过串口显示结果,如图 6-6 所示。如图 6-6 所示,操作步骤和对应效果如下:

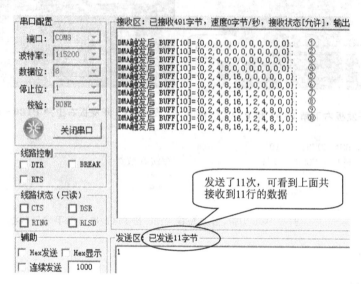

图 6-6 DMA 实验上位机结果

第 1 次:PTB0~PTB7 悬空,直接通过串口发送一个字符,DMA 触发采集到 0。由于初始化值全部为 0,因而看不出效果。

第 2 次:PTB1 接 3.3 V 引脚,可见 DMA 触发采集回来的是 2,放在第 1 次采集的 0 后面,可见 DMA 的目的地址每次传输都会增加 1。

第 3 次:PTB2 接 3.3 V 引脚,采集回来的是 4。

……

第 10 次:PTB0 接 3.3 V 引脚,采集回来的是 1。此时,DMA 传输次数已经完成,DMA 硬件请求已经关闭,再发送任何字符也不会触发 DMA 传输,因而第 11 次时结果与第 10 次相同。

从本例程可以看到,由于 DMA 的使用,程序里不再轮询 PTA7 的电平,不再不停地读取 PTB0~PTB7 的电平,一切都交由 DMA 自行处理,简化了代码,也提高了效率。DMA 采集完成后,很可能需要用到中断来重新配置目的地址,重新采集数据,这部分的代码也很容易实现。

首先,写一个 DMA 中断处理函数,清空中断标志位,重新使能硬件请求以便于继续采集数据。

```
volatile uint8 dmaflag = 0;
/*!
 * @brief      DMA 通道 0 中断
 * @since      v5.0
 */
void dma_ch0_handler(void)
{
    DMA_IRQ_CLEAN(DMA_CH0);      //DMA 中断函数里清中断标志位,重新使能硬件请求
    //DMA_DADDR(DMA_CH0) = BUFF;  //恢复地址(由于初始化时配置为恢复目的地址,
                                  //因而此处不需要)
    DMA_EN(DMA_CH0);             //使能通道 CHn 硬件请求
    printf("\nDMA 中断发生");
    dmaflag = 1;
}
```

接着,再在 main 函数使能 DMA 硬件请求前加入配置中断的相关代码:

```
set_vector_handler(DMA0_VECTORn,dma_ch0_handler);    //设置 DMA0 的中断复位函数为
                                                     //dma_ch0_handler
enable_irq(DMA0_IRQn);                               //使能 DMA0 中断
```

最后在 main 函数 while(1)循环里加入重新初始化数组的相关代码(如果放在中断里执行重新初始化数组,那么没法通过串口打印最后一次的数据,读者可自行尝试)。

```
if(dmaflag == 1)
{
    dmaflag = 0;
    memset(BUFF,0,sizeof(BUFF));
    printf("\n初始化数组 BUFF 数据");
}
```

编译下载后,可以看到实验效果如图 6-7 所示。可以看到在 DMA 中断发送后,最后一次的数据才可以打印出来,接着初始化数组,重新通过串口控制 DMA 进行数据采集。

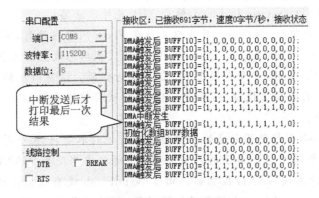

图 6-7 DMA 中断处理实验效果

第 7 章

Flash

7.1 Flash 简介

Flash Memory,闪存存储器,简称为闪存,是一种长寿命的非易失性(在断电情况下仍能保持所存储的数据信息)的存储器。现在市场上两种主要的非易失闪存技术为:NAND Flash 和 NOR Flash,如表 7 - 1 所列。Intel 于 1988 年首先开发出 NOR Flash 技术,彻底改变了原先由 EPROM 和 EEPROM 一统天下的局面。1989 年,东芝公司发布了 NAND Flash 结构,强调降低每比特的成本,更高的性能,并且像磁盘一样可以通过接口轻松升级。

表 7 - 1 NOR Flash 和 NAND Flash 对比

项 目	NOR Flash	NAND Flash
特点	芯片内执行	系统 RAM 中
传输效率	高	中
写入/擦除操作时间	5 s	4 ms
擦除器件时块大小	64～128 KB	8～32 KB
接口	SRAM 接口	I/O 口
寿命(耐用性)	十万次	一百万次

> 芯片内执行(eXecute In Place,简称 XIP)是什么意思?
> 答:芯片内执行,指应用程序可以直接在 Flash 闪存内运行,不必再把代码读到系统 RAM 中,如图 7-1 所示。CPU 可通过代码总线直接从 Flash 读取指令,无需初始化 Flash,即可直接在 Flash 上执行代码。这里所说的片内执行并不是说程序在存储器上执行,而是指 CPU 直接从存储器上取指令,以便后续译码和执行指令。
> Nand Flash 器件使用复杂的 I/O 口来串行地存取数据,8 个引脚用来传送控制、地址和数据信息。由于时序较为复杂,所以需要使用 NAND Flash 时,CPU 最好选择集成 NAND 控制器。由于 NandFlash 没有挂接在地址总线上,因而需要把 NAND Flash 上的代码加载到 RAM 上才能被 CPU 执行。

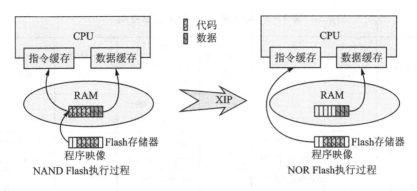

图 7-1　XIP 片上执行与普通的差异

前面讲到的 EPROM 和 EEPROM 也是一种可擦除可编程的存储器。EPROM 是一种具有可擦除功能,擦除后即可进行再编程的 ROM 内存,写入前必须先把里面的内容用紫外线照射它的 IC 卡上的透明视窗的方式清除掉。EEPROM(带电可擦写可编程只读存储器)是用户可更改的只读存储器(ROM),其可通过高于普通 EEPROM 电压的作用来擦除和重编程(重写)。不像 EPROM 芯片,EEPROM 不需从计算机中取出即可修改。

在单片机系统中,使用最多的是 Flash 和 EEPROM。Flash 和 EEPROM 的最大区别是 Flash 按扇区擦除,EEPROM 则按字节擦除,二者寻址方法不同,存储单元的结构也不同。Flash 的电路结构较简单,同样容量占芯片面积较小,成本比 EEPROM 低,而读取速度跟 EEPROM 差不多,因而常用于程序存储器。相比 Flash,EEPROM 的写时间比较短,写寿命比较长,因而更加适合作为数据存储器。廉价型 MCU 往往只有 Flash,而人性化的 MCU 往往集成了 Flash 和 EEPROM。

另外,近几年的 FRAM(铁电随机存储器)也开始应用在微控制器设计中。FRAM 是一款非易失性的存储器,采用铁电薄膜作为电容器来存储数据。FRAM 具有 ROM(只读存储器)和 RAM(随机存储器)的两种特性,并具有更快速的写入,保证极佳的读/写次数和低功耗等特性。从性能上,FRAM 远胜于 Flash 和 EEPROM,但 FRAM 目前的市场价格过高,因而仅用在高端应用上。这几年随着智能 3 表(水、电、气表)、物联网以及工业传感网络的快速增长,FRAM 存储器以及 FRAM 微控制器的应用越来越多。

7.1.1　K60 Flash 简介

Kinetis 控制器的 Flash 存储器模块可分为程序 Flash 存储器和 FlexNVM 存储器,如表 7-2 所列。全部的 Kinetis 控制器都包含程序 Flash 存储器,即 NOR Flash,用于程序代码和只读数据。Flex 存储器是可选模块,只有指定型号的控制器才集成了 Flex 存储器。Flex 存储器又包含 FlexNVM 存储器和 FlexRAM 存储器。

表 7-2 K60 系列的 Flash 存储空间

芯片型号	程序 Flash /KB	块 0（程序 Flash）地址范围	FlexNVM /KB	块 1（FlexNVM/P-Flash）地址范围	FlexRAM /KB	FlexRAM 地址范围
MK60DN256	256	0x0000_0000~0x0001_FFFF	—	0x0002_0000~0x0003_FFFF	—	N/A
MK60DX256	256	0x0000_0000~0x0003_FFFF	256	0x1000_0000~0x1003_FFFF	4	0x1400_0000~0x1400_0FFF
MK60DN512	512	0x0000_0000~0x0003_FFFF	—	0x0004_0000~0x0007_FFFF	—	N/A
MK60FX512	512	0x0000_0000~0x0007_FFFF	512	0x1000_0000~0x1007_FFFF	16	0x1400_0000~0x1400_3FFF
MK60FN1M0	1024	0x0000_0000~0x0007_FFFF	—	0x0008_0000~0x000F_FFFF	—	N/A

FlexNVM 是一种简单、经济高效的片上电可擦编程只读存储器（EEPROM），可用于储存数据和代码，如表 7-3 所列。FlexRAM 可编程配置为传统 SRAM 或高性能 EEPROM。

表 7-3 FlexMemory 与传统 EEPROM 的对比

属 性	传统嵌入式 EEPROM	FlexMemory
利用程序存储器实现同时读/写	是	是
精细控制	字节写入/擦除	字节写入/擦除
写入时间	~1.5 ms（仅限字节写入）	~100 μs（字或字节程序，掉电时无数据损失或中断）
擦除+写入时间	~5~10 ms	~750 μs+~750 μs(1.5 μs)
持久性有保证	5~30 万次循环（固定）	SoC 部署和用户可以配置，大于 1 000 万次循环
最小写电压	≥2.0 V	1.71 V
灵活性	随不同器件确定	可用编程的方法对容量和持久性进行平衡

1. 程序 Flash 特点

- 每个扇区大小为 2 KB 或 4 KB（K60DN512 为 2 KB，K60FX512 为 4 KB）。
- 程序 Flash 保护机制可以防止意外写入或擦除存储数据。
- 自动化的、内置的、带校验的写入和擦除算法。
- 使用整块写入从而获得更快的写入速度。
- 对于只包含程序 Flash 存储器的芯片：当擦除或写入一个程序 Flash 块时，可读访问其他的程序 Flash 块。
- 对于包含 FlexNVM 存储器的芯片：当擦除或写入一个数据 Flash 块或 FlexRAM 时，可读访问程序 Flash 块。

2. FlexRAM 特点

- FlexRAM 可被配置为传统 RAM 或高性能 EEPROM。
- FlexRAM 的容量为 4 KB 或 16 KB（K60DN512 为 4 KB，K60FX512 为 16 KB）。
- 当配置为 EEPROM 时：
  ◆ EEPROM 保护机制可保护数据被意外写入或擦除。
  ◆ 内建硬件仿真方案来实现 EEPROM 记录维护功能自动化。
  ◆ 可编程设置 EEPROM 数据大小和 FlexNVM 分区代码来促使 EEPROM 性能更加均衡。
  ◆ 支持 FlexRAM 一次对齐写入 1、2 或 4 字节。
  ◆ 当写入或擦除数据 Flash 块时，可读访问数据 FlexRAM。
- 当配置为传统 RAM 时：
  ◆ 当写入或擦除程序和数据 Flash 块时，可读写访问数据 FlexRAM。

7.2 Flash 编程要点

由于保护机制的存在，Kinetis 微控制器的 Flash 模块只能通过命令来实现擦除、写入等操作，Kinetis 的 Flash 命令如表 7-4 所列。

表 7-4 FTFL/FTLE 命令

FCMD	K60DN512 命令	K60FX512 命令	命 令	功能描述
0x00	RD1BLK	RD1BLK	读 1 个块	验证程序或数据 Flash 块是否被擦除。FlexNVM 作为 EEPROM 时不能被分区
0x01	RD1SEC	RD1SEC	读一个扇区	验证给定地址的程序或数据 Flash 块所在扇区是否被擦除
0x02	PGMCHK	PGMCHK	写入检查	验证之前写入的地址是否在可读范围
0x03	RDRSRC	RDRSRC	读信息	读取程序 Flash IFR，数据 Flash IFR 或版本 ID，共 4 字节
0x06	PGM4		写入长字（4 KB）	将 4 字节写入到程序或数据 Flash 块中
0x07		PGM8	写入长字（8 KB）	将 8 字节写入到程序或数据 Flash 块中
0x08	ERSBLK	ERSBLK	擦除 Flash 块	擦除程序或数据 Flash 块，只有未保护状态才能进行擦除操作。FlexNVM 作为 EEPROM 时不能被分区

续表 7-4

FCMD	K60DN512 命令	K60FX512 命令	命令	功能描述
0x09	ERSSCR	ERSSCR	擦除 Flash 扇区	擦除程序或数据 Flash 扇区
0x0B	PGMSEC	PGMSEC	写入扇区	从缓冲区中写入数据到程序或数据 Flash 块中
0x40	RD1ALL	RD1ALL	读整个块	验证所有的程序/数据 Flash 块、EEPROM 备份数据记录,数据 Flash IFR 被清除,MCU 被解锁
0x41	RDONCE	RDONCE	读一次	读取 Flash 0 IFR 的专用 64 字节中的 4 字节
0x43	PGMONCE	PGMONCE	写一次	写一次 Flash 0 IFR 的专用 64 字节中的 4 字节
0x44	ERSALL	ERSALL	擦除所有块	擦除所有程序/数据 Flash 块及其 IFR 等,并验证擦除和解锁 MCU。注意:只当所有存储空间未保护时才可擦除
0x45	VFYKEY	VFYKEY	验证后门访问密钥	通过密钥比较后解锁 MCU
0x46	SWAP	SWAP	交换控制	处理交换相关的活动
0x80	PGMPART	PGMPART	写入分区	写入 FlexNVM 分区代码和 EEPROM 数据设置大小到数据 Flash IFR。格式化全部位于 EEPROM 的备份数据扇区。初始化 FlexRAM
0x81	SETRAM	SETRAM	设定 FlexRAM 功能	切换 FlexRAM 功能为 RAM 或 EEPROM。切换为 EEPROM 时,当有效数据记录从 EEPROM 复制到 FlexRAM 时,FlexNVM 无效

Flash 命令在代码里的定义可通过宏定义来实现:

```
//FCMD 命令
#define    RD1BLK     0x00         //读整块 Flash
#define    RD1SEC     0x01         //读整个扇区
#define    PGMCHK     0x02         //写入检查
#define    RDRSRC     0x03         //读目标数据(4 字节)
# if defined(MK60DZ10)
#define    PGM4       0x06         //写入长字(4 字节)
# elif defined(MK60F15)
#define    PGM8       0x07         //写入长字(8 字节)
# endif
#define    ERSBLK     0x08         //擦除整块 Flash
#define    ERSSCR     0x09         //擦除 Flash 扇区
#define    PGMSEC     0x0B         //写入扇区
#define    RD1ALL     0x40         //读所有的块
#define    RDONCE     0x41         //只读一次
#define    PGMONCE    0x43         //只写一次
#define    ERSALL     0x44         //擦除所有块
#define    VFYKEY     0x45         //验证后门访问钥匙
#define    PGMPART    0x80         //写入分区
#define    SETRAM     0x81         //设定 FlexRAM 功能
```

Flash

命令的执行过程如下：
① 加载命令到 FCCOB 寄存器组。以擦除扇区为例，写入命令和扇区起始地址：

```
#define    FCMD      FTFL_FCCOB0        //FTFL 命令
#define    FADDR2    FTFL_FCCOB1        //Flash address [23:16]
#define    FADDR1    FTFL_FCCOB2        //Flash address [15:8]
#define    FADDR0    FTFL_FCCOB3        //Flash address [7:0]
    //设置擦除命令
    FCMD = ERSSCR;
    //设置目标地址
    FADDR2 = ((Dtype *)&addr)->B[2];   //32 位地址 addr 通过类型转换为联合体的数
                                       //组类型，从而一个字节一个字节赋值给对应
                                       //的寄存器组
    FADDR1 = ((Dtype *)&addr)->B[1];
    FADDR0 = ((Dtype *)&addr)->B[0];
```

注：对 Flash 控制器，飞思卡尔官方的官方命名有所差异，K60DN512 命名为 FTFL，K60FX512 命名为 FTFE，两者寄存器基本相同。

② 清 CCIF 标志位来启动命令

```
    FTFE_FSTAT =   (0
                   | FTFE_FSTAT_CCIF_MASK           //指令完成标志(写1清0)
                   | FTFE_FSTAT_RDCOLERR_MASK       //读冲突错误标志(写1清0)
                   | FTFE_FSTAT_ACCERR_MASK         //访问错误标志位(写1清0)
                   | FTFE_FSTAT_FPVIOL_MASK         //非法访问保护标志位(写1清0)
                   );
```

③ 等待命令结果。

```
    while(!(FTFE_FSTAT & FTFE_FSTAT_CCIF_MASK));    //等待命令完成
    //检查错误标志
    if( FTFE_FSTAT & (FTFE_FSTAT_ACCERR_MASK | FTFE_FSTAT_RDCOLERR_MASK | FTFE_FSTAT_FPVIOL_MASK | FTFE_FSTAT_MGSTAT0_MASK))
    {
        return 0;                                    //执行命令出错
    }
    else
    {
        return 1;                                    //执行命令成功
    }
```

上述的②、③可在一个 Flash 命令执行函数内完成：

```
/*!
 * @brief    Flash 命令
 * @return   命令执行结果(1 成功,0 失败)
 * @since    v5.0
 */
__RAMFUNC uint8 flash_cmd()
{
    //写 FTFL_FSTAT 启动 Flash 命令
    FTFL_FSTAT =   (0
```

```
                    |   FTFL_FSTAT_CCIF_MASK                        //指令完成标志(写1清0)
                    |   FTFL_FSTAT_RDCOLERR_MASK                    //读冲突错误标志(写1清0)
                    |   FTFL_FSTAT_ACCERR_MASK                      //访问错误标志位(写1清0)
                    |   FTFL_FSTAT_FPVIOL_MASK                      //非法访问保护标志位(写1清0)
                    );
    while(! (FTFL_FSTAT & FTFL_FSTAT_CCIF_MASK));    //等待命令完成
    //检查错误标志
    if( FTFL_FSTAT & (FTFL_FSTAT_ACCERR_MASK | FTFL_FSTAT_RDCOLERR_MASK | FTFL_FSTAT_FPVIOL_MASK | FTFL_FSTAT_MGSTAT0_MASK))
    {
        return 0;                                    //执行命令出错
    }
    else
    {
        return 1;                                    //执行命令成功
    }
}
```

其中，①需要考虑不同的命令需要写入不同的寄存器组，从而根据功能区分不同的函数。关于命令的使用，飞思卡尔公司提供的 K60 编程手册上已经有完整的使用说明，感兴趣的读者可自行阅读，后面的内容主要见擦除命令和写入长字命令的用法。

首先来看看擦除扇区 flash_erase_sector 函数，根据扇区号和扇区大小算出扇区地址。不同系列的 K60，扇区大小是不一样的（K60DN512 为 2 KB，K60FX512 为 4 KB），所以扇区大小 FLASH_SECTOR_SIZE 是一个宏定义，由宏条件编译来根据芯片类型选择不同的扇区大小。

```
#if defined(MK60DZ10)
#define        FLASH_SECTOR_SIZE        (2 * 1024)           //扇区大小为2 KB
#elif defined(MK60F15)
#define        FLASH_SECTOR_SIZE        (4 * 1024)           //扇区大小为4 KB
#endif
/*!
 *  @brief        擦除指定 flash 扇区
 *  @param        sector_num      扇区号(K60N512 实际使用 0~255)
 *  @return       执行结果(1 成功,0 失败)
 *  @since        v5.0
 *  Sample usage:          flash_erase_sector(127);        //擦除扇区 127
 */
__RAMFUNC uint8 flash_erase_sector(uint16 sector_num)
{
    uint32 addr = sector_num * FLASH_SECTOR_SIZE;
    //设置擦除命令
    FCMD = ERSSCR;
    //设置目标地址
    FADDR2 = ((Dtype *)&addr)->B[2];
    FADDR1 = ((Dtype *)&addr)->B[1];
    FADDR0 = ((Dtype *)&addr)->B[0];
```

```c
    if(flash_cmd() == 0)
    {
        return 0;
    }
    if(sector_num == 0)
    {
#if defined(MK60DZ10)
        return flash_write(sector_num,0x00040C,0xFFFFFFFE);
#elif defined(MK60F15)
        return flash_write(sector_num,0x000408,0xFFFFFFFEFFFFFFFF );
#endif
    }
    return 1;
}
```

接着来看看写入长字节 flash_write 函数。注意一点,写入扇区前务必先擦除扇区,因为擦除是把扇区的全部数组置 0xFF,而写入操作仅仅把对应需要清 0 的位清 0,对需要置 1 的位不进行处理。另外,K60DN512 的长字节为 4 个字节,K60FX512 的长字节为 8 个字节,因而 flash_write 函数的 FLASH_WRITE_TYPE 数据类型需要通过宏条件编译来选择是 32 位或 64 位。

```c
#if defined(MK60DZ10)
#define     FLASH_ALIGN_ADDR    4           //地址对齐整数倍
typedef     uint32 FLASH_WRITE_TYPE;        //flash_write 函数写入的数据类型
#elif defined(MK60F15)
#define     FLASH_ALIGN_ADDR    8           //地址对齐整数倍
typedef     uint64 FLASH_WRITE_TYPE;        //flash_write 函数写入的数据类型
#endif
/*!
 *  @brief      写入长字节数据到 Flash 指定地址
 *  @param      sector_num      扇区号(0 ~ FLASH_SECTOR_NUM)
 *  @param      offset          写入扇区内部偏移地址(0~2 043 中 4 的倍数)
 *  @param      data            需要写入的数据
 *  @return     执行结果(1 成功,0 失败)
 *  @since      v5.0
 *  Sample usage: flash_write(127,0,0xFFFFFFFE);
 *                              //扇区 127,偏移地址为 0,写入数据:0xFFFFFFFE
 */
__RAMFUNC uint8 flash_write(uint16 sector_num, uint16 offset, FLASH_WRITE_TYPE data)
{
    uint32 addr = sector_num * FLASH_SECTOR_SIZE   + offset ;
    uint32 tmpdata;
    ASSERT(offset % FLASH_ALIGN_ADDR == 0);//偏移量必须为 4 的倍数
    //此处提示警告,但是安全的……
    ASSERT(offset<= FLASH_SECTOR_SIZE);
                                //扇区大小为 2 KB,即偏移量必须不大于 0x800
    //此处提示警告,但是安全的……
    //设置目标地址
    FADDR2 = ((Dtype *)&addr)->B[2];
```

```
        FADDR1 = ((Dtype * )&addr) − >B[1];
    FADDR0 = ((Dtype * )&addr) − >B[0];
    #if defined(MK60DZ10)
        //设置擦除命令
        FCMD = PGM4;
    #elif defined(MK60F15)
        //设置擦除命令
        FCMD = PGM8;
        //设置高 32 位数据
        tmpdata = (uint32)(data>>32);
        FDATA4 = ((Dtype * )&tmpdata) − >B[3];    //设置写入数据
        FDATA5 = ((Dtype * )&tmpdata) − >B[2];
        FDATA6 = ((Dtype * )&tmpdata) − >B[1];
        FDATA7 = ((Dtype * )&tmpdata) − >B[0];
    #endif
        //设置低 32 位数据
        tmpdata = (uint32)data;
        FDATA0 = ((Dtype * )&tmpdata) − >B[3];    //设置写入数据
        FDATA1 = ((Dtype * )&tmpdata) − >B[2];
        FDATA2 = ((Dtype * )&tmpdata) − >B[1];
        FDATA3 = ((Dtype * )&tmpdata) − >B[0];
        if(flash_cmd() == 0)
        {
            return 0;
        }
        return 1;                                 //成功执行
    }
```

7.3 Flash 读写应用

针对 Flash 的编程,本书提供了几个最常用的 Flash API 接口,仅支持程序 Flash 操作,读者可自行拓展支持其他的 Flash 操作。

flash_init 函数仅仅简单地清空状态标志位,读者可阅读源代码。flash_erase_sector 擦除扇区函数,写入 Flash 前务必先擦除扇区,前面已经提供了源代码。flash_write 写入长字函数,不同的芯片类型,长字的长度不一样,前面已经提供了源代码。flash_write_buf 写缓冲区函数则利用 flash_write 函数拓展而来,读者可自行阅读源代码。flash_read 带形参的宏定义,可直接根据扇区号、扇区偏移地址和数据类型读取 Flash 内容。Flash 的读操作是无需命令操作的,可直接根据地址来读取。

```
    __RAMFUNC void flash_init();                                               //擦除指定 Flash 扇区
    __RAMFUNC uint8 flash_erase_sector (uint16 sectorNo);                      //擦除指定 Flash 扇区
    __RAMFUNC uint8 flash_write (uint16 sectorNo, uint16 offset, FLASH_WRITE_TYPE data);
                                                                               //写入 Flash 操作
    __RAMFUNC uint8 flash_write_buf (uint16 sectorNo, uint16 offset, uint16 cnt, uint8 buf
[]);                                                                           //从缓存区写入 Flash 操作
    #define flash_read(sectorNo,offset,type) ( * (type * )((uint32)(((sectorNo) * FLASH_
SECTOR_SIZE) + (offset))))                                                     //读取扇区
```

有了上述这些 API 接口，可以直接对 Flash 编程了。扇区数目 FLASH_SECTOR_NUM 是在 Chip\inc\MK60_flash.h 里根据芯片类型宏条件编译选择不同值。

```
#define SECTOR_NUM    (FLASH_SECTOR_NUM - 1)        //尽量用最后面的扇区,确保安全
/*!
 * @brief         main 函数
 * @since         v5.0
 * @note          野火 Flahs 读写实验
                  注意：程序 Flash 不能过于频繁进行写操作,否则影响寿命
 */
void main(void)
{
    uint32   data32;
    uint16   data16;
    uint8    data8;
    flash_init();                                   //初始化 Flash
    flash_erase_sector(SECTOR_NUM);                 //写入前需要擦除 Flash
                    //写入 Flash 数据前,需要先擦除对应的扇区(不然数据会乱)
    if( 1 == flash_write(SECTOR_NUM, 0, 0x12345678) )
            //写入数据到扇区,偏移地址为 0,必须一次写入 4 字节
            //if 是用来检测是否写入成功,写入成功了就读取
    {
        data32 = flash_read(SECTOR_NUM, 0, uint32);     //读取 4 字节
        printf("一次读取 32 位的数据为：0x%08x\n", data32);
        data16 = flash_read(SECTOR_NUM, 0, uint16);     //读取 2 字节
        printf("一次读取 16 位的数据为：0x%04x\n", data16);
        data8 = flash_read(SECTOR_NUM, 0, uint8);       //读取 1 字节
        //对同一块内存地址进行不同数据类型的读取
        printf("一次读取 8 位的数据为：0x%02x\n", data8);
    }
    while(1);
}
```

编译下载后，可以通过串口助手查看到实验结果，如图 7-2 所示。从实验结果可以看到，写入 Flash 的数据已经可以正常读取出来，而且证实了 K60 的内存存储模式是小端模式(小端模式就是低位字节存放在内存的低地址端，高位字节存放在内存的高地址端。大端模式就是高位字节存放在内存的低地址端，低位字节存放在内存的高地址端)。

图 7-2 Flash 读写实验结果

IAR 编译器自带的调试器可直接查看 Flash 的数据：执行程序后，在菜单栏视

图里找到内存菜单,然后就会弹出内存框,目的地址输入 127 * 4 * 1024(采用 K60FX512 芯片调试,如果是 K60DN512 则输入 255 * 2 * 1024),然后回车即可跳到对应的内存位置,如图 7-3 所示。由于传递进去的是 32 位的数据,而 K60FX512 是 8 字节长字,64 位数据,因而高 32 位的值被清 0,低 32 位的值存放位置正确,也可明显看到是小端模式。

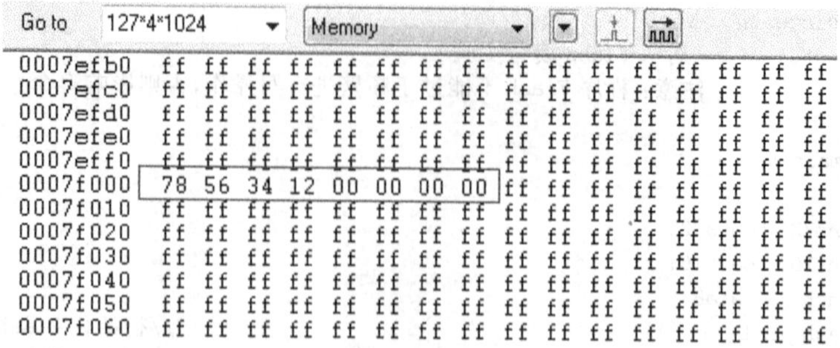

图 7-3 IAR 内存查看 K60 FX Flash 数据

如果是 K60DN512,那么是 4 字节长字,那边写入值并没有高 32 位,因此没有像图 7-3 那样有高 32 位被清零的结果。

第 8 章

常用总线模块

8.1 CAN 总线

8.1.1 CAN 简介

控制器局部网络(Controller Area Network,CAN)是由以研发和生产汽车电子产品著称的德国 BOSCH 公司开发的,并最终成为国际标准(ISO11519、ISO 11898),是国际上应用最广泛的现场总线之一。

在当前的汽车产业中,出于对安全性、舒适性、方便性、低公害、低成本的要求,各种各样的电子控制系统被开发了出来。由于这些系统之间通信所用的数据类型及对可靠性的要求不尽相同,由多条总线构成的情况很多,线束的数量也随之增加。为适应"减少线束的数量"、"通过多个 LAN,进行大量数据的高速通信"的需要,1986 年德国电气商 BOSCH 公司开发出面向汽车的 CAN 通信协议。此后,CAN 通过 ISO11898 及 ISO11519 进行了标准化,现在在欧洲已是汽车网络的标准协议。现在,CAN 的高性能和可靠性已被认同,并被广泛地应用于工业自动化、船舶、医疗设备、工业设备等方面。

1. CAN 总线协议分析

(1) CAN 物理层

与 I^2C、SPI 等具有时钟信号的通信方式不同,CAN 通信并不是以时钟信号来进行同步的(异步通信)。如图 8-1 的所示,CAN 总线只具有 CAN_High 和 CAN_Low 一对差分信号线,图中已经包含 ISO11519-2 标准和 ISO11898 标准的两条 CAN 总线。

从图 8-1 中可以看到 CAN 的通信节点由一个 CAN 控制器和一个 CAN 收发器组成。如 K60 的 CAN 接口即为 CAN 控制器,为了构成完整的节点,还要给 K60 外接一个 CAN 收发器,如图 8-2 所示。

发送数据时,CAN 控制器把需要发送的二进制编码通过 CAN_TX 信号线发送到 CAN 收发器上,再由 CAN 收发器把 TTL 逻辑电平信号转换为 CAN 差分信号 CAN_High 和 CAN_Low 发送到 CAN 总线上。接收数据的过程则与发送数据的过

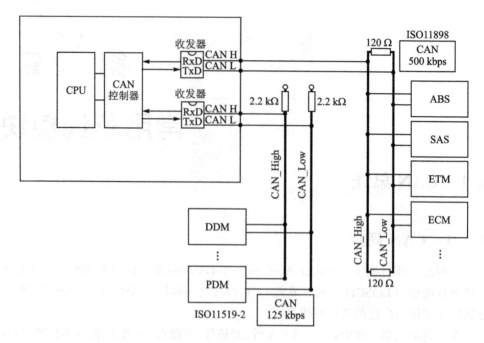

图 8-1 CAN 总线拓扑图

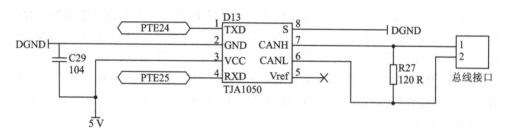

图 8-2 K60 的 CAN 收发器电路

程相反。

所谓的差分信号,即信号的逻辑"0"和逻辑"1"不再是单纯的与地线电压比较的低电平和高电平,而是根据两条差分信号线的电压差决定逻辑"0"和逻辑"1"。如图 8-3 所示,不同标准的 CAN,其物理层信号也有所差异。以 ISO11898 协议为例,隐性(逻辑"1")时,CAN_High 和 CAN_Low 电压都为 2.5 V,即两者的电压差 $V_H - V_L = 0$;显性(逻辑"0")时,CAN_High 电压为 3.5 V,CAN_Low 为 1.5 V,即电压差 $V_H - V_L = 2$ V。

判别 CAN 总线是逻辑"1"还是逻辑"0"不是依靠 CAN 总线信号的电压值,而是 CAN 总线两条总线的电压差,如图 8-3 所示。当两条总线受到同一信号源干扰时,两条总线的电压偏差会同时高、同时低,电压差保持稳定,从而提高了抗干扰能力。

在 CAN 总线中,总线必须处于隐性电平(逻辑"1")或显性电平(逻辑"0")之一。

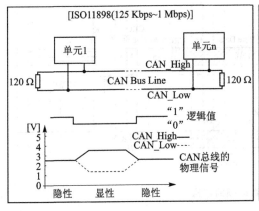 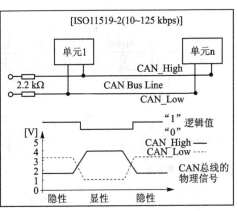

图 8-3 CAN 总线的物理层特征

当两个 CAN 节点同一时间输出信号时,假如一个输出隐性电平,一个输出显性电平,那么 CAN 总线的逻辑"线与"特性会使得总线处于显性电平状态,即输出显性电平的 CAN 节点获得总线控制权(优先级更高),输出隐性电平的 CAN 节点失去仲裁。

(2) CAN 报文种类和结构

CAN 总线的物理层非常简洁,仅仅采用两条差分信号线来组成一个数据通道。与后面讲到的 USB 协议相同,物理层决定了 CAN 总线必须配套更加复杂的上层协议,即对数据和操作指令进行打包。

CAN 总线的数据包称为数据帧,也称为报文,按用途来划分 5 种类型的报文,如表 8-1 所列。

表 8-1 CAN 帧的种类及用途

帧	帧用途
数据帧	用于发送单元向接收单元传送数据的帧
遥控帧	用于接收单元向具有相同 ID 的发送单元请求数据的帧
错误帧	用于当检测出错误时向其他单元通知错误的帧
过载帧	用于接收单元通知其尚未做好接收准备的帧
帧间隔	用于将数据帧及遥控帧与前面的帧分离开来的帧

(3) 数据帧的构成

数据帧可分为标准格式和拓展格式,是 CAN 协议中最主要、最复杂的报文,由 7 个段构成,如图 8-4 所示。

CAN 总线闲时为隐性状态,即为逻辑"1",与前面讲的 RS232 协议闲时逻辑一致。接着依次包括 7 个段:

① 帧起始

帧起始表示数据帧开始的段。帧起始段是 1 bit 的显性状态,即逻辑"0",与

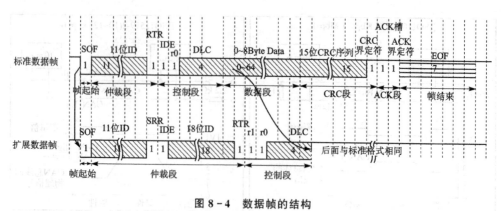

图 8-4 数据帧的结构

RS232 协议的起始位逻辑相同。

② 仲裁段

帧仲裁表示该帧优先级的段,标准格式和扩展格式在此的构成有所不同,标准格式的 ID 为 11 位,拓展格式的 ID 为 11+18=29 位。

在 CAN 协议中,ID 起着重要的作用,决定数据帧发送的优先级,也决定了其他节点是否接收该数据帧。CAN 协议的 ID 与 I^2C 的从机地址作用类似,对于重要的信息,可以给它打包一个高优先级的 ID,使得它能够及时地发送出去。也正因为有了这样的优先级分配原则,CAN 的拓展性大大提高,可在总线上增减节点而不影响其他设备。

报文的优先级是通过 ID 的仲裁来决定的。前面介绍物理层可知 CAN 总线有逻辑"线与"特性,如果两个节点分别输出逻辑"0"和逻辑"1",那么总线上的逻辑为"0"(1 & 0=0)。优先级的仲裁就是根据 CAN 总线的逻辑"线与"特性来实现的,ID 从高位开始输出,ID 越低,优先级越高,如图 8-5 所示。

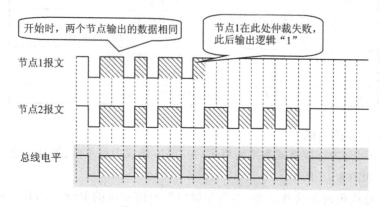

图 8-5 CAN 总线仲裁过程

CAN 总线上的 ID 除了有优先级的特性,还影响接收节点对报文的处理。由于 CAN 总线的数据以广播形式发送,每个连接到总线的 CAN 节点收发器都接收到数据,因而大部分的 CAN 控制器都具有根据报文 ID 过滤报文的功能,即仅接收某些符合指定 ID 的报文,过滤不相关的报文。

仲裁段除了报文 ID,还有 RTR、IDE、SRR 位。其中 RTR(Remote Transmission Request)位用于区分数据帧(逻辑"0")和遥控帧(逻辑"1")。IDE (Identifier Extension)位用于区分标准格式(逻辑"0")与拓展格式(逻辑"1")。SRR (Substitute Remote Request) 位只存在于扩展格式中,它用于替代标准格式中的 RTR 位。SRR 位为隐性位(逻辑"1"),RTR 在数据帧为显性位(逻辑"0"),所以在两个 ID 相同的标准格式报文与扩展格式报文中,标准格式的优先级较高。

③ 控制段

控制段表示数据的字节数及保留位的段。4 位的 DLC 段用于表示报文中数据段的数据字节数,从高位开始输出,可选范围为 0~8。r0 和 r1 为保留位,默认设置为显性状态。

④ 数据段

数据段是数据的内容,由控制段的 DLC 段决定可发送 0~8 个字节的数据。

⑤ CRC 段

CRC 段是检查帧的传输错误的段。为了保证报文的正确传输,CAN 报文包含一段 15 位的 CRC 校验码。一旦接收端计算出的 CRC 码与接收到的 CRC 码不同,则会向发送端反馈错误信息以及重新发送。CRC 部分的计算和出错处理一般都是由 CAN 控制器硬件完成或由软件控制最大重发次数。

⑥ ACK 段

ACK 段表示确认正常接收的段。ACK 段包括一个 ACK 槽位,和 ACK 界定符位。在 ACK 槽位中,发送端发送的为隐性位,而接收端则在这一位中发送显性位以示应答。在 ACK 槽和帧结束之间由 ACK 界定符间隔开。

⑦ 帧结束

帧结束表示数据帧结束的段,由发送端发送 7 个隐性位表示结束,与 RS232 协议的结束位(可选 1 位、1.5 位、2 位)类似。CAN 中种类的帧结构请参考 CAN 标准协议。

(4) CAN 同步

与 RS232 串口通信协议类似,CAN 总线也没有时钟信号线,CAN 报文也没有包含用于同步的标志,因而 CAN 协议需要使用位同步(波特率)的方式来确保通信时序。

(5) 位时序分解

与 RS232 串口协议的数据位不分解不同,为了实现位同步,CAN 协议把每一位的时序分解成如图 8-6 所示的 SS 段、PTS 段、PBS1 段、PBS2 段,这 4 段的长度加起来即为一个 CAN 数据位的长度如表 8-2 所列。分解后最小的时间单位是 T_q,而一个完整的位由 8~25 个 T_q 组成,图 8-6 中的一位为 $19T_q$。

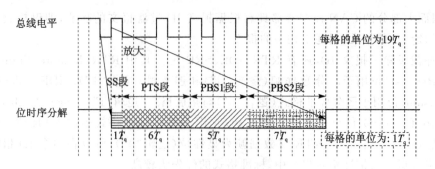

图 8-6 CAN 位时序分解图

表 8-2 CAN 数据位分段及其作用

段名称	段的作用	T_q 数	
同步段 (SS: Synchronization Segment)	多个连接在总线上的单元通过此段实现时序调整,同步进行接收和发送的工作。由隐性电平到显性电平的边沿或由显性电平到隐性电平边沿最好出现在此段中	$1T_q$	
传播时间段 (PTS: Propagation Time Segment)	用于吸收网络上的物理延迟的段。所谓网络上的物理延迟指发送单元的输出延迟、总线上信号的传播延迟、接收单元的输入延迟。这个段的时间为以上各延迟时间的和的两倍	$1\sim 8T_q$	$8\sim 25T_q$
相位缓冲段 1 (PBS1: Phase Buffer Segment 1)	当信号边沿不能被包含于 SS 段中时,可在此段进行补偿 由于各单元以各自独立的时钟工作,细微的时钟误差会累积起来,PBS 段可用于吸收此误差	$1\sim 8T_q$	
相位缓冲段 2 (PBS2: Phase Buffer Segment 2)	通过对相位缓冲段加减 SJW 吸收误差。SJW 加大后允许误差加大,但通信速度下降	$2\sim 8T_q$	
再同步补偿宽度 (SJW: reSynchronization Jump Width)	因时钟频率偏差、传送延迟等,各单元有同步误差。SJW 为补偿此误差的最大值	$1\sim 4T_q$	

(6) 同步过程分析

CAN 的同步过程分为硬同步和再同步(1 个位中只进行一次同步调整,而不是两种同步方式都执行)。由于 CAN 协议是以不归零编码方式进行通信,各个位的开头和结尾并没有附加同步信号。发送节点以与位时序同步的方式开始发送数据,接收节点根据总线上的电平变化进行同步并接收数据。由于发送节点和接收节点之间存在时钟误差和传输过程中出现相位延时等引起同步偏差,因此接收节点需要通过硬同步和再同步的方法来调整时序并进行接收,如图 8-7 所示为硬同步过程图。

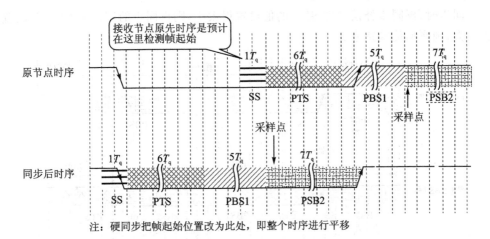

图 8-7 硬同步过程图

① 硬同步

从图 8-7 可见总线出现帧起始信号时,接收节点原时序与总线上的时序不同步,如果还是按照原先接收节点的时序来采集就会采集到错误数据,因而需要接收节点进行硬同步,把自身的位时序进行平移到图中所示那样,获得同步。

② 再同步

每当检测出边沿时,根据 SJW 值通过加长 PBS1 段,或缩短 PBS2 段,以调整同步。但如果发生了超出 SJW 值的误差时,最大调整量不能超过 SJW 值。再同步可分为两种情况:

A. 隐性电平到显性电平的边沿出现在 PTS 和 PBS1 之间时(SJW=2)

从图 8-8 可见相位滞后时,需要 PBS1 段延长 $2T_q$(SJW=2)。

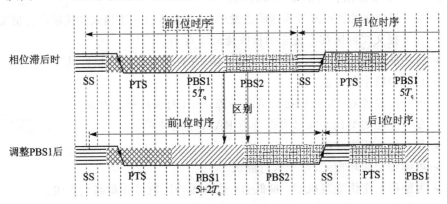

图 8-8 相位滞后再同步过程

B. 隐性电平到显性电平的边沿出现在 PBS2 中时(SJW=2)

从图 8-9 可见相位超前时,需要 PBS2 段缩短 $2T_q$(SJW=2)。

同步时,再同步补偿宽度 SJW 的值设置得太小,则再同步的调整速度慢,若设置得太大,则影响传输速率。

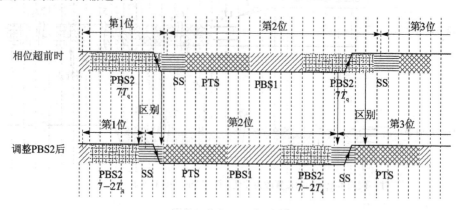

图 8-9 相位超前再同步过程

2. K60 CAN 简介

K60 微控制器上的 FlexCAN 模块仅仅是一个 CAN 控制器,还需要通过额外的 CAN 收发器才能接入到 CAN 总线上。FlexCAN 模块是飞思卡尔公司设计的一个 CAN 控制器,支持 CAN 2.0 协议里的标准帧和拓展帧。

(1) CAN 模块特性

FlexCAN 模块的特性如下:

- 完全支持 CAN 2.0B 协议:支持标准帧和拓展帧、0~8 字节的数据长度、波特率可编程最高为 1 Mbps、与内容相关的寻址方式。
- 0~8 字节数据长度的报文缓冲区。
- 每个报文缓冲区可配置为接收或发送,全部都支持标准格式和拓展格式报文。
- 每个报文缓冲区都有独立的接收掩码寄存器。
- 全功能的接收 FIFO,可最大存储 6 帧,并自动进行内部指针处理。
- 具有传输中断功能。
- 可编程设置 CAN 协议接口的时钟源:bus 时钟或外部晶振。
- 没有使用的结构空间可当作普通 RAM 空间使用。
- 具有仅监听模式的功能。
- 可编程为回环模式,用于自行测试。
- 可编程发送优先级机制:最低 ID、最低缓冲区数目或最高优先级。
- 具有基于 16 位自由计数定时器的时间戳。
- 全局网络时间,通过一个特殊的消息来同步。
- 中断掩码。
- 独立的传输媒介(假设一个外部的收发器)。

> 通过仲裁机制使得高优先级消息具有短的延时时间。
> 低功耗模式下,可编程设置总线激活时唤醒。

相比过往的 FlexBus,新版本新增的特性如下:
> 远程请求帧可自动处理或被软件处理。
> 正常模式下 ID 过滤器的安全机制可配置。
> CAN 位时间设置和配置位仅在冻结模式下可写入。
> 发送消息邮箱状态(最低优先级缓冲区或空缓冲区)。
> 用于接收报文的 IDHIT 寄存器。
> 同步位(SYNC)状态用于表示模块已经与 CAN 总线同步。
> 调试寄存器。
> 发送报文的 CRC 状态。
> 接收 FIFO 的全局掩码寄存器。
> 匹配过程中,接收缓冲区和接收 FIFO 之间可选择的优先级。
> 强大的接收 FIFO ID 过滤功能,可匹配接收 ID 是 128 字节拓展、256 字节标准或 512 局部(8 位)ID,多达 32 个匹配能力。
> 100%兼容旧版本的 FlexCAN。

(2) CAN 模块架构

如图 8-10 所示,CAN 模块通过 Tx 和 Rx 两个引脚与外部的 CAN 收发器通信,连接到外部的 CAN 总线上。CAN 模块一共有 16 个报文缓冲区(MB),有全局掩码寄存器和各个报文缓冲区独立的掩码寄存器。

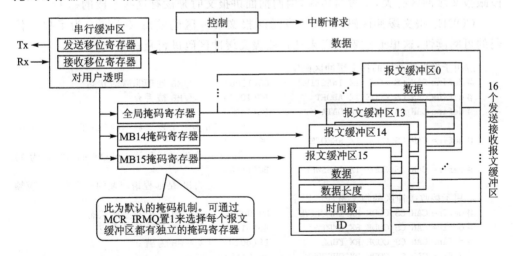

图 8-10 CAN 报文缓冲区架构

所谓的掩码,也叫屏蔽码,用于控制相应位的 ID 是否参与过滤匹配。掩码为 1 的相应位需要严格对应,掩码为 0 的位则无要求。当掩码 ID 为 0xFFFFFFFE,节点 ID 为 0x00005678 时,则接收报文 ID 的位 0 无要求,其他 ID 位需要严格与本节点 ID

相同,即可接收报文 ID 为 0x00005678 和 0x00005679 的报文。

CAN 模块接收报文时,首先接收移位寄存器把报文数据移位接收,再由掩码寄存器根据 ID 判断是否过滤报文,若是需要接收的报文,则最终存储在指定的报文缓冲区。报文缓冲区 0~13 共用相同的全局掩码寄存器,而报文缓冲区 14 和报文缓冲区 15 则有独立的掩码寄存器。

CAN 模块发送报文时,首先由用户编程把数据写入报文缓冲区,然后通过发送移位寄存器逐位把数据发送出去。

报文缓冲区是 CAN 模块发送/接收中最关键的一个环节,报文缓冲区的组成如图 8-11 所示。

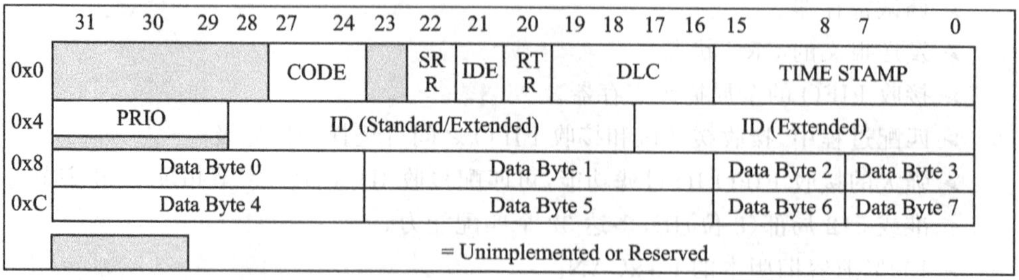

	31 30 29 28	27 24	23	22	21 20	19 18 17 16	15 8	7 0
0x0		CODE		SRR	IDE	RTR	DLC	TIME STAMP
0x4	PRIO	ID (Standard/Extended)					ID (Extended)	
0x8	Data Byte 0				Data Byte 1		Data Byte 2	Data Byte 3
0xC	Data Byte 4				Data Byte 5		Data Byte 6	Data Byte 7

= Unimplemented or Reserved

图 8-11 报文缓冲区

SRR、IDE、RTR、DLC、ID、Data 这些段已经在前面的 CAN 报文种类和结构中讲过了,剩下 CODE、TIME STAMP、PRIO 这 3 个字段是之前没介绍的。这 3 个字段跟报文缓冲区有关,不参与传输,因而前面讲报文时是没有这些字段的。

CODE:报文缓冲区码,接收和发送时报文缓冲区码的意义不同。为了提高代码的可阅读性,这里通过宏定义来把这些报文缓冲区码进行重命名。

```
//用于发送缓冲区的报文缓冲区码字
#define CAN_CS_CODE_TX_INACTIVE    B8(1000)     //MB 处于非激活状态
#define CAN_CS_CODE_TX_ABORT       B8(1001)     //MB 被丢弃
#define CAN_CS_CODE_TX_DATA        B8(1100)
                                                //MB 为一个发送数据帧(MB 的 RTR 位为 0)
#define CAN_CS_CODE_TX_REMOTE      B8(1100)
                                                //MB 为一个发送远程请求帧(MB 的 RTR 位为 1)
#define CAN_CS_CODE_TX_TANSWER     B8(1110)
                                                //MB 是远程请求帧的一个发送回应帧
//用于接收缓冲区的报文缓冲区码字
#define CAN_CS_CODE_RX_INACTIVE    B8(0000)     //MB 处于非激活状态
#define CAN_CS_CODE_RX_EMPTY       B8(0100)     //MB 激活并且为空
#define CAN_CS_CODE_RX_FULL        B8(0010)     //MB 为满
#define CAN_CS_CODE_RX_OVERRUN     B8(0110)
                                                //写入到一个满缓冲区导致 MB 被覆盖
#define CAN_CS_CODE_RX_RANSWER     B8(1010)
                                                //一个新帧被配置为确认一个远程请求帧并且发送一个回复帧
#define CAN_CS_CODE_RX_BUSY        B8(0001)
                                                //正在更新 MB 的内容。CPU 不允许访问 MB
```

上述的 B8 是一个宏定义,用于仿二进制赋值,例如:B8(1010) = 0b1010 = 0x0A。由于编译器不支持 0b1010 这样的二进制值,因而需要我们自行编写仿二进制赋值。仿二进制的实现过程比较长,但此过程是编译过程中完成的,不影响微控制器处理。

```
/**
 *   @brief 仿二进制赋值
 */
#define HEX__(n) 0x##n##UL
//## 用于把两个宏参数贴合在一起。HEX__(1100) 0x1100UL,其中 U 表示 unsigned,L 表示
//long,即用 unsigned long 类型来存储 0x1100
#define B8__(x) ( (x & 0x0000000FUL) ? 1:0 )\
    + ( (x & 0x000000F0UL) ? 2:0 )\
    + ( (x & 0x00000F00UL) ? 4:0 )\
    + ( (x & 0x0000F000UL) ? 8:0 )\
    + ( (x & 0x000F0000UL) ? 16:0 )\
    + ( (x & 0x00F00000UL) ? 32:0 )\
    + ( (x & 0x0F000000UL) ? 64:0 )\
    + ( (x & 0xF0000000UL) ? 128:0 )
//此处一位一位判断其值是否非 0,然后把对应加权值相加
#define   B8(x)                       ((unsigned char)B8__(HEX__(x)))
```

TIME STAMP:时间戳,开始发送报文或接收报文时,从自由计时计数器 CANx_TIMER 获取时间加载到此时间戳段。

PRIO:本地优先级,只有 MCR_LPRION_EN 置 1,且报文缓冲区为发送报文缓冲区时,此字段才有效。此字段不是发送的数据,而是用于定义发送优先级。

8.1.2　CAN 编程要点

CAN 模块的寄存器比较多,而且不同单片机的 CAN 模块寄存器各不相同,深究寄存器配置的意义不大。后续的内容,本书着重于讲解编程思想,而不是阅读数据手册。

1. CAN 波特率的配置

与 RS232 串口协议相同,通信双方都必须约定使用相同的波特率才能进行同步,正常通信。CAN 协议的波特率,不仅仅需要考虑位时间,还需要考虑采样点时间,因此波特率的计算过程较 RS232 协议繁琐。

CAN 协议是把 1 位的时间分成同步段(Sync_Seg)、传播时间段(Prop_Seg)、相位缓冲段 1(Phase_Seg1)、相位缓冲段 2(Phase_Seg2),每段的时间都是以时间份额(time quanta,f_{TQ})为单位,时间份额是 CAN 协议最小的时间单位。

K60 的 CAN 模块是时钟源由 CANx_CTRL1_CLKSRC 寄存器可编程选择 BUS 时钟或外部晶振时钟,经过预分频因子 CANx_CTRL1_PRESDIV 分频后即可得到时间份额的单位时间:

$$f_{TQ} = \frac{f_{canclk}}{预分频系数} = \frac{f_{canclk}}{PRESDIV+1}$$

CAN 模块的波特率可根据每个时间段的时间份额得到:

$$Bit\ Rate = \frac{f_{TQ}}{Sync\_Seg + Prop\_Seg + Phase\_Seg1 + Phase\_Seg2}$$

$$\Rightarrow Bit\ Rate = \frac{f_{TQ}}{1 + (PROP\_SEG+1) + (PSEG1+1) + (PSEG2+1)}$$

联立上述两条式子,可得:

$$Bit\ Rate = \frac{f_{canclk}}{(4 + PROP\_SEG + PSEG1 + PSEG2) \times (PRESDIV+1)}$$

其中 f_{canclk} 的时钟可选 bus 时钟或外部晶振时钟;PRESDIV 为 CANx_CTRL1 寄存器里的字段,取值范围:0~255;PROP_SEG、PSEG1 和 PSEG2 也为 CANx_CTRL1 寄存器里的字段,取值范围参考表 8-2,分别为 0~7、0~7、1~7,且满足 PSEG1=PSEG2 或 PSEG1+1=PSEG2。

到了这一步,可以知道 CAN 波特率与 CAN 时钟源频率、PRESDIV、PROP_SEG、PSEG1 和 PSEG2 有关。CAN 时钟源频率由程序员编程时预先设定,可认为是已知条件。剩下那几个参数的确定,就是 CAN 设定波特率的难点。

CAN 总线波特率配置步骤(方法有多种,不是唯一的)如下:

① 首先计算 CAN 时钟和波特率的比值,根据比值设定预分频值,位时间范围在 8~25 个时间份额之间。

时间份额的单位时间:$f_{TQ} = \frac{f_{canclk}}{预分频系数} = \frac{f_{canclk}}{PRESDIV+1}$

位时间:$nTQ = \frac{f_{TQ}}{bitband} = \frac{f_{canclk}}{bitband \times (PRESDIV+1)}$

根据已确定的 CAN 时钟频率 f_{canclk}、CAN 波特率 bitband、nTQ 取值范围 8~25 条件,从而可以确定 PRESDIV 的值(值不是唯一的,灵活配置。位时间 nTQ 必须是整数,如果不是整数,则需要取整数)。

② 位时间 nTQ 等于每个时间段的时间份额总和。

$$nTQ = Sync\_Seg + Prop\_Seg + Phase\_Seg1 + Phase\_Seg2$$
$$= 1 + (PROP\_SEG+1) + (PSEG1+1) + (PSEG2+1)$$
$$= 4 + PROP\_SEG + PSEG1 + PSEG2$$

其中,PSEG1=PSEG2 或 PSEG1+1=PSEG2,采样点在 Phase_Seg1 和 Phase_Seg2 交界处。

如果已知总线的延迟时间(总线驱动器的延迟+接收电路的延迟+总线线路的延迟之和的 2 倍),即可算得 PROP_SEG(TQ 的整数倍,若不为整数,则进 1 取整),继而求得 PSEG1 和 PSEG2。一般情况下是不知道总线的延时时间的,那么采样点的设置可参考 CiA 的推荐值,从而求得 PSEG2 的值,PSEG1=PSEG2,继而得到

PROP_SEG。CiA 采样点的推荐值如下：

    75%   when 波特率 > 800 kHz
    80%   when 波特率 > 500 kHz
    87.5%   when 波特率 <= 500 kHz

③ RJW+1<=PSEG1+1 且 RJW+1<=4，RJW 取满足以上两个条件的最大值(RJW+1 就是再同步补偿宽度 SJW)。

【实例分析】CAN 总线时钟源 50 MHz 下，配置 CAN 波特率为 10 kbps：

答：第一步：$nTQ = \dfrac{f_{canclk}}{bitband \times (PRESDIV+1)} = \dfrac{50\ MHz}{10\ kbps \times (PRESDIV+1)}$ 在 8~25 之间，即 PRESDIV 199~624 之间。取 nTQ=20 TQ，即 PRESDIV=249。

第二步：采样点推荐在 87.5% 左右，所以得：$\dfrac{PSEG+1}{nTQ} = 1-87.5\%$，即 PSEG2 =$(1-87.5\%) \times nTQ = 1.5$。

需要对 PSEG2 进行进 1 取整，即 PSEG2=2，从而 PSEG1=PSEG2=2，继而 PROP_SEG=12。

PSEG1 和 3 中最小值是 PSEG1=2，所以 RJW=2。

根据上述的 CAN 模块配置波特率方法，代码里已经提供了 50 MHz、60 MHz 时钟源下波特率为 10 kb/s、20 kb/s、50 kb/s、100 kb/s、125 kb/s、250 kb/s、500 kb/s、1 MHz 的配置方案。

```
/*! CAN 波特率的寄存器配置结构体 */
typedef struct
{
    uint32_t band;           //波特率(Kb/s)
    uint16_t presdiv;        //分频系数
    uint8_t  prop_seg;       //传播时间段
    uint8_t  pseg1;          //相位缓冲段 1
    uint8_t  pseg2;          //相位缓冲段 2
    uint8_t  rjw;            //同步跳转宽度
    uint8_t  res[2];         //保留
} CAN_band_cfg_t;
/*! CAN 波特率编号 */
typedef enum                 //若修改此处的值，则还必须修改 can_band_cfg 数组
{
    CAN_BAUD_10K,            //枚举各种波特率
    CAN_BAUD_20K,
    CAN_BAUD_50K,
    CAN_BAUD_100K,
    CAN_BAUD_125K,
    CAN_BAUD_250K,
    CAN_BAUD_500K,
    CAN_BAUD_1M,

    CAN_BAUD_MAX,
```

```c
} CAN_BAUD_e;
//仅适用于CAN时钟源为 50.00 MHz
//提供现成配置好的参数,程序里直接查表配置
CAN_band_cfg_t can_band_cfg_50000K[CAN_BAUD_MAX] =
{
    //BAND, PRESDIV, PROP_SEG, PSEG1, PSEG2, RJW
    {10,    624,    4,     0,   0,   0},      //采样点:87.50%
    {20,    124,    12,    2,   2,   2},      //采样点:85.00%
    {50,    124,    4,     0,   0,   0},      //采样点:87.50%
    {100,   24,     12,    2,   2,   2},      //采样点:85.00%
    {125,   24,     10,    1,   1,   1},      //采样点:87.50%
    {250,   24,     4,     0,   0,   0},      //采样点:87.50%
    {500,   4,      12,    2,   2,   2},      //采样点:85.00%
    {1000,  1,      9,     6,   6,   3},      //采样点:72.00%
};
//仅适用于CAN时钟源为 60.00 MHz
CAN_band_cfg_t can_band_cfg_60000K[CAN_BAUD_MAX] =
{
    //BAND, PRESDIV, PROP_SEG, PSEG1, PSEG2, RJW
    {10,    249,    16,    2,   2,   2},      //采样点:87.50%
    {20,    124,    16,    2,   2,   2},      //采样点:87.50%
    {50,    49,     16,    2,   2,   2},      //采样点:87.50%
    {100,   24,     16,    2,   2,   2},      //采样点:87.50%
    {125,   19,     16,    2,   2,   2},      //采样点:87.50%
    {250,   9,      16,    2,   2,   2},      //采样点:87.50%
    {500,   4,      16,    2,   2,   2},      //采样点:87.50%
    {1000,  2,      8,     4,   4,   3},      //采样点:75.00%
};
```

根据上述的配置方案,可以容易实现CAN波特率设置。首先判断时钟源是bus时钟还是外部晶振时钟。接着根据时钟源频率是否为 50 MHz 或 60 MHz 和波特率来选择不同的配置方案。然后如果不在冻结模式就进入冻结模式,这样才能配置波特率,最后把配置方案写入寄存器,并恢复正常模式。

```c
/*!
 * @brief       设置CAN的波特率
 * @param   CANn_e          CAN模块号
 * @param   CAN_BAUD_e      波特率编号
 * @since   v5.0
 * Sample usage:       can_setband(CAN1, CAN_BAUD_20K)
 */
void can_setband(CANn_e cann, CAN_BAUD_e band)
{
    CAN_MemMapPtr canptr = CANN[cann];
    CAN_band_cfg_t * pcan_ban_cfg;
    uint32  can_clk_khz;
    uint8   bFreezeMode;
    if(CAN_CTRL1_REG(canptr) & CAN_CTRL1_CLKSRC_MASK)    //bus时钟
    {
        can_clk_khz = bus_clk_khz;
```

```c
}
else                                              //外部晶振时钟
{
    can_clk_khz = EXTAL_IN_MHz * 1000;
}
if(can_clk_khz == 50000)                          //获取波特率配置方案
{
    pcan_ban_cfg = &can_band_cfg_50000K[band];
}
else if(bus_clk_khz == 60000)
{
    pcan_ban_cfg = &can_band_cfg_60000K[band];
}
else
{
    ASSERT(0);                                    //仅支持 bus 时钟为 50 MHz 或 60 MHz
}
//进入冻结模式
if(! (CAN_MCR_REG(canptr) & CAN_MCR_HALT_MASK))
{
    CAN_MCR_REG(canptr)   |= (CAN_MCR_HALT_MASK);
    //等待进入冻结模式
    while(! (CAN_MCR_REG(canptr) & CAN_MCR_FRZACK_MASK));
    bFreezeMode = 0;
}
else
{
    bFreezeMode = 1;
}
//清空需要配置的位
CAN_CTRL1_REG(canptr) &= ~(0
                          | CAN_CTRL1_PROPSEG_MASK
                          | CAN_CTRL1_RJW_MASK
                          | CAN_CTRL1_PSEG1_MASK
                          | CAN_CTRL1_PSEG2_MASK
                          | CAN_CTRL1_PRESDIV_MASK
                          );
//设置波特率
CAN_CTRL1_REG(canptr) |= (0
                          | CAN_CTRL1_PROPSEG(pcan_ban_cfg->prop_seg)
                          | CAN_CTRL1_RJW(pcan_ban_cfg->rjw)
                          | CAN_CTRL1_PSEG1(pcan_ban_cfg->pseg1)
                          | CAN_CTRL1_PSEG2(pcan_ban_cfg->pseg2)
                          | CAN_CTRL1_PRESDIV(pcan_ban_cfg->presdiv)
                         );
//恢复 CAN 操作模式
if(! bFreezeMode)
{
    //De-assert Freeze Mode
    CAN_MCR_REG(canptr)    &= ~ (CAN_MCR_HALT_MASK);
```

```c
        //Wait till exit of freeze mode
        while( CAN_MCR_REG(canptr)  & CAN_MCR_FRZACK_MASK);
        //Wait till ready
        while( CAN_MCR_REG(canptr) & CAN_MCR_NOTRDY_MASK);
    }
}
```

2. CAN 掩码设置

CAN 总线是以广播形式发送消息,如果没有过滤器对报文进行过滤处理,那 CAN 节点就会接收到很多不相关的报文,加重 CPU 负担。为了解决这问题,掩码应运而生。

所谓的掩码,也叫屏蔽码,用于控制相应位的 ID 是否参与过滤匹配。掩码为 1 的相应位需要严格对应,掩码为 0 的位则无要求。当掩码 ID 为 0xFFFFFFFE,节点 ID 为 0x00005678 时,则接收报文 ID 的位 0 无要求,其他 ID 位需要严格与本节点 ID 相同,即可接收报文 ID 为 0x00005678 和 0x00005679 的报文。

K60 CAN 模块掩码机制由 CAN_MCR_IRMQ 选择独立掩码或全局掩码。选择独立掩码时,每个报文缓冲区都有专门的单独掩码寄存器 CANn_RXIMRn 配置掩码。选择全局掩码时,报文缓冲区 0~13 都使用相同的全局掩码寄存器 CANn_RXMGMASK,报文缓冲区 14 使用掩码寄存器 CANn_RX14MASK,报文缓冲区 15 使用掩码寄存器 CANn_RX15MASK。

配置掩码寄存器的时候,需要进入冻结模式停止传输,这样才能配置掩码。这个就好比 UART 的串口配置也需要停止传输才能配置各个通信参数。

```c
/*!
 *   @brief      CAN 接收掩码配置
 *   @param      CANn_e          CAN 模块号
 *   @param      mb_num_e        缓冲区编号
 *   @param      mask            掩码
 *   @param      isIRMQ          是否选择独立掩码(0 为全局掩码,其他为独立掩码)
 *   @since      v5.0
 *   Sample usage:       can_rxbuff_mask(CAN1,CAN_RX_MB,0x00FF,1);
 *                                   //CAN1 的 CAN_RX_MB 缓冲区配置掩码为 0x00FF
 */
void can_rxbuff_mask(CANn_e cann, mb_num_e nMB, uint32 mask,uint8 isIRMQ)
{
    uint8             bFreezeMode;
    CAN_MemMapPtr     canptr = CANN[cann];
    //进入冻结模式
    if(!(CAN_MCR_REG(canptr) & CAN_MCR_HALT_MASK))
    {
        CAN_MCR_REG(canptr)    |=(CAN_MCR_HALT_MASK);
        //等待进入冻结模式
        while(!(CAN_MCR_REG(canptr) & CAN_MCR_FRZACK_MASK));
        bFreezeMode = 0;
```

```
    }
    else
    {
        bFreezeMode = 1;
    }
    if(isIRMQ != 0)                    //使用独立掩码
    {
        CAN_MCR_REG(canptr) | = CAN_MCR_IRMQ_MASK;
        //独立掩码
        CAN_RXIMR_REG(canptr, nMB) = mask;
    }
    else
    {
        CAN_MCR_REG(canptr) & = ~CAN_MCR_IRMQ_MASK;
        //14、15 是使用独立的
        if(nMB == MB_NUM_14)
        {
            CAN_RX14MASK_REG(canptr) = mask;
        }
        else if (nMB == MB_NUM_15)
        {
            CAN_RX15MASK_REG(canptr) = mask;
        }
        else
        {
            //剩余的支持全局掩码
            CAN_RXMGMASK_REG(canptr) = mask;
        }
    }
    //恢复 CAN 操作模式
    if(! bFreezeMode)
    {
        //De - assert Freeze Mode
        CAN_MCR_REG(canptr)  & = ~ (CAN_MCR_HALT_MASK);
        //Wait till exit of freeze mode
        while( CAN_MCR_REG(canptr)  & CAN_MCR_FRZACK_MASK);
        //Wait till ready
        while( CAN_MCR_REG(canptr) & CAN_MCR_NOTRDY_MASK);
    }
}
```

3. CAN 接收缓冲区使能

CAN 接收报文缓冲区的使能通过报文缓冲区码 CODE 来配置。首先把接收报文缓冲区配置为非激活状态，然后配置接收报文 ID，再激活报文缓冲区。接收报文 ID 与掩码配套一起使用，根据报文 ID 过滤不相关的报文，详情可以看回前面的掩码。

```
/*!
 *  @brief        使能 CAN 接收缓冲区
 *  @param        CANn_e           CAN 模块号
 *  @param        mb_num_e         缓冲区编号
 *  @param        CAN_USR_ID_t     ID 编号
 *  @since        v5.0
 *  Sample usage:      can_rxbuff_enble(CAN1,CAN_RX_MB,can_my_id);
 *                                       //使能接收缓冲区
 */
void can_rxbuff_enble(CANn_e cann, mb_num_e nMB, CAN_USR_ID_t id)
{
    CAN_MemMapPtr canptr = CANN[cann];
    //将 MB 配置为非激活状态
    CAN_CS_REG(canptr, nMB) = CAN_CS_CODE(CAN_CS_CODE_RX_INACTIVE);
    if(id.IDE )                      //扩展帧
    {
        CAN_ID_REG(canptr, nMB) =    ( 0
                                      | CAN_ID_EXT( id.ID)
                                      );
        CAN_CS_REG(canptr, nMB) = CAN_CS_IDE_MASK;
        CAN_CS_REG(canptr, nMB) = (0
                                    | CAN_CS_IDE_MASK
                                    | (id.RTR<<CAN_CS_IDE_SHIFT)
                                    | CAN_CS_CODE(CAN_CS_CODE_RX_EMPTY)
                                     //激活接收缓冲区
                                  );
    }
    else
    {
        //标准帧
        CAN_ID_REG(canptr, nMB) =    ( 0
                                      | CAN_ID_STD( id.ID)
                                      );
        CAN_CS_REG(canptr, nMB) = (0
                                    | (id.RTR<<CAN_CS_IDE_SHIFT)
                                    | CAN_CS_CODE(CAN_CS_CODE_RX_EMPTY)
                                     //激活接收缓冲区
                                  );
    }
}
```

4. CAN 发送

CAN 的发送由发送缓冲区的报文缓冲区码 CODE 配置。首先对报文缓冲区码 CODE 写入非激活状态,接着配置报文的 IDE、RTR、ID 数据,接着对报文缓冲区码 CODE 写入激活码并配置数据长度,即可实现报文的发送。报文发送后,还需要等待发送完成才退出,并且清空状态标志。如果把缓冲区的数据当作 32 位来处理,那么缓冲区的数据就是大端模式,而 K60 是小端模式,因而数据需要通过交换 32 位数据的 4 字节顺序 SWAP32 来实现大端模式与小端模式的转换。

```
/*!
*   @brief      CAN 发送数据
*   @param      CANn_e          CAN 模块号
*   @param      mb_num_e        缓冲区编号
*   @param      CAN_USR_ID_t    ID 编号
*   @param      len             数据长度
*   @param      buff            缓冲区地址
*   @since      v5.0
*   Sample usage: can_tx(CAN1,CAN_TX_MB,can_tx_id,DATA_LEN,txbuff);
*       //CAN 发送数据。缓冲区 CAN_TX_MB,报文 ID:tx_ID,数据缓冲区 txbuff,长度 DATA_LEN
*/
void can_tx(CANn_e cann, mb_num_e nMB, CAN_USR_ID_t id, uint8 len, void * buff)
{
    uint32 word;
    CAN_MemMapPtr canptr = CANN[cann];
    ASSERT(len<=8);                   //断言,一次发送最大长度为 8 字节
    //以下 4 步骤为发送过程
    CAN_CS_REG(canptr, nMB)    =( 0
                        | CAN_CS_CODE(CAN_CS_CODE_TX_INACTIVE)
                                            //缓冲区写非激活代码
                        | (id.IDE<<CAN_CS_IDE_SHIFT) //缓冲区写 IDE 位
                        | (id.RTR<<CAN_CS_RTR_SHIFT) //缓冲区写 RTR 位
                        | CAN_CS_DLC(len)//缓冲区写数据长度
                        );
    //缓冲区写 ID
    if(id.IDE)
    {
        //拓展帧
        CAN_ID_REG(canptr, nMB)    =( 0
                        | CAN_ID_PRIO(1)
                        | CAN_ID_EXT(id.ID)
                        );
    }
    else
    {
        //标准帧
        CAN_ID_REG(canptr, nMB)    =( 0
                        | CAN_ID_PRIO(1)
                        | CAN_ID_STD(id.ID)
                        );
    }
    //缓冲区写内容
    word = *(uint32 *)buff;
    CAN_WORD0_REG(canptr, nMB) = SWAP32(word);
    word = *((uint32 *)buff+1);
    CAN_WORD1_REG(canptr, nMB) = SWAP32(word);
    //开始发送
    CAN_CS_REG(canptr, nMB)    =   ( 0
```

```
                | CAN_CS_CODE(CAN_CS_CODE_TX_DATA)
                                    //写激活代码,MB 为一个发送数据帧(MB 的 RTR 位为 0)
                //| CAN_CS_RTR_MASK
                | CAN_CS_DLC(len)                        //缓冲区写数据长度
            );
    //限时等待发送完成(如果使用中断则限时等待语句可删除)
    while(!(CAN_IFLAG1_REG(canptr) & (1<<nMB)));
    //清报文缓冲区中断标志
    CAN_IFLAG1_REG(canptr) = (1<<nMB);
}
```

5. CAN 接收

CAN 模块的接收可选择中断接收或查询接收。查询接收时,可由接收缓冲区的报文缓冲区码 CODE 来判断是否接收到数据。如果接收到数据,则报文缓冲区码 CODE 等于 CAN_CS_CODE_RX_FULL。查询到报文缓冲区接收到数据时,即可读取报文里的 ID、数据长度、数据等内容。注意,报文缓冲区接收到数据后会锁住,避免后面发送的报文覆盖了当前报文,需要读取 CANn_TIMER 寄存器来解锁报文缓冲区。

```
/*!
 * @brief      CAN 接收数据
 * @param      CANn_e           CAN 模块号
 * @param      mb_num_e         缓冲区编号
 * @param      CAN_USR_ID_t     ID 编号
 * @param      len              数据长度
 * @param      buff             缓冲区地址
 * @since      v5.0
 * Sample usage:       can_rx(CAN1,CAN_RX_MB,&can_rx_id,&can_rx_len,can_rx_data);  //CAN 从 CAN_RX_MB 接收数据,接收到的 ID 保存在 can_rx_id 里,长度保存在 can_rx_len,
    //数据保存在 can_rx_data
 */
void can_rx(CANn_e cann, mb_num_e nMB, CAN_USR_ID_t * id, uint8 * len, void  * buff)
{
    uint8   length;
    uint32  word;
    CAN_MemMapPtr canptr = CANN[cann];
    *(uint32 *)id = 0;
    if((CAN_CS_REG(canptr, nMB) & CAN_CS_CODE_MASK) != CAN_CS_CODE(CAN_CS_CODE_RX_FULL))                        //缓冲区没有接收到数据,返回错误
    {
        *len = 0;
        return;
    }
    length = (CAN_CS_REG(canptr, nMB) & CAN_CS_DLC_MASK) >> CAN_CS_DLC_SHIFT;
    if(length<1)                           //接收到的数据长度小于 1,返回错误
    {
        *len = 0;
        return;
```

```c
        }
        //判断是标准帧还是扩展帧
        if(!( CAN_CS_REG(canptr, nMB) & CAN_CS_IDE_MASK ) )
        {
            id->ID = ( CAN_ID_REG(canptr, nMB) & CAN_ID_STD_MASK ) >> CAN_ID_STD_
SHIFT;
                                             //获得标准 ID
        }
        else
        {
            id->ID = ( CAN_ID_REG(canptr, nMB) & CAN_ID_EXT_MASK ) >> CAN_ID_EXT_
SHIFT; //获取 扩展 ID
            id->IDE = 1 ;                    //标记扩展的 ID
        }
        if(CAN_CS_REG(canptr, nMB) & CAN_CS_RTR_MASK)
        {
            id->RTR = 1;                     //标记为远程帧类型
        }
        word = CAN_WORD0_REG(canptr, nMB);
        *((uint32 *)buff) = SWAP32(word);
        word = CAN_WORD1_REG(canptr, nMB);
        *((uint32 *)buff + 1) = SWAP32(word);
        *len = length;
        CAN_TIMER_REG(canptr);               //解锁 MB
    }
```

8.1.3 CAN 总线应用

考虑到很多读者仅仅使用单块 K60 开发板,此处可以使用环回模式来进行 CAN 的自检。使用 CAN 环回模式,CAN 模块内部接收端和发送端连在一起,不需要外围 CAN 收发器,也不需要接入 CAN 总线。

本例程使用 CAN 环回模式,波特率为 20 kb/s,bus 时钟作为时钟源。把报文缓冲区 6 作为发送报文缓冲区,报文缓冲区 7 作为接收报文缓冲区,发送报文后,接收端接收报文从而触发中断,中断里采集数据,并把标志位 can_rx_flag 置 1,主循环里根据标志位把报文数据通过串口打印出来,并再次发送报文。

```c
#define CAN_RX_MB       MB_NUM_6            //接收 MBs 索引定义
#define CAN_TX_MB       MB_NUM_7            //发送 MBs 索引定义
#define DATA_LEN        8                   //can 发送的数据长度,最大为 8
uint8           can_rx_flag     = 0;        //接收到数据标志
uint8           can_rx_data[DATA_LEN + 1];  //接收到的数据
uint8           can_rx_len;                 //接收到的数据长度
CAN_USR_ID_t    can_rx_id;                  //接收到的 ID 号
//接收到报文时,把数据存储在这些变量里
                                            //声明 CAN1 报文缓冲区中断服务函数
void can1_mb_handler(void);
/*!
 *  @brief      main 函数
 *  @since      v5.0
```

```c
 *  @note        野火 CAN 环回测试实验
 */
void  main(void)
{
    uint8           txbuff[10]       = {"wildfire"};       //需要发送的数据
    CAN_USR_ID_t    can_rxbuff_id    = {0x85,0,0};         //接收报文缓冲区 ID
    CAN_USR_ID_t    can_tx_id        = {0x54,0,0};         //发送 ID 号
    printf("\n\nCAN 回环测试");
    can_init(CAN1,CAN_BAUD_20K,CAN_LOOPBACK,CAN_CLKSRC_BUS);
                                //初始化 CAN1,波特率 20 kb/s,环回模式,时钟源为 bus
    //can_rxbuff_mask (CAN1, CAN_RX_MB,0,1);   //设置掩码为 0,使用独立掩码
    can_rxbuff_enble(CAN1,CAN_RX_MB,can_rxbuff_id);        //使能接收缓冲区
    set_vector_handler(CAN1_ORed_MB_VECTORn,can1_mb_handler);
                                //配置 CAN 接收中断服务函数到中断向量表
    can_irq_en(CAN1,CAN_RX_MB);                //使能 can 接收中断
    can_tx(CAN1,CAN_TX_MB,can_tx_id,DATA_LEN, txbuff);
    //CAN 发送数据。缓冲区 CAN_TX_MB,报文 ID:tx_ID,数据缓冲区 txbuff,长度 DATA_LEN
    while(1)
    {
        if(can_rx_flag )                      //判断是否进入过接收中断
        {
            can_rx_flag = 0;
            printf("\n\n 接收到 CAN 报文!");
            printf("\n 报文 ID   : 0x%X",*(uint32 *)&can_rx_id);//打印接收 ID
            printf("\n 报文长度 : 0x%X",can_rx_len);   //打印数据长度
            can_rx_data[can_rx_len] = 0;      //确保数据字符串是以 0 结尾
            printf("\n 报文数据 : %s",can_rx_data);    //打印数据内容
            //接收到数据后才再发送一次
            can_tx(CAN1,CAN_TX_MB,can_tx_id,DATA_LEN, txbuff);
    //CAN 发送数据。缓冲区 CAN_TX_MB,报文 ID:tx_ID,数据缓冲区 txbuff,长度 DATA_LEN
        }
        DELAY_MS(1000);
    }
}
/*!
 *  @brief       CAN1 报文缓冲区中断服务函数
 *  @since       v5.0
 */
void can1_mb_handler(void)
{
    can_rx(CAN1,CAN_RX_MB,&can_rx_id,&can_rx_len,can_rx_data);
    //CAN 从 CAN_RX_MB 接收数据,接收到的 ID 保存在 can_rx_id 里,长度保存在 can_rx_
    //len,数据保存在 can_rx_data
    if(can_rx_len != 0)
    {
        can_rx_flag = 1;
    }
    else
    {
        can_rx_flag = 0;
```

```
        }
        can_clear_flag(CAN1,CAN_RX_MB);              //清除缓冲区中断标志位
}
```

编译下载后,通过串口助手即可看到接收到的报文数据。如图 8-12 所示,可以看到串口助手里不断显示接收到的报文数据,接收到的报文 ID 跟发送的报文 ID 相同。

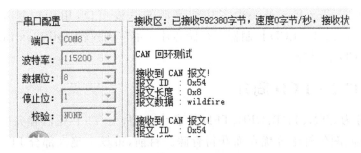

图 8-12　CAN 环回模式实验结果

到了这一步,可能有的读者还没看明白接收报文缓冲区 ID 是怎么一回事。为什么接收报文缓冲区 ID 跟接收到的 ID(即发送 ID)不相同呢? 因为 CAN 初始化的时候,默认的掩码配置为 0,即接收任何报文,这里的接收报文缓冲区 ID 就没意义了。上述的代码,需要加入 can_rxbuff_mask 函数来配置掩码为 0xFFFFFFFF(默认注释了这个函数的,需要取消注释)。

```
    can_rxbuff_mask     (CAN1,CAN_RX_MB,0xFFFFFFFF,1);    //设置掩码为 0,使用独立掩码
```

修改后,编译下载,通过串口助手可看到实验结果如图 8-13 所示。由于接收报文缓冲区的 ID 跟接收到的 ID(即发送 ID)不相同,CAN 模块的过滤器把报文过滤了,就没有接收到报文了。

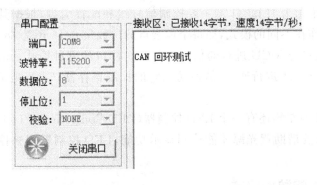

图 8-13　CAN 掩码测试结果

聪明的读者应该想到我们下一步的计划了,把接收报文缓冲区 ID 改成与发送报文 ID 一致,实验结果就会跟图 8-12 所示那样。

```
CAN_USR_ID_t    can_rxbuff_id    = {0x54,0,0};              //接收报文缓冲区 ID
CAN_USR_ID_t    can_tx_id        = {0x54,0,0};              //发送 ID 号
```

此外,CAN 报文数据长度可修改 DATA_LEN 宏定义来实现,报文的数据可修改 txbuff 数组来实现,这些内容留给读者自行验证。

8.2 外部总线 Flex Bus

外部总线 Flex Bus 是一个多功能灵活的总线接口,用于控制外部的 NOR Flash、SRAM、TFT-LCD 控制器等存储芯片。本节例程就是用 Flex Bus 接口来驱动 TFT-LCD 液晶屏

8.2.1 TFT-LCD 简介

LCD 分为 STN、TFT、UFB、TFD 等多个类型,但 TFT 凭借着亮度好、对比度高、层次感强、颜色鲜艳等优点而获得青睐。目前,市场上绝大部分 LCD 都是 FTF 类型。因为 K60 内部并没有集成专用 LCD 控制器,因而 K60 仅能驱动带 LCD 控制器的 LCD。本例程采用 3.2 寸 LCD 液晶屏(320×240),LCD 控制器为 ILI9341。K60 通过 Flex Bus 总线,以 8080 协议与 ILI9341 LCD 控制器通信,继而控制 LCD 的显示。

1. ILI9341 控制器结构

如图 8-14 所示,LCD 的控制器 ILI9341 芯片内部结构非常复杂,其中最主要的是位于中间 GRAM(Graphics RAM),可以理解为显存。GRAM 中每个存储单元都对应着液晶面板的一个像素点。在 GRAM 右侧各种模块的共同作用下,GRAM 存储单元的图像数据转化成液晶面板的控制信号,使像素点呈现特定的颜色,宏观上看就成为一幅完整的图像。

框图的左上角为 ILI9341 的主要控制信号线和配置引脚,根据其不同状态设置可以使芯片工作在不同的模式,如每个像素点的位数是 6、16 还是 18 位;使用 SPI 接口还是 8080 接口与 MCU 进行通信;使用 8080 接口的哪种模式。mcu 通过 SPI 或 8080 接口与 ILI9341 进行通信,从而访问它的控制寄存器(CR)、地址计数器(AC)、及 GRAM。

在 GRAM 的左侧还有一个 LED 控制器(LED Controller)。LCD 为非发光性的显示装置,它需要借助背光源才能达到显示功能,LED 控制器用来控制液晶屏中的 LED 背光源。

2. 像素点的数据格式

图像数据的像素点由红(R)、绿(G)、蓝(B) 3 原色组成,3 原色根据其深浅程度被分为 0~255 个级别,它们按不同比例混合就可以得出各种色彩。例如 R:255,G:255,B:255 混合后就成为白色。根据描述像素点数据的位数,主要分为 8、16、24

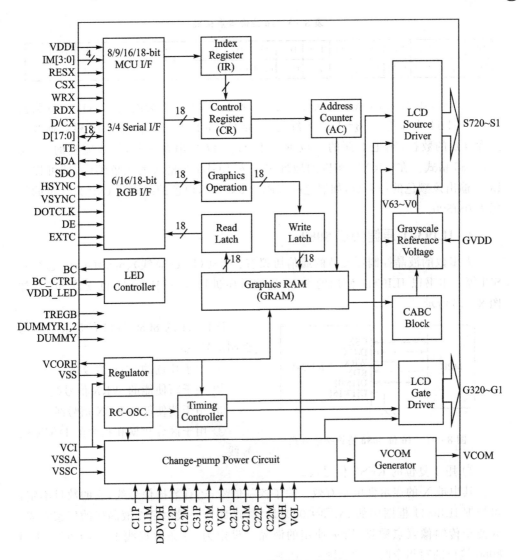

图 8-14 ILI9341 控制器内部框图

及 32 位。例如以 8 位来描述的像素点可表示 $2^8=256$ 色,16 位描述的为 $2^{16}=65536$ 色,称为真彩色,也称为 64K 色。实际上受人眼对颜色的识别能力的限制,16 位色与 12 位色已经难以分辨了。

ILI9341 最高能够控制 18 位的 LCD,但为了数据传输简便,这里采用它的 16 位控制模式,以 16 位描述的像素点。按照标准格式,16 位像素点的 3 原色描述的位数为 R:G:B=5:6:5,描述绿色的位数较多是因为人眼对绿色更为敏感。16 位 RGB565 像素点格式如表 8-3 所列,18 位 RGB666 接口中去掉 R 和 B 的最低位。

表 8 - 3 16 位像素点格式

D17	D16	D15	D14	D13	D12	D11	D10	D9	D8	D7	D6	D5	D4	D3	D2	D1	D0
R[4]	R[3]	R[2]	R[1]	R[0]		G[5]	G[4]	G[3]	G[2]	G[1]	G[0]	B[4]	B[3]	B[2]	B[1]	B[0]	

表 8-3 中默认 18 条数据线，像素点三原色 RGB565 的分配状况：D1~D5 为蓝色，D6~D11 为绿色，D13~D17 为红色，舍弃 D0 和 D12 位。若使用 16 根数据线传送像素点的数据，则把上面的 5 位 R、6 位 G、5 位 B 串在一起，形成完整的 16 位 RGB565 格式。在 GRAM 相应的地址中填入 RGB565 格式的颜色编码，即可控制 LCD 输出该颜色的像素点，如黑色的编码为 0x0000，白色的编码为 0xffff，红色的编码为 0xf800。

3. ILI9341 通信协议 8080

大多数的液晶控制器支持的通信协议有：8080(Intel 总线)、6800(moto 总线)、SPI 等。本书以 ILI9341 使用的 8080 通信时序进行分析(ILI9341 也支持 SPI)，如图 8-15 所示。

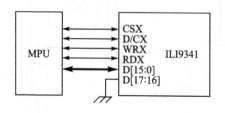

图 8-15 16 位 8080 协议接线方式

ILI9341 的 8080 接口有 5 条基本的控制信号线：

① 用于片选的 CSX 信号线。

② 用于写使能的 WRX 信号线。

③ 用于读使能的 RDX 信号线。

④ 用于区分数据和指令的 D/CX 信号线。

⑤ 用于复位的 RESX 信号线。

其中带 X 的表示低电平有效。除了控制信号，还有数据信号线，它的数目不定，可根据 ILI9341 框图中的 IM[3：0]来设定，这部分一般由制作液晶屏的厂家完成。为便于传输像素点数据，野火使用的液晶屏设定为 16 条数据线 D[15：0]。使用 8080 接口的写指令时序图如图 8-16 所示。

由图 8-16 可知，液晶的操作方式先指令后数据。写指令时序由 CSX 信号拉低开始，D/CX 信号线根据数据和指令来选择低电平(指令)或高电平(数据)，WRX 信号线拉低时 MCU 输出指令和数据，拉高时 LCD 读取指令和数据，再由 CSX 信号拉高结束通信。

当需要向 GRAM 写入数据的时候，把 CSX 信号线拉低后，把 D/CX 信号线置为高电平(数据)，这时由 D[17：0]传输的数据则会被 ILI9341 保存至它的 GRAM 中。

由图 8-17 可知，需要从液晶读取数据时，需要先发送指令，以便 ILI9341 返回相应的数据。写数据和读数据的差别就在于 RDX 信号线拉低表示 ILI9341 输出数据，拉高时 MCU 读取数据，读数据时 WRX 写信号一直保持高电平。

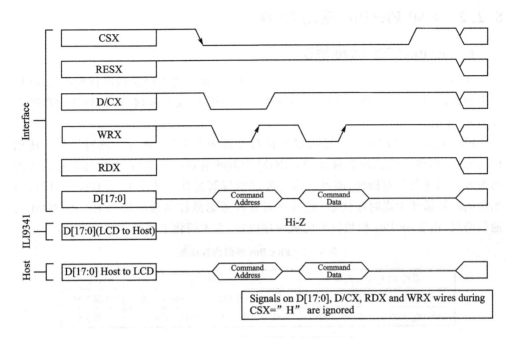

图 8-16　8080 接口写指令和数据时序

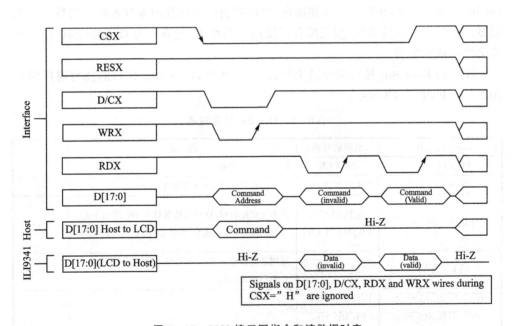

图 8-17　8080 接口写指令和读数据时序

8.2.2 K60 FlexBus 驱动 LCD

1. FlexBus 实现 8080 协议

ILI9341 的 8080 通信接口时序可以由 K60 使用普通 I/O 接口进行模拟,但这样效率较低,它提供了一种特别的控制方法——使用 Flex Bus 接口,其外部内存映射如表 8-4 所列。

Flex Bus 模块的作用就是可以直接对外部 RAM、ROM 进行读写操作。使用 Flex Bus 时,单片机把外部的 RAM、ROM 空间映射到系统里的地址空间,对系统内的地址空间进行读写操作,即可实现对外部的读写操作。使用 Flex Bus 时,仅仅初始化的时候需要考虑时序问题,此后不需要再考虑微控制器跟外部 RAM、ROM 的通信协议,由 Flex Bus 模块硬件完成时序内容,大大简化了代码,提高了效率。

表 8-4 Flex Bus 外部内存映射

系统 32 位地址范围	从机目的地	访问方
0x6000_0000 - 0x7FFF_FFFF	FlexBus（外部内存-Write-back）	全部主机
0x8000_0000 - 0x9FFF_FFFF	FlexBus（外部内存-Write-through）	全部主机

Write-through,写操作不使用缓存而直接写入磁盘(内存)。Write-back(write cache),写操作时先写入到缓存,再由控制器将缓存内未写入磁盘的数据写入磁盘。在磁盘负荷较重时,使用缓存可提高读写性能,但在磁盘负荷较轻时,使用缓存会降低读写使能。

K60 的 Flex Bus 接口信号描述如表 8-5 所列,Flex Bus 接口的读写时序图如图 8-18 和图 8-19 所示。

表 8-5 Flex Bus 信号描述

芯片信号名	引脚信号名	描 述	I/O
FB_CLKOUT	FB_CLK	Flex Bus 时钟输出	O
FB_A[29:16]	FB_A[29:16]	在不复用配置中,这个是地址总线	O
FB_AD[31:0]	FB_D[31:0]/ FB_AD[31:0]	在不复用配置中,这个是数据总线 FB_D[31:0]。在复用配置中,是地址/数据总线 FB_AD[31:0]	I/O
$\overline{FB\_CS[50]}$	$\overline{FB\_CS[50]}$	通用芯片使能。实际的片选引脚数目由设备和它的引脚配置决定	O
$\overline{FB\_BE31\_24\_BLS7\_0}$, $\overline{B23\_16BLS15\_8}$, $\overline{FB\_BE15\_8\_BLS23\_16}$, $\overline{FB\_BE7\_0\_BLS31\_24}$	$\overline{FB\_BE\_31\_24}$, $\overline{FB\_BE\_316}$, $\overline{FB\_B\_158}$, $\overline{FB\_BE\_7\_0}$	字节使能	O
$\overline{FB\_OE}$	$\overline{FB\_OE}$	输出使能	O

续表 8-5

芯片信号名	引脚信号名	描述	I/O
FB_R/$\overline{\text{W}}$	FB_R/$\overline{\text{W}}$	读/写。1=读,0=写	O
$\overline{\text{FB\_TS}}$/FB_ALE	$\overline{\text{FB\_TS}}$	开始传输	O
FB_TSIZ[1:0]	FB_TSIZ[1:0]	传输大小	O
$\overline{\text{FB\_TA}}$	$\overline{\text{FB\_TA}}$	传输应答	I
$\overline{\text{FB\_TBST}}$	$\overline{\text{FB\_TBST}}$	突发传输指示	O

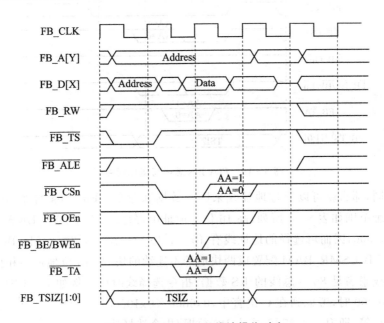

图 8-18　Flex Bus 总线读操作时序

要使用 Flex Bus 实现 8080 协议驱动 TFT-LCD 液晶屏,需要对比 Flex Bus 的读写时序以及 8080 协议的读写时序,从而选择适合 8080 协议的信号线。8080 协议的 LCD 通信协议,主要包含的信号线有：16 位数据线、片选线、读使能、写使能、数据命令选择、复位线。其中复位线仅仅 LCD 复位的时候使用,因而可以直接 GPIO 控制,而不需要 Flex Bus 信号引脚,其他的引脚需要后续分析使用。

ILI9341 主控使用 16 位数据线,不使用地址线,因而数据线是 FB_AD[16:0]。
$\overline{\text{FB\_CS[5]}}\sim\overline{\text{FB\_CS[0]}}$ 为 6 个片选引脚,符合 8080 协议的片选信号时序,可选用 $\overline{\text{FB\_CS[0]}}$ 作为片选信号(也可以选择其他 5 个引脚)。

$\overline{\text{FB\_OE}}$,输出使能,仅读操作时才拉低,符合 8080 协议的读使能时序。

FB_R/$\overline{\text{W}}$,读/写控制引脚,读时为高电平,写时为低电平,符合 8080 协议的写使能时序。

到目前为止,LCD 的控制引脚中还差 RS 数据/指令选择线没有确定。数据操作时 RS 引脚为高电平,命令操作时 RS 引脚为低电平,如果数据区的地址跟命令区的

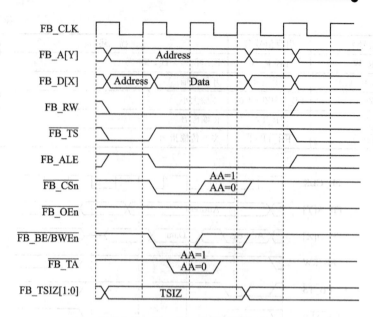

图 8-19 Flex Bus 总线写操作时序

地址不相同,那么就可以通过地址线来区分数据和命令。FlexBus 的外部内存空间的映射地址范围如表 8-4 所列,高 16 位的地址由寄存器 FB_CSAR_BA 配置,这里配置为 0x6000,因而可选择的地址线有 fb_ad[16] ~ fb_ad[28]。FlexBus 由基地地址掩码 FB_CSMR_BAM 配置成两块地址不连续的块(高 16 位地址不相同),从而利用地址线来满足 8080 总线的 RS 数据/指令选择线时序。例如 FB_CSMR_BAM 配置为 0x0800 时,考虑到在 C 语言中,0x0800×0x10000 的计算结果与 1<<27 的计算结果相等,即 fb_ad[27]就成为 RS 数据/指令选择线。

根据 FB_CSAR_BA 和 FB_CSMR_BAM 的值,可计算得到数据区地址和指令区地址。参考下面的代码,需要发送指令 0x01 时,直接令 FB_8080_CMD=0x01 即可实现,代码简化了,微控制器执行的效率也提高了。

```
#define FB_BA 0x6000          //基地址 = FB_BA * 0x10000,用于区分不同的片选信号
                              //参考系统内存映射图的说明,外部内存的范围为 0x6000_0000 ~ 0x9FFF_FFFF
                              //即 FB_BA 的取值范围为 0x6000 ~ 0x9FFF
#define FB_BAM 0x0800         //基地址掩膜 = (FB_BA + FB_BAM) * 0x10000,用于区分同一
                              //个 CS 控制的两个不连续的块的地址
#define FB_8080_CMD    (*(volatile uint16 *)(FB_BA * 0x10000))
#define FB_8080_DATA   (*(volatile uint16 *)((FB_BA + FB_BAM) * 0x10000))
```

FlexBus 的初始化是 FlexBus 模块使用的关键。根据上面给出的信号引脚和地址配置,可以容易完成 FlexBus 初始化。

```
/*!
 *  @brief       flexbus 初始化为 8080 协议
 *  @since       v5.0
```

```c
*/
void flexbus_8080_init()
{
    //flexbus 本身不直接支持 8080 协议,而是支持 6800 协议
    //可以配置 cmd 与 data 数据的地址不同,从而通过地址线来区分命令和数据
    SIM_SOPT2 |= SIM_SOPT2_FBSL(3);
                                            //FlexBus 安全水平:允许指令和数据访问
    SIM_SCGC7 |= SIM_SCGC7_FLEXBUS_MASK;     //使能时钟
    //配置数据引脚复用
    port_init(PTD6  , ALT5 | HDS);  //PTD6 复用为 fb_ad[0],配置为输出高驱动能力
    port_init(PTD5  , ALT5 | HDS);  //PTD5 复用为 fb_ad[1],配置为输出高驱动能力
    port_init(PTD4  , ALT5 | HDS);  //PTD4 复用为 fb_ad[2],配置为输出高驱动能力
    port_init(PTD3  , ALT5 | HDS);  //PTD3 复用为 fb_ad[3],配置为输出高驱动能力
    port_init(PTD2  , ALT5 | HDS);  //PTD2 复用为 fb_ad[4],配置为输出高驱动能力
    port_init(PTC10, ALT5 | HDS);   //PTC10 复用为 fb_ad[5],配置为输出高驱动能力
    port_init(PTC9 , ALT5 | HDS);   //PTC9 复用为 fb_ad[6],配置为输出高驱动能力
    port_init(PTC8 , ALT5 | HDS);   //PTC8 复用为 fb_ad[7],配置为输出高驱动能力
    port_init(PTC7 , ALT5 | HDS);   //PTC7 复用为 fb_ad[8],配置为输出高驱动能力
    port_init(PTC6 , ALT5 | HDS);   //PTC6 复用为 fb_ad[9],配置为输出高驱动能力
    port_init(PTC5 , ALT5 | HDS);   //PTC5 复用为 fb_ad[10],配置为输出高驱动能力
    port_init(PTC4 , ALT5 | HDS);   //PTC4 复用为 fb_ad[11],配置为输出高驱动能力
    port_init(PTC2 , ALT5 | HDS);   //PTC2 复用为 fb_ad[12],配置为输出高驱动能力
    port_init(PTC1 , ALT5 | HDS);   //PTC1 复用为 fb_ad[13],配置为输出高驱动能力
    port_init(PTC0 , ALT5 | HDS);   //PTC0 复用为 fb_ad[14],配置为输出高驱动能力
    port_init(PTB18, ALT5 | HDS);   //PTB18 复用为 fb_ad[15],配置为输出高驱动能力
    //配置控制引脚复用
    //8080 总线,即 Intel 总线,需要 4 根线控制线:RD 写使能, WR 读使能, RS 数据/指令选
    //择, CS 片选
    port_init(PTB19, ALT5 | HDS);   //PTB19 复用为 fb_oe_b,配置为输出高驱动能力,
                                    //fb_oe_b 时序符合 8080 总线的 RD 写使能
    port_init(PTD1, ALT5 | HDS);    //PTD1 复用为 fb_cs0_b,配置为 输出高驱动能力,
                                    //fb_cs0_b 时序符合 8080 总线的 CS 选
    port_init(PTC11, ALT5 | HDS);   //PTC11 复用为 fb_r/w,配置为输出高驱动能力,
                                    //fb_r/w 时序符合 8080 总线的 WR 读使能
    //目前还缺 8080 总线的 RS 数据/指令选择线
    //flexbus 可配置成两块地址不连续的块(高 16 位地址不相同),从而利用地址线来符合
    //8080 总线的 RS 数据/指令选择线
    //高 16 位的地址,FB_BA 配置为 0x6000,因而可选择的地址线有 fb_ad[16] ~ fb_ad[28]
    //FB_BAM 配置为 0x0800,即选择 fb_ad[27] 作为 RS 。(0x0800 0000 == 1<<27 )
    //RS == 1 时传输数据,RS == 0 时传输命令
    //因而 0x6000 0000 为 命令地址, 0x6800 0000 为数据端口
    port_init(PTC12, ALT5 | HDS);   //PTC12 复用为 fb_ad[27],配置为输出高驱动能力,
                                    //fb_ad[27]作为 8080 总线的 RS 数据/指令选择线
    FB_CSAR(0) = FB_CSAR_BA(FB_BA); //基地址 Base address
    FB_CSMR(0) = ( 0
                | FB_CSMR_BAM(FB_BAM)  //BAM = 0x0800,基地地址掩码为 0x,800 FFFF,即片选
                                       //有效的地址为 基地址~(基地址 + 基地址掩码),
                                       //0x0800 0000 对应与 FB_AD27
                | FB_CSMR_V_MASK       //使用片选信号 FB_CS0
                );
```

```
    FB_CSCR(0) = FB_CSCR_BLS_MASK      //右对齐
             | FB_CSCR_PS(2)           //16 Byte 数据
             | FB_CSCR_AA_MASK         //自动应答
             ;
}
```

2. LCD 驱动函数的实现

ILI9341 控制器的工作就是接收 RAM 数据,并把 RAM 数据刷新到液晶面板上,因而 LCD 的显示就变成对 RAM 的写入,如图 8-20 所示。

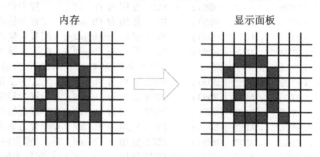

图 8-20　LCD 液晶主控的工作

(1) LCD 初始化

LCD 初始化的流程有如下几个步骤:关闭 LCD 屏幕背光,复位 LCD,配置 LCD 的寄存器,初始化 LCD 的界面环境,打开 LCD 屏幕背光。

有的读者可能有这样的疑问:为什么需要关闭 LCD 屏幕背光呢。因为在 LCD 初始化的过程中,液晶显示参数都是错乱的,导致屏幕显示花屏,有可能让用户误以为屏幕坏了。手机开机过程中,屏幕不是马上就显示内容,而是需要等一段时间后再显示界面,这段时间实际上就是 LCD 初始化需要消耗的时间。

一般的 LCD 厂家都提供现成的 LCD 初始化的寄存器配置方案,然后工程师根据自己的需求,参考 LCD 厂家提供的 Datasheet 来修改 LCD 的寄存器配置。由于不同的 LCD,配置方案不一样,这里不展开讨论。LCD 的寄存器配置主要包括 LCD 显示方向、LCD 显示色彩和工作模式、电源控制设置等。

```
//LCD 初始化的不完全代码
void    LCD_ILI9341_init()
{
    gpio_init(LCD_BL, GPO, 1);      //LCD 背光引脚输出 1,表示关闭 LCD 背光
    //复位 LCD
    gpio_init(LCD_RST, GPO, 0);
    ILI9341_DELAYMS(1);
    GPIO_SET(LCD_RST, 1);
    //初始化总线
    flexbus_8080_init();
    //ILI9341_DELAY();
```

```
    LCD_ILI9341_WR_CMD(0xCF);
    LCD_ILI9341_WR_DATA(0x00);
    LCD_ILI9341_WR_DATA(0x81);
    LCD_ILI9341_WR_DATA(0x30);
    ……
    LCD_SET_DIR(ili9341_dir);        //液晶方向显示函数
    PTXn_T(LCD_BL,OUT) = 0;          //开 LCD 背光
}
```

(2) LCD 画矩形

① 开窗操作

在微控制器中,如果需要对内存里的一块图像数据进行处理,那么就要一行一行寻找内存位置(起始行不一定是第一行),然后定位到每一行的起始点(不一定是第一个点),从这个点开始填充像素点。

为了简化操作,LCD 提供了开窗操作。所谓的开窗操作,就是在 LCD 面板上开辟一个矩形窗,这个矩形窗在内存上看起来是连续存储(液晶主控的工作),起始行为第一行,每行的起始点为第一个像素点,如图 8-21 所示。

矩形窗,首先需要指定 X 轴和 Y 轴起始点和结束点。由指令 0x2A 设置 X 轴坐标起始点和结束点,如表 8-6 所列。指令 0x2B 设置 Y 轴的起始点和结束点。

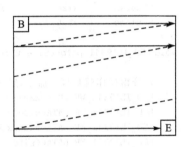

图 8-21 图像存储方向

表 8-6 指令 0x2A 设置 X 轴坐标起始点和结束点用法

2Ah												
	D/CX	RDX	WRX	D17-8	D7	D6	D5	D4	D3	D2	D1	D0	HEX
Command	0	1	↑	XX	0	0	1	0	1	0	1	0	2Ah
1st Parameter	1	1	↑	XX	SC15	SC14	SC13	SC12	SC11	SC10	SC9	SC8	Note1
2nd Parameter	1	1	↑	XX	SC7	SC6	SC5	SC4	SC3	SC2	SC1	SC0	
3rd Parameter	1	1	↑	XX	EC15	EC14	EC13	EC12	EC11	EC10	EC9	EC8	Note1
4th Parameter	1	1	↑	XX	EC7	EC6	EC5	EC4	EC3	EC2	EC1	EC0	

如表 8-6 所列,每个指令都有相应的用法说明,此表为指令 0x2A 的用法,先发送指令 0x2A,然后后续的第 1 个参数为 X 轴的起始坐标高位数据,第 2 个参数为 X 轴的起始坐标低位数据,第 3 个参数为 X 轴的结束坐标高位数据,第 4 个参数为 X 轴的结束坐标低位数据。其他指令的用法类似。

```
/*
 * 定义坐标结构体
 */
typedef struct
```

```
{
    uint16 x;
    uint16 y;
} Site_t;
/*
 * 定义矩形大小结构体
 */
typedef struct
{
    uint16 W;          //宽
    uint16 H;          //高
} Size_t;
/*!
 * @brief          设置 ILI9341 开窗
 * @param    site           左上角坐标位置
 * @param    size           开窗大小
 * @since    v5.0
 */
void LCD_ILI9341_ptlon(Site_t site, Size_t size)
{
    //开窗操作就是写入命令,然后设置坐标位置
    LCD_ILI9341_WR_CMD(0X2A);
    LCD_ILI9341_WR_DATA(site.x >> 8); //start
    LCD_ILI9341_WR_DATA(site.x & 0xFF);
    LCD_ILI9341_WR_DATA((site.x + size.W-1) >> 8); //end
    LCD_ILI9341_WR_DATA((site.x  + size.W-1) & 0xFF);
    LCD_ILI9341_WR_CMD(0X2B);
    LCD_ILI9341_WR_DATA(site.y >> 8); //start
    LCD_ILI9341_WR_DATA(site.y & 0xFF);
    LCD_ILI9341_WR_DATA((site.y + size.H-1) >> 8); //end
    LCD_ILI9341_WR_DATA((site.y + size.H-1) & 0xFF);
}
```

② 写内存和读内存

ILI9341 的写内存由指令 0x2C 进入写模式,后续一个个像素按图 8-21 所示的存储顺序对指定开窗的区域写进去。参数的数目与开窗区域的像素数目一致,用法如表 8-7 所列。

表 8-7　写内存指令

2Ch	RAMWR(Memory Write)										
	D/CX	RDX	WRX	D17-8	D7	D6	D5	D4	D3	D2	D1	D0	HEX
Command	0	1	↑	XX	0	0	1	0	1	1	0	0	2Ch
1st Parameter	1	1	↑	D1[17:0]									XX
⋮	1	1	↑	Dx[17:0]									XX
Nth Parameter	1	1	↑	Dn[17:0]									XX

ILI9341 的读内存由指令 0x2E 进入读模式,后续一个个像素按图 8-21 所示的

存储顺序对指定开窗的区域读进去,用法如表 8-8 所列。注意,第一个参数返回值是个无意义的数值。

表 8-8 读内存指令

2Eh	D/CX	RDX	WRX	D17-8	D7	D6	D5	D4	D3	D2	D1	D0	HEX
							RAMRD(Memory Read)						
Command	0	1	↑	XX	0	0	1	0	1	1	1	0	2Eh
1st Parameter	1	1	↑	XX	X	X	X	X	X	X	X	X	X
2nd Parameter	1	1	↑	D1[17:0]									xx
⋮	1	1	↑	Dx[17:0]									XX
(N+1)th Parameter	1	1	↑	Dn[17:0]									XX

例如画个矩形,首先进行开窗操作,然后设置写模式,一个个点写进内存里,从而实现画矩形。

```
/*!
 * @brief       显示实心矩形
 * @param       site        左上角坐标
 * @param       size        矩形大小
 * @param       rgb565      颜色
 * @since       v5.0
 * Sample usage:        Site_t site = {10,20};          //x=10,y=20
 *                      Size_t size = {50,60};          //W=50,H=60
 *                      LCD_rectangle(site, size, RED);
 */
void LCD_rectangle(Site_t site, Size_t size, uint16 rgb565)
{
    uint32 n, temp;
    LCD_PTLON(site, size);                              //开窗
    temp = (uint32)size.W * size.H;
    LCD_RAMWR();                                        //写内存
    for(n = 0; n < temp; n ++)
    {
        LCD_WR_DATA( rgb565 );                          //写数据
    }
}
```

学会了画矩形,那么画点(宽高都是 1 个像素的矩形)也就不成问题了。

```
/*!
 * @brief       画点
 * @param       site        左上角坐标
 * @param       rgb565      颜色
 * @since       v5.0
 * Sample usage:        Site_t site = {10,20};          //x=10,y=20
 *                      LCD_point(site, RED);
 */
```

```
void LCD_point(Site_t site, uint16 rgb565)
{
    Size_t size = {1, 1};
    LCD_PTLON(site, size);
    LCD_RAMWR();                            //写内存
    LCD_WR_DATA(rgb565);                    //写数据
}
```

(3) LCD 字符显示

① 制作 ASCII 字库

LCD 的字符显示,实际上就是画一副矩形的字符图案,因此需要使用软件来生成相应的字符字库。

本节内容使用"字幕Ⅲ"软件生成 ASCII 字库。如图 8-23 所示选择批量导出字幕模式,文本文件里加载软件已经自带的 ASCII.txt 文本。

如图 8-22 所示,ASCII.txt 文本里存储从 0x20(空格键)~0x7E('~')的字符,然后单击字符智能生成,弹出字库批量参数确认界面,如图 8-24 所示。字库批量参数,选择导出源文件格式,这样就可以把字库存储在微控制器的 Flash 里,然后单击开始转换进程即可把源代码生成在指定的文件里。

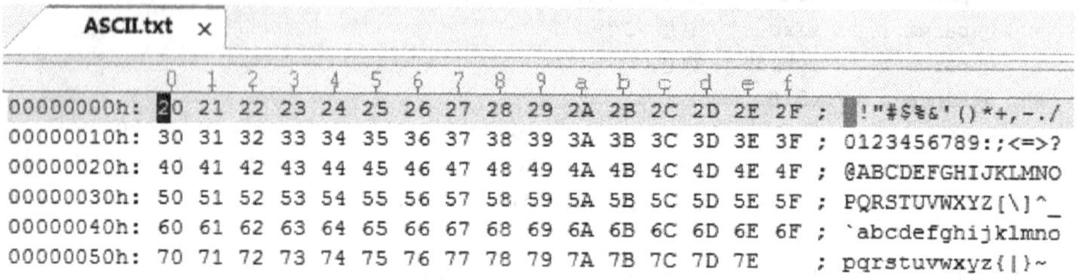

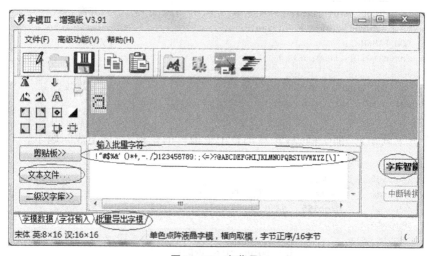

图 8-22 ASCII.txt 文本内容

图 8-23 字幕Ⅲ

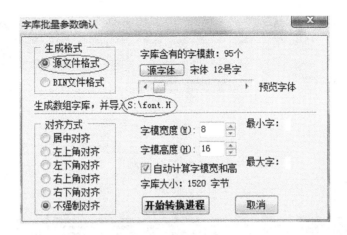

图 8-24　字库参数确认

字库默认的是单色点阵液晶字幕,横向取模,字节正序,即如图 8-21 所示的存储顺序。参数是可修改的:选择"菜单栏"→"高级功能"→"参数设置"命令,即可弹出如图 8-25 所示的参数设置界面,即可修改参数。

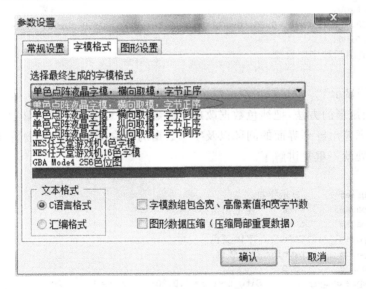

图 8-25　字库参数设置

按照上述步骤即可在指定文件里产生字库数据,如图 8-26 所示,把里面的数据放到数据内,即可完成字库的生成。

//常用 ASCII 表,偏移量 32
//ASCII 字符集,偏移量 32　大小:8×16
unsigned char const ascii_8x16[1536] = //96×16 = 1536,把文字当作图片处理,通过数组
//来存储图片数据
　　//ascii 字符范围为[32,127] = 96 个字符,每个字符要用 16 个字节来表示,所以有 96×

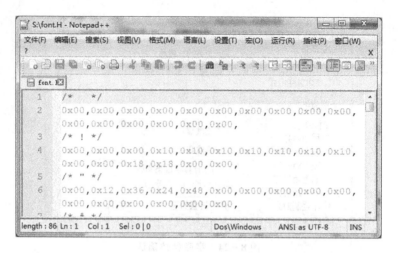

图 8-26 生成的字库数据

```
//16 = 1536 个字节
{
    0x00, 0x00, 0x00, 0x00, 0x00, 0x00, 0x00, 0x00, 0x00, 0x00, 0x00, 0x00, 0x00, 0x00, 0x00, 0x00,
    0x00, 0x00, 0x18, 0x3C, 0x3C, 0x3C, 0x18, 0x18, 0x18, 0x00, 0x18, 0x18, 0x00, 0x00, 0x00, 0x00,
    //省略后续字库数据
};
```

② 字符显示

参考画矩形的方法，把纯色数据改成字库数据，即可实现字符的显示。字符的显示，需要考虑越出屏幕界面的问题以及字库数据的读取操作，其他的操作步骤与画矩形一致，此处就不重复讲解了。

```
/*!
 *    @brief          显示字符
 *    @param          site        左上角坐标
 *    @param          ascii       字符
 *    @param          Color       字体颜色
 *    @param          bkColor     背景颜色
 *    @since          v5.0
 *    Sample usage:           Site_t site = {10,20};     //x = 10, y = 20
 *                            LCD_char(site,0, BLUE,RED);
 */
void LCD_char(Site_t site, uint8 ascii, uint16 Color, uint16 bkColor)
{
#define MAX_CHAR_POSX (LCD_W - 8)
#define MAX_CHAR_POSY (LCD_H - 16)
    uint8 temp, t, pos;
    Size_t size = {8, 16};
    if(site.x > MAX_CHAR_POSX || site.y > MAX_CHAR_POSY)
    {
```

```c
        return;
    }
    LCD_PTLON(site, size);
    LCD_RAMWR();                          //写内存
    for (pos = 0; pos<16; pos ++ )        //查数组,把文字的数据显示到 LCD 上
    {
        temp = ascii_8x16[((ascii - 0x20) * 16) + pos];
        for(t = 0; t<8; t ++ )
        {
            if(temp & 0x80)
            {
                LCD_WR_DATA(Color);
            }
            else
            {
                LCD_WR_DATA(bkColor);
            }
            temp<< = 1;
        }
    }
    return;
#undef MAX_CHAR_POSX
#undef MAX_CHAR_POSY
}
```

根据上述 ASCII 码的显示方法,汉字的显示也是按此方法来生成字库和显示。有了 ASCII 码的显示,那么显示字符串、显示数字也能轻易地实现,读者可自行参考本书的代码来学习。

(3) 增强 LCD 代码的可移植性

为了方便代码移植,以及方便切换其他不同的液晶,这里采用宏条件编译来选择 API 接口,在 FIRE_LCD.h 文件里加入选择不同的 LCD 宏定义。

```c
#define LCD_ILI9341        1
#define USE_LCD            LCD_ILI9341           //选择使用的 LCD
```

然后在 ILI9341 的驱动代码头文件 FIRE_LCD_ILI9341.h 里宏条件编译来选择 API 接口。

```c
#if (USE_LCD == LCD_ILI9341)
/*************************** API 接口 ****************************/
//提供 API 接口给 LCD 调用
//利用宏定义 API 接口的好处是换其他 LCD 时无需修改顶层代码
#define LCD_H ILI9341_get_h()                                    //高
#define LCD_W ILI9341_get_w()                                    //宽
#define LCD_INIT() LCD_ILI9341_init()                            //初始化
#define LCD_PTLON(site,size) LCD_ILI9341_ptlon(site,size)        //开窗
#define LCD_RAMWR() LCD_ILI9341_WR_CMD(0x2C)                     //写模式
#define LCD_WR_DATA(data) LCD_ILI9341_WR_DATA(data)              //写数据
#define LCD_WR_CMD(cmd) LCD_ILI9341_WR_CMD(cmd)                  //命令
#define LCD_SET_DIR(opt) LCD_ILI9341_dir(opt)                    //方向
```

```
#define LCD_DIR ILI9341_get_dir()                    //获取方向
#endif //(USE_LCD == LCD_ILI9341)
```

然后在 LCD 的驱动代码里仅仅调用宏定义的 API 接口,如 LCD_INIT()初始化来代替 LCD_ILI9341_init(),这样的好处在于加入不同液晶驱动时,只需要按照 ILI9341 的代码格式来提供相应的 API 接口,那么就可以仅仅修改一个宏定义就切换不同的液晶,用户的应用代码不需要修改。

3. LCD 显示应用

根据上面已经实现的字符显示,则可以实现字符串显示、数字显示等相关代码。

```
/*!
 *  @brief      main 函数
 *  @since      v5.0
 *  @note       野火 LCD flexbus 测试实验
 */
void  main(void)
{
    uint16   i = 0;
    Site_t site;
    LCD_init();                              //初始化
    site.x = 10;
    site.y = 10;
    LCD_str(site, "WildFire", BLUE, RED);
    site.y = 30;
    LCD_str(site, "www.chuxue123.com", BLUE, RED);
    site.y = 50;
    LCD_num(site, 20130901, BLUE, RED);
    site.y = 70;

    while(1)
    {
        LCD_num_C(site, i++ , BLUE, RED);
    }
}
```

图 8-27　LCD 显示实验结果

编译下载后,即可在开发板上的大液晶屏幕里看到实验结果,如图 8-27 所示。

注意 LCD 是通过命令格式来操作的,换句话说,其命令格式不能打乱。如果在中断函数里显示 LCD,而中断液晶显示刚好打断了当前主函数里的液晶显示命令,就会导致液晶的显示异常。为了避免此问题,应该在中断函数里避免进行液晶显示操作。

LCD 除了可以显示 ASCII 文字外,还可以通过添加汉字字库的方式来显示汉字,还可以显示摄像头采集图像或者 BMP 等格式图像。

第 9 章

SDHC

K60 的 SDHC 模块支持 MMC/SD/SDIO,不只是常见的单纯用于存储数据的 SD 存储卡。实际上,SDHC 模块还可以利用 SDIO 接口实现 SDIO Wi-Fi、SDIO CMOS 相机等,如图 9-1 所示。

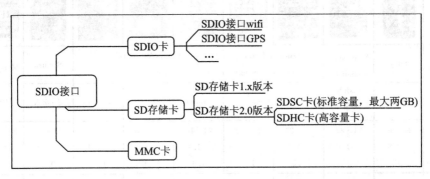

图 9-1 使用 SDIO 接口的设备种类

本章只讲解针对 SD 存储卡(后面简称 SD 卡)的使用,SD 卡主要分为两个版本,有 1.x 版和现在普遍使用的 2.0 版,2.0 版是为了适应大容量 SD 卡提出的标准,这个标准把 SD 卡分为 SDSC 卡和 SDHC 卡。其中 SDSC 卡为标准容量,容量最大不超过 2 GB;超过 2 GB 的都属于高容量的 SDHC 卡。

9.1 SD 介绍

使用过数码产品的人们通常都听说过 SD 卡和 MMC 卡,SD/MMC 卡目前已经广泛应用在手机、PAD、MP4、相机等领域,那读者对 SD/MMC 卡了解又有多深呢?现在,让我们一起来深入了解 SD/MMC 卡。SD 卡全称为 Secure Digital Memory Card,从 MMC 卡发展来的,是由松下电器、东芝和 SanDisk 联合推出的。2000 年由东芝、松下和 Sandisk 创立 SD 协会。MMC 卡全称为 Multi Media Card,由 Sandisk 和西门子于 1997 年联手推出。1998 年 MMC 协会成立。两者的比较:

> 主要差别:初始化及地址设置不同。
> 相同:总线协议,电气特性等基本相同。

➢ 主要的厂商：SD：Sandisk，Lexar，Panasonic，Toshiba，KingstonKingmax，Makway，kingston，transecond，等；MMC：Samsung，twinmos，ATP，Makway，kingmax 等。

1. SD/MMC 卡的分类

SD/MMC 卡的分类如表 9-1 所列。

表 9-1 SD/MMC 卡分类

	标准体积大小				小体积大小				
	MS	SD	MMC	MMC plus	RS-MMC	MMC mobile	MMC micro	T-Flash	Mini-SD
图片									
主要供应商	Sony	Matsushita Sandisk Toshiba (M/S/T)	Renesasi,Lexar Infineon,Samsung		Lexar,ATP,PDC Infineon,Samsung			Sandisk	Matsushita Sandisk Toshiba
发布者	Sony		Infineon/Renesas		Infineon/Renesas		Samsung	Sandisk	
大小(mm)	21×50 ×2.8	24×32 ×2.1	24×32 ×1.4	24×32 ×1.4	24×18 ×1.4	24×18 ×1.4	12×14 ×1.1	11×15 ×1.0	20×21.5 ×1.4
重量(g)	4	3	1.5	1.5	1.0	1.0	0.4	0.4	1.8
引脚数/数据总线数	10/1 Pro：10/4	9/4	7/1	13/8	7/1	13/8	10/4	8/4	11/4
时钟(MHz)	24 Pro：40	20	20	52	20	52	52	25	25
最大数据速率@Host I/F(MB/s)	3 MB/s Pro：20 MB/s	10	2.5	52	2.5	52	26	12.5	12.5
电压(V)	3.3 Pro：1.8, 3.3	3.3	3.3	3.3	1.8, 3.3	1.8, 3.3	1.8, 3.3	3.3	3.3
接口	MS/I/O	SD/SPI/I/O	MMC/SPI	MMC/SPI	MMC/SPI	MMC/SPI	MMC/SPI	SD/SPI	SD/SPI/I/O
知识产权问题	Sony	M/S/T	免费	免费	免费	免费	免费	免费	免费
控制器	内置	内置	内置	内置	内置	内置	内置	内置	内置

2. SD/MMC 卡的最大容量

SD/MMC 卡的最大容量如表 9-2 所列。

表 9-2 SD/MMC 卡的最大容量

规范	SD1.0	SD1.1	SD2.0 (SDHC)	SD3.0 (SDXC)	MMC3.X	MMC4.1	MMC4.2/4.3
最大容量	2 GB	2 GB	32 GB	2 TB	2 GB	2 GB	2 TB

对于 SD 卡，按访问方式来分，可分为标准卡和大容量：
- 标准卡：0＜容量≤2 GB，访问方式为 32 位字节地址访问（按字节访问）。
- 大容量卡：2 GB＜容量≤2 TB，访问方式为 32 位块地址访问（按块访问），块大小为 0x200 字节。

例如：对卡进行读/写操作时，命令令牌的地址地域符初值为 0x0F。在标准卡里表示对 15 个字节以后的地址单元进行读写操作（前提条件是 SD 卡支持偏移读写操作）。在大容量卡里表示对第 15 块进行读写操作。注意：擦除时，两者都是按块来擦除，即按 512 字节为单位来擦除。

按容量大小来分，可分为 SD 卡、SDHC 卡、SDXC 卡：
- SD：容量≤2 GB。
- SDHC：2 GB＜容量≤32 GB。
- SDXC：32 GB＜容量≤2 TB。

一般 SD 卡都有 logo 来指明是 SD 卡、SDHC 卡或 SDXC 卡，如图 9-2 所示。K60 自带 SDHC 控制器可支持 SD 和 SDHC，即最大只能支持 32 GB 的 SD 卡。

图 9-2 SD 卡 logo

3. SD/MMC 卡的速度级别

速度级别往往表明一个卡的最低性能，常以 150 KB/s 为基值，如 100x-15 MB/s，如表 9-3 所列。SD 卡和 MMC 卡在级别的定义略有不同：MMC 的 performance 定义在 Ext_CSD 寄存器中，通过 CMD8，以 512 byte 数据包读取。

表 9-3 SD/MMC 速度级别

SD		MMC		
Class0：没有指定性能	Class A：2.4 MB/s	Class F：12.0 MB/s	Class K：24.0 MB/s
class2：≥2 MB/S	class B：3.0 MB/s	Class G：15.0 MB/s	Class M：30.0 MB/s
Class4：≥4 MB/S	Class C：4.5 MB/s	Class H：18.0 MB/s	Class O：36.0 MB/s
Class6：≥6 MB/S	Class D：6.0 MB/s	Class J：21.0 MB/s	Class R：42.0 MB/s
Class10：≥10 MB/S	Class E：9.0 MB/s		Class T：48.0 MB/s

4. SD 卡内部结构及寄存器

从图 9-3 SD 卡内部结构可以看到 SD 卡所有的寄存器如表 9-4 所列：

表 9-4　SD 卡内寄存器

名称	宽度/bit	描述
CID	128	卡标识号
RCA	16	相对卡地址（relative card address）：本地系统中卡的地址,动态变化,在主机初始化的时候确定 ＊SPI 模式中没有
CSD	128	卡描述数据：卡操作条件的信息数据
SCR	64	SD 卡配置寄存器：SD 卡特定信息数据
OCR	32	操作条件寄存器

(1) CID(Card Identification Register)

CID 共 16 字节,包含了本卡的特别识别码(ID 号),如表 9-5 所列。这些信息是在卡的生产期间被编程(烧录),主控制器不能修改它们的内容。注意：SD 卡的 CID 寄存器和 MMC 卡的 CID 寄存器在记录结构上是不同的。

表 9-5　CID 结构

名称	字段	宽度	CID 划分	注释	CID 值
制造商 ID（MID）	Binary	8	[127:120]	由"SD 卡协会"控制并且分配的制造商 ID 号	0x03
OEM/应用 ID（OID）	ASCII	16	[119:104]	用于辨认卡的 OEM 和/或卡的内容 ID 号	'SD'
产品名字（PNM）	ASCII	40	[103:64]	SD128,SD064,SD032,SD016,SD008	
产品修订版（PRV）	BCD	8	[63:56]	两个二进制编码的十进制数字（BCD）	产品修订号
序列号（PSN）	Binary	32	[55:24]	32 位无符号整数	产品序列号
保留		4	[23:20]	保留	
Manufacture Date Code（MDT）	BCD	12	[19:8]	生产日期格式：2001 年 4 月＝0x014	
CRC7 验证码（CRC）	Binary	7	[7:1]	CRC 校验值	CRC7
保留,总为'1'		1	[0:0]	这部分没有使用,值始终为"1"	

(2) CSD(Card Specific Data Register)

描述数据寄存器（CSD）包含了访问该卡数据时的必要配置信息,如表 9-6 所列。

表 9-6 CSD 结构

名称	字段	宽度	单元类型	CSD 划分	CSD 值	CSD 码
CSD 结构	CSD_STRUCTURE	2	R	[127:126]	1.0	00b
保留	—	6	R	[125:120]	—	000000b
数据读取时间	TAAC	8	R	[119:112]	1.5msec	00100110b
数据在 CLK 周期内读取时间	NSAC	8	R	[111:104]	0	00000000b
最大数据传输率	TRAN_SPEEN	8	R	[103:96]	25 MHz	00110010b
卡命令集合	CCC	12	R	[95:84]	ALL	1F5h
最大读取数据块长度	READ_BL_LEN	4	R	[83:80]	512 Byte	1001b
允许读的部分块	READ_BL_PARTIAL	1	R	[79:79]	YES	1b
写块偏移	WRITE_BLK_MISALIGN	1	R	[78:78]	NO	0b
读块偏移	READ_BLK_MISALIGN	1	R	[77:77]	NO	0b
DSR 应用	DSR_IMP	1	R	[76:76]	NO	0b
保留	—	2	R	[75:74]	—	00b
设备容量	C_SIZE	12	R	[73:62]	如下	—
最小读取电流 @ VDD min	VDD_R_CURR_MIN	3	R	[61:59]	100 mA	111b
最大读取电流 @ VDD max	VDD_R_CURR_MAX	3	R	[58:56]	80 mA	110b
最小写电流 @ VDD min	VDD_W_CURR_min	3	R	[55:53]	100 mA	111b
最大写电流 @ VDD max	VDD_W_CURR_MAX	3	R	[52:50]	80 mA	110b
设备容量倍数	C_SIZE_MULT	3	R	[49:47]	如下	—
擦除单块使能	ERASE_BLK_EN	1	R	[46:46]	YES	1b
擦除扇区大小	SECTOR_SIZE	7	R	[45:39]	32 blocks	00111111b
写保护组大小	WP_GRP_SIZE	7	R	[38:32]	128 sectors	1111111b
写保护组使能	WP_GRP_EN	1	R	[31:31]	YES	1b
保留给 MCC	—	2	R	[30:29]	—	00b
写速度因子	R2W_FACTOR	3	R	[28:26]	X16	100b
最大写入数据块长度	WRITE_BL_LEN	4	R	[25:22]	512 Byte	1001b
保留	—	5	R	[20:16]	—	0000b
文件格式组	FILE_FORMAT_GRP	1	R/W(1)	[15:15]	0	0b
复制标志（OTP）	COPY	1	R/W(1)	[14:14]	Not Original	1b
永久写保护	PERM_WRITE_PROTECT	1	R/W(1)	[13:13]	Not Protected	0b

续表 9-6

名称	字段	宽度	单元类型	CSD 划分	CSD 值	CSD 码
暂时写保护	TMP_WRITE_PROTECT	1	R/W	[12:12]	Not Protected	0b
文件格式	FILE_FORMAT	2	R/W(1)	[11:10]	HD w/partition	00b
保留	—	2	R/W	[9:8]	—	00b
CRC	CRC	7	R/W	[7:1]	—	CRC7
没用，常为'1'	—	1	—	[0:0]	—	1b

单元类型栏内定义了 CSD 的区域是 "R/W" 是指可以多次擦写，"R/W(1)" 是指只能写入一次，不可擦除。注意，SD 卡内的 CSD 寄存器和 MultiMedia 卡的 CSD 寄存器有着不同的结构。

(3) SCR(SD card Configuration Register)

SCR 提供了 SD 卡的一些特殊特性，如表 9-7 所列，内容由制造商出厂前设置好。

表 9-7　SCR 结构

名称	字段	宽度	单元类型	SCR 划分	SCR 值	SCR 码
SCR 结构	SCR_STRUCTURE	4	R	[63:60]	V1.0	0
SD 卡版本	SD_SPEC	4	R	[59:56]	V1.01	0
擦除后的数据状态	DATA_STAT_AFTER_ERASE	1	R	[55:55]	0	0
SD 支持的安全算法	SD_SECURITY	3	R	[54:52]	Prot 2, Spec V1.01	2
数据总线宽度支持	SD_BUS_WIDTHS	4	R	[51:48]	1 & 4	5
保留	—	1	R	[47:32]	0	0
保留给制造商	—	3	R	[31:0]	0	0

5. SD 卡的存储组织结构图

SD 卡由不同的扇区组成，扇区又由不同的块组成，如图 9-4 所示。

6. SD 卡接口

SD 卡支持 SPI 接口和 SD 接口，两者的区别如表 9-8 所列。

表 9-8　SD 卡接口

	SD BUS	SPI BUS
接口	CLK, CMD, DAT0~3	CS(DAT3) CLK DATIN(CMD) DATOUT(DAT0)
特点	需要专门的 SD 控制器支持；性能高	有 SPI 接口的微控制器都可以支持；性能低

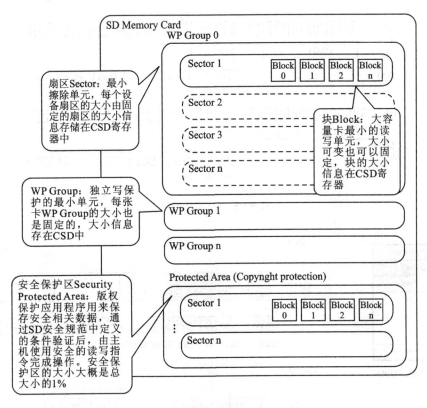

图9-4　SD卡存储结构

9.2　初识SDHC协议

1．SD卡时序

SD总线由命令CMD、应答RSP、数据Data数据流构成,其中以0为起始位,以1为结束位,如图9-5所示。SD卡总线的数据格式为:高位在前,低位在后;低位地址字节在前,高位地址字节在后。

2．SD卡数据包格式

SD协议的数据线可选1~4位,数据包的格式有Usual data模式和Wide Width Data模式两种。Usual data模式:通常的数据以最低有效字节为先发送,在单个字节里面以最高有效位为先,如图9-6所示。Wide width data模式:最高有效位先传输,如图9-7所示。

3．SD卡CMD命令介绍

SD卡运行流程就是使用状态机思想,通过命令CMD控制SD进入各个不同的状态,从而完成对SD卡的读写操作。SD卡的命令格式如表9-9所列。

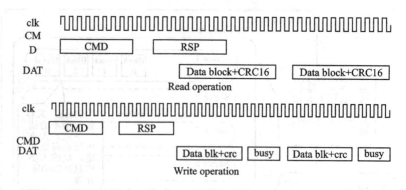

图 9-5 SD 总线时序

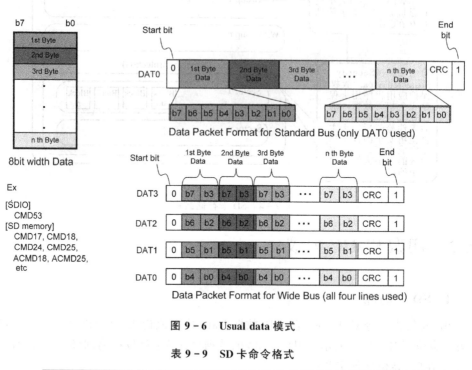

图 9-6 Usual data 模式

表 9-9 SD 卡命令格式

位位置	47	46	[45:40]	[39:8]	[7:1]	0
宽度(位)	1	1	6	32	7	1
值	0	0	x	x	x	1
描述	起始位	传输位	命令标志	参数	CRC7	结束位

SD 卡的命令众多,根据功能不同而分为不同的卡命令类(card command class,简称 CCC),如表 9-10 所列。常用的命令主要是基础、块读操作、块写操作、擦除等命令。

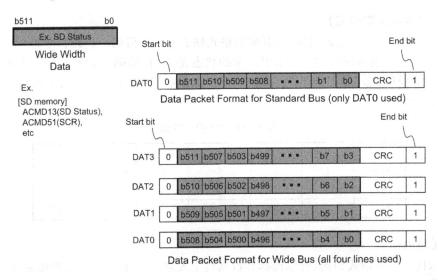

图 9-7 Wide Width data 模式

表 9-10 卡命令类

卡命令类	类描述	支持命令
Class0	基础	CMD0～4；CMD7～15
Class1	保留	
Class2	块读操作	CMD16,17,18
Class3	保留	
Class4	块写入操作	CMD16,24,25,27
Class5	擦除	CMD32,33,38
Class6	写保护	CMD28,29,30
Class7	锁定卡	CMD16,CMD42
Class8	特殊用途	CMD55,53,ACMD6,13,22,23,41,42
Class9	I/O 模式	CMD5,52,53
Class10～Class11	转换	CMD6

4. SD 卡命令响应

所有的响应都是在命令线 CMD 上传输的。发送命令后,有可能响应结果(都是指正常)如下：

- 无响应 NRSP。
- 48 bit 的响应 R1,R3,R4,R5,R6,R7。
- 136 bit 的响应 R2。
- 带着 busy 的响应 R1B。
- 带着数据传输的响应 R1+DAT。

(1) R1(正常响应)

R1 响应用于响应常用指令,其响应格式如表 9-11 所列。代码长度为 48 位,其中位[45:40]表明回应的命令索引。卡的状态是 32 位编码。如果这是一个传输数据到卡的操作,那么每个数据块传输后都可能出现一个忙信号 busy,主机应该检测卡是否繁忙。

表 9-11 R1 响应格式

位	47	46	[45:40]	[39:8]	[7:1]	0
位宽	1	1	6	32	7	1
值	'0'	'0'	x	x	x	'1'
描述	启动位	传输位	命令索引	卡状态	CRC7	结束位

(2) R1b

R1b 与 R1 格式相同,可以选择在数据线上发送一个忙信号。收到该命令后,卡有可能根据之前接收的命令进入繁忙状态,主机应该检测卡是否繁忙。

(3) R2(CID,CSD 寄存器)

R2 响应主要用于把 CID 寄存器作为内容响应 CMD2 和 CMD10 指令,把 CSD 寄存器作为内容响应 CMD9,其响应格式如表 9-12 所列。卡只发送 CID 和 CSD 的位[127:1],位 0 被响应的结束位所取代。

表 9-12 R2 响应格式

位	135	134	[133:128]	[127:1]	0
位宽	1	1	6	127	1
值	'0'	'0'	'111111'	x	'1'
描述	启动位	传输位	保留	包括内部 CRC7 的 CID 或 CSD 寄存器	结束位

(4) R3(OCR 寄存器)

R3 响应主要用于把 OCR 寄存器作为内容响应 ACMD41 指令,其响应格式如表 9-13 所列。

表 9-13 R3 响应格式

位	47	46	[45:40]	[39:8]	[7:1]	0
位宽	1	1	6	32	7	1
值	'0'	'0'	'111111'	x	'1111111'	'1'
描述	启动位	传输位	保留	OCR	保留	结束位

(5) R4(CMD5)

R4 用于把 OCR 寄存器作为内容响应 CMD5 指令。

(6) R5(CMD52)

CMD52 是一个读写寄存器的指令,R5 用于 CMD52 的响应。

(7) R6(发布 RCA 响应)

R6 响应主要用于分配相对卡地址,其响应格式如表 9-14 所列。位 45:40 表明要响应的命令索引,在这种情况下是'000011'(CMD3)。参数域的高 16 位用来存放卡发出的 RCA 数据。

表 9-14 R6 响应格式

位	47	46	[45:40]	[39:8]参数域		[7:1]	0
位宽	1	1	6	16	16	7	1
值	'0'	'0'	x	x	x	x	'1'
描述	启动位	传输位	命令索引(CMD3)	新发布卡的RCR[31:16]	卡状态位	CRC7	结束位

(8) R7(卡接口操作条件)

R7 响应用于响应 CMD8,返回卡支持的电压信息,其响应格式如表 9-15 所列。

表 9-15 R7 响应格式

位	47	46	[45:40]	[39:20]	[19:16]	[15:8]	[7:1]	0
位宽	1	1	6	20	4	8	7	1
值	'0'	'0'	'001000'	'00000'	x	x	x	'1'
描述	启动位	传输位	命令索引	保留位	接受电压,见表 9-16	检测模式的Echo-back	CRC	结束位

表 9-16 R7 的接受电压定义

接受电压	值定义	接受电压	值定义	接受电压	值定义
0000b	没定义	0010b	保留给低电压范围	1000b	保留
0001b	2.7~3.6 V	0100b	保留	Others	没定义

5. SD 卡的工作状态及操作模式

SD 卡采用状态机的思想,通过命令进入不同的状态,各种卡状态和操作模式如表 9-17 所列。

(1) SD 卡状态图(卡识别模式)

SD 卡上电后进入卡识别模式,如图 9-8 所示。主机在初始化 SD 卡时,会通过各种命令来识别卡的信息,继而进入数据传输模式。

表 9-17 卡状态和操作模式

卡状态	操作模式
非活动状态(Inactive)	非活动
空闲状态(Idle)	卡识别模式
就绪状态(Ready)	
识别状态(Identification)	
待机状态(Stand-by)	数据传输模式
传输状态(Transfer)	
发送数据状态(Sending-data)	
接收数据状态(Receive-data)	
编程状态(Programming)	
断开状态(Disconnect)	

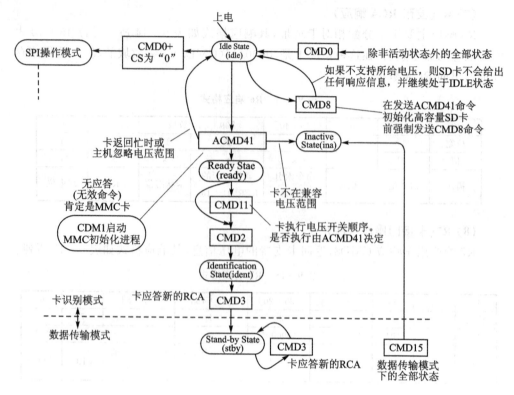

图 9-8 SD 卡状态图(卡识别模式)

(2) SD 卡状态图(数据传输模式)

SD 卡的数据传输模式是传输数据的工作模式,如图 9-9 所示。在此模式下,主机可以对 SD 进行读/写操作。

6. SD 卡时钟控制

Clock 是卡工作的驱动源,host 在应用时需要注意以下几点:

① SD/MMC 卡的初始化必须是 0~400 kHz 的低频 clk。
② clk 频率可以在任何时间在 0 到最高 clk 之间改变。
③ 对没有响应的命令,需要在命令结束位之后多发 8 个 clock。
④ 对有响应的命令,需要在响应的结束位之后多发 8 个 clock。
⑤ 对于数据读,需要在最后一个 block 的结束位之后多发 8 个 clock。
⑥ 对于数据写,需要在读取 CRC 状态响应的结束位之后多发 8 个 clock。
⑦ 卡 busy 时,host 可以关断 clock,但 host 必须提供一个 clock 沿,以使 DAT0 线得到释放(否则 DAT0 一直被拉低)。

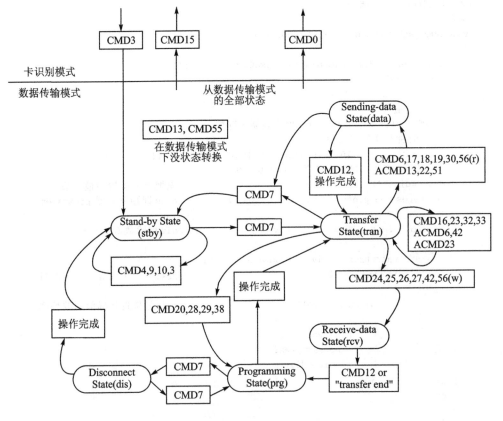

图 9-9 SD 卡状态图(数据传输模式)

9.3 SDHC 关键代码分析

由于本实验的代码庞大,这里挑选重点的部分来分析。

1. 初始化 SDHC 模块

SDHC 模块的初始化主要是配置引脚复用,配置 SD 卡的启动波特率,SD 卡启动时的波特率必须低于 400 kb/s,然后发送 80 个 CLK。SDHC 模块的时钟源为内核频率,SD 卡上电时波特率不得高于 400 kb/s,正常通信时波特率最大可达 50 Mb/s。为了便于配置波特率,这里提供了设置波特率的函数 SDHC_set_baudrate,其内部自动运算最匹配的波特率配置方案。

```
//SD 卡初始数据传输需工作在低于 400 kb/s 的频率
#define         SDHC_INIT_BANDRATE        300000                 //启动时的波特率
/*!
 *  @brief      SDHC 波特率配置
 *  @param      baudrate         波特率(Hz)
```

```
 *  @since       v5.0
 */
void SDHC_set_baudrate(uint32 baudrate)
{
    uint32 pres, div, min, minpres = 0x80, mindiv = 0x0F;
    int32   val;
    uint32 clock = SDHC_CLOCK;
    /* 计算最佳配置 */
    //SDCLK 时钟频率 = 基时钟/(预分频器 * 除数)
    //SD 时钟频率的最大值是 50 MHz
    //预分频 = 2,4,8,16,32,64,128,256,且 SDCLKFS = 预分频 >> 1;
    //除数 = DVS + 1,DVS 的取值范围是 0～ 0xF
    min = (uint32) - 1;                                 //先把 min 配置为最大值
    for (pres = 2; pres <= 256; pres <<= 1)             //pres 即预分频器 prescaler
    {
        for (div = 1; div <= 16; div ++)
        {
            val = pres * div * baudrate - clock;        //div 即除数 Divisor
            if (val >= 0)                               //波特率大于或等于设定的目标值
            {
                if (min > val)                          //选择最接近目标值的波特率
                {
                    min = val;
                    minpres = pres;
                    mindiv = div;
                }
            }
        }
    }
    /* 禁止 ESDHC 时钟 */
    SDHC_SYSCTL &= (~ SDHC_SYSCTL_SDCLKEN_MASK);
    /* 改变分频系数 */
    SDHC_SYSCTL = ( (SDHC_SYSCTL & (~ (SDHC_SYSCTL_DTOCV_MASK | SDHC_SYSCTL_SDCLKFS_
MASK | SDHC_SYSCTL_DVS_MASK)) ) //先清 SDHC_SYSCTL 的 DTOCV 、SDCLKFS 、DVS 字段
                | SDHC_SYSCTL_DTOCV(0x0E)   //数据超时计数器值 = SDCLK x (DTOCV +
                                            //213),DTOCV 的范围是 0 - 0x0E
                | SDHC_SYSCTL_SDCLKFS(minpres >> 1)
                                            //SDCLK 频率选择 = 基时钟 / (1<<SDCLKFS)
                | SDHC_SYSCTL_DVS(mindiv - 1)
                );
    /* 等待 SD 时钟稳定 */
    while (0 == (SDHC_PRSSTAT & SDHC_PRSSTAT_SDSTB_MASK));
    /* 使能 ESDHC 时钟 */
    SDHC_SYSCTL |= SDHC_SYSCTL_SDCLKEN_MASK;
    SDHC_IRQSTAT |= SDHC_IRQSTAT_DTOE_MASK;          //清数据超时错误标志
}
/*!
 *  @brief      SDHC 初始化(仅初始化模块,不初始化 SD 卡)
 *  @since      v5.0
 */
```

```c
void SDHC_init()
{
    SDHC_card.CARD = ESDHC_CARD_NONE;
#if defined( MK60DZ10)
    /*使能 SDHC 模块时钟*/
    SIM_SCGC3 |= SIM_SCGC3_SDHC_MASK;
#elif defined( MK60F15)
    /*使能 SDHC 模块时钟*/
    SIM_SCGC3 |= SIM_SCGC3_ESDHC_MASK;
#endif
    /*复位 ESDHC*/
    SDHC_SYSCTL = SDHC_SYSCTL_RSTA_MASK | SDHC_SYSCTL_SDCLKFS(0x80);
    while (SDHC_SYSCTL & SDHC_SYSCTL_RSTA_MASK){};
    /*初始化值*/
    SDHC_VENDOR = 0;
    SDHC_BLKATTR = SDHC_BLKATTR_BLKCNT(1) | SDHC_BLKATTR_BLKSIZE(512);
    SDHC_PROCTL = SDHC_PROCTL_EMODE(ESDHC_PROCTL_EMODE_INVARIANT) | SDHC_PROCTL_D3CD_MASK;
    SDHC_WML = SDHC_WML_RDWML(1) | SDHC_WML_WRWML(1);
    /*配置 ESDHC 波特率*/
    SDHC_set_baudrate ( SDHC_INIT_BANDRATE );
    /*Poll inhibit bits*/
    while (SDHC_PRSSTAT & (SDHC_PRSSTAT_CIHB_MASK | SDHC_PRSSTAT_CDIHB_MASK)){};
    /*初始化引脚复用*/
    port_init(PTE0, ALT4 | HDS | PULLUP ); /* ESDHC.D1 */
    port_init(PTE1, ALT4 | HDS | PULLUP ); /* ESDHC.D0 */
    port_init(PTE2, ALT4 | HDS           ); /* ESDHC.CLK */
    port_init(PTE3, ALT4 | HDS | PULLUP ); /* ESDHC.CMD */
    port_init(PTE4, ALT4 | HDS | PULLUP ); /* ESDHC.D3 */
    port_init(PTE5, ALT4 | HDS | PULLUP ); /* ESDHC.D2 */
    /*使能请求*/
    SDHC_IRQSTAT = 0xFFFF;
    SDHC_IRQSTATEN =       SDHC_IRQSTATEN_DEBESEN_MASK | SDHC_IRQSTATEN_DCESEN_MASK
                    | SDHC_IRQSTATEN_DTOESEN_MASK
                                      | SDHC_IRQSTATEN_CIESEN_MASK | SDHC_IRQSTATEN_CEBESEN_MASK
                    | SDHC_IRQSTATEN_CCESEN_MASK | SDHC_IRQSTATEN_CTOESEN_MASK
                                      | SDHC_IRQSTATEN_BRRSEN_MASK | SDHC_IRQSTATEN_BWRSEN_MASK
                    | SDHC_IRQSTATEN_CRMSEN_MASK
                                      | SDHC_IRQSTATEN_TCSEN_MASK | SDHC_IRQSTATEN_CCSEN_MASK;
    /*发送80个最初的时钟周期到卡上,卡上电期间需要用到*/
    SDHC_SYSCTL |= SDHC_SYSCTL_INITA_MASK;
    while (SDHC_SYSCTL & SDHC_SYSCTL_INITA_MASK){};   //等待80个SD周期发送完成
    /*检测卡是否插入*/
    if (SDHC_PRSSTAT & SDHC_PRSSTAT_CINS_MASK)        //CINS字段由0变1表示插入
                                                       //卡,由1变0表示拔出卡
    {
        SDHC_card.CARD = ESDHC_CARD_UNKNOWN;          //插入了卡,类型未知
    }
    SDHC_IRQSTAT |= SDHC_IRQSTAT_CRM_MASK;  //写1清 CRM 标志位。0表示插入卡,1表
//示移除卡。写1清0后,卡还是没有插入,则恢复值为1
}
```

2. 初始化 SD 卡

SD 卡驱动函数中，最为复杂的就是 SD 卡的初始化。SD 卡的初始化在 disk_initialize 函数里实现。参考图 9-8 SD 卡状态图（卡识别模式），可以按以下步骤完成 SD 卡驱动：

- 初始化完 SD 卡模块后，发送 CMD0 进入 IDLE 模式。
- 发送 CMD8 命令用于检查是否是 SDHC 卡。
- 发送 CMD55 和 ACMD41 命令用于检测是否为 MMC 卡，MMC 卡不应答此命令。
- 然后设置正常的通信波特率。
- 发送 CMD2 命令进行卡识别和 CMD3 命令获得卡地址。

至此，SD 卡已经进入数据传输模式的 Stand-by 状态，参考图 9-9 SD 卡状态图（数据传输模式），可以继续完成 SD 卡的初始化：

- 发送命令 CMD9 获取卡参数。
- 发送命令 CMD7 选择卡（只有在卡选中后总线宽度才能修改）。
- 发送命令 CMD16 设置块的大小。

然后切换总线宽度为 4（为了改变总线宽度，以下两个条件须满足：① SD 卡处于 Transfer 状态，② SD 卡未被锁定）。

- CMD55 应用程序特定的命令，表示下一条是 ACMD 命令。
- ACMD6 选择总线宽度为 4 位。

SD 卡的初始化代码主要在 Lib\FatFs\diskio.c 里的 disk_initialize 函数完成。

```
/*!
 *  @brief      硬盘初始化
 *  @param      drv                     设备号(目前代码仅支持为 0)
 *  @since      v5.0
 */
DSTATUS disk_initialize (unsigned char drv)
{
    uint32                          param, c_size, c_size_mult, read_bl_len;
    ESDHC_CMD_t                     command;
    if (drv) return STA_NOINIT;                 /*目前代码仅支持 1 个设备*/
    if (Stat & STA_NODISK) return Stat;         /*没有插入卡*/
    if ((Stat & STA_NOINIT) == 0) return 0;     /*没有初始化*/
    SDHC_card.SD_TIMEOUT = 0;
    SDHC_card.NUM_BLOCKS = 0;
    SDHC_card.ADDRESS = 0;
    SDHC_card.SDHC = FALSE;
    SDHC_card.VERSION2 = FALSE;
    /*初始化和检测卡*/
    if (ESDHC_IOCTL_OK != SDHC_ioctl (ESDHC_IOCTL_INIT, NULL))
    {
        return FALSE;
```

```
    }
    /* SDHC 检测 */
    param = 0;
    if (ESDHC_IOCTL_OK != SDHC_ioctl (ESDHC_IOCTL_GET_CARD, &param))
    {
        return FALSE;
    }
    if ((ESDHC_CARD_SD == param) || (ESDHC_CARD_SDHC == param) || (ESDHC_CARD_SDCOMBO == param) || (ESDHC_CARD_SDHCCOMBO == param))
    {
        if ((ESDHC_CARD_SDHC == param) || (ESDHC_CARD_SDHCCOMBO == param))
        {
            SDHC_card.SDHC = TRUE;
        }
    }
    else
    {
        return FALSE;
    }
    /* 卡识别 */
    command.COMMAND = ESDHC_CMD2;
    command.TYPE = ESDHC_TYPE_NORMAL;
    command.ARGUMENT = 0;
    command.READ = FALSE;
    command.BLOCKS = 0;
    if (ESDHC_IOCTL_OK != SDHC_ioctl (ESDHC_IOCTL_SEND_CMD, &command))
    {
        return FALSE;
    }
    /* 获得卡地址 */
    command.COMMAND = ESDHC_CMD3;
    command.TYPE = ESDHC_TYPE_NORMAL;
    command.ARGUMENT = 0;
    command.READ = FALSE;
    command.BLOCKS = 0;
    if (ESDHC_IOCTL_OK != SDHC_ioctl (ESDHC_IOCTL_SEND_CMD, &command))
    {
        return FALSE;
    }
    SDHC_card.ADDRESS = command.RESPONSE[0] & 0xFFFF0000;
    /* 获得卡参数 */
    command.COMMAND = ESDHC_CMD9;
    command.TYPE = ESDHC_TYPE_NORMAL;
    command.ARGUMENT = SDHC_card.ADDRESS;
    command.READ = FALSE;
    command.BLOCKS = 0;
    if (ESDHC_IOCTL_OK != SDHC_ioctl (ESDHC_IOCTL_SEND_CMD, &command))
    {
        return FALSE;
    }
```

```c
if (0 == (command.RESPONSE[3] & 0x00C00000))
{
    read_bl_len = (command.RESPONSE[2] >> 8) & 0x0F;
    c_size = command.RESPONSE[2] & 0x03;
    c_size = (c_size<<10) | (command.RESPONSE[1] >> 22);
    c_size_mult = (command.RESPONSE[1] >> 7) & 0x07;
    SDHC_card.NUM_BLOCKS = (c_size + 1) * (1<<(c_size_mult + 2)) * (1<<(read_bl_len - 9));
}
else
{
    SDHC_card.VERSION2 = TRUE;
    c_size = (command.RESPONSE[1] >> 8) & 0x003FFFFF;
    SDHC_card.NUM_BLOCKS = (c_size + 1)<<10;
}
/* 选择卡 */
command.COMMAND = ESDHC_CMD7;
command.TYPE = ESDHC_TYPE_NORMAL;
command.ARGUMENT = SDHC_card.ADDRESS;
command.READ = FALSE;
command.BLOCKS = 0;
if (ESDHC_IOCTL_OK != SDHC_ioctl (ESDHC_IOCTL_SEND_CMD, &command))
{
    return FALSE;
}
/* 设置块的大小 */
command.COMMAND = ESDHC_CMD16;
command.TYPE = ESDHC_TYPE_NORMAL;
command.ARGUMENT = SDCARD_BLOCK_SIZE;
command.READ = FALSE;
command.BLOCKS = 0;
if (ESDHC_IOCTL_OK != SDHC_ioctl (ESDHC_IOCTL_SEND_CMD, &command))
{
    return FALSE;
}
if (ESDHC_BUS_WIDTH_4BIT == SDHC_BUS_WIDTH)
{
    /* 应用程序特定的命令 */
    command.COMMAND = ESDHC_CMD55;
    command.TYPE = ESDHC_TYPE_NORMAL;
    command.ARGUMENT = SDHC_card.ADDRESS;
    command.READ = FALSE;
    command.BLOCKS = 0;
    if (ESDHC_IOCTL_OK != SDHC_ioctl (ESDHC_IOCTL_SEND_CMD, &command))
    {
        return FALSE;
    }
    /* 设置总线带宽 == 4 */
    command.COMMAND = ESDHC_ACMD6;
    command.TYPE = ESDHC_TYPE_NORMAL;
```

```
            command.ARGUMENT = 2;
            command.READ = FALSE;
            command.BLOCKS = 0;
            if (ESDHC_IOCTL_OK != SDHC_ioctl (ESDHC_IOCTL_SEND_CMD, &command))
            {
                return FALSE;
            }
            param = ESDHC_BUS_WIDTH_4BIT;
            if (ESDHC_IOCTL_OK != SDHC_ioctl (ESDHC_IOCTL_SET_BUS_WIDTH, &param))
            {
                return FALSE;
            }
    }
    Stat & = ~STA_NOINIT;            /* 清 STA_NOINIT */
    return (Stat & 0x03);
}
```

3. SD 卡读扇区

根据单扇区和多扇区读操作的不同，命令也有所不同。单扇区读操作用 CMD17 命令，而多扇区读操作用 CMD18 命令。如果是标准 SD 卡，则按字节访问，地址为扇区号乘以扇区字节数。如果是大容量 SD 卡则按块访问，地址为扇区号。

```
/*!
 *  @brief          读扇区
 *  @param    drv              驱动号(目前代码仅支持为 0)
 *  @param    buff             缓冲区地址
 *  @param    sector           扇区号
 *  @param    count            扇区数(1~255)
 *  @return   DRESULT          执行结果
 *  @since    v5.0
 */
DRESULT disk_read (            //读磁盘扇区
    uint8    drv,              /* 物理驱动编号（0）*/
    uint8    * buff,           /* 指向数据缓冲区来存储读到的数据 */
    uint32 sector,             /* 开始的扇区号（LBA）*/
    uint8    count             /* 扇区总数(1~255) */
)
{
    ESDHC_CMD_t command;
    if (drv || (! count)) return RES_PARERR;     //drv 只能为 0, count 必须不等于 0
    if (Stat & STA_NOINIT) return RES_NOTRDY;    //未就绪
    /* 检测参数 */
    if ((NULL == buff))
    {
        return RES_PARERR;                       //参数无效
    }
    if (! SDHC_card.SDHC)
    {
        sector * = SDCARD_BLOCK_SIZE;            /* 如果需要,转换为字节地址 */
    }
```

```
        if (count == 1) /* 单块读,单块和多块的命令是不同的 */
        {
            command.COMMAND = ESDHC_CMD17;
            command.TYPE = ESDHC_TYPE_NORMAL;
            command.ARGUMENT = sector;
            command.READ = TRUE;
            command.BLOCKS = count;
            if (ESDHC_IOCTL_OK ==
                    SDHC_ioctl (ESDHC_IOCTL_SEND_CMD, &command))
            {
                if (rcvr_datablock(buff, SDCARD_BLOCK_SIZE))
                {
                    count = 0;
                }
            }
        }
        else
        {
            /* 多块读 */
            //
            command.COMMAND = ESDHC_CMD18;
            //command.COMMAND = ESDHC_CMD17;
            command.TYPE = ESDHC_TYPE_NORMAL;
            command.ARGUMENT = sector;
            command.READ = TRUE;
            command.BLOCKS = count;
            if (ESDHC_IOCTL_OK == SDHC_ioctl (ESDHC_IOCTL_SEND_CMD, &command))
            {
                if (rcvr_datablock(buff, SDCARD_BLOCK_SIZE * count))
                {
                    count = 0;
                }
            }
        }
        return count ? RES_ERROR : RES_OK;
}
```

4. SD 卡写扇区

SD 卡写扇区跟读扇区类似,根据单扇区和多扇区写操作的不同,命令也有所不同。单扇区写操作用 CMD24 命令,而多扇区写操作用 CMD25 命令。如果是标准 SD 卡,则按字节访问,地址为扇区号乘以扇区字节数。如果是大容量 SD 卡则按块访问,地址为扇区号。

```
/*!
 * @brief       写扇区
 * @param       drv             驱动号(目前代码仅支持为 0)
 * @param       buff            缓冲区地址
 * @param       sector          扇区号
```

```
 *  @param      count                   扇区数(1～255)
 *  @return     DRESULT                 执行结果
 *  @since      v5.0
 */
DRESULT disk_write (uint8    drv, const uint8    * buff, uint32 sector, uint8    count)
{
    ESDHC_CMD_t command;
    //pSDCARD_t     sdcard_ptr = (pSDCARD_t)&SDHC_card;
    if (drv || ! count) return RES_PARERR;
    if (Stat & STA_NOINIT) return RES_NOTRDY;
    if (Stat & STA_PROTECT) return RES_WRPRT;
    /* Check parameters */
    if ((NULL == buff))
    {
        return RES_PARERR;           //参数无效
    }
    if (! SDHC_card.SDHC)
    {
        sector * = SDCARD_BLOCK_SIZE;     /* Convert to byte address if needed */
    }
    if (count == 1) /* Single block write */
    {
        command.COMMAND = ESDHC_CMD24;
        command.TYPE = ESDHC_TYPE_NORMAL;
        command.ARGUMENT = sector;
        command.READ = FALSE;
        command.BLOCKS = count;
        if (ESDHC_IOCTL_OK == SDHC_ioctl (ESDHC_IOCTL_SEND_CMD, &command))
        {
            if (xmit_datablock(buff, SDCARD_BLOCK_SIZE))
            {
                count = 0;
            }
        }
    }
    else
    {
        command.COMMAND = ESDHC_CMD25;
        command.TYPE = ESDHC_TYPE_NORMAL;
        command.ARGUMENT = sector;
        command.READ = FALSE;
        command.BLOCKS = count;
        if (ESDHC_IOCTL_OK == SDHC_ioctl (ESDHC_IOCTL_SEND_CMD, &command))
        {
            if (xmit_datablock(buff, SDCARD_BLOCK_SIZE * count))
            {
                count = 0;
            }
            while((SDHC_IRQSTAT & SDHC_IRQSTAT_TC_MASK) == 0);
            if (SDHC_IRQSTAT & (SDHC_IRQSTAT_DEBE_MASK | SDHC_IRQSTAT_DCE_MASK | SDHC
```

```
_IRQSTAT_DTOE_MASK))
                {
                    SDHC_IRQSTAT |= SDHC_IRQSTAT_DEBE_MASK | SDHC_IRQSTAT_DCE_MASK |
SDHC_IRQSTAT_DTOE_MASK;
                }
                SDHC_IRQSTAT |= SDHC_IRQSTAT_TC_MASK | SDHC_IRQSTAT_BRR_MASK | SDHC_
IRQSTAT_BWR_MASK;
            }
        }
        /* Wait for card ready / transaction state */
        do
        {
            command.COMMAND = ESDHC_CMD13;
            command.TYPE = ESDHC_TYPE_NORMAL;
            command.ARGUMENT = SDHC_card.ADDRESS;
            command.READ = FALSE;
            command.BLOCKS = 0;
            if (ESDHC_IOCTL_OK != SDHC_ioctl (ESDHC_IOCTL_SEND_CMD, &command))
            {
                return RES_ERROR;
            }
            /* Card status error check */
            if (command.RESPONSE[0] & 0xFFD98008)
            {
                return RES_ERROR;
            }
        }
        while (0x000000900 != (command.RESPONSE[0] & 0x00001F00));
        return count ? RES_ERROR : RES_OK;
    }
```

9.4 FatFS 库

1. 什么是文件系统？

即使不了解文件系统，读者也一定对"文件"这个概念十分熟悉。数据在 PC 上是以文件的形式存储在磁盘中的，而文件由文件系统进行管理。在 PC 机上，根据路径(例如 C:\text.txt)即可寻找到对应的文件，这就是文件系统的功能。

如果不使用文件系统，就如同一个巨大的图书馆无人管理，杂乱无章地存放着各种书籍，难以查找所需的文档。想象一下图书馆的采购人员购书后，把书籍往馆内一扔，拍拍屁股走人，当有人来借阅某本书的时候，就不得不一本本地查找。这样直接存储数据的方式对于小容量的存储介质如 EEPROM 还可以接受，但对于 SD 卡这类大容量设备，则需要一种高效的方式来管理它的存储内容。

这些管理方式即为文件系统，它是为了存储和管理数据，而在存储介质建立的一种组织结构,这些结构包括操作系统引导区、目录和文件。常见的 windows 下的文件系统格式包括 FAT32、NTFS、exFAT。在使用文件系统前,要先对存储介质进行格式化。格式化之后,在存储介质中会创建一个文件分配表和目录。这样,文件系统就可以记录数据存放的物理地址及剩余空间。

2. FATFS 库简介

FatFS 是一个为小型嵌入式系统设计的通用 FAT(File Allocation Table)文件系统模块,支持 FAT16 和 FAT32 两种文件系统。FatFS 的编写遵循 ANSI C,并且完全与磁盘 I/O 层分开。因此,它独立(不依赖)于硬件架构。它可以被嵌入到低成本的微控制器中,如 AVR,8051,PIC,ARM,Z80,68K 等,而不需要做任何修改。

FATFS 文件系统的源码可以从 fatfs 官网下载:http://elm-chan.org/fsw/ff/00index_e.html。

本例程使用 R0.09 版本的 FatFS 库(下载地址 http://elm-chan.org/fsw/ff/ff9.zip),下载解压后可以看到里面的文件结构如下:

```
├──doc ·················································· 帮助文档
│   │   00index_e.html                                  英文帮助文档
│   │   00index_j.html                                  日文帮助文档
│   │   css_e.css
│   │   css_j.css
│   │   updates.txt
│   │
│   ├──en
│   │       英文帮助文档的 *.html 文件
│   │
│   ├──img
│   │       相关的 PNG 图片
│   │
│   └──ja
│           日文帮助文档的 *.html 文件
│
└──src ··················································· 源代码文件夹
    │   00readme.txt                                    说明文档
    │   diskio.h                          需要自行实现的底层存储介质的操作函数
    │   ff.c                              独立于底层介质操作文件的函数
    │   ff.h
    │   ffconf.h                                        文件系统的配置文件
    │   integer.h                                       数据类型定义
    │
    └──option ··············································· 多语言支持
            cc932.c                                     日文
            cc936.c                                     简体中文
            cc949.c                                     韩文
            cc950.c                                     繁体中文
            ccsbcs.c                                    西文的转换
            syscall.c                                   规范与操作系统的接口
```

在 0.09 版 FatFS 库源码中没有 diskio.c 文件,但有 diskio.h。在 diskio.h 源码中有一些关于底层硬件接口的函数声明,可以从旧版本的源码中把 diskio.c 的函数定义复制过来,自己新建一个 diskio.c 文件。diskio.c 文件是移植中最关键的文件,它为文件系统提供了最底层的访问 SD 卡的方法,即调用了 SD 驱动函数。

00readme.txt 说明当前目录下 diskio.c、diskio.h、ff.c、ff.h、integer.h 的功能、涉及了 FATFS 的版权问题(是自由软件),还讲到了 FATFS 的版本更新信息。

src 文件夹下的源码文件功能简介如下:

- integer.h:文件中包含了一些数值类型定义。
- diskio.c:包含底层存储介质的操作函数,这些函数需要用户自己实现,主要添加底层驱动函数。
- ff.c:独立于底层介质操作文件的函数,利用这些函数实现文件的读写。
- cc936.c:本文件在 option 目录下,是简体中文支持所需要添加的文件,包含了简体中文的 GBK 和转换函数。
- ffconf.h:这个头文件包含了对文件系统的各种配置。如需要支持简体中文,需要把 ffconf.h 中的_CODE_PAGE 的宏改成 936 并把上面的 cc936.c 文件加入到工程之中。

建议阅读这些源码的顺序为:integer.h→diskio.c→ff.c。阅读文件系统源码 ff.c 文件需要一定的功底,建议读者先阅读 FAT32 的文件格式,再去分析 ff.c 文件。若仅为使用文件系统,则只需要理解 integer.h 及 diskio.c 文件并会调用 ff.c 文件中的函数就可以了。

3. FatFS 常用 API 接口

打开 doc\00index_e.html 英文帮助文件,很容易就找到 API 接口列表,如图 9-10 所示,每个 API 接口都有超链接,单击进去即可看到 API 接口的详细使用说明,如图 9-11 所示。

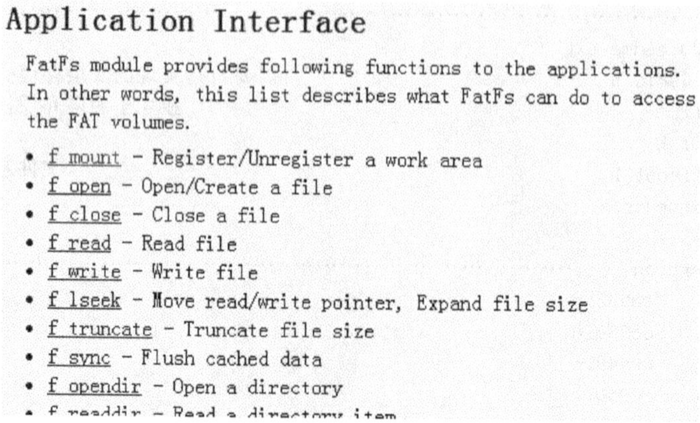

```
Application Interface
FatFs module provides following functions to the applications.
In other words, this list describes what FatFs can do to access
the FAT volumes.

 • f_mount    - Register/Unregister a work area
 • f_open     - Open/Create a file
 • f_close    - Close a file
 • f_read     - Read file
 • f_write    - Write file
 • f_lseek    - Move read/write pointer, Expand file size
 • f_truncate - Truncate file size
 • f_sync     - Flush cached data
 • f_opendir  - Open a directory
 • f_readdir  - Read a directory item
```

图 9-10 FatFS 说明文档里 API 接口描述

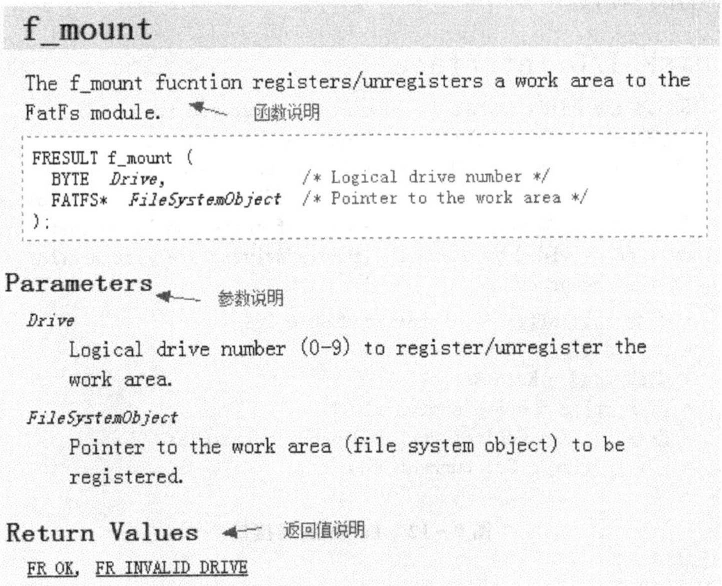

```
f_mount

The f_mount fucntion registers/unregisters a work area to the
FatFs module.    ← 函数说明

FRESULT f_mount (
    BYTE   Drive,              /* Logical drive number */
    FATFS* FileSystemObject    /* Pointer to the work area */
);

Parameters  ← 参数说明

Drive
    Logical drive number (0-9) to register/unregister the
    work area.

FileSystemObject
    Pointer to the work area (file system object) to be
    registered.

Return Values  ← 返回值说明

FR_OK, FR_INVALID_DRIVE
```

图 9-11   FatFS API 接口说明

FatFS 库的 API 接口在源代码文件夹下已经有了说明文档，表 9-18 仅仅列出了部分常用的 API 接口，后续的例程里也有这几个 API 接口的用法实例。其他没有列举的 API 接口，读者可自行查看官方提供的说明文档。

表 9-18   常用的 FatFS API 接口

API 接口	用 途
f_mount	在 FatFs 模块上注册 / 注销一个工作区（文件系统对象）
f_open	创建 / 打开一个用于访问文件的文件对象
f_close	关闭一个打开的文件
f_read	从一个文件中读取数据
f_write	写入数据到一个文件
f_lseek	移动一个打开的文件对象的文件读 / 写指针。也可以被用来扩展文件大小（簇预分配）
f_sync	把缓存信息写入磁盘里

4. FatFS 底层函数的实现

打开 doc\00index_e.html 英文帮助文件，很容易就找到需要实现的底层接口列表，如图 9-12 所示，每个 API 接口都有超链接，单击进去即可看到底层接口的详细使用说明，如图 9-13 所示。

由于 FatFs 模块完全与磁盘 I/O 层分开，因此底层磁盘 I/O 需要下列函数去读/写物理磁盘以及获取当前时间。由于底层磁盘 I/O 模块并不是 FatFs 的一部分，因此它必须由用户提供。

Disk I/O Interface

Since the FatFs module is completely separated from disk I/O layer, it requires following functions at least to access the physical media. When O/S related feature is enabled, it will require process/memory functions in addition. However the low level disk I/O module is not a part of FatFs module so that it must be provided by user. The sample drivers are also available in the resources.

- disk_initialize - Initialize disk drive
- disk_status - Get disk status
- disk_read - Read sector(s)
- disk_write - Write sector(s)
- disk_ioctl - Control device dependent features
- get_fattime - Get current time

图 9-12 FatFS 底层接口

disk_initialize

The disk_initialize function initializes the disk drive.

```
DSTATUS disk_initialize (
    BYTE Drive          /* Physical drive number */
);
```

Parameter

Drive
　　Specifies the physical drive number to initialize.

Return Values

This function returns a disk status as the result. For details of the disk status, refer to the disk_status function.

Description

The disk_initialize function initializes a physical drive and

图 9-13 FatFS 底层接口函数说明

　　FATFS 文件系统与底层介质的驱动分离开来，对底层介质的操作都要交给用户去实现，它仅仅提供了一个函数接口，函数为空，要用户添加代码。因此要把 diskio.c 中的函数接口与前面写的 SD 实验驱动连接起来。根据 FATFS 帮助文档的说明，用户需要提供的几个函数的原型如下，在 diskio.c 中定义：

① 存储介质初始化函数：

```
/* Inidialize a Drive */
DSTATUS disk_initialize (
```

```
    BYTE drv         /* Physical drive nmuber (0..) */
)
```

② 存储介质状态函数：

```
/* Return Disk Status     */
DSTATUS disk_status (
    BYTE drv         /* Physical drive nmuber (0..) */
)
```

③ 扇区读取函数：

```
/* Read Sector(s) */
DRESULT disk_read (
    BYTE drv,             /* Physical drive nmuber (0..) */
    BYTE * buff,  /* Data buffer to store read data */
    DWORD sector,         /* Sector address (LBA) */
    BYTE count            /* Number of sectors to read (1..255) */
)
```

④ 扇区写入函数：

```
/* Write Sector(s) */
#if _READONLY == 0
DRESULT disk_write (
    BYTE drv,                    /* Physical drive nmuber (0..) */
    const BYTE * buff,    /* Data to be written */
    DWORD sector,                /* Sector address (LBA) */
    BYTE count                   /* Number of sectors to write (1..255) */
)
```

⑤ 其他控制功能：

```
/* Miscellaneous Functions                                           */
DRESULT disk_ioctl (
    BYTE drv,        /* Physical drive nmuber (0..) */
    BYTE ctrl,       /* Control code */
    void * buff      /* Buffer to send/receive control data */
)
```

这些函数都是操作底层介质的函数，都需要用户自己实现，然后 FatFS 的应用函数就可以调用这些函数来操作 SD 卡。最关键的初始化 SD 卡、SD 卡读写扇区的代码已经在前面介绍了，此处不再重复，感兴趣的读者可自己阅读源代码。

在 diskio.c 文件中，还得提供获取时间的函数，因为 ff.c 中调用了它，用于记录文件的创建、修改时间，而 FatFS 库又没有给出这个函数的原型，所以需要用户实现，否则会编译出错。对于这部分，函数体为空，提供无意义的返回值 0 即可，也可以为它加载 K60 的 RTC 驱动。若加载 RTC 驱动，返回值需要按照如下格式组织数据：

bit31：25——从 1980 至今是多少年，范围是（0～127）。

bit24：21——月份，范围为（1～12）。

bit20：16——该月份中的第几日,范围为(1~31)。

bit15：11——时,范围为 (0~23)。

bit10：5——分,范围为 (0~59)。

bit4：0——秒/2,范围为 (0~29)。

在本实验中没有添加 RTC 时间驱动,代码如下：

```
/*!
 * @brief        获取时间(为了满足接口需要而添加,实际上并没用实现功能)
 * @return       结果总是为 0
 * @since        v5.0
 */
uint32  get_fattime (void)
{
    return  0;
}
```

9.5　SD 卡大容量读/写应用

本例程直接调用 FatFS 库的 API 接口实现对 SD 卡的操作,SD 卡需要格式化为 FAT16(FAT)或 FAT32。

首先调用 f_mount 函数挂载文件系统,这样才能进行后续对文件系统进行读写的操作。接着调用 f_open 函数打开文件"FireDemo.txt",如果文件不存在,则创建一个空白文件。由于本例程的 FatFS 库配置为不使用长名字,因而文件名仅支持 8.3 命名,即文件名最长为 8 个字节,文件后缀名最长 3 个字节。如果需要使用长名字,那么需要修改_USE_LFN 宏定义,还需要加载语言配置文件(由_CODE_PAGE 决定,例如简体中文为 cc936.c)。接着调用 f_puts 函数把字符串写进文件里,当然也可以调用 f_write 函数把缓冲区写进文件里。

需要注意,f_puts 和 f_write 等写入函数仅仅把数据写进缓存,并没有真正写进磁盘,如果此时断电了,那么这些缓存数据就会丢弃。解决的方法是直接 f_sync 同步文件函数或者 f_close 关闭文件函数把缓存数据写入磁盘。由于频繁打开关闭文件会降低磁盘效率,因此此处调用 f_sync 同步文件函数进行数据同步,实际上 f_close 关闭文件函数内部也是调用 f_sync 同步文件函数进行同步。

接着调用 f_size 函数来获取文件的大小,通过串口助手打印文件的大小,可以校验写入的数据是否与文件大小相同。f_lseek 函数用于移动读写指针,尤其前面经过写入操作,因此读写指针已经移到文件结尾处,需要把读指针移到文件头部,这样后续的 f_read 函数才能从文件头部读起。f_read 函数把文件数据读取到数组 buff 里,然后通过串口打印读取到的数据。最后调用 f_close 函数把打开的文件关闭。

```
#define BUFF_SIZE    100
/*!
```

```c
 *   @brief       main 函数
 *   @since       v5.0
 *   @note        野火 SD 卡 FatFS 实验
 */
void  main(void)
{
    FIL     fdst;        //文件
    FATFS   fs;          //文件系统
    uint32 size, sizetmp;
    int res;
    char * str = "感谢您选用 野火 Kinetis 开发板！^_^\n野火初学 123 论坛:chuxue123.com";
    uint8 buff[BUFF_SIZE];
    memset(buff,0,BUFF_SIZE);
    f_mount(0, &fs);                                                //挂载文件系统
    //初始化 SD 卡 在 f_open 上执行,目前代码只支持打开一个文件(由 _FS_SHARE 配置),
    //频繁打开文件会消耗 CPU 资源
    res = f_open(&fdst, "0:/FireDemo.txt", FA_OPEN_ALWAYS | FA_WRITE | FA_READ);
                                                //打开文件,如果没有就创建,带读写打开
    if( res == FR_DISK_ERR )
    {
        printf( "\n 没插入 SD 卡?? \n" );
        return;
    }
    else if ( res == FR_OK )
    {
        printf( "\n 文件打开成功 \n" );
    }
    else
    {
        printf("\n 返回值异常");
        return;
    }
    printf("\n 字符串长度为：%d",strlen(str));
    f_puts(str, &fdst);              //往文件里写入字符串
    f_sync(&fdst);                   //刚才写入了数据,实际上数据并没真正完成写入,
                                     //需要调用此函数同步或者关闭文件,才会真正写入
    size = f_size(&fdst);            //获取文件的大小
    printf( "\n 文件大小为：%d \n", size);   //串口打印文件的大小
    if(size > BUFF_SIZE)size = BUFF_SIZE;    //防止溢出
    f_lseek(&fdst, 0);               //把指针指向文件顶部
    f_read (&fdst, buff, size, &sizetmp);    //读取
    printf("文件内容为：\n%s",(char const *)buff);
    f_close(&fdst);                  //关闭文件
}
```

编译下载后,可以通过串口助手看到实验效果,如图 9-14 所示。SD 卡通过读卡器插入到 PC 上,可以看到 SD 卡上多了个文本文件 FIREDEMO.TXT(window 下的文件是不区分大小写的),如图 9-15 所示。

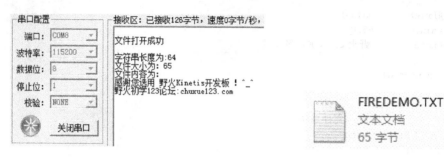

图 9-14　SD 卡实验结果　　　　　　　图 9-15　SD 卡生成的文件

从图 9-14 中可以看到文件的内容是正常的，文件的大小也从图 9-15 中看到就是 65，FatFS 库中获取到的文件大小 65 字节是正确的。

到了这一步，相信读者会对 strlen 函数计算的字符串长度为 64 字节产生疑问吧。strlen 函数是 C 库自带函数，strlen 函数的计算结果是对的，而文件大小为 65 字节也是正确的，问题出在哪里呢？要找出问题，那么就得打开文件的内容，查看文件的二进制值，如图 9-16 所示。FatFS 库的 f_puts 函数会对字符串进行了处理，'\n'(0x0A) 前面会自动加入 '\r'(0x0D)，从而导致文件多了一个字节。在 VC++ 编译器下进行文件操作也会出现的问题，window 下的回车键会插入 "\r\n"，而 linux 下回车键一般插入 '\n'，读者在编程过程中需要注意这个问题。

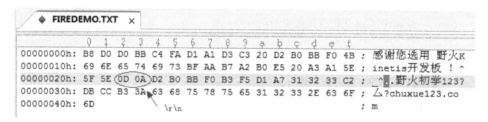

图 9-16　FIREDEMO.TXT 文件内容

通过上述例程，相信读者对 FatFS 库中常见的几个 API 接口应该熟悉了吧？读者可通过练习，查看源代码自带的说明文档来熟悉这些 API 接口，熟能生巧。window 下的文件编程的接口跟 FatFS 库自带的接口非常接近。

第 10 章

USB 通信模块

10.1 初识 USB

10.1.1 USB 简介

USB,相信大部分读者都不会觉得陌生。USB 作为电子设备中最常用连接方式,由于它易于扩展、价格低廉、易于升级、速度快和支持热插拔等优点,被广泛用于与 PC 相连的设备中。USB 全称为 Universal Serial Bus(通用串行总线),是 1994 年底由英特尔、康柏、IBM、Microsoft 等多家公司联合提出的。自 1996 年 USB 1.0 规范以后,USB-IF(Universal Serial Bus Implementers Forums)又陆续公布了 USB 1.1 规范(1998 年)、USB 2.0 规范(2000 年)、USB 2.0 OTG 1.0a 规范(2003 年)、Wireless USB 1.0 规范(2005 年)、USB 3.0 规范(2008 年)。USB 具有易于使用、低成本、高传输速率(高达 480 Mb/s)、良好的扩张、协议易于适应各种不同的设备等特点,目前被广泛应用在我们的生活之中。

按设备类型来分,USB 设备可分为:USB Host(USB 主机)、USB Peripheral (USB 外设)、USB HUB(USB 集线器)、USB OTG(USB On-The-Go)。按传输速率来分,USB 速度可分为:低速 Low speed(1.5 Mb/s)、全速 Full speed(12 Mb/s)、高速 High speed(480 Mb/s)、超速 Super speed(5 Gb/s)。购买 USB 设备时,可以通过在外包装上看到 USB 的 Logo 标志来确定设备的 USB 功能,如图 10-1 所示。另外,在 USB 接口周围通常都有 USB 图标,例如在 USB 数据线的接口处就有对应的 USB 图标,表示 USB 接口的类型,如图 10-2 和图 10-3 所示。

图 10-1 USB logo 标记

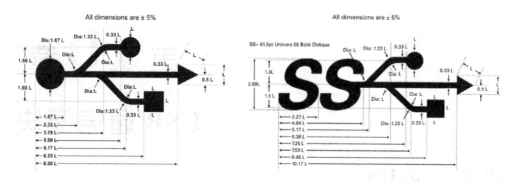

图 10-2　USB 2.0 及以前版本的 Icon　　　　图 10-3　USB 3.0 Icon

10.1.2　USB 总线拓扑结构

　　USB 用于连接 USB 设备与 USB 主机。USB 物理连接是阶梯式星形拓扑。一个集线器 Hub 是每个星型拓扑的中心,如图 10-4 所示。每个连线段是一个点对点连接,连接主机到集线器或外设,或者连接集线器到另一个集线器 Hub 或外设 Func。

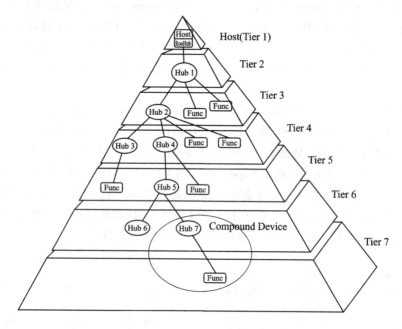

图 10-4　USB 总线拓扑结构

　　由于集线器 Hub 处理时间限制,及 USB 数据线传输速度限制,允许最大数量层数是 7 层(包括根层)。注意最多可支持 5 个非根集线器 Hub 用于连接主机 Host 和外设 Func,由于使用集线器会占用 2 层,所以集线器不能在第 7 层,只有外设 Func

才能在第 7 层。

10.1.3 USB 信号和电气特性

USB 有两个差分信号线和两个电源线,USB OTG 数据线则还有一个 ID 引脚,如图 10-5 所示。

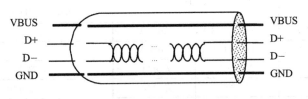

图 10-5 USB 数据线

1. VBUS

VBUS 电源通常来自 Host/HUB。

支持电压范围：
 高功耗端口：4.75～5.25 V
 低功耗端口：4.40～5.25 V

支持电流范围：
 高功耗 HUB 端口(输出)：>500 mA
 低功耗 HUB 端口(输出)：>100 mA
 高功耗外设（输入）：<500 mA
 低功耗外设（输入）：<100 mA
 未配置外设/HUB（输入）：<100 mA
 禁用的高功耗设备：<2.5 mA
 禁用的低功耗设备：<500 μA

注意：对于高功耗的外设和 HUB(输入)，在还没有向主机配置为高功耗设备之前不能运行在功耗大于 100 mA 的状态。

2. D+ 和 D− 信号线

D+ 和 D− 是差分信号线,即 USB 数据线虽然有两个信号线,但同一时刻仅能传输 1 bit,表 10-1 列出了信号电平及传输状态。差分信号,即使用两根信号线进行差分传输的信号,信号接收端比较这两个电压的差值来判断发送端发送的信号是逻辑 0 还是逻辑 1。从严格意义上来讲,所有电压信号都是差分的,因为一个电压只能相对于另一个电压而言,通常情况下,系统'地'被用作电压基准点。当'地'当作电压测量基准时,这种信号被称为单端信号。在电路板上,差分走线必须是等长、等宽、紧密靠近、且在同一层面的两根线。

表 10-1 信号电平及传输状态

信号电平	LS	FS	HS
差分'1'	D+＞2.8 V, D-＜0.3 V		360 mV＜D+＜440 mV -10 mV＜D-＜10 mV
差分'0'	D+＜0.3 V, D-＞2.8 V		-10 mV＜D+＜10 mV, 360 mV＜D-＜440 mV
单端'0'(SE0)	D+＜0.3 V, D-＜0.3 V		
单端'1'(SE1)	D+＞0.8 V, D-＞0.8 V		
数据 J	差分'0'	差分'1'	差分'1'
数据 K	差分'1'	差分'0'	差分'0'
空闲	D+＜0.8 V D-＞2.7 V	D+＞2.7 V D-＜0.8 V	-10 mV＜D+＜10 mV -10 mV＜D-＜10 mV
Chirp J	无		700 mV＜D+-D-＜1100 mV
Chirp K	无		-900 mV＜D+-D-＜-500 mV

注：Chirp J 与 Chirp K 状态是 USB 2.0 规范新增的，被定义为 DC 差动电压。用于在高速时检测握手情况。

> 为什么 HS 模式下电压比 LS/FS 低？
> 电平摆幅需要消耗时间，降低摆幅电压可降低电平的摆幅时间，从而可以在降低功耗的同时运行更高的频率，带来更快的速度。
> 拓展阅读：LVDS(Low Voltage Differential Signaling)是一种低摆幅的差分信号技术，它使得信号能在差分 PCB 线对或平衡电缆上以几百 Mbps 的速率传输，其低压幅和低电流驱动输出实现了低噪声和低功耗。

3. 数据编码与解码

USB 传输数据包时使用 NRZI 数据编码(非归零反相编码，No Return Zero-Inverse)。在 NRZI 编码里，"1"表示电平没变，"0"表示电平翻转。图 10-6 就显示了数据流和 NRZI 编码的转换。

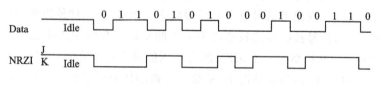

图 10-6 NRZI 编码

在 NRZI 编码里，状态 J 表示高电平，状态 K 表示低电平。一连串的"0"就会使 NRZI 编码数据每次都翻转电平。一连串的"1"将导致 NRZI 编码数据长时间没发生变化。

USB 同一时刻仅能传输 1 bit，没有时钟线进行同步，接收端和发送端的时钟无法做到完全一致,当长时间传输电平不发生变化就会出现无法同步的情况。为了避免同步失败,USB 规范定义了数据连续 6 个"1"后面就填充一位"0",如图 10-7 所示。接收端接收到 6 个"1"就会删掉后面的"0"便可恢复原始数据。

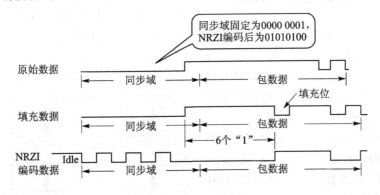

图 10-7　USB 位填充

如果接收者接收到包含 7 个连续"1"的包,则表示发生了位填充错误,包应该丢弃。

全/低速模式下,在 EOP 之前的时间间隔是一个特例,最后一位数据会被集线器交换偏移所拉长,如图 10-8 所示的运行状况,第 6 位后面不需要填充"0"。

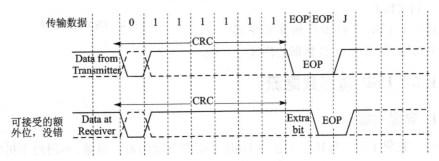

图 10-8　在 EOP 前插入额外的位(全/低速)

EOP 的补充说明:

USB 每个包都以 EOP 字段作为结束标志,即两个单端'0',表现为 D+ 和 D- 都处于"0"状态。在高速模式下,单端'0'的 EOP 字段脉冲宽度在 160~175 ns 之间,而低速模式下则在 1.25~1.50 μs 之间。不管后面是否有其他的包,USB 总线都会在 EOP 字段后紧跟 1 bit 的总线空闲位。

10.1.4　USB 通信模型

USB 为 USB 主机和 USB 设备提供通信服务,终端用户仅仅简单地看到如图 10-9 所示的一个或多个 USB 设备连接到主机上。实际上,真实的实现原理要复杂多了,与以太网的 OSI 7 层模型类似,USB 主机与设备之间的通信模型被划分成 3 层模型,如图 10-10 所示。它能使不同层次的实现者只关心 USB 相关层次的特

图 10-9 简单的主机/设备视图

性功能细节，而不必掌握从硬件结构到软件系统的所有细节。

主机与设备都被划分成不同的层次。其中有 4 个层次的实现较为重要。

- USB 物理设备：USB 上的一种硬件，可运行一些用户程序。
- 客户软件：为一个特定的 USB 设备而在主机上运行的软件。这种软件由 USB 设备的提供者提供，或由操作系统提供。
- USB 系统软件：此软件用于在特定的操作系统中支持 USB，它由操作系统提供。与具体的 USB 设备无关，也独立于客户软件。
- USB 主机控制器：总线在主机方面的接口，是软件和硬件的总和。用于支持 USB 设备通过 USB 连到主机上。

这 4 个 USB 系统组件相互共享其各自的功能，以完成 USB 数据的传输。

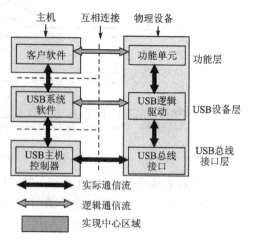

图 10-10 USB 实现区域

10.1.5 USB 通信数据流

1. 管道与端点

USB 提供了为主机软件和它的 USB 应用设备间的通信服务，不同的主机客户端与应用设备之间的互动有不同的数据通信要求，如图 10-11 所示。USB 通过把整体数据分离成不同的通信数据流以更好地提高利用率。

每种通信数据流使用某些总线访问方式完成主机客户端与外设之间的通信。每种通信流都是在对应的设备端点上结束，这些通信流称为管道。不同的设备端点用来区分不同的数据通信流。

通信流是在 USB 设备端点与主机缓冲区之间通过管道进行传输的，图 10-12 可以直观地看到数据流从某个端点沿着管道传输到主机对应的缓存区。

> 只有一个数据通道，怎么会有那么多管道呢？
> 答：管道是一个虚拟的概念，而不是真实存在的。以电影院为例，假设电影院只有一个通道，人拿着门票进去，门票规定了人的座位，则人按照规定的位置对号入座，如同每个人都有一个专门的通道那样通过通道直达对应的位置。

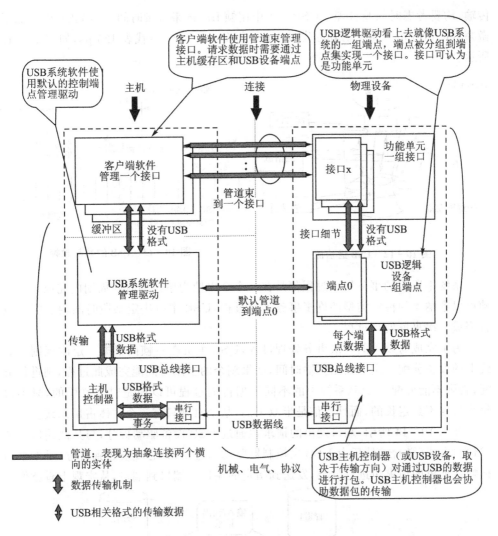

图 10-11　USB 主机/设备的详细视图

> USB 事务处理是 USB 主机和 USB 设备间数据传输的基本单元,事务数据中包含了端点地址,每个事务通过 USB 总线的顺序是随机的,但通过 USB 总线后,由其端点地址决定数据最终的地址,从而相当于每个事务都有专门的管道。

2. 帧与事务处理

USB 以帧/微帧为单位传输事务处理,USB 传输数据的基本单位是事务处理,每个帧可包含一个或多个事务处理。

与网络的数据链路层帧的意义不同,USB 协议中的帧(frame)是一个时间单位。当进行控制传输和批量传输时,不用考虑时间方面的问题,但是对于同步传输和中断传输，均要考虑时间帧管理。USB 1.1 中用帧 frame 来考量时间，USB 2.0 中增加了微帧 microframe。每个 frame 代表 1 ms，每个 microframe 代表 125 μs，如图 10-13 所示。

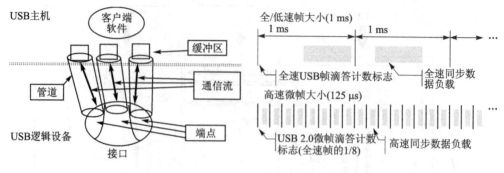

图 10-12 USB 通信流　　　图 10-13 USB 的帧与微帧

系统中所有的事务处理过程都是在一个个以帧为单位的时间周期内完成的。一帧可以容纳 4 种传输类型的许多事务处理过程，USB 主机决定某段时间内和哪个设备完成一次事务处理过程。

为了完成与设备的一次事务处理过程，USB 主机在一帧内根据一定的规则为总线上的设备分配一定的数据传输时间，如果剩余的空闲时间能完成此过程，则进行分配，否则不能分配。USB 系统中的不同数据传输过程可以说是时分复用的，只不过每个过程不是定长的，而且通信是半双工的，某个时刻只有一个主体占用总线。

如图 10-14 所示，端口发出的请求包通过 USB 设备驱动拆分，与其他端口的请求包组合成（微）帧，然后由 USB 主控制器驱动通过 USB 总线发送到对方，对方重新把帧数据里的请求包进行分类，发送到指定的端口。端口到端口，从宏观上看就像一

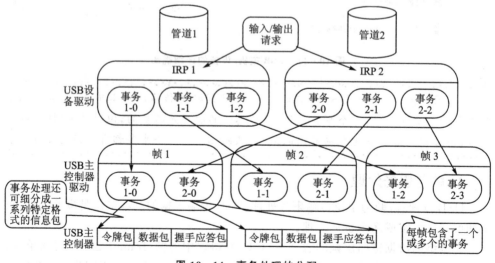

图 10-14 事务处理的分配

个专用管道。

10.1.6 USB 数据格式

如图 10-15 所示,USB 的数据流由帧/微帧组成,帧/微帧可拆分为事务处理,事务处理可拆分为一系列特定格式的信息包(令牌包、数据包、握手包),数据包可分成多个字段。

包是 USB 总线数据传输的最小单位,不能被打断或干扰,否则会引发错误。若干个数据包组成一次事务传输,一次事务传输也不能打断,属于一次事务传输的几个包必须连续,不能跨帧完成。一次传输由一次到多次事务传输构成,可以跨帧完成。

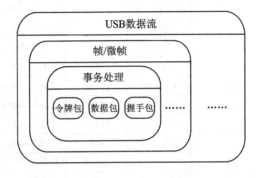

图 10-15 USB 数据格式

1. 包的组成

包 Packet 由同步字段 SYNC、标识符 PID、地址 Address、端点 Endpoint、帧号 Frame Number、数据 Data、校验码 CRC 字段构成的特定格式的信息包,如表 10-2 所列。

表 10-2 包的格式

字 段	PID	地址	端点	数 据	校验码
		帧 号			
位	4+4	7	4	N×8(n=0,1,……,1 024)	5/16
		11			

多字节数据发送时,是小端字节顺序发送,即先发送低地址字节,再发送高地址字节。一个字节数据里,先发送低位数据,再发送高位数据。

(1) 同步 SYNC 字段

LS/FS:3 对 KJ 接着 2 个 K,即 KJKJKJKK。

HS:15 对 KJ 接着 2 个 K,即 KJKJKJKJKJKJKJKJKJKJKJKJKJKJKJKK。

(2) 标识符 PID 字段

PID,即 Packet Identification Field 的简称,是一个包的标志,用来标识这个包的类型。在 USB 中共定义了 4 类 10 种类型的 PID(如表 10-3 所列),也就是说在 USB 上传输的包一定属于这 10 种之一。

表 10-3　PID 编码及含义

PID 类型	PID 名称	PID[3:0]	描述
令牌 Token	输出 OUT	0001B	进行从主机到设备的数据传输,并且包含了设备地址和端点信号
	输入 IN	1001B	进行从设备到主机的数据传输,并且包含了设备地址和端点信号
	帧起始 SOF	0101B	表示一个帧的开始,并且包含了相应的帧号
	设置 SETUP	1101B	进行通过控制传输管道进行的数据传输,并且包含了设备地址和端点信号
数据 Data	DATA0	0011B	具有偶同步位的数据包
	DATA1	1011B	具有奇同步位的数据包
	DATA2	0111B	高速传输的数据包,微帧里的高带宽等时传输事务
	MDATA	1111B	高速传输的数据包,高带宽等时传输事务分裂后的数据包
握手 Handshake	确认 ACK	0010B	接收器接收到无差错的数据包
	无效 NAK	1010B	接收端无法接收,或发送端无法发送数据
	停止 STALL	1110B	端点被禁止,或不支持控制管道请求
	NYET	0110B	接收端没响应
特殊 Special	前导 PRE	1100B	主机发出前导(令牌),启动下行端口到低速设备的数据传输(令牌)
	错误 ERR	1100B	分割事务有错的握手包(握手)
	分割 SPLIT	1000B	高速下分割事务的令牌(令牌)
	PING	0100B	高速流量控制探测的块传输/控制端点(令牌)
	Reserved	0000B	保留

PID 分为 4 个编码组：令牌、数据、握手和特殊,其中 PID<0:1>指明了所属的组。特殊分组里有两个相同 PID 值的类型,根据信息包是令牌包或握手包来区分 PID 类型。

为了校验数据的正确性,PID 位域是 8 位的,高位数据是 PID 值的取反值,低位数据是 PID 值。PID 格式与 PID 类型的对应关系如图 10-16 所示。

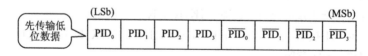

图 10-16　PID 格式

(3) 地址 Address 字段

如图 10-17 所示,地址位域是 7 位的,可用于寻址 127 个设备,还有另外一个是默认的 0 地址。USB 设备在被主机枚举设定地址前默认使用 0 地址,这样主机可以通过 0 地址与 USB 设备通信。

(4) 端点 Endpoint 字段

如图 10-18 所示，端点位域是 4 位的，可寻址 16 个 IN 和 OUT 端点。端点字段仅用在 OUT、IN、SET 令牌包和 PING 特殊令牌包中。

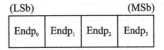

图 10-17　地址格式　　　　　　　图 10-18　端点格式

(5) 帧号 Frame Number 字段

帧号字段是 11 位的，每个帧都有一个特定的帧号，帧号域最大容量为 0x800，帧号连续增加，到了 0x7FF 后自动从 0 开始。帧号仅用在每个帧开头的 SOF 令牌包中，帧号对于同步传输有重要的意义。

(6) 数据 Data 字段

数据字段的可选范围为 0～1 024 字节，在不同的传输类型中，数据域长度各不相同，但必须是整数个字节的长度。每个字节数据都是从低位开始移位输出，如图 10-19 所示。

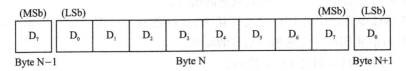

图 10-19　数据格式

(7) 校验码 CRC 字段

CRC，Cyclic Redundancy Checks 的简称，循环冗余码，用于对令牌包(CRC5)和数据包(CRC16)中非 PID 域进行校验的一种方法。令牌 CRC 的长度是 5 位，用于 IN、SETUP、OUT 令牌的地址字段和端点字段或 SOF 令牌的时间戳字段校验。特殊令牌 PING 和 SPLIT 也包含 5 位 CRC 字段。CRC5 的生成多项式为 $G(x)=X^5+X^2+1$。数据 CRC 是 16 位的长度，用于数据包的数据字段校验。CRC16 的生成多项式为 $G(X)=X^{16}+X^{15}+X^2+1$。

2. 包的种类

USB 事务处理是 USB 主机和 USB 设备间数据传输的基本单元，由一系列具有特定格式的信息包组成。

事务处理可分为 3 个阶段：

① 令牌阶段：表示事务处理开始，并定义数据传输的类型。
② 数据阶段：负责传输相关的数据，最多可传输 1 024 字节。
③ 握手阶段：负责报告事务处理的状态，表示事务处理是否成功。

事务处理由 3 个阶段组成,不一定全部具备,但必须以令牌包开始,如图 10-20 所示。

图 10-20 一个典型的事务处理

(1) 令牌包 Token Packet

定义数据传输的类型,即 IN、OUT、ADDR、SETUP、SOF、PRE、SPLIT、PING 共 7 种令牌包。在 USB 系统中,只有主机才能发出令牌包。

① IN、OUT、SETUP、PING 令牌包,如图 10-4 所列。
- IN 令牌包中的 PID 定义了 USB 设备到主机的数据传输,ADDR 与 ENDP 指明唯一发送数据的端点。
- OUT 和 SETUP 令牌包中的 PID 定义了主机到 USB 设备的数据传输,ADDR 与 ENDP 指明唯一接收数据的端点。
- PING 令牌包中的 PID 定义了从 USB 设备到主机握手信号传输,ADDR 与 ENDP 指明唯一发送握手信号的端点。

② SOF 令牌包,如表 10-5 所列。

表 10-4 IN、OUT、SETUP、PING 令牌包格式

字段名	PID	ADDR	ENDP	CRC5
位数	8	7	4	5

表 10-5 SOF 令牌包格式

字段名	PID	帧号字段	CRC5
位数	8	11	5

SOF 令牌包不需要接收方做出任何反应;主机以每 1.00 ms+0.000 5 ms(全速)和 125 μs+0.062 5 μs 的额定时间间隔发送 SOF 令牌包表示帧的开始。

(2) 数据包 Data Packet

参考表 10-3 PID 编码及含义,数据包分成 DATA0、DATA1、DATA2 和 MDATA 4 种数据包,如表 10-6 所列。

(3) 握手包 Handshake Packet

参考表 10-3 PID 编码及含义,握手包可分为 5 种类型:确认包 ACK、无效包 NAK、停止包 STALL、NYET、错误包 ERR,如表 10-7 所列。

表 10-6 数据包格式

字段名	PID	数据	CRC5
位数	8	0~1 024 字节	5

表 10-7 握手包格式

字段名	PID
位数	8

具体的含义如下：
- ACK：用于表示数据成功接收，一般由接收方发送，具体表示为标识域 PID 被正确接收、并且没有发生数据位错误、没有发生数据域的 CRC 校验错误。
- NAK：一般由 USB 功能设备发出。在如下两种情况下发送 NAK：接收到主机 OUT 命令后，设备没法接收主机发送的数据；接收到主机发送的 IN 命令后，设备无计划向主机发送数据。
- STALL：一般由 USB 功能设备发出，表示 USB 功能设备不支持该请求，或无法发送和接收数据。
- NYET：在 SPLIT 令牌包事务处理中，如果 USB 集线器无法正常处理 SPLIT 请求，则 USB 集线器向 USB 主机返回 NYET 握手包。NYET 握手包一般只发生在高速数据传输过程中。
- ERR：总线数据在传输中发送错误。一般发送在高速传输数据过程中。

3. 传输类型

传输由各种事务构成，具有方向特性。每个端点的传输类型在端点设置时就被固定下来。在 USB 协议中，制定了 4 种传输类型：控制传输、中断传输、批量传输、同步传输。

（1）控制传输 Control

控制传输的用途是获取设备信息、对设备进行配置，一般仅用于设备的枚举过程。其基本的操作就是控制读传输和控制写传输，此外还有不涉及数据的传输，即无数据控制传输，如图 10-21 所示。

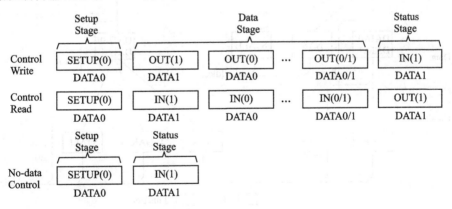

图 10-21 控制传输读写序列

控制传输由 2～3 个阶段组成，如图 10-22 所示：
① Setup——建立阶段。
② DATA——数据阶段（无数据控制传输没有此阶段）。
③ Status——状态阶段。

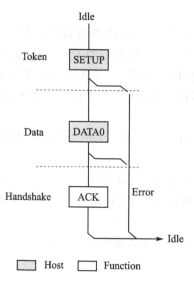

（2）中断传输 Interrupt

中断传输主要用于定时查询设备是否有中断数据需要查询，适用于像 USB 鼠标、键盘等数据量少、数据量分散且不可预测数据的传输。中断传输在流程上除不支持 PING 之外，其他的跟批量传输是一样的。他们之间的区别也仅在于事务传输发生的端点不一样、支持的最大包长度不一样、优先级不一样等这些对用户来说透明的东西。

设备的中断端点描述符决定了它的查询频率从 1~255 ms，优先级仅次于同步传输。中断传输方式总是用于对设备的查询，以确定是否有数据需要传输。因此中断传输的方向总是从 USB 设备到主机，对于 USB 主机来说只有输入(IN)的方式，中断传输的格式如图 10-23 所示。

图 10-22 控制建立传输的格式

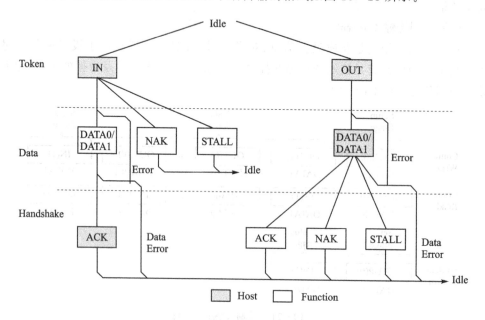

图 10-23 中断传输的格式

（3）同步传输 Isochronous

同步传输一般用于 USB 麦克风、USB 喇叭、UVC Camera 等设备。它适用于必须以固定速率抵达或在指定时刻抵达，可以容忍数据上偶然出现的错误。同步传输只需令牌与数据两个信息包阶段,没有握手包,故数据传输出错时不会重传,因此它是不可靠传输。主机在排定事务传输时,同步传输具有最高的优先级,同步传输的格式如图 10-24 所示。

(4) 批量传输 Bulk

批量传输一般用于传输大容量数据,要求传输不能出错,对时间没有要求,例如 U 盘等设备。批量传输是可靠传输,需要通过握手包来校验数据是否正确传输。如果数据量较大,可以采用多次批量事务传输来完成全部数据的传

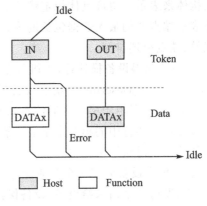

图 10-24 同步传输的格式

输,传输过程中数据包的 PID 按照 DATA0 - DATA1 - DATA0 -… 的方式翻转,以保证发送端和接收端同步。如果接收端连续接收到两个 DATA0,那么接收端会认为第二个 DATA0 是前一个 DATA0 的重传,批量传输的格式如图 10-25 所示。

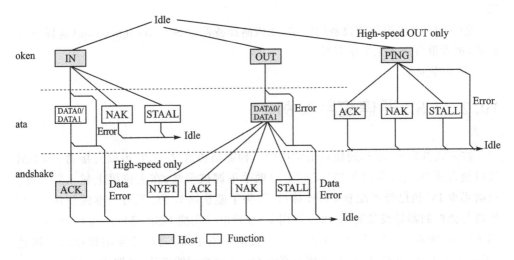

图 10-25 批量传输的格式

4. USB 枚举

当 USB 主机检测到有新设备连接进来后,主机会利用端点 0,以控制传输的方式向设备发送各种请求,USB 设备对主机的这些请求进行应答,以使主机识别该设备识别过程称为枚举。枚举成功,才能建立起正式的 USB 通信。枚举过程简介如下:

主机需要知道接入的是什么设备,使用的协议版本、端点 0 最大数据包长度等信息,这些信息由 USB 协议规定的设备描述符进行记录,它是一串数据,在程序中可以

用结构体来表示。协议具体规定哪几个字节表示设备使用的 USB 协议版本、哪几个字节表示端点 0 的最大数据包长度等。记录设备其他的信息还有配置描述符、接口描述符、端点描述符等。

① 为了获得设备描述符,主机首先使用地址 0,向接入的设备发送 USB 标准请求:Get_Device_Descriptor(获取设备描述符)。正常时,设备会给主机返回它自己的设备描述符,但由于第一次通信不知道端点 0 支持数据包的最大长度,所以主机只能通过设备描述符中的第 8 个字节了解设备端点 0 的最大数据包长度,这 8 个字节以外的信息还没法了解。

② 主机为设备分配一个新地址,把这个地址存放到标准请求 Set_Address(设置地址)中,发送这个请求给设备,设备保存该地址,以后的通信就使用这个新地址。

③ 主机重新向设备发送 Get_Device_Descriptor(获取设备描述符)请求,这次主机会完全读取设备返回的设备描述符,了解设备的信息。

④ 主机向循环设备发送 Get_Device_Configuration(获取配置描述符)请求,获得设备的配置描述符、接口描述符、类特殊描述符、端点描述符。

⑤ 主机发送 Get_Device_String(描述字符集)获取厂商 ID、产品描述、型号等信息。

⑥ 若 USB 能提供该设备的驱动,主机向设备发送 Set_Configuration(选择设备配置)请求设备进入某个配置状态。

⑦ 建立通信。

10.2　USB 通信应用实例

嵌入式开发中,串口通信是最常用的一种通信协议之一,它可以直接通过 COM 接口接入到 PC 机,从而在 PC 机的串口助手里调试参数、在上位机上显示效果等。目前不少 PC 机已经不配套 COM 接口了,为了能让这类 PC 机可以继续使用 COM 接口与微控制器等设备通信,可以使用 USB 转串口线把 USB 接口转为 COM 口,如图 10-26 所示。实际上,USB 转串口线就是虚拟串口,通过特定的程序,PC 机把 USB 设备显示为 COM 端口,实现与真实 COM 口相同的功能,如图 10-27 所示。

本节实验是通过 K60 的 USB 接口来虚拟串口功能,从而直接通过 USB 接口实现与上位机的正常通信。USB 为了实现不同的应用,将具有特定属性与服务的一类设备划分为一个 Class。如果提供相似格式的数据流或者相似的与主机交换方式,两个设备则被统一在一个 Class 中。配套资料提供的代码里通过宏定义来定义这些 USB Class 码。

图 10-26　USB 转串口线

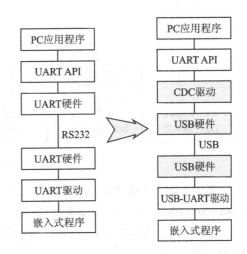

图 10-27　RS232 与 USB 虚拟串口之间的程序框架对比

```
/*
 * Device and/or Interface Class codes
 */
//设备类码的典型值如下：
#define USB_CLASS_PER_INTERFACE    0
#define USB_CLAS_AUDIO             1      //声音设备
#define USB_CLASS_COMM             2      //调制解调器,网卡,ISDN 连接
#define USB_CLASS_HID              3      //HID 设备,如鼠标,键盘
#define USB_CLASS_PHYSICAL         5      //物理设备
#define USB_CLASS_STILL_IMAGE      6      //静止图像捕捉设备
#define USB_CLASS_PRINTER          7      //打印机
#define USB_CLASS_MASS_STORAGE     8      //批量存储设备
#define USB_CLASS_HUB              9      //USB HUBS
#define USB_CLASS_CSCID            0x0B   //智能卡
#define USB_CLASS_VIDEO            0X0E   //视频设备,如网络摄像头
#define USB_CLASS_VENDOR_SPEC      0xFF   //厂商自定义的设备
```

如果读者想了解更多关于 USB Class 的资料,可以访问网址：http://www.usb.org/developers/defined_class；http://www.usb.org/developers/devclass_docs。

本节实验通过 USB 虚拟串口功能,通过虚拟串口功能可以实现与上位机的正常通信,因此关注的重点在于 USB 的 CDC 类。USB 的 CDC 类是 USB 通信设备类（Communication Device Class Specification）的简称,专用于通信设备（主要包括电信通信设备和中速网络通信设备）的 CDC 协议。根据 CDC 类所针对通信设备的不同,CDC 类又划分为不同的模型,如图 10-28 所示。如表 10-8 列出了 CDC 类支持的子类码。

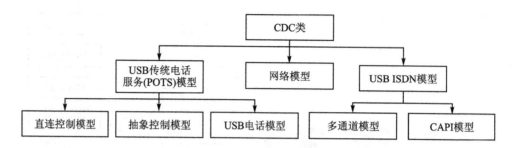

图 10-28 CDC 类模型

关于 CDC 类描述的内容,请参考《Universal Serial Bus Class Definitions for Communication Devices》,下载地址为:http://www.usb.org/developers/devclass_docs/CDC1.2_WMC1.1_012011.zip 压缩包里的 usbcdc12\CDC120-20101103-track.pdf。

本节内容讨论的虚拟串口就属于 USB 传统电话服务模型下的抽象控制模型,如图 10-29 所示。从图中可以看到,CDC 类由通信类接口(Communication Class Interface)和数据类接口(Data Class Interface)两个接口子类组成。可以通过通信类接口对设备进行控制管理,通过数据类接口传输数据。

表 10-8 CDC 类支持的子类码

类	子 类
02h	01h-Direct Line Control Model 02h-Abstract Control Model 03h-Telephone Control Model 04h-Multi-Channel Control Model 05h-CAPI Control Model 06h-Ethernet Networking Control Model 07h-ATM Networking Control Model 08h-Wireless Handset Control Model 09h-Device Management 0Ah-Mobile Direct Line Model 0Bh-OBEX

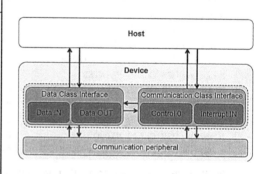

图 10-29 CDC Class Driver 体系结构

通信类接口需要一个端点作为控制端点,还可选一个端点作为中断端点。控制端点主要用于 USB 设备枚举和虚拟串口的波特率、数据类型(数据位、停止位、奇偶校验位)等设置的通信。

数据类接口需要方向为 IN 类型和 OUT 类型的同步端点或批量端点。IN 类型是相对与主机而言,数据方向从 USB 设备到主机,相当于 RS232 协议中的 TX 线(从 USB 设备的角度);OUT 类型的数据方向是主机到 USB 设备,相当于 RS232 协议中的 RX 线(从 USB 设备的角度)。

K60 的 USB 接口包含 7 个端点,其中端点 0 固定配置为控制传输类型,端点 1～6 可选为控制(Control)、中断(Interrupt)、批量(Bulk)、同步(Isochronous)。为了实现 K60 的 CDC 类功能,虚拟串口的功能,端点 0 作为控制端点,完成枚举和串口参数设置,使用端点 1 作为中断端点,端口 2 作为 IN 型批量端点,用于发送虚拟串口的数据,端口 3 作为 OUT 型端点,用于接收虚拟串口的数据。

10.2.1　USB 描述符

所有 USB 设备都有一个结构描述符来描述主机信息,如设备是什么,设计者是谁,支持什么版本的 USB,可以对它进行多少种配置方法,端点号和它们的类型等信息。

更常见的 USB 描述符有:设备描述符、配置描述符、接口描述符、端点描述符及字符串描述符,其结构如图 10-31 所示。

USB 设备只可以有一个设备描述符。设备描述符里包含的信息有设备符合的 USB 版本、PID(产品 ID)、VID(供应商 ID)、配置可能的设备数量。配置的数量表明随后有多少个配置描述符。

配置描述符详细说明了设备的电源情况,设备本身供电或需要总线供电,接口的数目。当设备被枚举时,主机读设备描述符,决定哪个配置被使能。主机一次只能使能一个设备。

例如,它可能是一个高功率设备且自带供电电源。如果设备插入到带电源供电的主机,设备驱动程序可以选择高功率供电配置,使得设备可以不需要连接电源。如果它插入到笔记本电脑或者个人电子记事本,它可以使能第二个配置(自身供电)要求用户需要插入电源到设备。

配置设置并不限于电源选择,每个配置可以有相同的供电方式,相同的电路,但不同的接口或者端口组合。需要注意,每个端点更改配置时要求所有的活动都要停止。虽然 USB 提供了这种灵活方式,但很少有设备超过 1 个配置。

如图 10-30 所示,接口描述符可以理解为是一个头或者执行一个功能的分组的端点。例如有一个多功能传真/扫描/打印机设备,接口描述符 1 可以描述传真功能

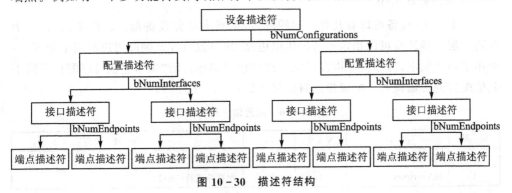

图 10-30　描述符结构

的端点,接口描述符 2 可以描述扫描功能,接口描述符 3 可以描述打印机功能。不像配置描述符一次只能使能一个,一个设备可以一次同时使能 1 个或多个接口描述符。

1. 设备描述符

USB 设备描述符代表着整个设备,因此 USB 设备只能有一个设备描述符。它指明了一些基本,但重要的设备信息,例如支持的 USB 版本、最大包数量、VID、PID 和配置可能的设备数量。设备描述符的格式如表 10-9 所列。

表 10-9 USB 设备描述符格式

偏移	字段	大小	值	描述
0	bLength	1	数目	设备描述符字节大小(18 字节)
1	bDescriptorType	1	常数	设备描述符(0x01)
2	bcdUSB	2	BCD 码	USB 规范数值,设备也适用
4	bDeviceClass	1	类	类代码(由 USB Org 分配) 如果等于 0,每个接口指定自己的类代码。如果等于 0xFF,类代码由供应商指定。否则,此域是有效的类代码
5	bDeviceSubClass	1	子类	子类代码(由 USB Org 分配)
6	bDeviceProtocol	1	协议	协议代码(由 USB Org 分配)
7	bMaxPacketSize	1	数目	零端点的最大数据包大小。有效大小值为 8,16,32,64
8	idVendor	2	ID	供应商 ID(由 USB Org 分配)
10	idProduct	2	ID	协议 ID(由 USB Org 分配)
12	bcdDevice	2	BCD 码	设备版本号
14	iManufacturer	1	索引	制造商描述索引
15	iProduct	1	索引	产品描述索引
16	iSerialNumber	1	索引	序列号描述索引
17	bNumConfigurations	1	整型	可能的配置值

2. 配置描述符

一个 USB 设备可以有几种不同的配置,虽然大部分设备都比较简单,只有一个配置。配置描述符可以指定设备的供电电流、接口数目等。因此可以有两个配置,一个用于总线供电,另外一个电源供电。这是接口描述符的"头",它也可以配置不同于其他配置的传输模式。配置描述符的格式如表 10-10 所列。

表 10-10 配置描述符格式

偏移	字段	大小	值	描述
0	bLength	1	数值	描述符的字节大小
1	bDescriptorType	1	常量	配置描述符(0x02)

续表 10-10

偏移	字段	大小	值	描述
2	wTotalLength	2	数值	返回的数据的全部长度
4	bNumInterfaces	1	数值	接口的数组
5	bConfigurationValue	1	数值	选择此配置的理由的值
6	iConfiguration	1	索引	描述此配置的索引
7	bmAttributes	1	位图	D7 保留,置为 1。(USB 1.0 总线供电); D6 自己供电;D5 远程唤醒;D4~0 保留,置为 0
8	bMaxPower	1	mA	最大功耗为每单位 2 mA

当读取配置描述符,它会返回整个配置层次结构,包含相关的接口描述符和端点描述符。wTotalLength 字段反映了层次结构的字节数。

3. 接口描述符

接口描述符可以理解为是一个头或者执行一个功能的分组的端点,如表 10-11 所列。

表 10-11 接口描述符格式

偏移	字段	大小	值	描述
0	bLength	1	数值	描述符的字节大小(9 个字节)
1	bDescriptorType	1	常量	接口描述符(0x04)
2	bInterfaceNumber	1	数值	接口数值
3	bAlternateSetting	1	数值	用于选择交替设置的值
4	bNumEndpoints	1	数值	用于此接口的端点数值
5	bInterfaceClass	1	类	类代码(由 USB Org 分配)
6	bInterfaceSubClass	1	子类	子类代码(由 USB Org 分配)
7	bInterfaceProtocol	1	协议	协议代码(由 USB Org 分配)
8	iInterface	1	索引	描述此接口的描述索引

4. 端点描述符

端点描述符用来描述端点 0 之外的其他端点。端点 0 假定为控制端点,而且在其他的描述符请求之前就被配置。端点描述符格式如表 10-12 所列。

表 10-12 端点描述符格式

偏移	字段	大小	值	描述
0	bLength	1	数值	描述符的字节大小(7 个字节)
1	bDescriptorType	1	常量	端点描述符(0x05)

续表 10-12

偏移	字段	大小	值	描述
2	bEndpointAddress	1	端点	端点地址 位 0~3 端点数值 位 4~6 保留。值为 0 位 7 方向 0=OUT,1=IN(不考虑控制端点)
3	bmAttributes	1	位图	位 0~1 传输类型： 00=控制；01=同步；10=批量；11=中断 位 2~7 保留 如果同步端点，位 3~2=同步类型(同步模式)： 00=不同步；01=异步；10=自适应；11=同步 位 5~4=使用类型(同步模式)： 00=数据端点；01=反馈端点；10=显式反馈数据端点；11=保留
4	wMaxPacketSize	2	数值	此端点发送和接收能力范围内的最大数据包大小
6	bInterval	1	数值	内部轮询端点数据传输。帧数的值。忽略批量和控制传输端点。同步传输必须等于 1,中断传输的范围在 1~255

5. 字符串描述符

字符串描述符是提供给用户阅读的信息,是可选的。如果不需要使用,那么任何的字符串索引字段都必须设置为 0 来表明字符串描述符是无效的。字符串描述符格式如表 10-13 所列。

表 10-13 字符串描述符

偏移	字段	大小	值	描述
0	bLength	1	数值	描述符的字节大小
1	bDescriptorType	1	常量	端点描述符(0x03)
2	wLANGID[0]	2	数值	支持语言代码 0 (e.g. 0x0409 English-United States)
4	wLANGID[1]	2	数值	支持语言代码 1 (e.g. 0x0c09 English-Australian)
n	wLANGID[x]	2	数值	支持语言代码 x (e.g. 0x0407 German-Standard)

描述符初始化配置顺序按照以下顺序来完成：

Device   //代码 Device_Descriptor 里配置
Configuration
Interface(0) - Communication Class

```
Class-specific IF (Header Functional)
Class-specific IF (Call Management Functional)
Class-specific IF (Abstract Control Management Functional)
                                    //代码 Configuration_Descriptor 里配置
Class-specific IF (Union Functional)
Endpoint (Interrupt IN)
Interface(1) - Data Interface Class
Endpoint (Bulk IN)
Endpoint (Bulk OUT)
```

首先配置设备描述符,再配置设备描述符,接着是通信类的接口描述符,以及配置 CDC 类的功能,然后配置中断 IN 的端点,再来配置数据类的接口描述符和相应的端点。

Class-specific IF 的内容可自行参考《USB Class Definitions for Communication Devices Specification》的第 5 章第 2 小节 Class-Specific Descriptors。关于上述 USB 描述符,本节配套的例程中都是在 Lib\USB\ USB_Desc.h 中定义的。

bDescriptorType 用于指明描述符的类型,代码里已经有相关的描述符类型通过宏定义来实现,只需把下面的宏定义赋值给 bDescriptorType 即可指明描述符的类型。

```
/** 描述符类型   USB 2.0 spec table 9.5 */
#define USB_DT_DEVICE           0x01        //设备描述符
#define USB_DT_CONFIG           0x02        //配置描述符
#define USB_DT_STRING           0x03        //接口描述符
#define USB_DT_INTERFACE        0x04        //字符串描述符
#define USB_DT_ENDPOINT         0x05        //端点描述符
```

设备描述符配置了 K60 的 USB 设备为 CDC 设备中的抽象控制模型(Abstract Control Model),数据包大小为 64 字节。VID 是供应商的 ID,是从 USB org 申请得来的,飞思卡尔公司的 VID 为 0x15A2,可以直接用此 ID。

```
#define USB_CLASS_COMM              2       //调制解调器,网卡,ISDN 连接
#define USB_CDC_SUBCLASS_ACM        0x02
#define USB_CDC_PROTO_NONE          0
#define MaxPacketSize               64
                        //低速 USB 为 8,全速 USB 为 8、16、32、64,高速 USB 为 64
const USB_DEVICE_DESCRIPTOR Device_Descriptor =
{
    0x12,                   //bLength = sizeof(Device_Descrip)
    USB_DT_DEVICE,          //bDescriptorType 配置为 USB_DT_DEVICE,即设备描述符
    0x0200,                 //bcdUSB ver R = 2.00
    USB_CLASS_COMM,         //bDeviceClass = CDC 类
    USB_CDC_SUBCLASS_ACM,   //bDeviceSubClass,CDC 类抽象控制模型
    USB_CDC_PROTO_NONE,     //bDeviceProtocol
    MaxPacketSize,          //bMaxPacketSize0 数据包长度 MaxPacketSize 字节
    0x15A2,                 //idVendor - 0x15A2(freescale Vendor ID)
    0xA50F,                 //idProduct
    0x0000,                 //bcdDevice - Version 1.00
```

```
    0x01,              //iManufacturer - Index to string Manufacturer descriptor
    0x02,              //iProduct - Index to string product descriptor
    0x03,              //iSerialNumber - Index to string serial number
    0x01               //bNumConfigurations - # of config. at current speed,
};
```

配置描述符也是在本节配套例程 Lib\USB\ USB_Desc.h 中定义的,它包含接口描述符、端点描述符的相关内容。

```
/****************************************************************
*           Configuration Descriptor
****************************************************************/
const uint8 Configuration_Descriptor[0x43] =
{
    //配置描述符
    0x09,              //bLength,配置描述符的大小为 0x09
    USB_DT_CONFIG,     //bDescriptor,USB_DT_CONFIG 指明了是配置描述符
    0x43,0x00,         //wTotalLength - # of bytes including interface and endpoint descpt
    //包括接口描述符和端点描述符的整个配置大小,wTotalLength = sizeof
    //(Configuration_Descriptor)
    0x02,              //bNumInterfaces - at least 1 data interface
    0x01,              //bConfigurationValue -
    0x00,              //iConfiguration - index to string descriptor
    0xC0,              //bmAttributes -           bit 7 - Compatibility with USB 1.0
    //                                            bit 6 if 1 self powered else Bus powered
    //                                            bit 5 - remote wakeup
    //                                            bit 4 - 0 - reserved
    50,                //bMaxPower - 最大电流 = bMaxPower × 2 = 100 mA
    //bLength 指明的 0x09 到这里结束
/****************************************************************
*           Interface Descriptor
****************************************************************/
    0x09,              //blength - 描述符的长度:0x09
    USB_DT_INTERFACE,  //bDescriptorType - 描述符的类型:USB_DT_INTERFACE
    0x00,              //bInterfaceNumber - Zero based value identifying the index of the config.
    0x00,              //bAlternateSetting;
    0x01,              //bNumEndpoints - 端点 0 以外的端点数 :1
    USB_CLASS_COMM,    //bInterfaceClass - 类代码:USB_CLASS_COMM
    USB_CDC_SUBCLASS_ACM, //bInterfaceSubClass 子类代码:
    USB_CDC_ACM_PROTO_AT_V25TER,   //bInterfaceProtocol 协议代码:
    0x01,              //iInterface - 字符串描述符的索引值,接口对应的字符串描述符索引
    /* Header Functional Descriptor */
    //Header Functional Descriptor (marks beginning of the concatenated set of
    //Functional Descriptors)
    0x05,              //bFunctionLength
    USB_DT_CLASS_SPECIFIC_INTERFACE,            //bDescriptorType:CS_INTERFACE
    0x00,              //bDescriptorSubtype: Header Func Desc
    0x10,              //bmCapabilities: D0 + D1
    0x01,              //bDataInterface: 1
//描述序列信息的标头(header),数据包 D0 和 D1 传输
```

```
/* Call Managment Functional Descriptor */
    0x05,
    USB_DT_CLASS_SPECIFIC_INTERFACE,
    0x01,              //bDescriptorSubtype: Call Management Func Desc
    0x00,
    0x01,
    /* ACM Functional Descriptor */
    0x04,
    USB_DT_CLASS_SPECIFIC_INTERFACE,
    0x02,              //bDescriptorSubtype: Abstract Control Management desc
    0x00,
    /* Union Functional Descriptor */
    0x05,
    USB_DT_CLASS_SPECIFIC_INTERFACE,
    0x06,              //bDescriptorSubtype: Union func desc
    0x00,
    0x01,
    /***********************************************************
     *       Endpoint   Descriptor
     ***********************************************************/
    0x07,              //blength
    USB_DT_ENDPOINT,//bDescriptorType – EndPoint
    0x81,              //bEndpointAddress   端点1为IN
    0x03,              //bmAttributes       中断
    MaxPacketSize, 0x00,     //wMaxPacketSize
    0x02,              //bInterval
    /***********************************************************
     *       Interface Descriptor
     ***********************************************************/
    0x09,              //blength
    USB_DT_INTERFACE,//bDescriptorType – Interface descriptor
    0x01,    //bInterfaceNumber – Zero based value identifying the index of the config
                                        //数据接口两个端点,批量传输
    0x00,              //bAlternateSetting;
    0x02,              //bNumEndpoints – 2 endpoints
    0x0A,              //bInterfaceClass – mass storage
    0x00,              //bInterfaceSubClass – SCSI Transparent command Set
    0x00,              //bInterfaceProtocol – Bulk – Only transport
    0x01,              //iInterface – Index to String descriptor
    /***********************************************************
     *       Endpoint IN Descriptor
     ***********************************************************/
    0x07,              //blength
    USB_DT_ENDPOINT,//bDescriptorType – EndPoint
    0x82,              //bEndpointAddress   端点2 IN,端点2作为输入,批量
    0x02,              //bmAttributes       Bulk
    MaxPacketSize, 0x00,     //wMaxPacketSize
    0x00,              //bInterval
    /***********************************************************
     *       Endpoint OUT Descriptor
```

```
                       *********************************************/
    0x07,              //blength
    USB_DT_ENDPOINT,   //bDescriptorType - EndPoint
    0x03,              //bEndpointAddress    端点 3OUT,端点 3 作为输出,批量
    0x02,              //bmAttributes  Bulk
    MaxPacketSize, 0x00,   //wMaxPacketSize
    0x00,              //bInterval
};
```

10.2.2 USB SETUP 包处理

每个 USB 设备都必须通过默认管道响应 SETUP 包。SETUP 包用来检测和设置 USB 设备,执行常见的功能,例如设置 USB 设备地址、请求设备描述符、检测端点状态等。SETUP 包是 8 个字节,格式如表 10-14 所列。

表 10-14 SETUP 包格式

偏 移	字 段	大 小	描 述
0	bmRequestType	1	D7 数据相位传输方向 0=主机到设备;1=设备到主机 D6~5 类型 0=标准;1=类;2=供应商;3=保留 D4~0 容器 0=设备;1=接口;2=端点;3=其他; 4~31=保留
1	bRequest	1	请求
2	wValue	2	值
4	wIndex	2	索引
6	wLength	2	当有一个数据相位时,传输的字节数

SETUP 包的结构在本节配套的例程中都是在 Lib\USB\ USB.h 中定义的。

```
typedef struct _tUSB_Setup
{
    uint8 bmRequestType;
    uint8 bRequest;
    uint8 wValue_l;
    uint8 wValue_h;
    uint8 wIndex_l;
    uint8 wIndex_h;
    uint8 wLength_l;
    uint8 wLength_h;
} tUSB_Setup;
```

bmRequestType 决定了数据传输的方向、请求类别、接收者。bRequest 是请求的任务。bmRequestType 的相关宏定义如下:

```
/* Request Types */
#define STANDARD_REQ        0x00
#define SPECIFIC_REQ        0x20
#define VENDORSPEC_REQ      0x40
#define DEVICE_REQ          0x00
#define INTERFACE_REQ       0x01
#define ENDPOINT_REQ        0x02
```

根据 bmRequestType 里的接收者不同，bRequest 的取值内容也有所不同，如表 10-15、10-16 和 10-17 所列。

表 10-15　标准设备请求

bmRequestType	bRequest	wValue	wIndex	wLength	数据
1000 0000b	GET_STATUS(0x00)	0	0	2	设备状态
0000 0000b	CLEAR_FEATURE(0x01)	功能选择	0	0	无
0000 0000b	SET_FEATURE(0x03)	功能选择	0	0	无
0000 0000b	SET_ADDRESS(0x05)	设备地址	0	0	无
1000 0000b	GET_DESCRIPTOR(0x06)	描述符类型和索引	0 或语言 ID	描述符长度	描述符
0000 0000b	SET_DESCRIPTOR(0x07)	描述符类型和索引	0 或语言 ID	描述符长度	描述符
1000 0000b	GET_CONFIGURATION(0x08)	0	0	1	配置值
0000 0000b	SET_CONFIGURATION(0x09)	配置值	0	0	无

表 10-16　标准接口请求

bmRequestType	bRequest	wValue	wIndex	wLength	数据
1000 0001b	GET_STATUS(0x00)	0	接口	2	接口状态
0000 0001b	CLEAR_FEATURE(0x01)	功能选择	接口	0	无
0000 0001b	SET_FEATURE(0x03)	功能选择	接口	0	无
1000 0001b	GET_INTERFACE(0x0A)	0	接口	1	替换接口
0000 0001b	SET_INTERFACE(0x11)	替换设置	接口	0	无

表 10-17　标准端点请求

bmRequestType	bRequest	wValue	Windex	wLength	数据
1000 0010b	GET_STATUS(0x00)	0	端点	2	端点状态
0000 0010b	CLEAR_FEATURE(0x01)	功能选择	端点	0	无
0000 0010b	SET_FEATURE(0x03)	功能选择	端点	0	无
1000 0010b	SYNCH_FRAME(0x12)	0	端点	2	帧号

bRequest 的相关宏定义如下：

```
#define mGET_STATUS         0
```

```
#define mCLR_FEATURE        1
#define mSET_FEATURE        3
#define mSET_ADDRESS        5
#define mGET_DESC           6
#define mSET_DESC           7
#define mGET_CONFIG         8
#define mSET_CONFIG         9
#define mGET_INTF          10
#define mSET_INTF          11
#define mSYNC_FRAME        12
```

K60程序接收到令牌数据包后会触发中断USB_ISR(),中断里执行USB_Handler函数。USB_Handler函数里判断为SETUP包,则执行USB_Setup_Handler函数。相关的代码结构如下:

USB_ISR()			USB中断服务函数	
	USB_Handler()			令牌处理函数
		USB_Setup_Handler()		USB SETUP包处理
			DEVICE_REQ	
			USB_StdReq_Handler()	

			mSET_ADDRESS	EP_IN_Transfer(EP0, 0, 0); //设置地址
				gu8USB_State = uADDRESS;

			mGET_DESC	switch(Setup_Pkt->wValue_h)
				{
				case mDEVICE:
				  EP_IN_Transfer(EP0,(uint8*)&Device_Descriptor, //设备描述符
				sizeof(Device_Descriptor));
				  break;
				case mCONFIGURATION:
				  EP_IN_Transfer(EP0,(uint8*)Configuration_Descriptor, //配置描述符
				sizeof(Configuration_Descriptor));
				  break;
				case mSTRING: //字符串描述符
				  EP_IN_Transfer(EP0,(uint8*)String_Table[Setup_Pkt->wValue_l],
				String_Table[Setup_Pkt->wValue_l][0]);
				  break;
				default:
				  USB_EP0_Stall();
				  break;
				}

			mSET_CONFIG	gu8Dummy = Setup_Pkt->wValue_h + Setup_Pkt->wValue_l;
				if(Setup_Pkt->wValue_h + Setup_Pkt->wValue_l)
				{
				  USB_Set_Interface(); //设置K60端点和端点缓冲区描述符表BDT
				  EP_IN_Transfer(EP0, 0, 0);
				  gu8USB_State = uENUMERATED;
				}

			INTERFACE_REQ	
			CDC_InterfaceReq_Handler ()	
			GET_LINE_CODING	EP_IN_Transfer(EP0, (uint8 *)&com_cfg, 7); //读取串口设置

			SET_LINE_CODING	u8CDCState = SET_LINE_CODING;
				u8State = uDATA;
				此处仅做标记,在main函数里调用CDC_Engine()里把设置的参数写到com_cfg数组里。设置串口设置,上位机单击打开串口后,就会把用户设定的波特率等信息发送给USB设备。

			ENDPOINT_REQ	
			USB_Endpoint_Setup_Handler()	端点SETUP中断

上述代码主要涉及两个方面的内容:USB枚举和串口参数设置。

USB的描述符在USB枚举过程中使用。参考前面的USB枚举介绍,主机首先使用地址0,向接入的设备发送USB标准请求:Get_Device_Descriptor(获取设备描述符),从机在枚举时收到命令后就会把设备描述符的内容 Device_Descriptor 发送给主机。然后主机分配地址 Set_Address(设置地址),接着主机向从机发送 Get_Device_Descriptor(获取设备描述符)请求,从机接收到命令后把配置文件描述符的内容 Configuration_Descriptor 发送给主机。

串口参数的设置,这是在上位机串口助手里由用户设定参数,然后把参数发送给 USB 设备,USB 设备可以根据这些参数初始化 UART,然后把 USB 发送来的数据通过 UART 模块发送出去,把从 UART 模块接收到的数据通过 USB 发送给上位机,从而实现虚拟串口的功能(USB 转 TTL)。

10.2.3 USB 端点的发送和接收

K60 USB 端点采用缓冲区收发数据。用户可编程指定各个端点的发送缓冲区和接收缓冲区,然后由 USB 模块对这些缓冲区进行自动管理。当端点需要发送数据时,只需要把数据写入到指定的缓冲区,然后 USB 模块自动把数据发送出去。当 USB 模块接收到数据时,自动把数据写入到指定的缓冲区。

用户可编程指定缓冲区地址通过缓冲区描述符表 BDT 完成。缓冲区描述符表 BDT 必须是 512 字节对齐,因此需要指定对齐方式。

缓冲区描述符表 BDT 在本节配套的例程中都在 Lib\USB\ USB.c 中定义,即下述代码里的 tBDTtable。

```
#pragma data_alignment = 512        //必须 512 字节对齐
tBDT    tBDTtable[16];
```

定义了 tBDTtable 这个数组后,USB 模块是不知道它放在哪里的,因此需要在 USB 初始化函数 usb_init 里指定这个数组的地址。下述的代码就是将 tBDTtable 数组地址的最高 3 个字节,一个一个字节写入到 USB 的寄存器里。

```
USB0_BDTPAGE1 = (uint8)((uint32)tBDTtable >> 8);  //配置当前缓冲描述符表 BDT
USB0_BDTPAGE2 = (uint8)((uint32)tBDTtable >> 16);
USB0_BDTPAGE3 = (uint8)((uint32)tBDTtable >> 24);
```

tBDT 是一个缓冲区描述符结构体,在 Lib\USB\ USB.h 中定义。

```
typedef union _tBDT_STAT
{
    uint8 _byte;
    struct
    {
        uint8 :1;
        uint8 :1;
        uint8 BSTALL:1;         //Buffer Stall Enable
        uint8 DTS:1;            //Data Toggle Synch Enable
        uint8 NINC:1;           //Address Increment Disable
        uint8 KEEP:1;           //BD Keep Enable
        uint8 DATA:1;           //Data Toggle Synch Value
```

```
            uint8 UOWN: 1;                    //USB Ownership
        } McuCtlBit;
        struct
        {
            uint8      : 2;
            uint8 PID: 4;                     //Packet Identifier,数据包的 PID
            uint8      : 2;
        } RecPid;
    } tBDT_STAT;                              //Buffer Descriptor Status Register
    typedef struct _tBDT
    {
        tBDT_STAT Stat;
        uint8   dummy;
        uint16  Cnt;
        uint32  Addr;
    } tBDT;
```

缓冲区描述符表 tBDTtable 在定义的时候没有赋初值,是在运行中赋值的。USB 初始化完成后就会产生一个复位中断,中断服务函数 USB_ISR()根据寄存器标志位来执行 USB 复位函数 USB_Reset_Handler()。

USB_Reset_Handler()函数在 Lib\USB\ USB.c 中定义,它指定了端点 0 的缓冲区地址,从而为后续的 USB 枚举提供了端点 0 的接收发送缓冲区。USB 端点的缓冲区分奇偶缓冲区,原因就是数据包分为 DATA0 和 DATA1。

```
/* EP0 BDT Setup */
//EP0 OUT BDT Settings
tBDTtable[bEP0OUT_ODD].Cnt = EP0_SIZE;    //端点 0 的 OUT 奇缓冲区地址
tBDTtable[bEP0OUT_ODD].Addr = (uint32)gu8EP0_OUT_ODD_Buffer;
tBDTtable[bEP0OUT_ODD].Stat._byte = kUDATA1;
//EP0 OUT BDT Settings
tBDTtable[bEP0OUT_EVEN].Cnt = EP0_SIZE;   //端点 0 的 OUT 偶缓冲区地址
tBDTtable[bEP0OUT_EVEN].Addr = (uint32)gu8EP0_OUT_EVEN_Buffer;
tBDTtable[bEP0OUT_EVEN].Stat._byte = kUDATA1;
//EP0 IN BDT Settings
tBDTtable[bEP0IN_ODD].Cnt = EP0_SIZE;     //端点 0 的 IN 奇缓冲区地址
tBDTtable[bEP0IN_ODD].Addr = (uint32)gu8EP0_IN_ODD_Buffer;
tBDTtable[bEP0IN_ODD].Stat._byte = kUDATA0;
//EP0 IN BDT Settings
tBDTtable[bEP0IN_EVEN].Cnt = (EP0_SIZE);  //端点 0 的 IN 偶缓冲区地址
tBDTtable[bEP0IN_EVEN].Addr = (uint32)gu8EP0_IN_EVEN_Buffer;
tBDTtable[bEP0IN_EVEN].Stat._byte = kUDATA0;
```

其他的 USB 端点则通过 SETUP 请求来调用 USB_StdReq_Handler 函数配置接口(见前面的 SETUP 包处理)。

```
/* EndPoint 1 BDT Settings */
tBDTtable[bEP1IN_ODD].Stat._byte = kMCU;
tBDTtable[bEP1IN_ODD].Cnt = 0x00;
tBDTtable[bEP1IN_ODD].Addr = (uint32)gu8EP1_IN_ODD_Buffer;
```

```c
/* EndPoint 2 BDT Settings */
tBDTtable[bEP2IN_ODD].Stat._byte = kMCU;
tBDTtable[bEP2IN_ODD].Cnt = 0x00;
tBDTtable[bEP2IN_ODD].Addr = (uint32)gu8EP2_IN_ODD_Buffer;
/* EndPoint 3 BDT Settings */
tBDTtable[bEP3OUT_ODD].Stat._byte = kSIE;
tBDTtable[bEP3OUT_ODD].Cnt = 0xFF;
tBDTtable[bEP3OUT_ODD].Addr = (uint32)gu8EP3_OUT_ODD_Buffer;
```

为了可以快速定位到这些缓冲区地址,本书配套的代码里加入了指针数组 BufferPointer,数组里的元素指向各个缓冲区。

```c
uint8 *BufferPointer[] =
{
    gu8EP0_OUT_ODD_Buffer,
    gu8EP0_OUT_EVEN_Buffer,
    gu8EP0_IN_ODD_Buffer,
    gu8EP0_IN_EVEN_Buffer,
    gu8EP1_OUT_ODD_Buffer,
    gu8EP1_OUT_EVEN_Buffer,
    gu8EP1_IN_ODD_Buffer,
    gu8EP1_IN_EVEN_Buffer,
    gu8EP2_OUT_ODD_Buffer,
    gu8EP2_OUT_EVEN_Buffer,
    gu8EP2_IN_ODD_Buffer,
    gu8EP2_IN_EVEN_Buffer,
    gu8EP3_OUT_ODD_Buffer,
    gu8EP3_OUT_EVEN_Buffer,
    gu8EP3_IN_ODD_Buffer,
    gu8EP3_IN_EVEN_Buffer
};//OUT 和 IN 是相对主机而言。主机的输出(发送),就是 USB 设备的输入(接收)。主机的输
 //入,就是 USB 的输出
```

由于端点 0 的 OUT 奇缓冲区是 SETUP 包的接收缓冲区,此缓冲区需要用于 SETUP 包的处理,因此定义了 SETUP 包指针指向端点 0 的 OUT 奇缓冲区。

```c
typedef struct _tUSB_Setup
{
    uint8 bmRequestType;
    uint8 bRequest;
    uint8 wValue_l;
    uint8 wValue_h;
    uint8 wIndex_l;
    uint8 wIndex_h;
    uint8 wLength_l;
    uint8 wLength_h;
} tUSB_Setup;
tUSB_Setup * Setup_Pkt = (tUSB_Setup *)BufferPointer[bEP0OUT_ODD];//在 usb_init()里
//执行赋值操作
```

EP_IN_Transfer() 和 EP_OUT_Transfer() 是飞思卡尔公司提供例程里现有的

代码,它就是利用上述的缓冲区来实现端点的 IN 和 OUT 传输操作。

10.2.4 虚拟串口 API 接口

上述代码介绍了 USB 编程的几个要点,这些代码都是飞思卡尔公司提供的代码,根据这些代码可以实现 USB 虚拟 COM 的 API 接口。

```
void      usb_com_init(void);                    //USB 虚拟串口初始化
void      usb_enum_wait(void);                   //USB 等待枚举
uint8     usb_com_rx(uint8 * rx_buf);            //USB 虚拟串口接收
void      usb_com_tx(uint8 * tx_buf, uint8 len); //USB 虚拟串口发送
void      CDC_Engine();                          //USB_CDC 常规处理
```

这些接口的调用方法都非常简单,与 UART 的函数接口非常相似。我们可以写个简单的例程,把从上位机接收到的数据发送回上位机,从而验证这些功能是否正常。

```
uint8_t    usb_com_rx_len = 0;
uint8_t    rx_buf[64];
uint8_t    * str = "";
/*!
 *  @brief       main 函数
 *  @since       v5.0
 *  @note        野火 USB 虚拟串口 测试实验
                 注意,还没加入 中断接收,如果接收数据太快,就有可能会丢失
 */
void  main(void)
{
    usb_com_init();                              //初始 USB 为虚拟串口模式
usb_enum_wait();                                 //等待 PC 枚举
    while(1)
    {
    //此函数只需放入主循环里即可,它是处理 CDC 的常规任务,例如串口设置等。如果需
    //要实现 USB 转 TTL,就需要修改里面的代码
        CDC_Engine();                            //USB_CDC 常规处理
        usb_com_rx_len = usb_com_rx(rx_buf);     //查询数据接受
        if(usb_com_rx_len > 0)
        {
            usb_com_tx(rx_buf, usb_com_rx_len);  //发送数据
            //usb_com_rx_len = 0;
        }
    }
}
```

编译下载后,全速运行程序,然后把 USB 接入到 K60 开发板上,第一次使用时,计算机会提示没法安装驱动,如图 10-31 所示。

这时,需要手动安装驱动。在我的电脑里右击,在弹出的菜单中选择"管理"→"设备管理器",在里面可以找到 USB-UART 设备,然后右击,在弹出的菜单中选择"更新驱动",如图 10-32 所示。手动选择驱动文件路径,驱动文件是例程目录下的

USB 通信模块 10

图 10-31 系统找不到 USB-UART 的驱动

Lib\USB\ FIRE_USB_COM.inf 文件。

安装驱动程序后,就可以像普通的串口那样直接在上位机里调试使用了。如图 10-33 所示,在上位机里发送数据,然后 K60 就会把数据发送回来,在上位机接收区显示。

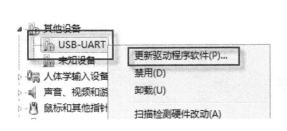

图 10-32 更新驱动

图 10-33 USB-UART 在上位机的调试结果

USB 的知识点比较多,编程难度比较大,读者可参考如下资料:
- USB 协议官网:http://www.usb.org/。
- USB 2.0 协议:http://www.usb.org/developers/docs/usb_20.zip。
- USB CDC 类相关文件:http://www.usb.org/developers/devclass_docs/CDC1.2_WMC1.1_012011.zip。

参考文献

[1] 刘火良,杨森.STM32库开发实战指南[M].北京:机械工业出版社,2013.
[2] 林锐.高质量程序设计指南——C++/C语言[M].北京:电子工业出版社,2002.
[3] 姚文详(Joseph Yiu).ARM Cortex-M3权威指南[M].宋岩,译.北京:北京航空航天大学出版社,2009.
[4] Freescale. K60P144M100SF2RM[EB/OL]. http://www.freescale.com.
[5] ARM公司.Cortex-M4技术参考手册[EB/OL]. http://www.arm.com.
[6] SD, Group. SD Memory Card Specifications[EB/OL]. http://www.sdcard.org.
[7] 瑞萨科技.CAN入门书[EB/OL]. http://www.renesas.com.
[8] USB-IF. Universal Serial Bus Specification Revision 2.0[EB/OL]. http://www.usb.org.